普通高等教育"十一五"国家级规划教材

发电厂
变电站电气部分

（第五版）

主 编 林 莉 牟道槐

U0280257

重庆大学出版社

内 容 提 要

本书主要介绍发电厂、变电站电气一次部分设计与运行的基本理论和计算方法。其主要内容包括:基本概念与定义;配电设备的运行原理与基本参数;电气一次接线及配电装置的结构与运行特性;配电设备的选择计算;测量、信号与控制系统;直流操作电源;同步发电机与异步发电机的运行特性;变压器的负载能力及配电设备的运行与维护。本书的一些章节在定义和讲解上与传统教材有所不同,力求符合工程实际并使概念准确、易于理解;同时,针对我国电力系统的高速发展和技术更新,新版的内容作了相应的增删。

本书可作为高等院校电气工程及其自动化专业、电力系统及其自动化专业教材,也可供从事电力工程的技术人员参考。

图书在版编目(CIP)数据

发电厂. 变电站电气部分/林莉,牟道槐主编. --
5 版. --重庆:重庆大学出版社,2023.4
电气工程及其自动化专业本科系列教材
ISBN 978-7-5689-0005-8

Ⅰ.①发… Ⅱ.①林…②牟… Ⅲ.①发电厂—电气
设备—高等学校—教材②变电所—电气设备—高等学校—
教材 Ⅳ.①TM6

中国国家版本馆 CIP 数据核字(2023)第 044518 号

发电厂 变电站电气部分
FADIANCHANG BIANDIANZHAN DIANQI BUFEN
(第五版)

主编 林 莉 牟道槐
责任编辑:苟荟羽 版式设计:苟荟羽
责任校对:关德强 责任印制:张 策

*

重庆大学出版社出版发行
出版人:饶帮华
社址:重庆市沙坪坝区大学城西路 21 号
邮编:401331
电话:(023)88617190 88617185(中小学)
传真:(023)88617186 88617166
网址:http://www.cqup.com.cn
邮箱:fxk@ cqup.com.cn(营销中心)
全国新华书店经销
重庆华林天美印务有限公司印刷

*

开本:787mm×1092mm 1/16 印张:21.25 字数:547 千
2023 年 4 月第 5 版 2023 年 4 月第 22 次印刷
印数:73 001—75 000
ISBN 978-7-5689-0005-8 定价:59.00 元

第五版前言

本课程讲述发电厂、变电站电气部分设备与接线的基本结构、工作原理、运行特性、主要参数、选择设计的基本理论和方法，是电力专业学生首先学习的专业课之一，内容十分广泛，理论与实践联系紧密，涉及许多工程概念，因此，缺乏工程实践的学生会感觉困难。

为了避免烦琐，使读者易于理解，从 1997 年的第一版开始，作者在本教材的选材与讲述方法上作了精心的考虑，具有如下特点：

（1）合理选材

①以掌握基本理论和方法为核心，确定讲述的主要内容和选取典型例证。剔除了理论性差且不适用于课堂教学的内容。

②理论与工程应用相结合。将理论引导至工程应用，从原理到工程应用形成了一个整体的概念，保持了知识的完整性。考虑向工程应用过渡，讲述了工程计算方法及其计算公式的导出过程。

③与时俱进，随电力科学的进步与工程技术的发展在新版中讲述的内容有所增删。

（2）讲述方法的改进

首先是给名词与术语以正确的定义，以此为基础使讲解准确、思路清晰、简单明了。例如：

①互感器误差：与传统教材的定义不同，本教材定义互感器的"误差"为"额定变比"与"实际变比"之差："额定变比"是常量，用于计算电费和继电保护的整定值等；而"实际变比"是变量，因此造成了"计算值"与"实际值"的差别。基于这一定义，确定了讲解的核心内容是"实际变比"变化的根本原因，讲解的方法是用等效电路写出实际变比算式，证明了互感器的误差是由互感器的励磁阻抗和负载阻抗的变化所引起，从而得出减小误差的方法是稳定"实际变比"：制造者应稳定励磁阻抗；应用者应合理接入负载阻抗。并提出在电力系统"智能化"的条件下可用计算机在线计算"实时变比"，以"实时变比"做用电与保护计算可以从原理上来很好地减小误差。

②分裂变压器：本教材认为它是以解列运行来降低短路电流的产物，因此将其列入"限流电器"。它的发展过程是：将一

1

台大容量变压器换为两台一半容量的小变压器在低压侧解列运行,可使低压短路电流减半,为了减小投资而将两台小变压器做在一起共用一个高压绕组。由此确定了讲述的思路:分裂变压器的漏电抗必须等效于两台独立的小变压器的漏电抗,确定了它的绕组排列方式应是两个低压绕组与高压绕组的关系对等并紧贴高压绕组,同时拉开两个低压绕组之间的距离,使等效电抗中高压侧电抗近似为零,两低压侧电抗相等。显然分裂变压器与三绕组变压器大不相同。

③变压器的接线组别:本教材将其定义为"两侧同名的两个端口电压的相位差"。同时指出产生相位差的原因是"两侧同名两端口接入了不同相的铁芯上的绕组电压"。讲述中完全回避了相电压与线电压概念,而用"端口电压"与"绕组电压"概念,并在下标中明确地标出了三相铁芯上绕组电压为(U_{WA}, U_{WB}, U_{WC}),两侧出线的两个端口的电压为($U_{AB}, U_{BC}U_{CA}$与$U_{ab}, U_{bc}U_{ca}$),概念准确清晰,各个电压之间不会产生混淆。

(3)第五版所做的改进

为了讲述清楚和加深理解,考虑电力科学的进步与工程技术的发展,我国特高压交、直流输电技术已位居世界第一,在我国西部电力开发和全国联网中发挥了巨大的作用,本版教材中改写了一些旧的小节并增添了一些新的内容,其中引进了作者在教学与科研工作中取得的成果。同时为了让读者能更准确深入地理解相关内容,在本版中提供了一些实验的录波与数据。本版所做的内容修订如下:

①改写的小节:

2.2.3 变压器的形式与参数及接线组别。

9.2.2 自用电动机和自启动容量的校验。

②新增的小节:

2.4 超特高压交流输电系统的传输特性与变电站的无功补偿。

2.5 超特高压直流输电系统的传输特性与换流站的无功补偿。

5.5 中性点不接地电网中电压互感器暂态过电流原理与实验。

9.2.1 影响电动机自启动的因素分析。

9.2.3 感应电动机的启动实验。

15.3 同步发电机的失磁实验与失磁保护。

③纠正了第四版中的疏漏与笔误。

参加本书第一版编写的有:重庆大学牟道槐,陕西理工大学李玉盛,兰州工业学院马良玉,贵州大学李昌宁,昆明理工大学张丽。十分感谢第一版的全部作者,正是由于第一版制订的写作方针为本书奠定了良好的基础,才使本书近 30 年来得以连续再版。

重庆大学电气工程学院的林莉副教授从事本课程的教学工作 20 余年,在本教材第二至四版的修订工作中做出了重要贡献,并主持了第五版的修订工作,完成了一些章节在讲述上的改进,并将教学与科研中取得的一些与本教材相关的成果引入了本版之中,完成了全部增添内容的编写。

殷切希望读者对本书的编写提出意见,以便使本书的质量不断提高。来信请按邮编 400044 寄重庆大学电气工程学院林莉。

最后,对支持本教材编写、出版工作的个人及单位表示衷心的感谢。

作　者
2022 年 10 月

目录

第 **1** 篇
基本概念与定义

第 **1** 章
发电厂
变电站的基本形式及电能质量与供电可靠性

在高速度发展的现代社会中,电力工业在国民经济中的作用已人所共知:它不仅全面地影响国民经济其他部门的发展,同时也极大地影响人民的物质与文化生活水平的提高,影响整个社会的进步。

人类社会中使用的能量的来源分为一次能源与二次能源:一次能源指的是由自然界直接提供的能源。例如,煤、石油、天然气所含的化学能,U_{235} 的同位素所含的核能,流动的风的动能及高处的水的势能等;二次能源指的是将一次能源转换后生成的能源,例如上述一次能源可在发电厂中转换为电能,电能就是二次能源中的一种。

按利用一次能源的形式与转换过程的不同,可将发电厂的形式分为下列四类:

①火电站。其下又分为凝汽式电站和热电站。后者除发电外还兼带供热。此类电站是将燃料燃烧后使其化学能经热能、机械能等中间变换形式最终转换为电能。

②核电站。其使用的燃料为核燃料,因此称为核电站。其能量转换过程的最后部分仍包括热能→机械能→电能的转换,因此,可以视核电站是一种极为特殊的火电站。

③水电站与抽水蓄能电站。其一次能源为水的势能。普通水电站仅实施由水的势能向电能的单向转换,即只能发电。抽水蓄能电站还可在电力系统负荷低谷区将下库尾水抽至上库,即实现电能向水的势能的逆变换,起到了蓄积能量的作用,实质上是一种利用水的势能构建的特大容量的"蓄电池"。

④其他形式电站。风力发电场,太阳能电站,地热电站和潮汐电站。它们都属于清洁能源发电,随着环境保护要求的提高,作为清洁能源电站在电力系统中的比例将迅速增大。

1.1 火 电 站

火电站是将煤、天然气和重油等燃料的化学能转换为电能的电站,因为有燃烧的锅炉而得名。目前,在我国电力系统中,火电站的装机容量约占总装机的80%,其中以燃煤为主,燃煤电站的最大单机容量已达1 GW。随着单机容量的提高,汽轮机进气参数(压力与温度)的提高,其热效率也随之提高,因此在电力系统中主要承担基荷,其设备利用时间(全年发电量/机组安装容量)一般在5 000 h及以上。

火电站使用的燃料有3种:①固体燃料(例如煤);②液体燃料(例如重油);③气体燃料(例如天然气)。不对外供热的火电站称为凝汽式电站,对外供热的火电站称为热力化电站,简称为热电站。

燃煤火电厂的生产系统如图1.1所示。

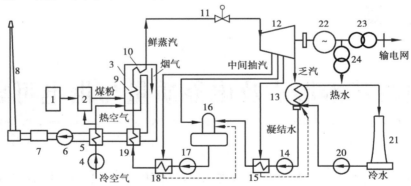

图1.1 燃煤火电厂的生产系统图

1—储煤场;2—制粉系统;3—锅炉;4—送风机;5—空气预热器;6—引风机;7—脱硫装置;8—烟囱;9—水冷壁;10—过热器;11—调速气门;12—汽轮机;13—凝汽器;14—凝结水泵;15—低压加热器;16—除氧器;17—给水泵;18—高压加热器;19—省煤器;20—循环水泵;21—冷却塔;22—发电机;23—升压变压器;24—自用变压器

由图1.1可见,燃煤电厂的生产系统中包含三个子系统:燃烧与风烟系统、汽水循环系统和电气系统。

（1）燃烧与风烟系统

各设备的作用为：

①储煤场，由于耗煤量很大，大容量发电厂需要一个很大的储煤场。

②制粉系统，将煤加工为很细的粉状，以提高燃烧效率，并可利用劣质煤发电。

③锅炉，有一个很大的燃烧室，煤粉在其中燃烧，将水冷壁水管中的水加热为蒸汽，容量以每小时的产汽量表示（t/h）。

④引风机，将锅炉中燃烧生成的烟气抽出，并使燃烧室的压力低于大气压力，即使燃烧室保持负压状态，提高燃烧效率，并使火焰不会通过燃烧室墙壁向外喷出。

⑤脱硫装置，清除烟气中硫的氧化物，减少烟气对大气的污染。

⑥烟囱，具有一定的抽风效果，更为主要的是使烟气在一定的高度上排放，减小对近区的污染强度。

⑦送风机，将热风送入锅炉帮助煤粉燃烧，同时还送入制粉系统，使煤粉干燥，并推动煤粉在制粉系统中流动。

⑧空气预热器，利用烟气的余热加热空气，回收能量。

（2）汽水循环系统

火电站中，参与能量传递的媒介质称为工质。火电厂中以水作为工质，依靠水汽循环实现能量的传递，水汽循环系统又称为蒸汽动力循环系统。

进入锅炉 3 中的水在水冷壁 9 的水管中上下自然循环流动被加热为饱和蒸汽，再经炉顶的过热器 10 加热变为过热蒸汽，过热蒸汽超过该压力下的饱和温度，因为不含水分又称为干蒸汽。蒸汽的过热程度必须保证蒸汽在汽轮机中不因做功减压降温而产生水滴，因为水滴会击坏汽轮机的叶片。

进入汽轮机的蒸汽流量受调节阀门 11 的控制，该阀门称为调速气门，受自动调速系统（调速器）的控制：当汽轮机转速下降时增大气门开度，转速上升时减小气门开度，在发电机未并入电网时，保证汽轮机的转动频率的稳定；在发电机已并网时，与电网中的其他发电机组一起，共同保证电网电气系统频率的稳定。蒸汽通过汽轮机 12 的转子叶片释放热能，转换为汽轮机转子的动能。汽轮机将热能转换为机械能的效率为 60% ~70% 。

汽轮机入口处的蒸汽还没有做功，称为鲜蒸汽；汽轮机出口处的蒸汽已经做功，称为乏汽。提高汽轮机进口的温度与压力和降低汽轮机出口的温度与压力，是提高汽轮机热-功转换效率的重要手段。目前 GW 级大功率汽轮机的蒸汽温度已达 600 ℃ ，压力达 25 MPa。

大型汽轮机分为高压和中压两段，经高压段做功后的乏汽需经设置于锅炉烟道中的中间蒸汽过热器再加热，使之超过中压段入口压力下的饱和温度，重新变为过热蒸汽。

凝汽器 13 紧接在汽轮机的出口，循环水泵 20 将数十倍于蒸汽质量的冷水打入凝汽器中吸收乏汽的热量，将乏汽冷却为凝结水；同时，保证汽轮机出口蒸汽有很低的压力与温度。循环水带走的热量，称为凝汽损失，它是蒸汽动力循环中最大的一部分热量损失，为蒸汽热量的30% ~40% 。

凝汽器中的凝结水经凝结水泵 14 打入除氧器 16，中间经低压加热器 15 加热。低压加热器的热量来自汽轮机的抽气。由图 1.1 可见，这部分蒸汽在汽轮机中走过一段行程，将一部分热能转换成汽轮机转子的动能，而其余的热量并未在凝汽器中损失，因此，汽轮机的抽气加热提高了热力循环的效率。

除氧器 16 的作用是用加热的方法除去溶解于水中的空气,以免其中的氧在高温下腐蚀金属设备。为了防止锅炉和管道壁结垢,进入锅炉的水需经除盐处理,除盐后的水称为软水。火电厂有一个水处理系统,生产的软水注入除氧器以补充水汽循环系统中水的损失,例如,为了改善水质在适当的部位排除部分污水的损失,简称排污损失。

除氧后的水由给水泵 17 加压打入锅炉,途经高压加热器 18 和省煤器 19 加热。

与低压加热器类似,高压加热器的作用也是为了提高蒸汽动力循环的效率,省煤器安装于锅炉的排烟道中,回收烟气的热量。

冷却塔 21 的作用是冷却凝汽器流出的循环水,以便重复使用,只有少数紧邻大江的火电厂直接在江中抽取循环水,这时就不需要设立冷却塔。

(3)电气系统

发电机 22 将汽轮机 12 的动能转换为电能;升压变压器 23 将电压提高,其作用为:对于一定的传输功率减小了输电网的电流,降低电能损耗,提高输电效率;降低电压损耗,提高传输距离。

提高汽轮机进气的压力与温度,可以显著提高汽轮机的效率,因此,火电厂的发展方向是高温和高压,目前 GW 级大功率汽轮机的主蒸汽温度已达 600 ℃,压力达 25 MPa。

凝汽式电站中以煤作燃料的电站所占比例最大,为了减少煤的远距离运输,在其他建站条件允许的情况下,应尽可能将电站建在煤矿附近,尽管可能增加输电距离,但在经济上仍然更为合理。建在采煤矿井旁边的火电站称为坑口电站,建设特大容量的坑口电站,将采煤和发电结合在一起,将输煤转变为输电,这种工业基地称为煤电化基地。

按照热力循环的要求,需要大量的循环水以保证凝汽器正常工作,保证汽轮机排汽压力、温度等参数较低,以提高汽轮机的效率,因此水源是建设火电站最为重要的条件之一。凝汽式电站不可避免地有大量的热能损失于循环水中,加上自身厂用电消耗,凝汽式电站的效率为32%~40%。

发电厂全年的发电量与发电机额定容量的比值称为年最大负荷运行时间,表达式为:

$$T_{\max} = \frac{W_Y}{P_N} \tag{1.1}$$

式中　$T_{\max}$——年最大负荷运行时间,h;

　　　W_Y——全年的发电量,kW·h;

　　　P_N——发电机额定容量,kW。

火电厂的运行特点是:

①由于燃料不受季节性的影响,其发电功率也不受季节性的限制,全年均可高负荷运行,因此,年最大负荷运行时间长,一般在 5 000 h 以上,这是目前我国火电机组成为电力系统发电主力的重要原因之一。

②启停缓慢。由于锅炉点火升炉和管道设备需要逐渐升温,以避免热应力引起破坏,火电机组从准备启动到带满负荷需 3~6 h,因此火电机组不能经常启停。

③有最低负荷限制。由于锅炉在低负荷下燃烧不稳定,汽轮机在低负荷下排气温度升高,导致转轮的尾部叶片变形与震动,因此,一般负荷限制在 65% 以上运行,从而使火电机组参与电力系统负荷调节的能力受到限制。当电力系统用户的最小负荷低于 65% 时,纯火力发电的系统不便于运行调度。

火电厂的煤耗率是火电厂的一个重要经济指标。煤耗率分为两种：

①发电煤耗率，定义为标准煤耗量与发电机发出电量的比值，表达式为：

$$b_G = \frac{B_S}{W_G} \tag{1.2}$$

式中　b_G——发电煤耗率，kg/(kW·h)；

　　　B_S——标准煤耗量，kg；

　　　W_G——发电机发出电量，kW·h。

所谓标准煤耗量，指的是按煤的含热率(1 kg 煤的含热量)，将实际煤耗量向标准煤折算的数量，表达式为：

$$B_S = B \frac{q}{q_S} \tag{1.3}$$

式中　B——实际煤耗量，kg；

　　　q——实际用煤的含热率，kJ/kg；

　　　q_S——标准煤的含热率，$q_S = 29\ 308$ kJ/kg。

②供电煤耗率，定义为标准煤耗量与发电机对外供电量的比值，表达式为：

$$b_S = \frac{B_S}{W_G - W_S} \tag{1.4}$$

式中　W_S——发电厂的自用电量，kW·h。

利用煤、石油、天然气等有机燃料的火电站要向大气排放硫和碳的氧化物，这些气体聚集于上层空间产生温室效应使地面变暖，造成世界海洋平面升高，淹没近海大陆，长此下去将造成严重的后果。因此，必须限制有机燃料的燃烧并将节约能源的重要意义提高到维护生态环境的高度。

热电站与凝汽式电站的差别是它除了对外供电外，还要利用在汽轮机中做功后的蒸汽，对近区工业企业及城市供热，以满足其生产、采暖、通风、热水供应的需要。此种热、电联合供应的方式较之于热、电分别独立供应的方式更为经济。一般热水供应半径在 10 km 范围内，郊区热电站以较高的初始温度向市内供应热水时其距离可达 30 km。供应生产用蒸汽在压力为 0.8 ~ 1.6 MPa 的情况下距离应在 2 ~ 3 km。

应根据用户的热负荷容量及参数选择热电站的安装容量及形式。一般情况下，往往选择具有 1 级或 2 级抽气的汽轮机。如图 1.2 所示，由汽轮机低压段抽出的蒸汽进入蒸汽加热器将冷水加热为热水后，由供热泵加压后向用户提供热水。抽气供热方式可以独立地调节供热量与发电量以适应变化的热负荷的要求。

在热量要求很大或较为恒定的情况下，可以将发电后的全部蒸汽均用于对外供热，这种汽轮机排汽温度较高，称为背压式汽轮机。采用背压式汽轮机的电站中没有凝汽器，其发电量取决于供热量，即以供热为主，发电为辅，称为"以热定电"。

由于减少或完全没有凝汽器中的热损耗，因此热电站有很高的经济效益。

热电站应与凝汽式电站、水电站及其他电站联合运行，以适应冬夏两季峰、谷热负荷的要求。热电站所占的比例与当地的气候条件及工业企业的热负荷状态有关，寒冷地区热、电能量比可高达各占一半。

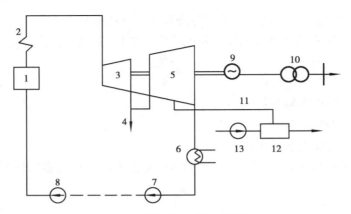

图 1.2 热电站的生产过程图

1—锅炉;2—蒸汽过热器;3—汽轮机高压段;4—生产抽气;5—汽轮机低压段;6—凝汽器;
7—凝结水泵;8—给水泵;9—发电机;10—主变压器;11—供热抽汽;12—蒸汽加热器;13—供热泵

1.2　核电站

核电站是利用核燃料裂变反应释放出的热能将水加热为蒸汽推动汽轮发电机组发电的电站,一般使用的核燃料为 U_{235} 的同位素,在天然铀中其含量约为 0.714%。用于核电站发电的 U_{235} 的低浓度为 2% ~ 3%。

U_{235} 原子核捕捉一个正在穿过的中子的概率非常高,在正常工作的核反应堆中(称为临界状态),每次裂变释放出的中子都会导致另一次裂变的发生,而且捕捉中子并发生分解的过程非常迅速,单位为 ps(10^{-12} s)。中子轰击 U_{235} 原子核时,使原子核裂变并产生 2 ~ 3 个中子,这些中子又轰击其他的 U_{235} 原子核产生更多的中子,称为链式反应,使核裂变得以保持,并有巨大的能量通过热和伽马辐射的形式释放出来。例如,用于核动力船舰的 1 kg 高浓度铀的能量约等于 $38×10^5$ L 汽油提供的能量。

核反应堆是核电站最为重要的设备,在核反应堆中需要对核裂变的强度进行控制,使之与发电功率相平衡。当前核电站所采用的核反应堆大多为热中子反应堆(即慢中子反应堆),须要进行的控制为:①将核裂变产生的快中子减速为慢中子;②控制慢中子的浓度,以控制核裂变的强度;③控制传热工质的流量,将反应堆中的热量带出。传递核反应堆热量的工质对核反应堆的冷却至关重要,因此,通常将其称为核反应堆的冷却剂。

按减速剂和冷却剂的不同,当前采用的核反应堆分为轻水反应堆和石墨反应堆两类。前者减速剂和冷却剂均为带压力的普通水;后者减速剂为石墨,冷却剂为普通水。目前的核电站中大多采用提高了压力的轻水作减速剂和冷却剂,称为压水堆。

图 1.3 示出核电站的热力循环过程。由图 1.3 可见,核电站有两个热力循环系统:

(1)一回路系统

一回路系统,即冷却剂循环系统。它由核反应堆 1、稳压器 2、蒸汽发生器 3 和主循环泵 4 等设备组成。核燃料在核反应堆 1 中裂变释放出热能。冷却剂在主循环泵的驱动下使轻水进入核反应堆被加热为高温水,然后进入蒸汽发生器时将热量转交给二回路系统;同时,冷却剂中加入可溶化学物质,这些化学物质流过反应堆时使中子减速。

目前,大多数压水堆的压力约为 15 MPa,冷却剂在核反应堆进口的温度为 280~300 ℃,与之对应的出口的温度为 310~330 ℃,即进出口温差为 10~50 ℃。

稳压器的作用是调节一回路系统冷却剂的压力与温度,将其保持在正常范围内:当发电负荷突然减小,冷却剂的温度与压力升高时,通过喷水降温、减压;当发电负荷突然增大,冷却剂的压力与温度降低时,通过电加热器升温、加压。

为了保证安全,一回路系统的全部设备都安装在由钢筋混凝土建造的安全壳内,它的强度能够承受喷气式飞机的撞击,图1.4 示出 1 000 MW 的核电机组一回路安全壳及其内部设备的布置概况。

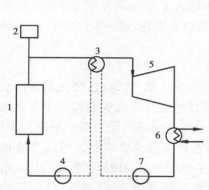

图1.3　核电站的热力循环示意图
1—核反应堆;2—稳压器;3—蒸汽发生器;
4—主循环泵;5—汽轮机;6—凝汽器;
7—给水泵

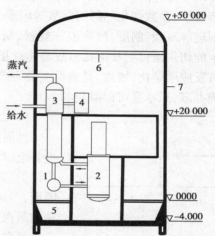

图1.4　核电站一回路设备布置示意图
1—主循环泵;2—核反应堆;3—蒸汽发生器;
4—稳压器;5—通风室;6—吊车;7—安全壳

为了提高核反应堆的安全,还采取了以下措施:

①主循环泵装有很大的飞轮,增加其转动惯量,在主循环泵突然断电时,能短时间保持冷却剂的流量,保证安全停堆。

②蒸汽发生器的位置高于反应堆位置,以便使冷却剂有足够的自然循环能力。

③循环系统由多个并联的支路组成,减小冷却剂循环全停的概率,但稳压器不必增加。

表1.1 列出了几个核电站的冷却剂循环系统的支路参数。

表1.1　冷却剂循环系统的支路参数

核电站编号	单机功率/MW	一条冷却支路功率/MW	单支冷却剂流量/(t·h⁻¹)	支路数
核电站1	900	300	17 550	3
核电站2	1 000	250	16 100	4
核电站3	1 300	650	23 300	2

核反应堆中有数十根控制棒,由插入核燃料堆中的深度控制和调节核反应的强度,图1.4 中核反应堆上部即为控制与调节机构的位置。

控制棒分为两种：

1）黑棒

黑棒材料为银铟镉合金（Ag 含量为 80%、In 含量为 15%、Cd 含量为 5%），是一种强力的中子吸收剂，主要用于保证安全。

2）灰棒

灰棒材料为不锈钢，是一种较弱的中子吸收剂，主要用于调节。

在控制棒调节的同时，相应有冷却剂流量和二回路中的给水流量的调节，在三者很好的协调配合下，才能保证反应堆的安全，并使蒸汽发生器输出的参数和流量满足发电要求。显然，这需要一个很完善的自动化系统，如果采用人工手动调节，需要十分丰富的经验来考虑各个设备的调节特性、参数变化的时间常数等因素，可能存在很大的风险。

深刻理解规程、制度，严格遵守规程、制度是保证核电机组安全运行的关键。20 世纪 80 年代发生的切尔诺贝利核电站事故与违章相关，加之采用人工手动调节不当导致反应堆失控而致使核反应堆熔化、爆炸，是世界上最为严重的一次核电站事件，这一事件是罕见的，如果严格按规程办事，原本是可以避免的。

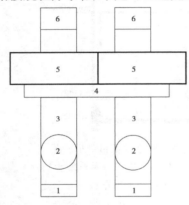

图 1.5　核电站的总平面示意图

1—燃料站房；2—核反应堆；

3—辅助站房；4—主控制室；

5—汽轮机站房；6—升压变电站

（2）二回路系统

二回路系统由蒸汽发生器、汽轮机、凝汽器和给水泵等设备组成。二回路系统中的蒸汽发生器相当于常规火电站的锅炉，其余部分与火电站的蒸汽动力循环系统几乎相同，因而，二回路系统所在地又称为常规岛。不同之处是核电站的蒸汽压力较低，一般为 5～7 MPa，汽耗率约比火电站的汽轮机高一倍，多数级工作在湿气区，因此，汽轮机的结构也有特殊的考虑。

一回路系统与二回路系统在蒸汽锅中没有直接的联系。在设备布置上两个循环系统的设备也不在一起，一回路系统设备所在地称为核岛，二回路系统设备所在地称为常规岛。

图 1.5 为核电站的总平面示意图。

世界上核电站的发展概况如下：

1954 年，苏联建成功率为 5 000 kW 的实验性核电机组；1957 年，美国建成功率为 9×10^4 kW 的希平港原型核电机组。这些机组称为第一代核电机组。

20 世纪 60 年代后期以来，国外陆续建成电功率在 300 MW 以上的压水堆、沸水堆、重水堆等核电机组，进一步证明了核能发电技术可行性，也使核电可与火电、水电相竞争的经济性得以证明。20 世纪 70 年代，因石油涨价引发的能源危机，促进了核电的发展，目前世界上商业运行的 400 多台核电机组大部分是在这段时期建成的，被称为第二代核电机组。

在发生切尔诺贝利核电站事故之后，核电发展进入长达 20 多年的低潮，提高核电站的可靠性引起了更大的关注。尽管如此，由于核电站不燃烧有机燃料，因此不向大气排放硫和氮的氧化物以及碳酸气，从而降低了可能导致全球气候变化的环境污染。由于环境保护的需求，从人类生态环境考虑，减少火电、发展核电仍然是电力工业的发展方向。

历经 20 年的研究，美国西屋电气公司设计的 AP1000（Advanced Passive PWR）技术问世，它是一种非能动的压水堆核电站,是第三代核电机组。2009年4月19日全球首座发电功率为1 250 MW的AP1000核电机组(浙江三门核电站1号机)主体工程开工。

AP1000考虑了多种严重事故,提高了系统的安全,其设计特点如下:

①主要安全系统(如余热排出系统、安注系统、安全壳冷却系统等)均采用不依赖交流电源的非能动式冷却,显著提高安全壳的可靠性。堆芯熔化概率和放射性释放概率分别为$5.1×10^{-7}$/堆年和$5.9×10^{-8}$/堆年,远小于第二代的$1×10^{-5}$/堆年和$1×10^{-6}$/堆年的水平。

②通过冗余多样的卸压措施,能可靠地降低一回路压力,从而避免发生高压熔堆事故。采用将水注入压力容器外壁和其保温层之间,保证压力容器不被熔穿,将堆芯熔融物保持在压力容器之内。

③简化的非能动设计,大幅度减少了安全系统的设备和部件,经济分析表明,AP1000的发电成本小于3.6美分/kW·h,具备和天然气发电竞争的能力。

限制核电站单元容量的主要因素是考虑其核反应堆事故时的安全性。

由于核电站生产工艺上的要求,目前此类电站在电力系统中承担基荷,设备年利用时间在6 500 h以上。由于核电站不燃烧有机燃料,因此不向大气排放硫和氮的氧化物以及碳酸气,从而降低了可能导致全球气候变化的环境污染。

发展核电站是我国电力工业的前景之一,目前我国正在沿海地区高速发展核电站。一些国家核电站生产的电能已超过总电量的一半,其中法国大约为75%。

极少数核电站的事故教训提醒设计者必须进一步提高核电站的安全性,不应将其建立在人口稠密地区和地震活动地区。尽管如此,从人类生态环境考虑,核电站仍应为电站发展的方向。

1.3　水电站与抽水蓄能电站

水电站是将水的势能转换为电能的电站。水轮机将水的势能转换为动能,然后带动发电机旋转再转换为电能。

获取天然流水的势能的方式有两种:①堤坝式,建设一定高度的水坝,由堤坝的阻挡而使水位升高;②引水式,将上游的水,经很小坡度(0.1%~0.2%)的渠道或隧洞引至下游,经过一段距离后与下游河道形成落差。堤坝式常用于大容量水电厂,引水式常用于小容量水电厂。

堤坝式水电厂分为两种形式:坝后式和河床式。前者发电厂房在坝后,例如我国的葛洲坝水电站和三峡水电站,有足够的坝长,可在坝后建设发电厂房。后者厂房在坝侧的河床上,例如我国的二滩电站和溪洛渡电站,因为坝短而将发电厂房建在河床的地下。图1.6示出坝后式水电厂的结构,箭头示出发电用水的流动通道。上游高压力的水经引水管进入水轮机的固定部分——蜗壳,在蜗壳的引导下压力水从四周进入水轮机的转动部分——转轮,压力水在转轮中释放的能量转换为机组转动的动能,发电后的出水称为尾水。

上游水平面与下游水平面(即尾水平面)的高差称为水头。水在整个流道中释放的能量等于其在上游水平面与下游水平面两处的势能差,因此水轮发电机的发电功率与水头和流量成正比。计及能量转换效率,发电功率的近似算式为:

$$P = 8HQ \tag{1.5}$$

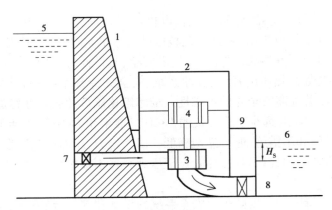

图 1.6　坝后式水电厂的结构图

1—大坝;2—厂房;3—水轮机;4—发电机;5—上游水平面;
6—下游水平面;7—进水闸门;8—尾水闸门;9—尾水平台

式中　P——发电功率,kW;

　　　H——水头,m;

　　　Q——流量,m³/s。

我国三峡电站设计坝顶高程为海拔185 m,上游水平面最大高程为海拔175 m,下游水平面高程为海拔83.2 m。表1.2列出该站使用的 ALSTOM 公司水轮机的主要技术参数。

表 1.2　三峡电站水轮机的主要技术参数

类　型	转轮直径 /mm	运行水头/m			额定出力 /MW	额定流量 /(m³·s⁻¹)	额定转速 /(r·min⁻¹)	虹吸高度 /m
		最大	额定	最小				
混流式	9 800	113	80.6	61	710	991.8	75	−5

水轮机的转轮在水中运动时因流体力学的原因导致转轮损伤,表现为转轮表面金属的斑状脱落,称为气蚀。为减小气蚀,大容量的水轮机将转轮埋入尾水中,转轮中心线低于尾水平面的高度称为虹吸高度 H_s。因此,水轮机的进水与出水通道上均装有闸门7、8,水轮机检修时需关闭两侧闸门,该闸门动作速度较慢(以分计)。

进入转轮的水流量还受调节阀门的控制,该阀门称为导水叶(图中未绘出)。导水叶的开度连续可调且动作速度较快(以秒计)。导水叶的作用类似于调速气门在汽轮机中的作用:水轮机的调速系统按水轮机的转动频率对导水叶进行操作,以保证水轮机的转动频率的稳定,从而也保证发电机电气频率的稳定。

依靠高坝来获取水的势能的水电厂,在上游形成水库,造成淹没损失,其中包括将大面积的植被变成了水面,对环境有一定的影响,需要很好地考虑。

图1.7为引水式电厂的水流系统示意图。该系统中水坝的主要作用是便于引水渠道取水,而不是获取水头,因此高度较低。

压力前池的作用是保证压力水管中的水中不混合空气,以免造成水流冲击。相对于河道岸边的发电厂房,压力前池的水具有较大的势能,经压力管道引入水轮机发电。

与火电厂比较,水电厂的水工建筑工程大,建站时间长,单位 kW 投资大,但发电成本低。

在同一条河上,往往建设多个水电站,称为梯级开发。梯级电站从上到下排序,上级电站

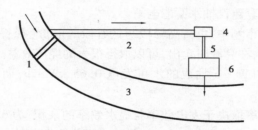

图 1.7　引水式电厂的水流系统图

1—水坝;2—引水渠道;3—天然河道;4—压力前池;5—压力水管;6—发电厂房

的尾水是下级电站最主要的来水,如何从航行、发电的综合效益考虑,使梯级电站运行最佳是一个十分重要的技术、经济问题,称为梯级电站的运行调度优化。

与火电厂相反,水电厂的运行特点是:①启停迅速(水电机组从启动到带满负荷仅需几分钟)。②无最低负荷限制,常用于平衡负荷的变动部分,甚至在负荷低谷时停运,高峰时投运,称为调峰。③由于来水受季节性的影响,因此发电功率受季节性的限制,有丰水期和枯水期之分。枯期发电功率约为丰期的30%,全年最大负荷运行时间短,一般为 1 500 ~ 3 000 h,少数大江上的径流电站(设计装机容量偏小)可达 5 000 h。

电力系统运行的主体是用电负荷,发电功率必须随时跟踪用电负荷功率的变化,以保持系统频率与电压的稳定性。显然水、火并举的发电系统具有很好的跟踪能力,因此便于运行调度,一般情况下水电装机容量占全系统容量的30%左右为宜。

水电站的容量取决于落差和水流量两个因素的乘积。水流量取决于气候条件与积雨面积,取决于站址区域的天然水文条件,落差则依赖于坝的高度。为减少淹没损失,水电站宜建于山区或半山区,同时还应考虑对渔业资源的影响。大型水电站还应考虑对生态环境等多方面的影响。

在水电装机比例较小、调节容量不足的电网中,可建设抽水蓄能电站。抽水蓄能电站与普通水电站的差别如下:

①水工建筑中除上游水库外,还增建下游水库,以积蓄尾水。

②大型抽水蓄能电站中,抽水机组与发电机组合二为一,即原动机既是水轮机也是抽水泵,电机既是发电机也是电动机。

抽水蓄能电站的运行方式有两种:

①发电方式。水由上库流至下库,机组正转,作为水轮发电机组,由上库水的势能转变为发电机输出的电能。

②提水方式。电机吸收电网功率,机组反转,作为电动水泵机组,水由下库提至上库,由电动机吸收的电能转变为由下库流至上库的水的势能。

抽水蓄能电站可以视为是利用水的势能做成的一个大容量蓄电池。抽水蓄能电站的水是反复利用的,天然来水仅用于补充水的损失。因此,受水文条件的影响很小,一般建在负荷中心或核电站附近,以减少电能传输损失。

建设抽水蓄能电站可以在技术和经济两个方面取得效益:

①技术效益。便于电力系统调度运行:在负荷高峰段发电,保证用户不停电;在负荷低谷段抽水,保证火电厂不停运。由于核电站容量很大,为保证其安全稳定运行,一般保持发电功

率恒定,因此,往往需要配套建设抽水蓄能电站。

②经济效益。在电力市场中,负荷高峰段与低谷段的电价(峰谷电价)有成倍的差别,抽水蓄能电站在低谷时买进,在高峰时卖出,可以取得很大的经济效益。抽水蓄能电站的发电效率不小于65%,即用电 1 kW·h 抽取的水可发电 0.65 kW·h,而峰谷电价差远高于这一比值。

抽水蓄能电站的总效率取决于发电效率与提水效率的乘积,为65%~75%。当发电机组与电动机组合为一体时,为了提高水机效率,往往需要发电与提水有不同的转速。如为同步机,则需改变磁极对数,这时电机结构及其控制系统将大为复杂化,同时大容量同步电动机启动也较为困难。如能将同步电机异步化(可小范围改变转速)或在容量不大的情况下使用变速恒频异步电机作为发电电动机组,将使上述两个问题都得以简化。

1.4　风力发电场

此种电站是将风的动能转换为电能的电站。由于单台风力发电机的容量约为 1 000 kW,大容量的风力发电站可能有上百甚至上千台风力发电机安装在一个长数千米甚至数十千米的场地上,通常将其称为风力发电场。

随着各国对环境保护的日益重视和能源短缺问题的日益严重,风能作为一种清洁的可再生能源受到了广泛的重视。目前,在除水电以外的各种再生能源的开发中,风电的开发最具潜力,由于在技术上日趋成熟,风能成为最具有大规模开发利用前景的可再生能源。

我国是世界上温室气体排放量位居前列的国家,以燃煤为主的能源结构所造成的环境污染,已成为我国政府极其关注的重大问题。根据国情和环境状况,我国提出将 21 世纪作为能源资源利用走向太阳能和风能的时代,将开发利用可再生能源作为我国推行可持续发展战略的重要组成部分。

我国可开发和利用的风能储量约为 1 TW,其中,陆地上风能储量约235 GW(依据陆地上离地 10 m 高度资料计算),海上可开发和利用的风能储量约750 GW。"三北"地区包括东北3省、河北、内蒙古、甘肃、青海、西藏和新疆等省和自治区近 200 km 宽的地带,风功率密度在 200~300 W/m² 以上,有的可达 500 W/m² 以上,可开发利用的风能储量约为 200 GW,占全国陆地可利用储量的79%左右。这些规划建风电场的地区地形平坦,交通方便,没有破坏性风速,是我国连成一片的最大风能资源区,有利于大规模地开发风电场。

1.4.1　风力发电机组的结构

图 1.8 示出一台风力发电机组的结构,绘出了实现能量转换的主要部件。

风力机利用其桨叶吸收风能,经增速箱带动发电机旋转发电。增速箱的作用在于使桨叶和发电机具有不同的转速,使各自均能进入高转换效率区间。

风力发电系统中两个主要部件是风力机和发电机。风力机的变桨距调节技术和发电机的变速恒频技术是风力发电技术发展的趋势,也是当今风力发电的核心技术。

1.4.2　风能资源的测量与计算

建设风电场时需要对当地的风能资源的测量与计算。风能的测量包括风的来向、风速和出现的频率三个数据。测量风的来向的常用工具是风向标。

风的来向用 16 个方位表示,按划分的思路可将其分为三组:

①东(E)、西(W)、南(S)、北(N);

②东南(SE)、东北(NE)、西南(SW)、西北(NW);

③南东南(SSE)、东东南(ESE)、北东北(NNE)、东东北(ENE);

南西南(SSW)、西西南(WSW)、西西北(WNW)、北西北(NNW)。

图 1.9 示出了这 16 个方向的名称及中心线:

在各中心线两侧 11.25°范围内的来风,即视为该来风方向,即每个方向的弧度为 22.5°。

一般采用旋转式风速计测量风速。在总的记录次数中,一个方向上的来风所占的百分数称为该方向的来风频率。

计算出各方向全年的来风频率后,以极坐标形式标在图 1.10 上,然后将相邻各点连接,则组成风向玫瑰图。

图 1.10 即为实际测得的风向玫瑰图。

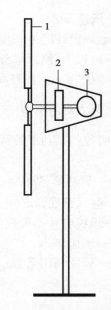

图 1.8　风力发电机组的结构示意图
1—桨叶;2—增速箱;3—发电机

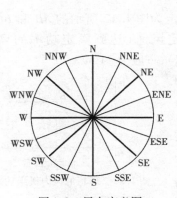

图 1.9　风向定义图

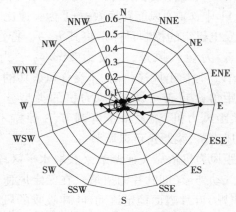

图 1.10　风向玫瑰图

评价一个地区风能的可利用价值的量度是风功率密度,其定义为气流在单位时间内垂直通过单位截面积的风功率,计算公式为:

$$w = \frac{1}{2}\rho v^3 \tag{1.6}$$

式中　w——风功率密度,W/m^2;

　　　ρ——空气密度,kg/m^3;

v——风速，m/s。

风力发电场设计的第一步是建设测风塔进行主导风向和风功率密度的测量。一般测风塔的高度为 70 m 以上，测风塔分为多层。例如，高度 70 m 的测风塔分为 5 层，各层的高度分别为 10、30、50、60、70 m。在最高（70 m）层和最低（10 m）层设风向标，各层均设风速计。

1.4.3　风力机的类型

风力机吸收的风功率的算式为

$$P_W = 0.5\rho A v_W^3 C_P \tag{1.7}$$

式中　P_W——风功率，W；

ρ——空气密度，kg/m³；

A——风机叶片扫风截面，m²；

v_W——风速，m/s；

C_P——风能利用系数。

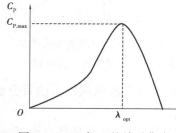

图 1.11　C_P 与 λ 的关系曲线

由式（1.7）可见，由于风机的输出功率与风速的立方成正比，较小的风速变化即会导致较大的风功率变化。

定义风的流向与风机桨叶截面弦线的夹角为桨距角，将其记为 β。定义风机桨叶尖端的旋转线速度与来风的流速之比为尖速比（Tip Speed Raitio，TSR），将其记为 λ。根据风机叶片的动力特性，风机转换效率是桨距角 β 和尖速度比 λ 的函数，即 $C_P = f(\beta,\lambda)$。

在一定的桨距角 β 下，风力机的特性由风能转换效率曲线（C_P-λ）来表达，转换效率 C_P 与尖速比 λ 的关系如图 1.11 所示。

图 1.11 中，C_P 为风能转换效率；λ 为尖速比。

风力发电机组的控制目标是将其 P_W-v_W 特性整定为图 1.12 所示的 AB 和 BC 两条直线段，其中：v_{in} 为切入风速，一般为 3 m/s；v_n 为额定风速（达到额定功率的风速），一般为 12 m/s；v_{out} 为切出风速（保护不受强风破坏的风速），一般为 24 m/s。

按桨距角 β 是否可调节，风力机的类型分为两种：①定桨距风力机，桨距角不可调节，β 保持不变；②变桨距风力机，桨距角可以调节。

定桨距风力机依靠失速调节来获取水平区段；依靠叶片的气动外形（即叶片的扭角），在额定风速以下空气沿（紧贴）叶片表面稳定流动，叶片吸收的风能与风速成正比；在额定风速以上，在叶片后侧空气流与

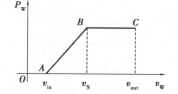

图 1.12　理想的风力机组功率特性图

叶片分离，使叶片吸收的风能效率随风速的上升而下降，使叶片吸收的功率略低于额定值。此种风机结构简单，但因承受损耗力矩而使叶片受力较大。

变桨距风力机依靠调桨距角 β，即改变叶片迎风面与纵向旋转轴的夹角影响叶片的受力，从而调节风机输出功率，保持输出功率恒定：当风速低于额定风速时，桨距角置于最佳效率位置不变，这时转换得到的机械功率与风速成正比；当风速高于额定风速时，调节桨距角随风速的增大而降低转换效率，保持转换得到的机械功率恒定，避免风力机和发电机超载。

与定桨距风力机相比较,变桨距风力机的运行特性具有如下优点:

①通过桨距角调节,变桨距型风力机在低风速时较之定桨距型风力机有更高的风能转换效率,因此,有较大的能量输出,启动风速较定桨距风力机低,比较适合于平均风速较低的地区安装。

②变桨距调节的风力机受到的冲击较之定桨距风力机小得多,因此,可减少材料使用率,降低整体质量。

③当风速超过一定值时,定桨距风力机必须停机,而变桨距型风力机可以将桨叶调节到无负载的全翼展开模式位置,因此,可以不停机。

变桨距型风力机的上述优点,使之较定桨距风力机能增加年发电量。由于调节速度的限制,变桨距型风机对快速变化阵风反应不灵敏,在阵风状态下,输出功率脉动比较大,而定桨距风机依靠失速调节反应较快,引起的功率脉动较小。

1.4.4 发电机类型

应用于风力发电的发电机类型有三种:①同步电机;②鼠笼式异步电机;③双馈异步电机。

同步电机是最早应用风力发电的交流电机,由于有励磁系统,使其结构复杂,造价较高,特别是励磁系统的故障概率高,因此,在20世纪90年代以后,大多被鼠笼式异步电机所替换。鼠笼式异步电机简单、经济、耐用的优点在露天的风力发电场显得特别突出。

双馈风力发电机组仍然采用变桨距风力机,只是将发电机换成了交流励磁的异步电机,接线如图1.13所示。

双馈异步发电机可以通过改变交流励磁电流的频率调整风机的转速,桨距角的控制方式仍然与普通风力发电机组相同:当风速低于额定风速时,桨距角置于最佳效率位置不变;当风速高于额定风速时,调节桨距角随风速的增大而降低转换效率。双馈发电机的效益呈现于低风速段:当风速低于额定风速时,增加转速控制进一步提高风力的转换效率,将切入风速降低,如图1.14所示,切入风速点由 A_1 减小为 A_2 。

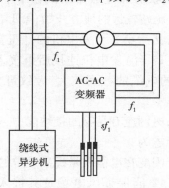

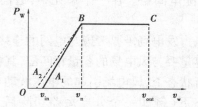

图1.13 双馈电机接线图　　图1.14 风力机的 P_W-v_W 特性

与鼠笼式异步发电机比较,双馈异步发电机有如下缺点:

①价格昂贵,具有交流励磁系统(变频器)的异步发电机的价格约为鼠笼式异步发电机的两倍;②发电机损耗大、效率低;③故障概率高,高于直流励磁的同步发电机。特别是当系统扰动,例如外部短路电压跌落或风电机组突然脱网时产生的暂态过电压易于使变频器损坏,通常采用短路棒将转子短路,以保护变频器。考虑电网短路时有发生,为限制其随意脱网,因此对

其作出规定:当电压低于25%,持续一定的时间内不应脱网,称为低电压穿越能力。

上述表明:双馈风力发电机组应用于不具备良好风力(没有 BC 段),而又十分缺乏电源的地区(孤立小区)才能凸显其效益,否则可能得不偿失。全面综合地进行技术经济比较,对于具备良好风力的并网风电采用鼠笼式异步发电机更为恰当。

1.4.5　运行方式

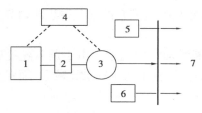

图 1.15　孤立运行的风力发电机组的接线图

1—风力机;2—增速箱;3—发电机;4—控制系统;5—无功补偿器;6—储能装置或备用(互补)电源;7—负荷

风力发电有两种运行方式:孤立运行方式和并网运行方式。一般前者为小容量风电,后者为大容量风电。

(1)孤立运行方式

孤立运行方式,即不并入大容量电网的运行方式。其下又分为两种:

1)"风电+蓄电池"方式

图 1.15 示出孤立运行的风力发电机组的接线结构。

此种方式应用于偏远的、分散的居民点,通常是一台小型风力发电机对该居民点供电。为了保证无风时的用电,需用蓄电池储能。

2)风力发电与其他类型发电相结合的方式

风力发电与其他类型发电相结合的方式,又称为互补方式。例如,风光互补,就是同时建设太阳能发电站,若能与柴油机发电或小型水电站相结合,则供电更为可靠。此种方式应用于较大的用电单位,例如一个村庄或一个海岛。

(2)并入大容量电网的运行方式

图 1.16 示出并网风力发电场的结构。

此种风电场安装几十台甚至几百台风力发电机,分布在数千米或数十千米的范围内,图 1.16 中所示的发电机的链式接线单元(1):从离升压站较远的地方开始,第 1 台发电机的升压变压器经电缆与第 2 台发电机的升压变压器相连,然后第 2 台发电机的升压变压器经电缆与第 3 台发电机的升压变压器相连,多台(例如 10 ~ 15 台)发电机连接后再接入升压站的低压母线,占据一个配电间格。在一个单元中,后面的电缆的截面较大,大致可分 3 ~ 4 个等级选取。

大容量的风力发电场需要考虑与电网的连接,电网应有足够的接纳能力,要求风电场接入点的电网短路容量要与风电场的容量相匹配,其标志为:

①正常运行状态下,风电场引起的电压波动与闪变在电能质量标准规定的范围内。

②故障状态下(例如一个分支短路切除后),要能保证风电场及其接入电网的电压稳定性。

上述两点可以通过在风电场内和电网的接入点安装现代无功补偿装置(例如 SVC)来保证。

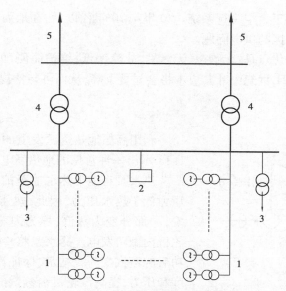

图 1.16 风力发电场典型主接线图
1—风电机组链;2—无功补偿器;3—站用变压器;
4—升压变压器;5—并网输电线

1.5 其他能源电站

1.5.1 太阳能电站

将太阳光能转换为电能,称为太阳能发电。图 1.17 为太阳能电池发电系统示意图。

在太阳光的照射下能产生电动势的器件,称为光伏器件。半导体 PN 结器件是光电转换效率很高的光伏器件,将此类器件组成的光电转换单元,称为太阳能电池。

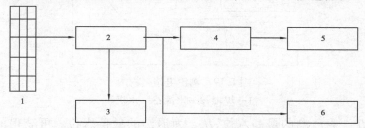

图 1.17 太阳能电池发电系统示意图
1—太阳能电池方阵;2—充电控制器;3—蓄电池;4—DC/AC 变换;5—交流负荷;6—直流负荷

太阳能电池的最小单元称为太阳能电池单体。单体的工作电压仅为 0.45～0.5 V,工作电流密度为 20～25 mA/cm^2。将多个单体串、并联并封装后即构成太阳能电池组件,功率可达几百瓦。将多个组件串、并联就构成太阳能电池方阵。将多个方阵并联即构成太阳能电站,此种直接将太阳光能转换为电能的电站常称为光伏电站。

充电控制器的作用在于防止蓄电池过充电和过放电。

太阳能电池最早用于太空飞行系统。20世纪70年代以后,在地面也得到了广泛的使用,特别是用于解决边远地区的供电问题。

太阳能电池发电的优点是:无噪声、无污染,故障率低,维护简便,可无人值班。目前最大的障碍是成本高,预计21世纪中叶其成本将会显著下降,从而可与常规能源竞争。

1.5.2 地热电站

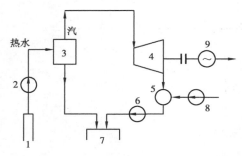

图1.18 地热电站的生产过程示意图
1—地下热水井;2—热水泵;3—扩容器;4—汽轮机;5—凝汽器;6—排水泵;7—回灌井;8—冷水泵;9—发电机

利用高温地热资源发电的电站称为地热电站,图1.18示出一种常见的地热发电厂的生产过程。

热水泵将地下热水抽至扩容器中,由于扩容器内压力低于热水压力,因此,热水在其中突然扩容而蒸发,一部分变为蒸汽,称为闪蒸。生成的蒸汽进入汽轮机内做功发电。冷水泵将冷水打入凝汽器中,使做功后的蒸汽变为凝结水,保证汽轮机末端有较低的温度和压力,提高汽轮机内蒸汽的热能向机械能转换的效率。废水经回灌井返回地下。

西藏羊八井地热电厂是我国自己建造的第一座商业性地热发电厂,装机25.18 MW(其中第一电厂10 MW,第二电厂15.18 MW)。

1.5.3 潮汐电站

在海湾入口或河口建设筑坝和水库,利用潮水涨落时海洋水位的变化在堤坝两侧造成的水位差发电的电站,称为潮汐电站。潮汐电站结构如图1.19所示。

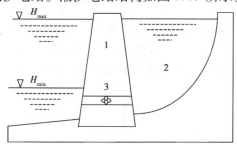

图1.19 潮汐电站结构图
1—堤坝;2—水库;3—水机

图1.19中,H_{max}为涨潮的最高水位,H_{min}为退潮的最低水位。可获得的发电最高水头为$H=(H_{max}-H_{min})$,昼夜之间,此种潮水涨落造成的H_{max}与H_{min}水位的比值达2倍之多,可能获得10 m以上的发电水头。

仅在落潮时发电的潮汐电站在一个潮汐期内的运行工况分为充水、等候退潮、发电、等候涨潮四个阶段:

①充水。上涨的潮水经水闸进入水库,至堤坝两侧水位齐平时关闸蓄水。

②等候退潮。等候堤坝外侧水位退落。

③发电。当堤坝外侧水位下降,达到发电最佳水头时水轮发电机组开始发电,直至堤坝两侧水位差小于机组发电所需最低水头。

④等候涨潮。等候下一次涨潮时再充水。

显然,由于水头不高,潮汐电站的发电能力取决于水库的容量,建设 10 MW 级的潮汐电站需要很大的占地面积。

1.6　变电站的分层结构

电力系统的变电站包括发电厂的变电站和电力网的变电站,变电站的电压等级均以变压器高压侧的额定电压命名。

图 1.20 示出变电站的分层结构。发电厂变电站的变压器的低压侧接入发电机,功率由高压和中压侧输出,称为升压变电站,变压器为升压变压器 1;电力网变电站中的变压器的高压侧为受电端,中压和低压为送电端,称为降压变电站,变压器为降压变压器 2、3、4。变压器高压侧有多个分接头,中间一个分接头称为主分接头。作为功率的送端,升压变压器的主分接头电压较电网额定电压高 10%;作为功率的受端,降压变压器的主分接头电压与电网额定电压相同。

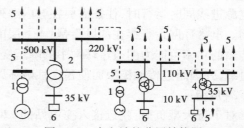

图 1.20　变电站的分层结构图
1—升压变电站;2—枢纽变电站;3—区域变电站;
4—配电变电站;5—输配电线路;6—无功补偿器

我国每一个省级行政区的电力网按电压等级分为高、中、低三层,各层电网均有多个变电站并彼此以输电线 5 连接,形成环网结构。习惯上将高层电网的变电站称为枢纽变电站 2,中层电网的变电站称为区域变电站 3,低层电网的变电站称为配电变电站 4。

三层电网具有以下不同的功率集散功能:

（1）**枢纽变电站**

目前我国西北部地区为 750 kV 变电站,其余地区为 500 kV 变电站,已建成一些 1 000 kV 特高压变电站。该层变电站的高压侧相互联络,并可能接入大型电厂,一些枢纽变电站还通过远距离输电线与其他省级电网联络,进行省级电网间的功率交换,实现全国联网。中压侧(我国西北部地区为 330 kV,其余地区为 220 kV)对区域变电站和特大型工业企业供电。低压侧(35 kV)仅接入双向(可发可吸的)无功补偿装置。目前我国一座枢纽变电站的总容量在 1 500 MV·A 以上,变压器单台容量很大,因此,采用单相式三绕组自耦变压器。

（2）**区域变电站**

目前我国西北部地区为 330 kV 变电站,其余地区为 220 kV 变电站,由枢纽变电站供电,高压侧还与其他区域变电站相互联络。中压侧(110 kV)对配电变电站和大型用电负荷供电,并可能接入中型发电厂。低压侧(10 kV)仅接入无功补偿装置。目前我国一座区域变电站的总容量在 500 MV·A 以上,采用三相式普通三绕组变压器。

（3）**配电变电站**

目前我国配电变电站的电压为 110 kV,由区域变电站供电,高压侧还与其他配电变电站相互联络。中压侧(35 kV)对中型负荷供电,并可能接入分布电源(容量很小的水电站、风电场和太阳能电站等)。低压侧(10 kV)对近区的小型负荷、居民及街道照明供电,并接入无功补偿装置。目前我国一座配变电站的总容量在 100 MV·A 上下,采用三相式普通三绕组变压器。

由于一座上层变电站需要对多个下层变电站供电,因此从上层到下层变电站座数不断增多。

三层变电站的电源、负荷及无功补偿的基本格局如下:

1)电源

枢纽变电站的电源,来自本电网内的大、中型发电厂和远方电力系统;区域变电站的电源,来自枢纽变电站和近区中型发电厂;配电变电站的电源,来自区域变电站、邻近的小型发电厂和各种分布电源。

为了提高供电可靠性,区域变电站和配电变电站的电源取自上层的两个不同变电站,当两个电源进线同时运行时,往往需要在站内解列运行,以免形成由两级电压通过变压器构成电磁环网。电磁环网运行存在的风险是:当上层电网中两个变电站的高压联络线断开时,该线路原来传输的功率可能力图通过环网中的降压变压器和低压线路穿越,导致降压变压器和低压线路过载,并因超过传输极限而使稳定性破坏,导致电网崩溃,使事故影响扩大。

2)负荷

对于特大型负荷,就近接入变电站的 220 kV 母线;对于大型负荷,就近接入变电站的 110 kV 母线;对于中、小型负荷,均由配电变电站供电。可见,枢纽变电站和区域变电站都不对中、小型负荷供电,避免因其有很高的故障概率影响变电站的安全,导致经常大面积停电。特别是枢纽变电站,作为电网功率平衡的枢纽,当其发生故障时可能导致电网解列,并使各区域电源与负荷的功率严重不平衡,若保护与安全控制措施不当或动作不正确,则可能因频率稳定性和电压稳定性的破坏导致电网崩溃,因此,应尽可能地避免负荷直接接入。

配电变电站的主要任务是直接对负荷供电,由配电变电站构成的电网称为配电网;枢纽变电站和区域变电站的主要任务是汇集电源,经输电线向下级电网传输电能,因此,将枢纽变电站和区域变电站构成的电网称为输电网。

3)无功补偿

基于无功就地补偿的原则,每个变电站的低压均装设无功补偿装置。向母线提供无功的补偿器称为正向(发)无功补偿器,例如电容器;从母线吸收无功的补偿器称为反向(吸)无功补偿器,例如电抗器;既可发无功也可吸无功的补偿器称为双向无功补偿器,例如静止无功补偿器。由于高层电网的长距离超高压输电线路重载时吸收大量无功,轻载时产生大量无功,因此,枢纽变电站的低压侧(35 kV)需装设双向无功补偿器;区域变电站一般在低压(10 kV)仅装设正向无功补偿器;配电变电站靠近负荷,在低压(10 kV)仅装设正向无功补偿器。

重要的工厂可能设自备电厂,该电厂也接入配电变电站的低压母线,正常运行时自备电厂除供给本厂负荷外还可能有剩余功率对外输出,这时该变电站实际上为自备电厂的升压变电站,当自备电厂停运时,外部电力系统经该变电站将功率送入,这时该变电站为一降压变电站,因此常称此种变电站为工厂与电力系统的联络变电站,考虑功率的双向传送,其变压器可能需要选用有励磁调压变压器,在运行状态下调节变压器分接头。

目前我国电网的运行调度方式是:枢纽变电站由省级调度中心直接管理,区域变电站和其供电的配电变电站由供电局的调度所管理。

1.7 电能质量与供电可靠性

1.7.1 电能质量的标准

电能质量指的是用电点的电压的幅值、频率等与规范标准的偏离程度。电能质量不合格将导致受电及用电设备不能正常工作并严重影响其寿命甚至危及运行的安全,照明设备还将对人体生理造成危害。信息技术的高速发展,基于计算机、微处理器控制的用电设备和电力电子设备在系统中大量投入使用,它们对来自电力系统的干扰比机电设备更加敏感,因此对供电质量的要求也更高。如不及时地、很好地加以解决电能质量问题,将会造成大量的经济损失。

通用的电能质量基本标准包括:①电压偏移 δU;②电压变化摆幅 δU_t;③电压摇摆剂量 Ψ;④电压波形的非正弦系数 K;⑤n 次谐波分量系数 $K_{U(n)}$;⑥负序电压系数 K_{2U};⑦零序电压系数 K_{0U};⑧频率偏移 Δf;⑨电压塌陷时间 Δt;⑩脉冲电压 U_{IMP}。其分述如下:

(1)**电压偏移 δU**

电压偏移定义为:

$$\delta U = \frac{U - U_e}{U_e} \times 100 \tag{1.8}$$

式中　U——电压有效值,kV;

U_e——电压额定值,kV。

允许电压偏移列于表 1.3。事故后状态允许电压负偏移较正常状态放宽 5%。

表 1.3　用电电器允许电压偏移百分值

运行状态	电动机	室内照明灯具	其他电器
正常	−5 ~ +10	−2.5 ~ +5	−5 ~ +5
事故后	−10 ~ +10	−7.5 ~ +5	−10 ~ +5

(2)**电压变化摆幅 δU_t**

电压变化的摆幅定义为:

$$\delta U_t = \frac{|U_i - U_{i+1}|}{\sqrt{2}\,U_e} \times 100 \tag{1.9}$$

式中　U_i、U_{i+1}——电压幅值包络线相邻两极值点电压,V。

当每分钟内出现的摆动次数越多时,电压变化摆幅允许值越小。当摆动次数在 1 次/min 及以内时,对一般的室内照明白炽灯,其允许摆幅为 4%。电压变化摆幅如图 1.21 所示。

(3)**电压摇摆剂量**

周期性的或近似于周期性的电压摇摆对人体生理危害的剂量定义为:

$$\Psi = \frac{1}{\theta} \int_{t-\theta}^{t} \sum_{f=1}^{n} (g_f \cdot \delta U_f)^2 \, \mathrm{d}t \tag{1.10}$$

式中　δU_f——电压变化曲线摇摆频率为 f 的傅里叶分量有效值;

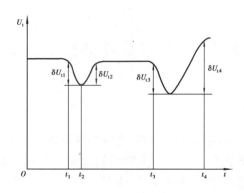

图 1.21 电压变化摆幅

g_f——电压变化有效值摆幅的等效折算系数与摇摆频率的关系列于表 1.4;

θ——取平均值的时间区间长度,为 10 min;

n——所考虑摇摆最高频率。

表 1.4 电压摇摆剂量等效折算系数 g_f

电压摇摆频率 $f/(1 \cdot \text{min}^{-1})$	1.0	2.0	3.0	4.0	5.0	6.0	7.0	8.0
折算系数 g_f	0.107	0.132	0.153	0.161	0.171	0.181	0.193	0.207
电压摇摆频率 $f/(1 \cdot \text{min}^{-1})$	9.0	10	20	30	40	50	60	70
折算系数 g_f	0.215	0.223	0.264	0.299	0.322	0.341	0.363	0.377

对于一般室内照明白炽灯,电压摇摆对人体生理危害的剂量标准为 0.034。

(4)电压波形的非正弦系数

电压波形的非正弦系数定义为:

$$K = 100 \sqrt{\sum_{n=2}^{N} \frac{U_{(n)}^2}{U_e^2}} \tag{1.11}$$

式中 $U_{(n)}$——电压的 n 次谐波有效值,kV;

n——电压谐波次数;

N——所考虑的谐波最高次数。

确定电能质量指标时,可不计 $n>40$ 和所占比例小于 0.3% 的谐波分量,并按下式计算:

$$K = 100 \sqrt{\sum_{n=2}^{N} \frac{U_{(n)}^2}{U_{(1)}^2}} \tag{1.12}$$

式中 $U_{(1)}$——基波有效值,kV。

电压波形非正弦系数的允许值列于表 1.5。

表 1.5 电压波形非正弦系数的允许值

电压等级	1 kV 及以下	6~20 kV	35 kV	110 kV
正常状态	5	4	3	2
最大允许值	10	8	6	4

（5）**n 次谐波分量系数** $K_{U(n)}$

n 次谐波分量系数定义为：

$$K_{U(n)} = 100 U_{(n)} / U_e \tag{1.13}$$

式中　$U_{(n)}$——n 次谐波有效值。

允许按下式计算：

$$K_{U(n)} = 100 U_{(n)} / U_{(1)} \tag{1.14}$$

式中　$U_{(1)}$——基波有效值。

通用的谐波分量系数标准列于表 1.6。

表 1.6　谐波分量系数通用标准

电压等级	1 kV 及以下	6 ~ 20 kV	35 kV	110 kV
奇次谐波	6	5	4	2
偶次谐波	3	2.5	2	1

（6）**负序电压系数** K_{2U}

负序电压系数定义为：

$$K_{2U} = 100 U_{2(1)} / U_e \tag{1.15}$$

式中　$U_{2(1)}$——三相电压系统中负序基波分量的有效值。

负序分量系数正常允许值为 2%，最大限值为 4%。

（7）**零序电压系数** K_{0U}

零序电压系数定义为：

$$K_{0U} = 100\sqrt{3}\, U_{0(1)} / U_e \tag{1.16}$$

式中　$U_{0(1)}$——三相电压系统相电压基波零序分量有效值。

当电压波形非正弦系数不超过 5% 时，可按下式计算：

$$K_{0U} = 100\sqrt{3}\, U_{0(1)} / U_{1(1)} \tag{1.17}$$

式中　$U_{1(1)}$——基波线电压有效值。

零序分量系数正常允许值为 2%，最大限值为 4%。

（8）**频率偏移** Δf

频率偏移定义为：

$$\Delta f = f - f_N \tag{1.18}$$

式中　f——频率值，Hz；

　　　f_N——频率额定值。

频率偏移正常允许值为 ±0.2 Hz，最大限值为 ±0.4 Hz。

（9）**电压塌陷时间** Δt_p

电压塌陷时间如图 1.22 所示，电压塌陷时间定义为：

$$\Delta t_p = t_f - t_B \tag{1.19}$$

式中　t_f、t_B——电压塌陷的起始及终止时间，s。

（10）**脉冲电压** δU_{imp} **及其持续时间** $t_{imp.0.5}$

脉冲电压如图 1.23 所示，脉冲电压定义为：

$$\delta U_{\mathrm{imp}} = \frac{U_{\mathrm{imp}}}{\sqrt{2}\,U_e} \qquad\qquad (1.20)$$

式中 U_{imp}——脉冲电压值,kV。

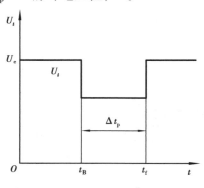

图 1.22 电压塌陷时间

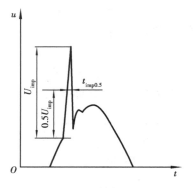

图 1.23 脉冲电压

脉冲电压的持续时间从脉冲电压前沿中点算起,电压越过顶点回复到该数值所经过的时间,一般为几微秒到 10 微秒。

1.7.2 对电力负荷供电的要求

对电力负荷供电的基本要求是"安全可靠,优质经济"。"安全可靠"指的是保证供电的连续性。保证"安全可靠"的必要手段之一,是对其提供足够的供电电源。优质指的是对用户提供的电压质量合乎国家标准。供电的经济性最终表现为售电的价格,它是由发电和输电的经济性来保证的:主要是降低发电的成本,例如提高发电的效率、降低电厂自身用电(厂用电)量、降低输电线及变压器的损耗等。

按供电可靠性要求将电力负荷分为 3 类:

Ⅰ类。供电中断可能导致威胁人身安全、贵重设备的损坏、国民经济的巨大损失,或社会秩序的严重破坏。例如,煤矿井下、医院手术室的供电中断,可能导致人身伤亡。冶炼厂中电炉停电可能导致设备破坏。股票市场等金融交易机构的供电中断将造成重大的经济损失。国家重要机关及航空、铁路等重要交通枢纽的供电中断会造成重大的政治影响和社会秩序的严重破坏。

Ⅱ类。供电中断将导致大量减产或影响大量居民的正常生活,例如大型的机械制造厂,城市供水系统等。

Ⅲ类。Ⅰ、Ⅱ类之外的其他负荷。

对于Ⅰ类负荷必须考虑有两个及以上的独立电源供电。所谓独立电源,指在发生事故时,在继电保护装置正确动作的情况下,两个电源不会同时丢失或在失去一个电源时,在允许的时间内第 2 电源自动投入。特别重要的Ⅰ类负荷还应考虑增设第 3 独立电源供电。

Ⅱ类负荷也要求有两个独立电源供电,当第 1 电源失去时,由运行人员操作投入第 2 电源。当只有一个独立电源时,也必须由两回线供电,并能保证故障线的修复不超过 1 昼夜。

Ⅲ类负荷可仅有 1 回供电线路,事故后应能在 1 昼夜内修复。

1.8　我国电力系统的现状与发展方向

1.8.1　我国电力系统的现状

我国的发电能源主要集中在西部地区,负荷主要集中在东部地区。因此,我国电力系统发展的格局是"西电东送,南北互供,逐步实现全国联网"。

目前,我国已形成由国家电网公司管理的东北、华北、西北、华中、华东等 5 大跨省区域电网和中国南方电网公司管理的南方跨省区域电网。特大容量电力的西电东送和南北互供,造就了我国交、直流特高压输电技术的高速发展:在西电东送中,已建成±800 kV 和±1 100 kV 特高压直流输电线路,10 GW 功率的传输距离可达 3 000 km 以上,可以由西部电源点直达东部负荷点。1 000 kV 的交流特高压主要用于南北互供。

西电东送已形成北、中、南三条干线:北线为内蒙古、山西、宁夏、陕西的火电和甘肃、青海的水电输向京、津、冀、鲁地区的输电干线;中线为四川西部及三峡水电输向长江中、下游的输电干线;南线为云南、贵州的水电和煤电输向广东及香港地区的输电干线。

位于我国中部的三峡电站装机 22.4 GW,为中部电网的安全稳定运行起到支撑作用。随着西部水电、风电、光电的大规模开发,目前我国的发电装机与输电技术都位居世界第一。

为了减少碳排放,我国大力发展清洁能源,风、光发电装机已居世界首位。按照"融入大电网,建设大基地"的要求,已在甘肃、内蒙古、河北、江苏等地形成几个 10 GW 级的风电基地。西部新疆等地已大规模开发了风电、光电,采用±1 100 kV 特高压直流输电直送东部。

金沙江流域的水电开发已取得了很大的成功,已建成的水电装机容量接近 3 个三峡电站,其中白鹤滩电站单机容量 1 GW 为世界最大,总装机 16 GW 仅次于三峡电站。采用±800 kV 特高压直流输电直送东部。

具有高安全可靠性的第三代核电机组华龙号已首先在我国投入运行。

1.8.2　我国电力系统的发展方向

我国电力系统的发展方向是:大力优化能源结构,推进能源科技进步,加强能源合作,改进能源行业管理,以能源的可持续发展促进经济社会的可持续发展。

我国中央政府提出了积极推动我国能源生产和消费革命,通过关停小机组,建设大型煤电化基地对火电进行改造,将在宁夏、山西、内蒙古等地建设以电力外送为主的大型煤电化基地。同时还提出了在采用国际最高安全标准、确保安全的前提下,在东部沿海地区建设新的核电项目。

今后火电装机的增长应让位于水电、核电和清洁能源。通过关停小机组建设大型煤电化基地对火电进行改造,将在宁夏、山西、内蒙古等地建设大型煤电化基地。

我国水能资源丰富,经济可开采容量 400 GW,大力发展水电是能源建设的主要方向,目前,正在西部地区继续开发水电,仅金沙江流域的可开发容量就相当于 9 个三峡电站。同时还规划在西藏雅鲁藏布江下游大拐弯建设的特大型水电站,装机达 45 GW,用多条±1 100 kV 特高压直流输电线路直送东部地区。

我国风能资源可开发储量约250 GW。主要集中在西北、华北、东北及东南沿海地区,开发风电是一个重要的发展方向。我国将坚持以风电特许权方式建设大型和特大型风电场,推动风电设备国产化,逐步建立我国的风电产业体系。

把太阳能利用技术作为战略能源技术,稳步发展,积极推进。对热能消耗大、占地面积大的政府建筑、商业建筑要逐步推广安装太阳能热水器。启动太阳能发电示范项目建设,开展城市屋顶太阳能光伏发电应用示范项目建设,促进太阳能硅材料技术研发和产业化。在一些极其偏远,居民分散,又缺乏水力资源的地区需要大力发展太阳能发电。

随着全国联网的实现,需要采用现代技术以达到"安全可靠,优质经济"的供电要求,随着输电容量的增大、输电距离的增长,特别需要提高电力系统运行的稳定性控制能力,防止电力系统发生稳定性破坏事故导致大区域电网的崩溃。

上述表明,我国电力工业的发展前景十分光明,摆在电力工作者面前的任务也十分艰巨。

思 考 题

1.1 发电厂的基本类型有哪些?简述各自的生产过程与运行特点。为什么电力系统应建设一定比例的水电站?

1.2 简述变电站的基本类型及各自在电力系统中的地位和作用。

1.3 电能质量的基本标准如何定义?

1.4 负荷重要性分类及如何保证其供电可靠性?

1.5 我国电力系统的现状与发展方向为何?

第**2**章

发电厂
变电站电气接线、设备的基本概念与定义

2.1 一次接线与二次接线

发电厂、变电站的电气接线包括一次接线和二次接线两大部分。

一次接线指的是以传输能量为目的,对用户供电的大功率电流所通过的电路部分。其中,对外供电(或由外部受电)的部分称为主接线。为了保证发电厂、变电站的生产和工作人员的生活对内供电的部分称为厂(站)用电接线。

为了保证一次接线安全、可靠、优质、经济地运行,以传输信息为目的,对一次接线中的设备实施测量、控制、调节的电路部分称为二次接线。

测量功能包括显示、打印、记录电压、电流、功率及电度等运行量。信号功能指的是用文字、声音和灯光等显示接线及设备的状态:正常、异常(无需立即停运)或事故(需要立即停运)。控制指的是对断路器实施跳闸(切除)或合闸(投入)操作,可以由运行人员手动,也可以自动。检查一次接线是否发生事故,当其发生事故时自动实施切除事故相关部分的控制系统称为继电保护系统。自动重合闸、备用电源自动投入、发电机自动同期并列装置属于自动合闸的控制装置。电力系统的调节主要包括发电机组的有功-频率调节、无功-电压调节、有载调压变压器分接头的自动调节以及无功补偿、谐波补偿等补偿设备的自动调节。

在一次接线中,将通过同一电流的电路部分称为一条支路,每条支路以其主要元件命名,例如,发电机支路、变压器支路、出线支路等。

电气设备的额定电压包含两个方面的意义:①表示电气设备的最高工作电压,当其工作在$1.1 \sim 1.15$倍额定电压之下时,不会导致绝缘击穿;②表示电气设备的最佳工作电压,电气设备在该电压下工作效率处于最佳状态。

从技术经济性考虑,我国用电设备、发电机和电力网的额定电压规范如下:用电设备的额定电压为$380/220$ V、3、6和10 kV,冶炼等一些工业企业的专用设备有所不同。

从制造与运行的技术经济性考虑,随发电机额定容量的增大,发电机的额定电压也随之提高。我国汽轮发电机的额定电压见表2.1。

表 2.1 我国汽轮发电机的额定电压

额定容量/MW	≤12	50	100	125	200	300	≥360
额定电压 /kV	0.4、3.15、6.3	6.3、10.5	10.5	13.8	15.75	18	24

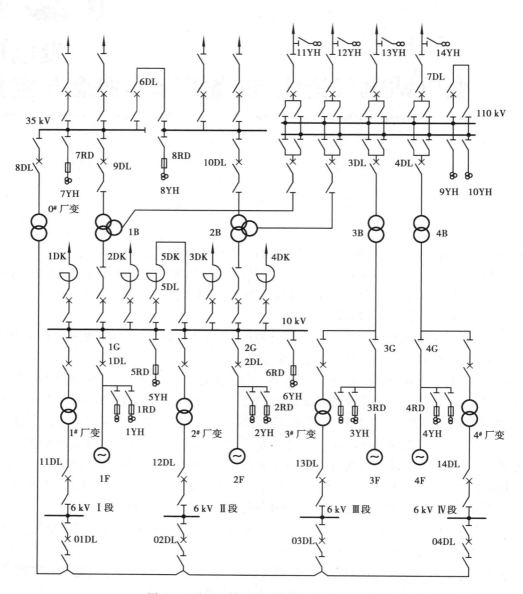

图 2.1 对近区供电的小容量电厂一次接线

由于容量在 50 MW 及以下的发电机可直接对近区负荷供电,因此其额定电压较用电设备的额定电压高 5%。

我国公用交流电力网的额定电压:380/220 V、3、6、10、20、35、110、220、330(西北)、500、750(西北)和 1 000 kV。其中,330 kV 与 750 kV 配套,应用于陕西、甘肃、宁夏、青海电网;220 kV 与

500 kV 配套,应用于其余各电网。

与电力网的额定电压相匹配,变压器各电压等级的额定电压同于电力网的额定电压。

大容量电厂不直接对电厂周围的负荷供电,小容量电厂可直接对电厂周围的负荷供电。图 2.1 为对近区供电的小容量电厂一次接线的例子,图中以专用符号表示出发电机、变压器、开关、电抗器、互感器等设备,对称的三相导体仅绘一条,称为单线图。

2.2　发电机、变压器的基本形式与参数

2.2.1　同步发电机的基本形式与参数

同步发电机的结构如图 2.2 所示。图 2.2 中,G 为发电机的定子;W_r 为发电机的转子绕组,又称为励磁绕组;G_f 为发电机的转子的交流励磁电源,汽轮发电机一般为与主机同轴的交流发电机,水轮发电机一般为接于定子端口的励磁变压器;SCR 为可控硅整流器,向转子提供直流励磁电流;AER 为自动励磁调节器;S 为电力系统。

发电机的转子绕组的中心线称为发电机的直轴,又称为 d 轴;与直轴正交的线称为交轴,又称为 q 轴。

同步发电机的励磁装置对转子绕组提供的励磁电流沿 d 轴生成穿过定、转子铁芯及其两者间气隙的磁场,当转子旋转时定子绕组切割该磁场生成电势称为同步电势,作为旋转相量该电势的相位超前 d 轴 90°,与 q 轴重合,记为 $\dot{E}_q$。

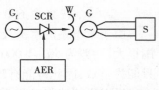

图 2.2　同步发电机结构图

同步电势 $\dot{E}_q$ 超前于机端电压的相位角可以计算发电机输出的功率,因此称为功率角,简称功角。如果略去发电机内部的功率损耗不计,隐极同步发电机输出有功与功角的关系式为:

$$P_G = \frac{\dot{E}_q U_G}{x_d} \sin \delta \tag{2.1}$$

式中　P_G——发电机输出有功功率,MW;

　　　$\dot{E}_q$——同步电势,kV;

　　　U_G——机端电压,kV;

　　　x_d——d 轴同步电抗,Ω;

　　　δ——功率角,(°)。

式(2.1)称为隐极同步发电机的功-角特性。

图 2.2 中,AER 整定发电机输出的无功与机端电压的关系,在额定电压附近区段,机端电压下降时,提高励磁电流,从而提高无功输出;反之,机端电压上升时,减小励磁电流,从而减小无功输出。

由于同步发电机的转子有独立的直流励磁电源,只能在同步转速下运行,才能使转子磁场与定子磁场同步旋转,保持功率角稳定,从而使转子与定子之间传递的功率保持稳定。转子离开同步速度称为失步,失步后不能回归同步称为同步发电机功角稳定性破坏。

目前按容量计,电力系统中同步发电机占绝对优势。

为提高运行可靠性,发电机与原动机一般直接(不经变速装置)连接。按原动机形式划分,现代电力系统中发电机的主要形式为汽轮发电机与水轮发电机。汽轮发电机的特点是转速很高,因为提高转速可以减小汽轮机的尺寸并提高效率。因此,大、中容量的汽轮发电机额定转速均为 3 000 r/min。其极对数 $p=1$,并采用隐极形式。美国和日本电网频率为 60 Hz,其额定转速为 3 600 r/min。特大容量(1 200 MW 及以上容量)汽轮发电机和进气参数较低的核电站汽轮发电机可能做成两轴形式,为了提高末级蒸汽通过能力,必须加长末级叶片,为减小末级叶片材料应力将其转速降低为 1 500 r/min。水轮发电机组按水轮机取得最佳效率选择转速。最佳转速与水头和流量有关,按下式确定,即

$$n_{\rm T} = n_{\rm r} \frac{H^{\frac{5}{4}}}{\sqrt{P}} \tag{2.2}$$

式中　$n_{\rm T}$——水机转速,r/min;

　　　H——水头,m;

　　　P——水机功率,MW;

　　　$n_{\rm r}$——转速系数,与水机结构形式有关:水斗式:20 ~ 40 r/min;轴流式:50 ~ 450 r/min;转桨式:600 ~ 800 r/min。

由于水电站的水头及流量由水文、地理条件确定,各站差异很大,因此水轮机组的转速范围很大,一般为 50 ~ 1 000 r/min。大容量、低水头机组必然为低转速机组。同时,由于极对数只能为整数,因此可能有转速为非整数。

发电机的铭牌参数还有:定子额定电压 $U_{\rm e}$,定子额定电流 $I_{\rm e}$;转子励磁额定电压 $U_{\rm L·e}$,转子励磁额定电流 $I_{\rm L·e}$;发电机额定功率 $P_{\rm e}$,额定功率因数 $\cos \varphi_{\rm e}$ 及效率 η。发电机定子额定电压包括下列等级:0.4、3.15、6.3、10.5、18、20、21 和 24 kV。一般 100 MW 及以下汽轮发电机的额定功率因数 0.8,即在额定条件下可发无功与视在功率的比值为 0.6,与额定有功的比值为 0.75。随着机组容量的增大,为限制机组尺寸而使转子励磁容量相对不足,因而其额定功率因数上升,即在额定条件下可发无功功率与额定有功功率的比值下降。160 ~ 500 MW 机组的额定功率因数为 0.85,特大机组为 0.85 ~ 0.9。

表 2.2 列出安装于三峡电站的 ALSTOM 公司 700 MW 水轮发电机的主要参数。

表 2.2　700 MW 水轮发电机参数

参数名称		单　位	参数量
额定容量		MV·A	777.8
最大容量		MV·A	840
额定电压		kV	20
额定电流		A	22 453.8
额定频率		Hz	50
功率因数		—	0.9
额定转速		r/min	75
直轴同步电抗 $x_{\rm d}$	饱和值	%	83.3
	不饱和值	%	93.9

续表

参数名称	单　位	参数量
交轴同步电抗 x_q	%	69
额定励磁电压	V	477
额定励磁电流	A	3 917
空载励磁电流	A	2 233

2.2.2　异步发电机的类型式与参数

异步电机转子上没有独立的励磁装置提供励磁电流,它只能依靠转子与定子磁场的旋转速度不同步使转子绕组切割定子磁场而生成励磁电流,因此又称为感应电机。

异步电机的转差率定义为:

$$s = \frac{\omega_r - \omega_S}{\omega_S} \tag{2.3}$$

式中　ω_S——定子磁场角速度,rad/s;

ω_r——转子运动角速度(转子机械转速乘以极对数后的归算值),rad/s。

$s>0$ 为发电状态,$s<0$ 为电动状态。

按转子绕组的结构不同,异步电机分为笼型转子与绕线型转子两种。中、大容量的笼型异步电机采用铜条插入转子槽内,再在两端焊上短路环,其结构十分简单而坚实,且价格低廉,十分经济耐用,因此,早已在工厂中得到了广泛的应用。绕线型异步电机在转子槽内嵌入由绝缘导线组成的三相绕组,出线端接入转子轴上的三个集电环,然后经电刷引出。

与笼型异步电机相比较,绕线型异步电机结构稍复杂,价格稍贵。但由于将转子绕组的三相端子引出,可在转子绕组中串入可调电阻提高电动机的启动转矩,或在运行中调节转速。

电阻调速的缺点是在改变转速的同时转差损耗也随之改变,即降低运行的经济性。随着变频技术的发展,在转子上引入交流电流励磁的变频调速方式取代了电阻调速方式。

双馈电机的缺电是增加了变频励磁系统,使价格显著提高,并使运行可靠性显著下降。统计表明,大容量同步发电机的故障中,励磁系统的故障占 60% 以上。

将机端电压、频率、冷却条件、输出有功和无功均为额定值的运行状态称为额定运行状态。在额定运行状态下,异步发电机转子的转速称为额定转速,其对应的转差率称为额定转差率,定义式为:

$$s_N = \frac{\omega_{rN} - \omega_0}{\omega_0} \tag{2.4}$$

式中　ω_{rN}——转子运动的额定角速度,rad/s;

ω_0——同步角速度,rad/s。

异步发电机的额定电压与同步发电机相同,功率因数表示在额定运行状态下吸收的无功与视在功率的关系。例如,当额定功率因数为 0.8 时,表示在额定运行状态下吸收的无功与视在功率的比值为 0.6,与有功的比值为 0.75。

2.2.3 变压器的形式与参数及接线组别

（1）变压器的形式

由于发电厂经升压后将电能送入高压电网，然后经多层次降压分配到各基层用户，其中跨越的电压等级由 0.4 ~ 1 000 kV，因此电力系统中变压器的安装容量远大于发电机的安装容量，前者为后者的 7 ~ 8 倍，并随电力系统电压的提高和用电区域的延伸而将进一步扩大到 9 ~ 10 倍。其中绝大多数为 110 kV 及以下电压等级的变压器。

1）升压变压器与降压变压器

按高压侧功率流动的方向划分：用于送出功率的称为升压变压器；用于吸收功率的称为降压变压器。前者用于发电厂，后者用于供电公司。

2）三相变压器与单相变压器

按一个箱体内装的相数划分：三相装在一个箱体内称为三相变压器；一个箱体内只装一相的称为单相变压器。

电力系统中变压器大多为三相式。目前世界上使用的三相变压器的最大单台容量已超过 1 000 MV·A。较之于同容量的单相变压器组，三相式变压器的金属材料消耗少 20% ~ 25%，运行电能损耗少 12% ~ 15%，且占地面积小，因此在可能的条件下应优先采用。当制造厂到发电厂、变电站的运输条件受限制需降低变压器的单台尺寸及质量时则需要使用单相式变压器。

3）双绕组变压器与单绕组变压器

每相仅有两级电压绕组的称为双绕组变压器，每相有三级电压绕组的则称三绕组变压器。当发电厂、变电站需要实施三级电压联络时一般使用三绕组变压器作为联络变压器，比加装专用的双绕组变压器进行联络可节约投资和占地。只有当向某级电压传输容量小于变压器总容量的 15% 时才使用很小容量的双绕组变压器实施联络才可能是合理的。

4）普通变压器与自耦变压器

同相绕组之间只有磁联系没有电气联接的变压器称为普通变压器；同相绕组之间既有磁联系又有电气联接的变压器称为自耦变压器。自耦变压器的优点是：当功率在有电气联系的两个绕组之间传输时，两个绕组的负载相等且都低于传输功率，绕组的负载与传输功率的比值称为型式系数 k_T。型式系数 k_T 表示绕组的制造容量与传输容量的比值，k_T 越小制造容量越小。自耦变压器的缺点是：两个电压等级有共同的中性点，中性点必须接地。因此在我国 500 kV 及以上电压等级中广泛采用。

5）分裂变压器

用两个 50% 容量的变压器代替一个大变压器，在低压侧解列（不并联）运行可以显著减小低压侧的短路电流。为了降低投资和占地，将两个小变压器做在一起：共用一个高压绕组，低压绕组分裂为两个容量为 50% 的绕组，称为分裂变压器，因此将其列入限流电器，在大容量的发电厂的自用电变压器及 500 kV 及以上变电站的静止无功补偿器中得到广泛应用。

（2）变压器的参数

如图 2.3 所示为双绕组变压器的 T 型等效电路。

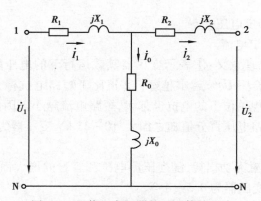

图 2.3　双绕组变压器的 T 型等效电路

图 2.3 中，$\dot{U}_1$ 为 1 次侧电压，$\dot{I}_1$ 为 1 次侧电流；$\dot{U}_2$ 为向 1 次侧归算了的 2 次侧电压，为实际值的 k 倍（k 为变压器一次绕组与二次绕组的匝数比），$\dot{I}_2$ 为向 1 次侧归算了的 2 次侧电流，为实际值的 $1/k$ 倍；$\dot{I}_0$ 为励磁电流；(R_1,X_1) 为 1 次侧绕组的电阻及漏电抗；(R_2,X_2) 为向 1 次侧归算了的 2 次侧绕组电阻及漏电抗，为实际值的 k^2 倍；(R_0,X_0) 为励磁电阻与电抗，电阻 R_0 反应铁芯的磁滞与涡流损耗，电抗 X_0 反应经铁芯穿过 1、2 次绕组的公共磁通（主磁通）在两个绕组中生成的反电势。

为简化计算，将 T 型电路中的励磁支路前移到端口，简化为只有两条并联支路的电路，称为 Γ 型等效电路，如图 2.4 所示。

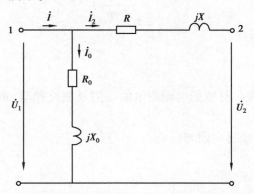

图 2.4　双绕组变压器的 Γ 型等效电路

图 2.4 中，电阻 $R=R_1+R_2$，漏电抗 $X=X_1+X_2$。

变压器的短路试验是一侧短路，另一侧由 0 升压使电流达额定电流 I_e，得到电压与有功数据：①短路电压 U_d；②短路损耗 ΔP_d；空载试验是一侧开路，另一侧由 0 升压至额定电压 U_e，得到电流与有功数据：①空载电流 I_0；②空载损耗 ΔP_0。

定义短路电压百分值与空载电流百分值为：

$$\left.\begin{array}{l} U_d\% = \dfrac{U_d}{U_e}\times100 \\[4mm] I_0\% = \dfrac{I_0}{I_e}\times100 \end{array}\right\} \tag{2.5}$$

式中 U_e——变压器的额定电压；

I_e——变压器的额定电流。

$U_d\%$ 有两个重要的物理意义：①表示变压器满载运行下的电压降落的百分值，从保证正常供电压质量方面考虑，希望 $U_d\%$ 越小越好；②正比于短路电抗标幺值，在变压器容量确定的条件下，$U_d\%$ 越大在常规单位下的电抗也越大，短路电流越小。因此，变压器制造规范规定随变压器容量的增大，短路电压百分值随之加大：10～35 kV 变压器为 4～4.5，220～500 kV 变压器为 12～14。

$I_0\%$ 代表变压器的励磁无功损耗，随变压器电压和容量的增大而减小：10～35 kV 变压器为 2～2.5，220～500 kV 变压器为 0.5～0.3。

按 Γ 型等值电路由双绕组变压器的 4 个试验数据可以算出 4 个阻抗参数，可用相电压与相电流的常规单位值计算，算式如下：

①略去励磁支路，由短路试验数据算漏抗支路的电阻与漏电抗：

由于短路试验输入变压器端口的电压很低（小于 15%），加之励磁阻抗很大，使励磁支路电流相对于漏抗支路电流很小，因此可将励磁支路略去。

漏抗支路的阻抗算式为：

$$\left.\begin{array}{l} z_d = \dfrac{U_d}{I_e} \\[2mm] R = \dfrac{\Delta P_d}{I_e^2} \\[2mm] X = \sqrt{z_d^2 - R^2} \end{array}\right\} \tag{2.6}$$

式中 z_d——漏抗支路总阻抗；

R——电阻；

X——电抗。

见 T 型等效电路，可视归算后的两侧绕组的电阻及漏抗相等，可得 $(R_1 = R_2 = R/2)$，$(X_1 = X_2 = X/2)$。

②由空载试验数据算励磁电阻与电抗：

$$\left.\begin{array}{l} z_0 = \dfrac{U_e}{I_0} \\[2mm] R_0 = \dfrac{\Delta P_0}{I_0^2} \\[2mm] X_0 = \sqrt{z_0^2 - R_0^2} \end{array}\right\} \tag{2.7}$$

式中 z_0——励磁支路总阻抗；

R_0——电阻；

X_0——电抗。

见图 2.5，普通三绕组变压器有两种结构：升压变压器结构和降压变压器结构。

两种结构的差别在于 2、3 绕组与 1 绕组的关系：升压结构中，低压绕组 3 靠近高压绕组 1，在其等值电路中，1、3 绕组之间的漏电抗最小（近似为零），1、2 绕组之间的漏电抗最大。降压结构中，中压绕组 2 靠近高压绕组 1，在其等值电路中，1、2 绕组之间的漏电抗最小（近似为零),1、3 绕组之间的漏电抗最大。

升压变压器用于发电厂升压变电站,发电机接于 3 绕组,便于发电机功率向高、中压电网传送;降压变压器用于供电公司的降压变电站,1 绕组从高压电网受电,便于绝大部分的功率以"零阻抗"传向中压电网。

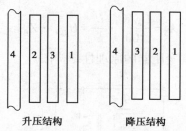

图 2.5　普通三绕组变压器的结构

1—高压绕组;2—中压绕组;3—低压绕组;4—铁芯

如图 2.6 所示为三绕组变压器的等效电路。

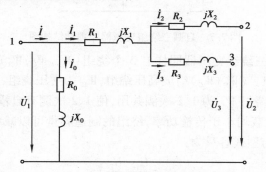

图 2.6　三绕组变压器的等效电路

图 2.6 中,R_1,R_2,R_3 为三级电压绕组的电阻;X_1,X_2,X_3 为三级电压绕组的漏电抗。

三绕组变压器的空载试验与双绕组变压器相同,同样可由 ΔP_0 和 $I_0\%$ 求出 R_0 和 X_0。

三绕组变压器的短路试验是在两两绕组之间进行的,有 3 种组合:①1 绕组加压,2 绕组短路,3 绕组开路,得出 ΔP_{d1-2} 和 $U_{d1-2}\%$;②2 绕组加压,3 绕组短路,1 绕组开路,得出 ΔP_{d2-3} 和 $U_{d2-3}\%$;③3 绕组加压,1 绕组短路,2 绕组开路,得出 ΔP_{d1-3} 和 $U_{d1-3}\%$。

由于每一组短路损耗和短路电压都是两个绕组之和,因此将 3 组数据联立求解即可得出 3 个绕组的短路损耗(ΔP_{d1},ΔP_{d2},ΔP_{d3})和短路电压的百分值($U_{d1}\%$,$U_{d2}\%$,$U_{d3}\%$)。继而求出 3 个绕组的电阻与漏电抗。算式为:

$$
\left.
\begin{aligned}
R_1 &= \frac{\Delta P_{d1}}{S_e} \cdot \frac{U_e^2}{S_e} = \Delta P_{d1*} \cdot Z_B \\[2mm]
R_2 &= \frac{\Delta P_{d2}}{S_e} \cdot \frac{U_e^2}{S_e} = \Delta P_{d2*} \cdot Z_B \\[2mm]
R_3 &= \frac{\Delta P_{d3}}{S_e} \cdot \frac{U_e^2}{S_e} = \Delta P_{d3*} \cdot Z_B
\end{aligned}
\right\}
\tag{2.8}
$$

$$\left.\begin{aligned}
X_1 &= \frac{U_{d1}\%}{100} \cdot \frac{U_e^2}{S_e} = U_{d1*} \cdot Z_B \\
X_2 &= \frac{U_{d2}\%}{100} \cdot \frac{U_e^2}{S_e} = U_{d2*} \cdot Z_B \\
X_3 &= \frac{U_{d3}\%}{100} \cdot \frac{U_e^2}{S_e} = U_{d3*} \cdot Z_B
\end{aligned}\right\} \tag{2.9}$$

如图 2.7 所示为三绕组自耦变压器的原理性结构图。

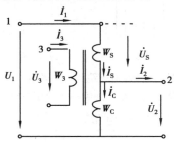

图 2.7　自耦三绕组变压器原理性结构图

由图 2.7 可见,自耦三绕组变压器同样有 3 个绕组(W_S,W_C,W_3):W_S 为串联绕组,W_C 为公共绕组,W_3 为低压绕组。(W_S+W_C)组成高压绕组,W_C 为中压绕组,W_3 为低压绕组。

由图 2.7 可见,公共绕组 W_C 为 1、2 次侧共用,使 1、2 次侧有自耦关系。当功率在 1、2 次侧传送时,W_S 与 W_C 的负载均小于传输功率,绕组的制造容量可以减小,从而在制造上取得经济效益。定义型式系数与型式容量为:

$$\left.\begin{aligned}
k_T &= \frac{U_{1e}-U_{2e}}{U_{1e}} \\
S_T &= k_T S_e
\end{aligned}\right\} \tag{2.10}$$

式中　k_T——型式系数;

　　　S_T——型式容量;

　　　S_e——额定容量;

　　　(U_{1e},U_{2e})——高中压侧额定电压。

假定 W_3 开路,功率仅在 1、2 次侧传送,传输功率 $S = U_1 I_1 = U_2 I_2$,这时串联绕组与公共绕组承受的负荷量为:

$$\left.\begin{aligned}
S_S &= U_S I_1 = (K_T U_1) I_1 = K_T S \\
S_C &= U_C I_2 = U_2 (K_T I_2) = K_T S
\end{aligned}\right\} \tag{2.11}$$

式中　S_S——串联绕阻承受的负荷量;

　　　S_C——公共绕阻承受的负荷量。

可见串联绕组因承受的电压($U_S<U_1$),公共绕组因承受的电流($I_C<I_2$),从而使承受的负荷量($S_S=S_C=K_T S<S$)。

必须注意:自耦三绕组变压器的低压绕组 W_3 的制造容量不大于型式容量 $S_{e3} \le S_T$,因此在做与 W_3 相关的短路试验,不能达到变压器的额定电流时,制造厂标定短路数据需向额定电流归算。

自耦变压器与普通变压器相比较,具有以下特点:

①等效电路中高、中压之间的漏抗较小。

②高中压两侧只能接为星形,并必须将中性点直接接地,以避免高压侧单相接地时引起中压侧过电压而击穿。

图 2.8 绘出了自耦变压器高压侧单相接地时的电压相量图。

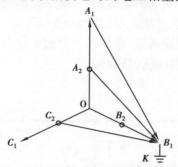

图 2.8　自耦变压器高压侧单相接地电压相量图

图 2.8 中,自耦变压器中性点不接地, A_1、B_1、C_1 为高压侧的端口, A_2、B_2、C_2 为中压侧（即公共绕组）的端口。如果高压侧电网发生 B 相接地,中性点接地的变压器会自动切除,接地点 K 仍然保留在中性点不接地的电网中,这时中性点不接地的自耦变压器的中压侧 A_2、C_2 两相端口对地电压分别为 A_2K 与 C_2K,远大于中压侧的相电压 A_2O 与 C_2O,电压升高的倍数为:

$$k_{ovr} = \frac{A_2K}{A_2O} = \frac{C_2K}{C_2O}$$
$$= \sqrt{1 + k_{12} + k_{12}^2}$$

$$(2.12)$$

式中　k_{ovr}——过电压倍数;

k_{12}——自耦变压器高、中压的额定电压比。

我国 500 kV 及以上的变压器的特点是:①容量很大,例如 500 kV 变压器大多为（3×250 MV·A）三个单相变压器组成,高、中、低三个电压等级为（500/220/35 kV）;②功率主要在高、中压绕组之间传输,低压侧只做无功补偿容量相对很小;③高、中压电网都是中性点直接接地电网,因此均采用单相自耦三绕组变压器。110 kV 与 220 kV 则采用三相普通三绕组变压器。

（3）变压器的接线组别

1)变压器的接线组别的定义

变压器两侧绕组的接线形状和空载状态下出线的两个同名端口电压的相位关系称为变压器的接线组别。变压器的接线组别的表达方式是:

①绕组的接线形状:星形——Y,三角形——D。

②以原边端口（A,B）的电压 $\dot{U}_{AB}$ 为分针,副边同名端口（a,b）的电压 $\dot{U}_{ab}$ 为时针,得到的钟点数来表示,包括 12 点,11 点和 1 点接线:12 点接线表示两个同名端口电压副边与原边相位相同;11 点表示两个同名端口电压副边超前于原边 30°;1 点接线表示两个同名端口电压副边滞后于原边 30°。

电力变压器一般以高压侧为原边标注绕组的接线组别。例如,YND11 中 YN 表示高压绕组为星形接线,有中性点引出端子;D11 表示低压侧为三角形 11 点接线,低压绕组电压 $\dot{U}_{ab}$ 超

前于高压绕组电压 $\dot{U}_{AB}$ 30°,两侧其他同名的两个端口电压的相位关系也是如此。

2)分析变压器的接线组别的要点

①因为绕组有三角形接线,用"相电压"和"线电压"概念分析时容易含混;而"绕组电压"与"端口电压"则是截然不同的两个电压,概念十分清晰,使分析简单明了。

②按同一铁芯上的各绕组之间的同名端关系,统一标出绕组电压的正方向,各个绕组电压的相位总是相同的,与绕组之间的连接关系(接线组别)无关。

③变压器有不同接线组别的原因是:两侧同名的两个端口接入了不同铁芯上的绕组电压。

图 2.9 示出 YND11 接线组别的绕组联结方式。

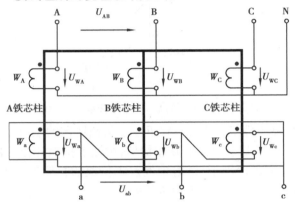

图 2.9　变压器的 YND11 接线的绕组接线图

图 2.9 中,W_A、W_B、W_C 分别为 A、B、C 铁芯上的高压绕组;W_a、W_b、W_c 分别为 A、B、C 铁芯上的低压绕组,下标含字母 W 的电压为绕组电压。

由图 2.12 可见:高压侧接为星形(Y)并将中性点引出(YN),低压侧接为三角形(△);高压侧 AB 端口接入了两个绕组(W_A,W_B)的电压 $\dot{U}_{WA}$ 与 $\dot{U}_{WB}$ 之差,低压侧 ab 端口接入了 1 个绕组(W_b)的反向电压($-\dot{U}_{Wb}$)。即

$$\left.\begin{array}{l} \dot{U}_{AB} = \dot{U}_{WA} - \dot{U}_{WB} \\ \dot{U}_{ab} = -\dot{U}_{Wb} \end{array}\right\} \tag{2.13}$$

假定变压器两侧匝数相同,两侧绕组电压和同名端口(AB 与 ab)电压的相位关系如图 2.10 所示。

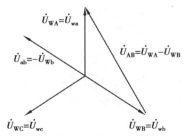

图 2.10　变压器的 YND11 接线的相量图

由图 2.10 可见:低压侧 ab 端口电压超前于高压侧 AB 端口电压 30°。

3)注意事项

特别提醒:变压器铁芯及其绕组的命名是由运行单位在星形侧的进线所确定的,进 A 相电压的为 A 铁芯,类推。

如果运行单位将 AB 两相进线交换,变压器铁芯及其绕组的命名也将随之交换,变压器绕组的接线组别将发生变化。

例如,将图 2.9 中两侧 AB 端口进线交换导致变压器铁芯及其绕组的命名同时交换,如图 2.11 所示。

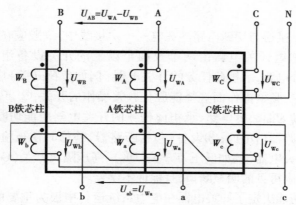

图 2.11　YND11 接线 AB 进线交换后的绕组接线图

由图 2.11 可见:这时高压侧 AB 端口仍然接入了两个绕组(W_A,W_B)的电压 $\dot{U}_{WA}$ 与 $\dot{U}_{WB}$ 之差;而低压侧 ab 端口接入了 1 个绕组(W_a)的正向电压 $\dot{U}_{Wa}$。即

$$\left.\begin{array}{l} \dot{U}_{AB} = \dot{U}_{WA} - \dot{U}_{WB} \\ \dot{U}_{ab} = \dot{U}_{Wa} \end{array}\right\} \tag{2.14}$$

两侧 AB 端口电压的相位关系如图 2.12 所示。

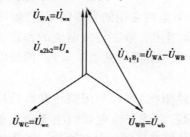

图 2.12　变压器的 YND1 接线的相量图

由图 2.12 可见:低压侧 ab 端口电压滞后于高压侧 AB 端口电压 30°,成为 YND1 接线。

2.3　输配电设备的功能及分类

除主体设备发电机、变压器外,发电厂、变电站还有许多配电设备,这些配电设备可分为6种:①开关电器;②限流电器;③互感器;④导体与绝缘子;⑤补偿设备;⑥防雷与接地设备。本课程主要讲述前5种配电设备。

2.3.1　开关电器

开关电器的功能是接通与切断电路。在电气一次接线中,一般应在每一条支路的电源侧配置一组开关电器,这组开关电器由两个及两个以上的开关设备组成,它应满足3种功能:①正常运行时合、分电路,承担此任务的开关电器(例如负荷开关)应能合、分正常工作最大电流,并考虑如果需要频繁操作而选择能胜任频繁操作的开关;②事故(例如短路)时在继电保护装置控制下自动切断故障电路,承担此任务的开关电器应能切断短路电流(例如熔断器(RD)及各种高压断路器(DL));③设备(包括断路器)检修时使被检修设备可靠地与电源隔离,承担此任务的开关电器(例如低压刀开关(DK)、高压隔离开关(G))在无电流情况下操作,其结构特点是有肉眼可见的明显断口,且保证不误合。

上述开关电器的功能决定了开关电器在电力系统运行中极为重要的作用,其投资在配电设备中所占比例甚高(60%以上)。随着电力系统总容量及单机容量的增长,电力系统的短路电流不断加大,开关电器切断电流(熄灭电弧)的能力是一个十分突出的问题。因此,灭弧问题也是本课程讲述开关电器时所研究的主要问题。

2.3.2　限流电器

保证开关电器在电力系统短路时能可靠切断电路的措施从两方面考虑:①提高开关电器的断流能力;②降低电力系统的短路电流。加装限流电器是降低低压电网短路电流的手段之一。

限流电抗器(DK)是6~10 kV电网常用的限流电器,它包括普通电抗器和分裂电抗器(见4.2节)。变压器除变换电压外同时也有限制短路电流的作用,其百分电抗为$u_d\%$,从限制短路电流来讲相当于一个很大的串联电抗器(见2.2节)。两级电压的变压器分为普通双绕组及分裂(低压)绕组变压器两种。

限制短路电流(例如提高电路阻抗)往往与限制正常运行压降(满足调压要求,保证供电电压质量)发生矛盾。因此,本课程讲述限流电器时主要研究如何解决限制短路电流与限制正常压降的矛盾,分裂电抗器与分裂变压器就是解决这一矛盾的产物。

2.3.3　互感器

互感器的作用是将一次接线系统的高电压、大电流变换成标准等级的低电压(例如100 V)和小电流(例如5 A),向二次测量、控制与调节装置及仪表提供电流、电压信号。主要包括电压互感器(YH)与电流互感器(LH)。

互感器的标称变化(铭牌变化)用于计算:例如,由接于副边的电度表的计数来计算原边系统的用电量以确定收费;或由原边电压、电流计算副边的电压、电流以确定继电保护与自动装置的整定值。由于互感器的实际变比是一个变量,它随原边输入值和副边仪表负载不同而发生变化,因此由标称变比所作的计算与实际运行值不可避免地会产生差异,称为互感器的误差(见5.2节)。误差过大,将造成收费严重不准,继电保护与自动装置不能正确控制与调节。因此,误差理论(误差产生的原因及其限制)是本课程讲述互感器所研究的主要问题。

2.3.4　导体与绝缘子

导体的作用是连接各电气设备,使发电、输电、配电、用电组成一个可灵活调度的系统。自身包裹绝缘的导体称为电缆(或电线),无绝缘的导体称为裸导体。裸导体需要绝缘子支撑或悬挂(分别称为支持绝缘子与悬式绝缘子)。裸导体穿越建筑物(墙或楼板等)或非绝缘材料隔板时需要使用穿墙绝缘套管。

电力系统中,导体和绝缘子的使用数量很大,分布地域很广,从节约电力投资和保证运行安全考虑,导体和绝缘子的正确选择具有十分重要的意义。选择导体的重要条件是发热和电动力,这是本课程讲述导体时着重研究的问题。此问题也是其他各种电气设备共同存在的问题,它决定导体及各种电气设备的正常负载能力及耐受短路电流产生的热和力的作用能力(短路时的热稳固性与动稳固性,见第6章)。

2.3.5　交流输电补偿器

向用户提供优质的电力是发输配电的最终目的。为了提高传输能力和保证供电质量,需要在交流电网中安装一些补偿器,最主要的补偿器是并联无功补偿器和串联电抗补偿器。

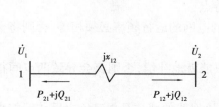

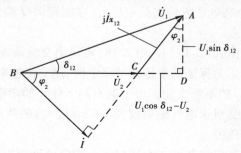

图 2.13　交流输电线等值电路图　　　　图 2.14　交流输电线相量图

图 2.13 示出交流输电线的等值电路,1、2 为两端变电站的母线,为电路的两个节点。图中,$\dot{U}_1$ 是 1 节点电压;$\dot{U}_2$ 是 2 节点电压;$P_{12}+jQ_{12}$ 是流入 2 节点的功率;$P_{21}+jQ_{21}$ 是流入 1 节点的功率;x_{12} 是 1 节点和 2 节点之间输电线的感抗。

绘出交流输电线两端电压的相量关系如图 2.14 所示。

图中,$\delta_{12}=\delta_1-\delta_2$,为 1 节点电压的相角 δ_1 与 2 节点电压的相角 δ_2 的差值;φ_2 为 2 端的功率因数角。

由图 2.14 可见,有:

$$\left.\begin{array}{l} AD = U_1 \sin \delta_{12} = I x_{12} \cos \varphi_2 \\ CD = U_1 \cos \delta_{12} - U_2 = I x_{12} \sin \varphi_2 \end{array}\right\} \quad (2.15)$$

可得有、无功电流与电压幅值和相角的关系:

$$I \cos \varphi_2 = \frac{U_1 \sin \delta_{12}}{x_{12}} \left.\begin{matrix} \\ \\ \\ \end{matrix}\right\}$$

$$I \sin \varphi_2 = \frac{U_1 \cos \delta_{12} - U_2}{x_{12}}$$

(2.16)

由式(2.16)可将流入 2 节点的功率算式写为:

$$P_{12} = \frac{U_1 U_2}{x_{12}} \sin \delta_{12} \left.\begin{matrix} \\ \\ \\ \end{matrix}\right\}$$

$$Q_{12} = \frac{U_2}{x_{12}} (U_1 \cos \delta_{12} - U_2)$$

(2.17)

将式(2.17)中电压幅值与相角的 1、2 下标交换,即得流入 1 节点的功率表达式:

$$P_{21} = \frac{U_1 U_2}{x_{12}} \sin \delta_{21} \left.\begin{matrix} \\ \\ \\ \end{matrix}\right\}$$

$$Q_{21} = \frac{U_1}{x_{12}} (U_2 \cos \delta_{21} - U_1)$$

(2.18)

式中,$\delta_{21} = \delta_2 - \delta_1$,为 2 节点电压的相角与 1 节点电压的相角差值。

式(2.17)和式(2.18)表示出输电线的传输功率与两端电压的幅值及相角差的关系。可见在运行电压确定的情况下,输电线的传输功率由两端电压的相角差确定。因此,将此相角差称为输电线的功率角,简称为功角,式(2.17)和式(2.18)称为输电线的功角特性方程。

由式(2.17)、式(2.18)可见,由感抗连接的交流电网,有功传送的方向由电压相位确定:由超前方传向滞后方。无功传送的方向由电压的幅值确定:在线路不传输有功的情况下,$\delta_1 = \delta_2$,由高电压方传向低电压方,在线路向受端传输有功的情况下,传输相同的无功要求更大的电压差。

由式(2.17)和式(2.18)可得出交流系统的运行特点:

①为保证功率传输的稳定性,用交流输电线连接的电网的运行频率必须相等,否则将会导致 δ_{12} 的不断变化而产生两点间无休止的功率振荡。

②对于电气距离较大(即 x_{12} 较大)的两点,无功只能就地补偿,否则将会导致两点间很大的电压差。

③保持各节点电压幅值在额定值处运行和降低传输线路的感抗是提高输电网传输能力的关键。

保持节点电压幅值在额定值处运行需要在变电站母线上安装并联无功补偿装置,当前电力系统中采用的并联无功补偿装置包括并联电容器、并联电抗器和静止无功补偿器(Static VAR Compensator,SVC)。

降低传输线路的感抗则需要在输电线上安装串联电抗补偿装置。当前电力系统中采用的电抗补偿装置包括串联电容器和可控硅控制的串联补偿器(Thgristor Controlled Serves Compensator,TCSC)。

优秀的补偿器应是可调节的补偿器,其调节特性应满足 3 个要求:①连续(无级跳)调节;②快速调节;③双向调节,即可正可负。SVC 与 TCSC 就是这种补偿器(见第 7 章)。

2.4　超特高压交流输电系统的传输特性与变电站的无功补偿

2.4.1　超特高压交流输电系统的传输特性

（1）输电线的参数与电流电压分布方程

1）参数

超特高压输电线需用分布参数进行计算，定义如下：

①波阻抗

$$z_C = \sqrt{\frac{z_1}{y_1}} \qquad (2.19)$$

式中，z_1 为单位长度的阻抗，Ω；y_1 为单位长度的导纳，S。

$$\left.\begin{aligned} z_1 &= R_1 + j\omega L_1 \approx j\omega L_1 \\ y_1 &= G_1 + j\omega C_1 \approx j\omega C_1 \end{aligned}\right\} \qquad (2.20)$$

式中，ω 为角频率，rad/s；R_1 为单位长度电阻，Ω/km；G_1 为单位长度电导，S/km；L_1 为单位长度电感，H/km；ωL_1 为单位长度感抗，Ω/km；C_1 为单位长度的电容，F/km；ωC_1 为单位长度的电纳，S/km。

由于超特高压输电线的感抗远大于电阻，电纳远大于电导，运行分析时可将电阻与电导略去，称为无损线。无损线波阻抗的算式写为：

$$z_C = \sqrt{\frac{L_1}{C_1}} \qquad (2.21)$$

由式（2.21）可见：由于输电线相间距的增大会导致 L_1 的增大和 C_1 的减小，因此波阻抗随输电线相间距的增大而迅速增大。

②传播常数

$$\gamma = \sqrt{z_1 y_1} \qquad (2.22)$$

无损线波阻抗算式写为：

$$\left.\begin{aligned} \gamma &= j\omega \sqrt{L_1 C_1} = j\beta \\ \beta &= \omega \sqrt{L_1 C_1} = \frac{\omega}{v} \end{aligned}\right\} \qquad (2.23)$$

式（2.23）中，β 的单位为 rad/km；v 为电磁波的传播速度，km/s；$\omega = 2\pi f$，单位为 rad/km，当 $f = 50$ Hz 时，$\omega = 314$ rad/s，1 rad $\approx 57.3°$。

由式（2.23）可见，β 与交流角频率和电磁波的传播速度相关：当交流电频率与电磁波速度确定以后，传播常数即已确定，与输电线的相间距无关。

当 $\omega = 314$ rad/s，如取电磁波传播速度 $v = 3 \times 10^5$ km/s 时，$\beta \approx 6°/100$ km；当电磁波传播速度 $v < 3 \times 10^5$ km/s 时，则有 $\beta > 6°/100$ km。

2）电流与电压的分布方程

见图 2.15，以接收端 R 为参考，输电线的电压与电流分布如图 2.15 所示。图中，S 点为发送端（首端），该点的电压和电流为（$\dot{U}_S$，$\dot{I}_S$）；R 点为吸收端（末端），该点的电压和电流为（$\dot{U}_R$，$\dot{I}_R$）；X 为线路中间任意一点，与 R 点的距离为 x，该点的电压和电流为（$\dot{U}_X$，$\dot{I}_X$）。

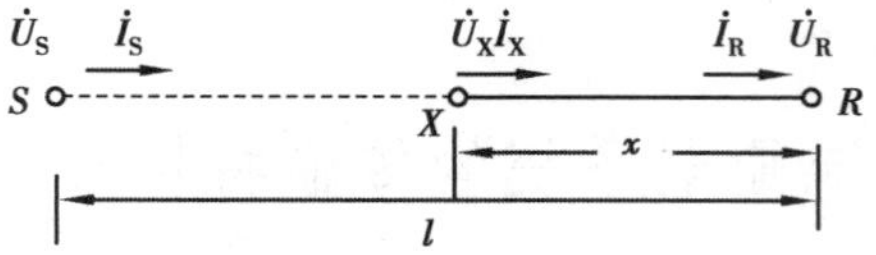

图 2.15　输电线的电压电流分布

按电路原理,以线路末端 R 点为参考点,写出线路中 X 点的电压和电流方程为:

$$\left.\begin{array}{l} \dot{U}_X = \dfrac{\dot{U}_R + \dot{I}_R z_C}{2}e^{rx} + \dfrac{\dot{U}_R - \dot{I}_R z_C}{2}e^{-rx} \\[4mm] \dot{I}_X = \dfrac{\dot{U}_R/z_C + \dot{I}_R}{2}e^{rx} - \dfrac{\dot{U}_R/z_C - \dot{I}_R}{2}e^{-rx} \end{array}\right\} \tag{2.24}$$

无损线 $e^{rx} = e^{j\beta x} = \cos \beta x + j\sin \beta x$,代入式(2.24)得无损线方程为:

$$\left.\begin{array}{l} \dot{U}_X = \dot{U}_R \cos \beta x + j\dot{I}_R z_C \sin \beta x \\[4mm] \dot{I}_X = \dot{I}_R \cos \beta x + j\dfrac{\dot{U}_R}{z_C}\sin \beta x \end{array}\right\} \tag{2.25}$$

(2)输电线的自然功率

以输电线的额定电压定义输电线的自然功率,称为输电线的额定自然功率。

$$P_{N(n)} = \frac{U_N^2}{z_C} \tag{2.26}$$

式中,$P_{N(n)}$ 为输电线在额定电压下运行的自然功率,称为额定自然功率;U_N 为输电线的额定电压;z_C 为输电线的波阻抗。

如果以输电线的一端运行电压 U 定义输电线的自然功率,称为输电线的运行自然功率。

$$P_N = \frac{U^2}{z_C} \tag{2.27}$$

见图 2.16,R 端接入波阻抗负载 $z_R = z_C$,即负荷功率 $P_R = P_N = \dfrac{U_R^2}{z_C}$。

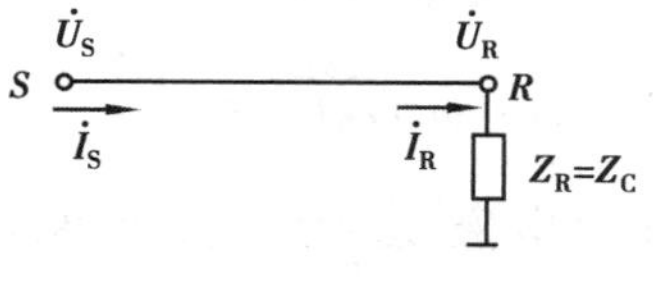

图 2.16　末端接入波阻抗负载

这时输电线出现一种特殊状态:

①全线各点的电压幅值相等,各点的电流幅值相等。

将 $\dot{U}_R = \dot{I}_R z_C$ 代入式(2.24),得全线各点电压、电流方程为:

$$\left.\begin{array}{l} \dot{U}_x = \dot{U}_R e^{rx} \approx \dot{U}_R e^{j\beta x} \\[4mm] \dot{I}_x = \dot{I}_R e^{rx} \approx \dot{I}_R e^{j\beta x} \end{array}\right\} \tag{2.28}$$

由式(2.28)可见:全线各点电压有效值均为 U_R,电流有效值均为 I_R,从 R 端到 S 端电压、电流只有相位的移动,单位长度超前的角度同于传播常数 β。

②全线电感吸收的无功＝全线电容发出的无功。（$Q_L = Q_C$）

由于全线电压与电流有效值不变，全线电容发出无功与电感吸收的无功算式可写为：

$$Q_C = U_R^2 \omega C_1 l \left.\right\} \atop Q_L = I_R^2 \omega L_1 l \left.\right\}$$

$$(2.29)$$

由式（2.21）可得 $L_1 = C_1 z_C^2$，同时将（$I_R = U_R / z_C$）及代入式（3.24）中的第二式，即可得到 $Q_L = Q_C$。

③运行自然功率 $P_N = \dfrac{U_R^2}{z_C}$ 为输电线无功状态的分界点。

改变末端负载阻抗，由于全线电压变化不大，电容功率变化不大。当 $z_R > z_C$ 时，输电线的传输功率小于自然功率时，使输电线的电流减小，电感吸收的无功量减小，输电线处于发无功状态；反之，当 $z_R < z_C$，输电线的传输功率大于自然功率时，使输电线的电流增大，电感吸收的无功量增大，输电线处于吸收无功状态。

定义输电线的剩余无功 $\Delta Q = Q_C - Q_L$，输电线的剩余无功与传输有功的关系表达式为：

$$\left. \begin{array}{l} \Delta Q = Q_C - Q_L \\ P_R = P_N, Q_C = Q_L, \Delta Q = 0 \\ P_R < P_N, Q_C > Q_L, \Delta Q > 0 \\ P_R > P_N, Q_C < Q_L, \Delta Q < 0 \end{array} \right\}$$

$$(2.30)$$

2.4.2　功角方程与极限传输功率

（1）功角方程

图 2.17 示出线路两端的电流与功率的正方向，由线路指向母线。推导无损线的功角方程。

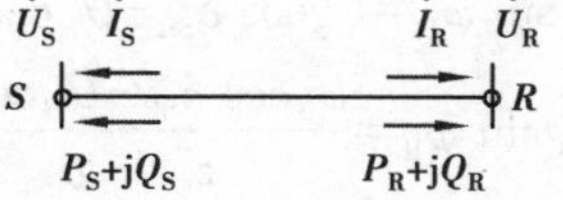

图 2.17　线路两端的电流与功率的正方向

由式（2.25）得出首末端电压关系方程为：

$$\left. \begin{array}{l} \dot{U}_S = \dot{U}_R \cos\theta + j\dot{I}_R z_C \sin\theta \\ \theta = \beta l \end{array} \right\}$$

$$(2.31)$$

式（2.31）中，θ 为线路角，是一个表示线路长度的结构参数。

根据式（2.31），以电压 $\dot{U}_R \cos\theta$ 为参考，绘出输电线的相量关系如图 2.18 所示。

图 2.18 中，δ_{SR} 为 $\dot{U}_S$ 超前于 $\dot{U}_R$ 的相位角，称为功率角，是一个表示运行状态的参数，由于可以反应电气量与机械量之间的相互影响，因此在电力系统计算中常用于计算同步电机和电网中两点之间的功率传输。

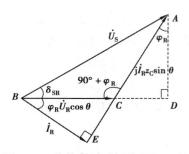

图 2.18　超特高压无损线的相量图

①有功的功角方程

$$P_R = U_R(I_R \cos \varphi_R) \tag{2.32}$$

转换为用 δ 计算：

见图 2.18，线段 $AD = I_R z_C \sin \theta \cos \varphi_R = U_S \sin \delta_{SR}$，可得

$$I_R \cos \varphi_R = \frac{U_S \sin \delta_{SR}}{z_C \sin \theta} \tag{2.33}$$

将式(2.33)代入(2.32)得到 R 端有功的功角方程，同时可以写出 S 端有功的功角方程。

$$\left. \begin{aligned} P_R &= \frac{U_S U_R}{z_C \sin \theta} \sin \delta_{SR} \\ P_S &= \frac{U_S U_R}{z_C \sin \theta} \sin \delta_{RS} \end{aligned} \right\} \tag{2.34}$$

式(2.34)中，δ_{SR} 为 $\dot U_S$ 超前于 $\dot U_R$ 的角度，也称为功率角，并有 $(\delta_{RS} = -\delta_{SR})$，$P_S = -P_R$。

②无功的功角方程

$$Q_R = U_R(I_R \sin \varphi_R) \tag{2.35}$$

见图 2.18，线段 $CD = I_R z_C \sin \theta \sin \varphi_R = U_S \cos \delta_{SR} - U_R \cos \theta$，可得

$$I_R z_C \sin \varphi_R = \frac{U_S \cos \delta_{SR} - U_R \cos \theta}{z_C \sin \theta} \tag{2.36}$$

将式(2.36)代入式(2.33)得出 R 端无功的功角方程，同时可以写出 S 端无功的功角方程。

$$\left. \begin{aligned} Q_R &= \frac{U_R}{z_C \sin \theta}(U_S \cos \delta_{SR} - U_R \cos \theta) \\ Q_S &= \frac{U_S}{z_C \sin \theta}(U_R \cos \delta_{RS} - U_S \cos \theta) \end{aligned} \right\} \tag{2.37}$$

Q_R 与 Q_S 称为输电线的剩余无功，即注入变电站的无功。设输电线的两端电压相等且功率角等于线路角，将 $(U_S = U_R = U)$ 及 $(\delta_{SR} = \theta)$ 代入有功方程式(2.34)和无功方程式(2.37)，得到 $P_R = -P_S = P_N$，并有 $Q_R = Q_S = 0$，输电线传输的有功为自然功率时，线路与变电站的无功交换量为 0。

（2）极限传输功率

① $\left. \begin{aligned} \dot U_S &= \text{const} \\ \cos \varphi_R &= \text{const} \end{aligned} \right\}$ 下的输电线的运行圆图

见相量图 2.18，当 $\left.\begin{array}{l}\dot{U}_S = \text{const} \\ \cos \varphi_R = \text{const}\end{array}\right\}$ 时，$\angle ACB = (90° + \varphi_R) = \text{const}$，当 $\dot{U}_S = \text{const}$ 时，图 2.18 中的 ABC 三点在一个圆上，该圆的圆心为 O，直径为 GB，如图 2.19 所示。

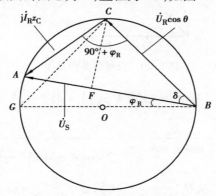

图 2.19　输电线运行圆图

图 2.19 中，弦 AB 为相量 $\dot{U}_S$，弦 CB 为相量 $\dot{U}_R \cos \theta$，弦 AC 为相量 $j \dot{I}_R z_C$，三个相量构成 $\triangle ABC$，$(CF \perp AB)$ 为 $\triangle ABC$ 的高。$\dot{U}_S$ 超前于 $\dot{U}_R \cos \theta$ 的角度为功率角 δ；$\dot{U}_S$ 与直径 GB 的夹角等于功率因数角 φ_R；$\theta = \beta l$ 为线路角，β 为传播常数，l 为线路长度。

当输电线传输的有功 P_R 变化时，$\dot{U}_R \cos \theta$ 相量的末端（C 点）在以 $\dot{U}_S$ 为弦的 AB 弧上运动，以保持 $\angle ACB = (90° + \varphi_R) = \text{const}$。当线路末端负荷的功率因数滞后（$\varphi_R > 0$）时，$\dot{U}_S$ 在上半圆，C 点的运行区间小于 180°，必有 $U_R < U_S$；当线路末端负荷的功率因数超前（$\varphi_R < 0$）时，$\dot{U}_S$ 在下半圆，C 点的运行区间大于 180°，可能出现 $U_R > U_S$。因此一般要限制线路末端负荷的功率因数不要进入超前状态运行。

由图 2.19 可得 $\triangle ABC$ 面积的算式为：

$$\left.\begin{array}{l}\triangle ABC = \dfrac{1}{2} AB \times CF = \dfrac{1}{2} U_S U_R \cos \theta \times \sin \delta \\[3mm] = \dfrac{z_C \sin \theta \cos \theta}{2} \dfrac{U_S U_R}{z_C \sin \theta} \times \sin \delta = k_P P_R \\[3mm] k_P = \dfrac{z_C \sin \theta \cos \theta}{2} = \text{const}\end{array}\right\} \tag{2.38}$$

式（2.38）表明：输电线的传输功率 P_R 与 $\triangle ABC$ 面积成正比，k_P 为比例系数。

②极限传输功率的算式

由式（2.38）可见：在 $\dot{U}_S = \text{const}$ 的条件下，P_R 与 $\triangle ABC$ 的高 CF 成正比，因此当 C 点位于弧 AB 的中点时，$\triangle ABC$ 面积最大，得出极限传输功率下输电线的相量关系如图 2.20 所示。$\triangle ABC$ 为等腰三角形，在弦 AB 长度不变的情况下获得最大的高 CF，从而获得最大的面积，最大的传输有功 P_{Rmax}。

图 2.20 中，δ_{cr} 为极限传输点的功率角，$\dot{U}_{Rcr}$ 为极限传输点的末端电压。由图可得

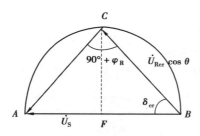

图 2.20　极限传输相量图

$$\delta_{cr} = \frac{1}{2}\left[180° - (90° + \varphi_R) \right] = 45° - \frac{\varphi_R}{2}$$

$$U_{Rcr} = \frac{U_S}{2\cos\theta\cos\delta cr} = \frac{U_S}{2\cos\theta\cos\left(45° - \dfrac{\varphi_R}{2}\right)}$$ 　　(2.39)

$$P_{Rmax} = \frac{U_S U_{R\cdot cr}}{z_C \sin\theta}\sin\delta_{cr} = \frac{U_S^2}{z_C}\frac{\tan\delta_{cr}}{\sin 2\theta} = P_N\frac{\tan\delta_{cr}}{\sin 2\theta}$$

当 $\varphi_R = 0$，得出
$$\delta_{cr} = 45°$$
$$U_{Rcr} = \frac{U_S}{\sqrt{2}\cos\theta}$$ 　　(2.40)
$$P_{Rmax} = \frac{P_N}{\sin 2\theta}$$

例　已知：1 000 kV 交流特高压输电线路，$l = 654$ km，$\beta = 6.16°/100$ km，$z_C = 244.5\ \Omega$。当 $U_S = 1\,000$ V，$\varphi_R = 0$ 时，按无损线计算输电线的最大传输有功率 P_{Rmax}。

解　$\theta = \beta l = 6.16 \times 6.54 = 40.29°$，$P_N = \dfrac{U^2}{z_C} = \dfrac{(1\,000\ \text{kV})^2}{244.5\ \Omega} = 4\,090$ MW

$$P_{Rmax} = \frac{P_N}{\sin 2\theta} = \frac{4\,090\ \text{MW}}{\sin(2 \times 40.29°)} = 4\,144\ \text{MW}$$

2.4.3　超特高压交流输电线的 PQ 方程

用输电线传输的有功来计算输电线两端注入变电站的无功具有很好的工程应用价值，因此推出超特高压交流输电线的剩余无功与传输有功的关系方程，称为 PQ 方程。

超特高压交流输电线重载时是一个很大的无功负荷，轻载时是一个很大的无功电源。因此超特高压交流变电站的无功补偿计算方法与中低压变电站大不相同：必须考虑输电线的剩余无功，剩余无功由传输的有功来计算，并以此为核心进行超特高压交流变电站无功补偿量的计算。

在输电线的剩余无功的算式（式 3.32）中消去功率角 δ，代之以输电线传输的有功率 P，就可以得出输电线的 PQ 方程。

由有功方程（2.34）得到

$$\cos\delta_{SR} = \cos\delta_{RS} = \sqrt{1 - \left(\frac{Pz_C\sin\theta}{U_S U_R}\right)^2}$$ 　　(2.41)

将式（2.41）代入式（2.37），得到输电线两端的 PQ 方程。

$$Q_R = \frac{U_R}{z_C \sin\theta}\left[U_S \times \sqrt{1-\left(\frac{Pz_C\sin\theta}{U_S U_R}\right)^2} - U_R\cos\theta \right]$$
$$Q_S = \frac{U_S}{z_C \sin\theta}\left[U_R \times \sqrt{1-\left(\frac{Pz_C\sin\theta}{U_S U_R}\right)^2} - U_S\cos\theta \right]$$

(2.42)

令输电线两端电压相等($U_S = U_R = U$),以输电线的运行自然功率为基准,式(2.42)两端同时除以 P_N,得出输电线两端的标幺值 PQ 方程为:

$$Q_{R*} = Q_{S*} = \frac{1}{\sin\theta}\left(\sqrt{1-(P_*\sin\theta)^2}-\cos\theta\right)$$

(2.43)

式(2.43)中,$\left(P_* = \dfrac{P}{P_N}\right)$ 为输电线传输有功的标幺值,正值为发无功,负值为吸无功;功率的基准值 $\left(P_N = \dfrac{U^2}{z_C}\right)$ 为输电线的运行自然功率。

2.4.4　超特高压交流变电站无功补偿量的计算

(1)计算电路

变电站无功补偿的计算电路示于图 2.21,按 R 节点的功率平衡推导无功补偿量的算式。

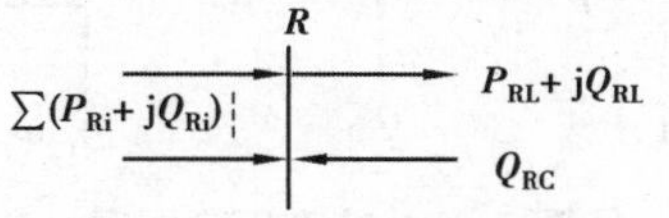

图 2.21　变电站无功补偿的计算电路

图中,右侧为变电站内的支路:高压母线提供的负荷功率($P_{RL}+jQ_{RL}$),Q_{RC} 为补偿器输入高压母线的无功;左侧为输电线,i 为线路编号,$\sum(P_{Ri}+jQ_{Ri})$ 为全部输电线输入变电站功率的代数和。稳定状态下 R 节点的有功与无功均处于平衡状态。

(2)计算需要的已知条件

指定两种及以上的重载与轻载运行方式:在每一种运行方式下分别计算每一条线路的剩余无功,然后将算出全部线路的剩余无功的代数和,按节点(R)的无功平衡算出变电站的无功补偿量。应针对每一条线路给出以下数据作为已知条件:

①线路参数:输电线的长度(l)及波阻抗与传播常数(z_C,β)。

②电压参数:对侧变电站的母线电压(U_S)及本站的母线电压的控制值(U_R)。

③功率参数:该线路传输的有功(P_R)。注意:全部线路传输的有功应与变电站当地的有功负荷相平衡($\sum P_{Ri} = P_{RL}$)。

④变电站当地的无功负荷量 Q_{RL}。

(3)计算步骤

1)计算每一条线路的剩余无功 Q_R

①($U_S \neq U_R$)时的计算公式:

$$Q_R = \frac{U_R}{z_C \sin\theta}\left[U_S \times \sqrt{1-\left(\frac{Pz_C\sin\theta}{U_S U_R}\right)^2} - U_R\cos\theta \right]$$

(2.44)

②($U_S = U_R = U$)时的计算公式:

$$Q_{\mathrm{R}*} = Q_{\mathrm{S}*} = \frac{1}{\sin\theta}\left[\sqrt{1-(P_*\sin\theta)^2}-\cos\theta\right]\ \Bigg\}$$
$$Q_{\mathrm{R}} = Q_{\mathrm{R}*}P_{\mathrm{N}} \qquad\qquad\qquad\qquad\qquad (2.45)$$

2）计算全部线路的剩余无功的代数和

$$\sum_{i=1}^{n}Q_{\mathrm{R}i} = Q_{\mathrm{R}1}+Q_{\mathrm{R}2}+\cdots+Q_{\mathrm{R}n} \qquad (2.46)$$

3）计算变电站的无功补偿量 Q_{RC}

$$Q_{\mathrm{RC}} = Q_{\mathrm{RL}} - \sum_{i=1}^{n}Q_{\mathrm{R}i} \qquad (2.47)$$

（4）算例

1）已知条件

图 2.22 为 1 000 kV 特高压输电网：节点 1 为有功送端，节点 3 为有功受端，节点 2 为中间无功补偿站。两段输电线的长度为 $l_{12}=363$ km，$l_{23}=291$ km，$f=50$ Hz。

输电线单位长度的参数为：正序阻抗 $Z_1=0.007\,6+\mathrm{j}0.262\,8(\Omega/\mathrm{km})$，正序电容 $C_1=0.014$（$\mu\mathrm{F/km}$）。

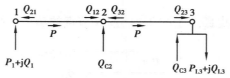

图 2.22　特高压输电网

以自然功率为基准，变电站 3 最大有功负荷 $P_{\mathrm{L3max}*}=1.2$，$\cos\varphi_{\max}=0.95$（滞后）；最小有功负荷 $P_{\mathrm{L3min}*}=0.4$，$\cos\varphi_{\min}=1$。按无损线计算：$P_1=P_{\mathrm{L3}}=P$。

2）计算要求

保持 1、2、3 节点电压的有效值均为 1 000 kV，计算各节点的无功补偿量及电网的功率分布。

3）计算过程

①线路参数

单位长度电感 $L_1=\dfrac{x_1}{\omega}=\dfrac{0.262\,8}{314}=8.369\times10^{-4}\mathrm{H}$

波阻抗　　$z_\mathrm{C}=\sqrt{\dfrac{L_1}{C_1}}=\sqrt{\dfrac{8.369\times10^{-4}}{0.014\times10^{-6}}}=244.5\ \Omega$

传播常数　$\beta=1.075\times10^{-3}\ \mathrm{rad/km}=0.107\,5\ \mathrm{rad/100\ km}$
　　　　　　$=0.107\,5\times57.3°/100\ \mathrm{km}=6.16°/100\ \mathrm{km}$

线路角度　$\left.\begin{array}{l}\theta_{12}=\beta l_{12}=6.16°\times3.63=22.36°\\ \theta_{23}=\beta l_{23}=6.16°\times2.91=17.93°\end{array}\right\}$

②自然功率　$P_\mathrm{N}=\dfrac{U_\mathrm{S}^2}{z_\mathrm{C}}=\dfrac{1\,000^2}{244.5}\mathrm{MW}=4\,090\ \mathrm{MW}$

③输电线的剩余无功

两端等电压 PQ 方程　　$Q_{\mathrm{R}*}=\dfrac{1}{\sin\theta}\left[\sqrt{1-(P_{\mathrm{R}*}\sin\theta)^2}-\cos\theta\right]$

最大有功负荷 $P_{L3max*} = 1.2$ 时

1—2 段　$Q_{21*} = Q_{12*} = \dfrac{1}{\sin \theta_{12}} [\sqrt{1 - (P_{L3max*} \times \sin \theta_{12})^2} - \cos \theta_{12}]$

$\qquad\qquad = \dfrac{1}{\sin 22.36°} [\sqrt{1 - (1.2 \times \sin 22.36°)^2} - \cos 22.36°]$

$\qquad\qquad = \dfrac{1}{0.380\ 4} [\sqrt{1 - (1.2 \times 0.380\ 4)^2} - 0.924\ 8)] = -0.092$

2—3 段　$Q_{32*} = Q_{23*} = \dfrac{1}{\sin \theta_{23}} [\sqrt{1 - (P_{L3max*} \sin \theta_{23})^2} - \cos \theta_{23}]$

$\qquad\qquad = \dfrac{1}{\sin 17.93°} [\sqrt{1 - (1.2 \times \sin 17.93°)^2} - \cos 17.93°]$

$\qquad\qquad = \dfrac{1}{0.307\ 9} [\sqrt{1 - (1.2 \times 0.307\ 9)^2} - 0.951\ 4] = -0.072$

变电站 3 最小有功负荷 $P_{L3min*} = 0.4$ 时,

1—2 段　$Q_{21*} = Q_{12*} = \dfrac{1}{0.380\ 4} [\sqrt{1 - (0.4 \times 0.380\ 4)^2} - 0.924\ 8] = 0.167$

2—3 段　$Q_{32*} = Q_{23*} = \dfrac{1}{0.307\ 9} [\sqrt{1 - (0.4 \times 0.307\ 9)^2} - 0.951\ 4] = 0.133$

线路两端注入母线无功量列于表 2.3。

表 2.3　线路剩余无功补偿量

节点 3 负荷 ($P_{L3*} + jQ_{L3*}$)		线路剩余无功/Pu	
		$Q_{21} = -Q_{12}$	$Q_{32} = -Q_{23}$
最大	1.2+j0.394	−0.092	−0.072
最小	0.4+j0	0.167	0.133

注:基准功率为 4 090 MW。

④各节点的无功补偿量

变电站 3 最大有功负荷 $P_{L3max*} = 1.2$ 时, $\cos \varphi_{max} = 0.95$(滞后), $Q_{L3max*} = 0.394$。

$\qquad\quad Q_{C1*} = -Q_{21*} = 0.092$

$\qquad\quad Q_{C2*} = -(Q_{12*} + Q_{32*}) = 0.092 + 0.072 = 0.164$

$\qquad\quad Q_{C3*} = Q_{L3*} - Q_{23*} = 0.394 + 0.072 = 0.466$

变电站 3 最小有功负荷 $P_{L3min*} = 0.4$ 时, $\cos \varphi_{min} = 1$, $Q_{L3min*} = 0$。

$\qquad\quad Q_{C1*} = -Q_{21*} = -0.167$

$\qquad\quad Q_{C2*} = -(Q_{12*} + Q_{32*}) = -(0.167 + 0.133) = -0.3$

$\qquad\quad Q_{C3*} = Q_{L3*} - Q_{23*} = 0 - 0.133 = -0.133$

各节点的无功补偿量列于表 2.4。

表 2.4　各节点的无功补偿量

节点 3 负荷 $(P_{L3}+jQ_{L3})$		节点的无功补偿量/Pu		
		Q_{C1}	Q_{C2}	Q_{C3}
最大	1.2+j0.394	0.092	0.164	0.466
最小	0.4+j0	−0.167	−0.3	−0.133

注:正值为发无功,负值为吸无功。

⑤电网的功率分布图

两种传输有功下,电网的功率分布示于图 2.23。

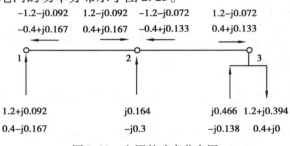

图 2.23　电网的功率分布图

2.5　超特高压直流输电系统的传输特性与换流站的无功补偿

2.5.1　超特高压直流输电系统的主接线与等效电路

我国西电东送传输距离远、容量大,由于交流输电受稳定性的限制,因此采用可控硅元件作换流器件的(±500 kV)超高压和(±800 kV,±1 100 kV)特高压直流输电方式。

图 2.24 示出超、特高压直流输电系统的主接线。

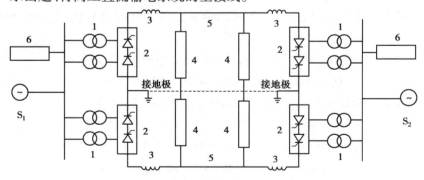

图 2.24　超特高压直流输电系统的主接线图

图 2.24 中,1 为变压器;2 为可控换流器;3 为平波电抗器;4 为直流滤波器;5 为直流输电线路,是直流输电网的正负极;6 为交流滤波及无功补偿器。S_1 与 S_2 为两侧交流系统;中间部分是由换流器及直流输电线路构成的直流回路。两侧换流器必须是顺向串联,否则电流不可

流通。

图 2.25 示出直流输电网的等效电路。

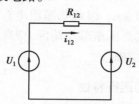

图 2.25　直流输电网的等效电路

图 2.25 中,(U_1,U_2)是 1、2 两侧换流器生成的直流电压:与换流元件的正方向相同的电压称为正向电压;与换流元件的正方向相反的电压称为反向电压。对照图 2.24 与图 2.25 可见:U_1 为正向电压,U_2 为反向电压。生成电流必要条件是正向电压高于反向电压。电流算式为:

$$i_{12} = \frac{U_1 - U_2}{R_{12}} = \frac{\Delta U}{R_{12}} \tag{2.48}$$

式中,i_{12} 为直流回路电流;R_{12} 为直流回路电阻;$\Delta U = (U_1 - U_2)$ 为正、反向电压差。

由于 1 侧生成的直流电压 U_1 与直流电流 i_{12} 的方向相同,因此功率由交流侧送入直流侧,称为整流侧;反之,2 侧生成的直流电压 U_2 与直流电流 i_{12} 的方向相反,因此功率由直流侧送到交流侧,称为逆变侧。保证整流侧的直流电压高于逆变侧的直流电压是生成直流电流的必要条件。

直流电压的方向是由可控硅换流器的触发角确定的:当触发角为$(0<\alpha<90°)$时生成正向电压;当触发角为$(90°<\alpha<180°)$时生成反向电压。可以同时改变直流电压的方向和高低,即可实现两侧“整流”与“逆变”的交换,使直流输电系统传输功率的方向反转。

两个交流系统之间仅有直接流输电线连接时可在不同的频率下运行,称两个交流系统“异步并联”,这时两个交流系统的功率传送量可由直流输电系统控制。这种方式往往应用于两个国家之间的电网联络,使两国之间的功率传输可控,从而保持两国交流电网的独立性,直流系统起了“隔断”作用。

当两个交流系统相邻采用直流连接时,两侧换流站相邻没有输电线,称为“背靠背”直流输电。苏联将“背靠背”换流站称为直流“插座”。

交流系统采用交流输电线连接时必须在同一个频率下运行,因此称为同步并联。优点是一个交流系统功率不平衡引起频率、电压变化时,另一个交流系统会自动作出响应,通过改变联络线功率协助阻止频率与电压的变化,因此可以提高两个系统的运行稳定性;缺点是联络线上功率不可控。

交流系统采用直流异步连接的优点是联络线上的功率可控;缺点是直流具有“隔断”作用:当一个交流系统功率不平衡引起频率、电压变化时,另一个交流系统不会自动作出响应,因此运行稳定性较差。因此,异步连接的两个交流系统都需要有足够的稳定性控制能力。

含可控硅整流器的输电系统在触发角不为零时将产生谐波并吸收交流系统的无功,其大小与触发角等因素相关。滤波及无功补偿器的作用是消除谐波并进行无功补偿,以保证电能质量与运行稳定性。

由 3.3 节可知:交流输电由于受稳定性限制,一条 1 000 kV 交流特高压输电线路,传播常

数 β=6.16°/100 km,波阻抗 z_C=244.5 Ω,自然功率 P_N=4 090 MW。长度 l=654 km 时,其最大传输功率为 4 144 MW,接近其自然功率。而一条±1 100 kV 特高压直流输电线路传输功率可达 12 000 MW,传输距离逾 3 000 km。因此我国西电东送均采用特高压直流输电方式,将西部丰富的水电、风电与光电直接输送到东部负荷区,特高压直流输电技术为我国西部清洁能源的开发与利用做出了十分重大的贡献。

2.5.2 不可控三相换流电路的运行特性

（1）换流定义与换流器件

所谓换流指的是交流与直流的相互转换:交流变直流称为整流;直流变交流称为逆变。电力系统的直流输电工程中通常使用三相桥式换流电路,换流阀元件分为不可控元件与可控元件,前者为二极管无控制极,电流不可控;后者为三极管有控制极,电流可控。可控元件又分为半控元件与全控元件,前者仅控开通不控关断;后者既可控开通又可控关断。

（2）换流电路的结构

如图 2.26 所示为二极管组成的不可控三相整流桥,只能整流不可逆变。

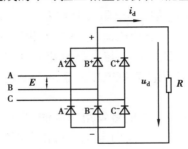

图 2.26　不可控三相整流桥

图 2.26 中,按所在交流的相和直流的正负极对 6 个整流管命名,分别称为正极管 A⁺,B⁺,C⁺与负极管 A⁻,B⁻,C⁻。E 为交流线电压有效值,u_d 为直流电压,i_d 为直流电流。

（3）换相的定义与换相成功的条件

换流桥的正常运行状态是:①同一个极的三个换流管只有一个是导通的,其他两管处于关闭状态;②在每一个交流周期内,同一个极的三个换流管轮流导通 120°,关断 240°。

同极中两管的电流转换称为换相,电流转换的起始点称为换相点,随后换相管电流导通,被换相管电流截断称为换相成功。

换相成功的电压条件是:正极管换相时刻交流电网给予换相管的电位应高于其他两相电位。图 2.27 示出 A⁺管的导通与截止区间。

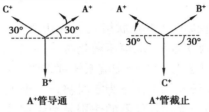

图 2.27　A⁺管的导通与截止区间

负极管换相时刻交流电网给予换相管的电位应低于其他两相电位。图 2.28 示出 A⁻管的导通与截止区间。

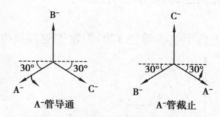

图 2.28　A⁻管的导通与截止区间

二极管这种依靠电网电压进行换相的方式称为"电网换相",又称"自然换相"。

(4)直流侧电压波形

自然换相的三个正极管轮流导通 120°,总是将最高电位的交流母线接入直流正极母线;三个负极管轮流导通 120°,总是将最低电位的交流母线接入直流负极母线。同时可见:当一相正极管导通 120°时,其他两相处于最低电位的负极管按相序各导通 60°,即一个正极管导通时将按相序向直流母线引入两个线电压,因此在交流电压的一个周期内,换向器依次将(u_{AB},u_{AC};u_{BC},u_{BA};u_{CA},u_{CB})的顶部各取 60°生成 6 脉冲直流电压,如图 2.29 所示。

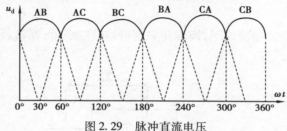

图 2.29　脉冲直流电压

图 2.29 中标出了 6 个线电压的下标文字,其物理意义是:前一个字母表示正极管导通的相,后一个字母表示负极导通的相。

6 脉冲直流电压的平均值为:

$$u_{d0} = 1.35E \tag{2.49}$$

式中,E 为交流线电压的有效值。

见图 2.24,换流站的正、负极均由接线组别相位差 30°的两组变压器组成(例如 11 点接线与 12 点接线),各自的换流器输出的 6 脉冲直流电压也相差 30°,两个 6 脉冲直流电压串联后的峰谷叠加获得 12 脉冲直流电压,如图 2.30 所示。

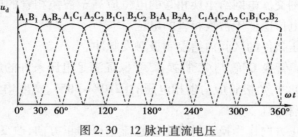

图 2.30　12 脉冲直流电压

图 2.30 中,下标为 1 的电压是第 1 组换流桥生成的直流电压;下标为 2 的电压是第 2 组换流桥生成的直流电压。12 脉冲直流电压的波动较 6 脉冲小,减小了直流电压谐波的幅值,可以减小滤波器的容量。

经滤波后的直流电流接近恒定,为一水平直线。

（5）交流侧电流波形

每周期内交流侧各相的正负半波各导通120°为直流侧提供电流,电流如图2.31所示。

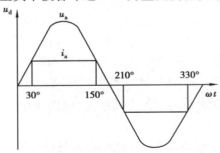

图2.31 自然换相的交流侧电流

由图2.31可见,交流侧的电流在正、负半波内都是宽度为120°的方波。

2.5.3 可控三相换流电路的运行特性

（1）电路结构

图2.32为可控硅换流器接线图,换流器采用可控硅三极管,换流桥在m、n两端生成的直流电压大小与正负可以改变。

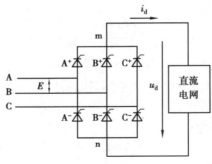

图2.32 可控三相换流桥

给三极管控制极触发脉冲是使其导通的必要条件,因此可控三相换流桥换相成功的充分条件有二:

①正极管换相时刻交流电网给予换相管的电位应高于被换相管的电位;负极换相时刻交流电网给予换相管的电位应低于被换相管的电位。

②在保证满足电压条件的区间内给控制极触发脉冲。

图2.33绘出了A⁺管换C⁺管与A⁻管换C⁻管保证满足电压条件的触发区间:正极管应为本相电压的(30°～210°),负极管应为本相电压的(210°～30°),宽度均为180°。图中,实线为起始相位;虚线为终止相位。

以换流管电流的正方向作为换流桥产生的直流电压的正方向,改变控制极触发脉冲的位时刻可以改变直流电压的大小和方向。将触发区间分为两半:触发脉冲在前90°,换流桥生成的直流电压的方向为正向(m为正,n为负),该电压生成正向电流,将交流电网的功率送入直流电网,称为整流状态;触发脉冲在后90°,换流桥生成的直流电压的方向为反向(m为负,n为

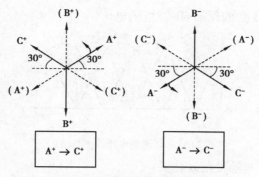

图 2.33　三极管触发换相成功的区间

正),需要外部直流电网中有较高的正向电压才能生成电流,这时换流器吸收功率送入交流电网,称为逆变状态。

(2)换相参数的定义

记整流侧下标为 r,逆变侧下标为 i,以自然换相点为时间的参考点(0°),换相参数的定义示于图 2.34。

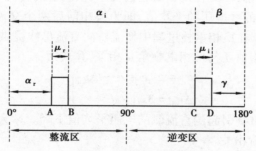

图 2.34　换相参数的定义

①触发角(α)

触发脉冲滞后于自然换相点的角度:($0°<\alpha<90°$)为整流状态;($90°<\alpha<180°$)为逆变状态。

②换相重叠角(μ)

由于电路有电感,换相管的电流上升与被换相管的电流下降需要一定的时间,因此换相时出现换相管与被换相管同时导通的时段,以角度表示称为换相重叠角,用字母 μ 表示。

③逆变角(β)

当 $90°<\alpha<180°$ 时,换流器工作于逆变状态。为了方便计算,定义触发角的补角称为逆变角,用字母 β 表示($\beta=180°-\alpha_i$)。

④熄弧角(γ)

工作于逆变状态的换流器换相时,应保证触发角($\alpha_i=180°$)之前完成换相,否则因不能满足换相成功所需要的电压条件而使换相失败,称为"逆变颠覆"。因此将换向完成后与($\alpha_i=180°$)点的距离定义为熄弧角,用字母 γ 表示($\gamma=\beta-\mu_i$),控制 γ 保证逆变成功。

(3)直流侧电压的波形与幅值

1)不计换相重叠的直流侧电压波形

图 2.35 为不计换相重叠($\mu=0$)的直流侧电压波形,6 个交流线电压均延后 α 角导通和截

断,向直流母线提供滞后 α 角的顶部 $60°$ 宽度的电压。

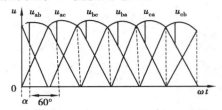

图 2.35　直流侧电压波形（$\mu=0$）

直流侧的电压平均值与触发角 α 相关：

$$\left.\begin{array}{l} u_{\mathrm{d}} = u_{\mathrm{d}0}\cos\alpha \\ u_{\mathrm{d}0} = 1.35E \end{array}\right\} \tag{2.50}$$

式（2.50）中,u_{d} 为直流侧的电压平均值,E 为交流线电压有效值。

2）计及换相重叠的直流侧电压波形

计及换相重叠的直流侧电压波形示于图 2.36。由图可见,在重叠角 μ 的区间内整流桥处于换流前后的两相短路状态,因此在换相重叠过程中,换流桥向直流母线提供的交流侧电压为换流的两相与第 3 相之间的线电压的平均值,即为换相前后两个交流线电压的平均值。图中标出 C¯管换 B¯管的情况,在换相重叠过程中换流桥向直流母线提供的交流侧电压（$u_{\mathrm{ab}}+u_{\mathrm{ac}}$）/ 2。因此直流侧的电压平均值还与换相重叠角 μ 相关,算式为：

$$\left.\begin{array}{l} u_{\mathrm{d}} = u_{\mathrm{d}0}\cos\alpha - \Delta u_{\mathrm{d}} \\ \Delta u_{\mathrm{d}} = 3x_{\mathrm{r}}i_{\mathrm{d}}/\pi \end{array}\right\} \tag{2.51}$$

式（2.51）中,Δu_{d} 为换相重叠引起的直流侧的电压平均值下降。x_{r} 为换相电路的感抗,i_{d} 为直流侧的电流,与直流侧负荷相关。

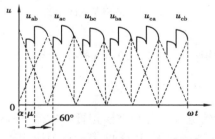

图 2.36　直流侧电压波形（$\mu\neq0$）

（4）交流侧的电流波形

1）不计换相重叠的交流侧电流波形

图 2.37 为无换相重叠的交流侧电流波形。由图可见,触发脉冲发出后换相管电流突然上升为直流侧电流,经 $120°$ 后被换相,电流突降到 0。

2）计及换相重叠的交流侧电流波形

图 2.38 为无换相重叠的交流侧电流波形。由图可见,触发脉冲发出后换相管电流渐变上升为直流侧电流,经 $120°$ 后被换相,电流渐变下降到 0。

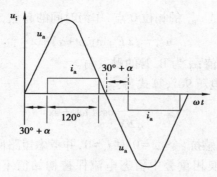

图 2.37　交流侧电流波形($\mu=0$)

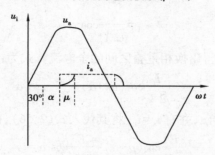

图 2.38　交流侧电流波形($\mu\neq0$)

2.5.4　换相重叠的算式

图 2.39 为 B^+ 管换 A^+ 管时两管同时导通电路。图中,(u_A,u_B) 为交流电源电压的瞬时值,(i_A,i_B) 为(A^+,B^+)两管的电流的瞬时值,i_S 为换相重叠过程中的回路的短路电流,L_r 为交流电路的电感,i_d 为直流侧电流,保持不变。

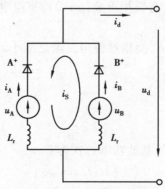

图 2.39　B^+ 换 A^+ 两管同时导通电路

由于电感电流不能突变,换相时出现 A^+、B^+ 两管同时导通,形成图中的短路回路,短路回路的电源电压为($u_{BA}=u_B-u_A$),短路电流 i_S 使 A^+ 管电流由 i_d 下降到 0,B^+ 管电流由 0 上升到 i_d,换相重叠中两管的电流算式为:

$$\left.\begin{aligned} i_A &= i_d - i_S \\ i_B &= 0 + i_S \end{aligned}\right\}$$

(2.52)

B$^+$管的自然换相点正好是 u_{BA} 的相位 0 点,作为时间的起点,回路电压 u_{BA} 写为

$$u_{BA} = \sqrt{2}\,E\,\sin(\omega t + \alpha) \tag{2.53}$$

式中,E 为交流侧线电压有效值;α 为 B$^+$管的触发角。

回路电流稳态分量滞后电压 90°,算式为:

$$i_{s\infty} = -\frac{E}{\sqrt{2}\,X_r}\cos(\omega t + \alpha) \tag{2.54}$$

式中,$X_r = 2\omega L_r$ 为短路回路的感抗,令 $\omega t = 0$ 时 $i_s = 0$,并考虑短路回路时间常数较大,换相重叠时间相对较小,近似认为在换相重叠中暂态电流保持初始值不变,回路电流暂态分量的算式为:

$$i_{sT} = \frac{E}{\sqrt{2}\,X_r}\cos\alpha \tag{2.55}$$

由式(2.54)与式(2.55)得出换相重叠区间的全电流算式为:

$$i_s = -\frac{E}{\sqrt{2}\,X_r}\cos(\omega t + \alpha) + \frac{E}{\sqrt{2}\,X_r}\cos\alpha \tag{2.56}$$

按换相重叠终止时有 $\omega t = \mu$,并有 $i_s = i_d$,将其代入式(2.56),得出

$$-\frac{E}{\sqrt{2}\,X_r}\cos(\mu + \alpha) + \frac{E}{\sqrt{2}\,X_r}\cos\alpha = i_d \tag{2.57}$$

μ 的算式:$\mu = \cos^{-1}\left(\cos\alpha - \dfrac{\sqrt{2}\,X_r i_d}{E}\right) - \alpha$ \tag{2.58}

由式(2.58)可见,$\dfrac{\sqrt{2}\,X_r i_d}{E}$ 是决定换相重叠角 μ 的主要影响因素:

①当 $(X_r = 0)$ 或 $(i_d = 0)$ 时,无换相重叠($\mu = 0$)。

②当 $(X_r \neq 0)$ 同时有 $(i_d \neq 0)$,有换相重叠($\mu \neq 0$):直流电流 i_d 和回路感抗增大,换相重叠角 μ 随之增大。

③提高交流侧线电压有效值 E,换相重叠角 μ 随之减小。

2.5.5 换流站交流侧的功率

(1)整流站交流侧的功率

1)整流站交流侧的功率算式

交流电网送入整流站交流站的基波功率算式为:

$$\left.\begin{array}{l} P_r = U_{r1} I_{r1} \cos\varphi_{r1} \\ Q_r = U_{r1} I_{r1} \sin\varphi_{r1} \end{array}\right\} \tag{2.59}$$

式(2.59)中,(P_r, Q_r) 为交流电网送入整流站侧的有功和无功;(U_{r1}, I_{r1}) 为交流侧电压、电流的基波分量有效值;φ_{r1} 为 $\dot{U}_{r1}$ 超前于 $\dot{I}_{r1}$ 的角度,为基波功率因数角。

2)整流站交流侧的基波功率因数角

图 2.40 示出($0 < \alpha_r < 90°$,$\mu_r \neq 0$)下整流侧的交流电流。

基波功率因数角就是电流中心线滞后于电压中心线的角度。

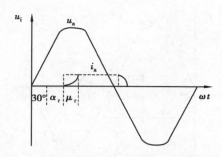

图 2.40　整流侧交流电流($0<\alpha_r<90°,\mu_r\neq0$)

基波功率算式为:

$$\varphi_{r1} = \alpha_r + \frac{\mu_r}{2} \qquad (2.60)$$

将式(2.60)带入式(2.59),交流电网送入逆变站交流侧的功率算式为:

$$\left. \begin{aligned} P_i &= -U_{i1}I_{i1}\cos\left(\alpha_r + \frac{\mu_r}{2}\right) \\ Q_i &= U_{i1}I_{r1}\sin\left(\alpha_r + \frac{\mu_r}{2}\right) \end{aligned} \right\} \qquad (2.61)$$

由图 2.40 可见,整流站交流侧 $0<\varphi_{r1}<90°$,基波电流与电压的相位关系示于图 2.41。

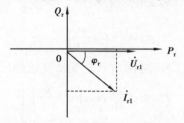

图 2.41　整流站基波电压与电流的相量图

由图 2.41 可见,整流站交流侧既吸交流电网的有功,也吸交流电网的无功。随触发角 α_r 与换相重叠角 μ_r 的增大吸有功减小,吸无功增大。

(2)逆变站交流侧的功率

1)逆变站交流侧的功率算式

交流电网送入逆变站交流侧的功率算式为:

$$\left. \begin{aligned} P_i &= U_{i1}I_{i1}\cos\varphi_{i1} \\ Q_i &= U_{i1}I_{r1}\sin\varphi_{i1} \end{aligned} \right\} \qquad (2.62)$$

式(2.62)中,P_i,Q_i 为交流电网送入逆变站侧的有功和无功,U_{i1},I_{i1} 为交流侧电压、电流的基波分量,φ_{i1} 为 $\dot{U}_{i1}$ 超前于 $\dot{I}_{i1}$ 的角度。

2)逆变站交流侧的基波功率因数角

图 2.42 示出 $90°<\alpha_i<180°,\mu_i>0$ 下逆变站的交流电流。由图可见,逆变站交流侧 $90°<\varphi_{r1}<180°$,基波电流与电压的相位关系示于图 2.43。

由图 2.43 可见,逆变站交流侧向交流电网输送有功的同时吸交流电网的无功。随触发角 α_i 与换相重叠角 μ_i 的增大输送有功增大,吸无功减小。

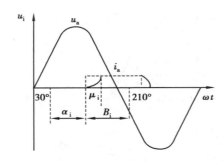

图 2.42　逆变站交流电流$(90°<\alpha_i<180°,\mu_i>0)$

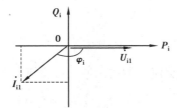

图 2.43　整流站基波电压与电流的相量图

逆变站的基波功率因数角为：

$$\varphi_i = \alpha_i + \frac{\mu_i}{2} = (180° - \beta_i) + \frac{\mu_i}{2}$$
$$= 180° - \left(\gamma + \frac{\mu_i}{2}\right) \tag{2.63}$$

将式(3.58)代入式(3.57)，交流电网送入逆变站交流侧的功率算式为：

$$\left.\begin{aligned} P_i &= - U_{i1}I_{i1}\cos\left(\gamma + \frac{\mu_i}{2}\right) \\ Q_i &= U_{i1}I_{r1}\sin\left(\gamma + \frac{\mu_i}{2}\right) \end{aligned}\right\} \tag{2.64}$$

由式(2.64)可见，随熄弧角 γ 与换相重叠角 μ_i 的增大，逆变站送入交流电网的有功减小，吸无功量增大。

思 考 题

2.1　名词解释：一次接线　二次接线　主接线　厂(站)用电接线

2.2　同步发电机的基本参数有哪些？水轮发电机与汽轮发电机的转速有何差别？为什么大容量机组额定功率因数较高？

2.3　异步发电机与同步发电机在结构与运行特性上有何差别？其额定转速与额定功率因数的含义与同步发电机有何不同？

2.4　绘出普通双绕组变压器的 T 型和 Γ 型等值电路，并解释电路中文字符号的含义。

2.5　变压器的基本参数有哪些？短路电压百分值 $u_s\%$ 的物理意义为何？为什么随变压器容量的增加其 $u_s\%$ 相应提高？

2.6　已知一台 220 kV 双绕组变压器的技术数据为：$S_N = 180$ MV·A，$U_S\% = 14$，$\Delta P_S = 1\,005$ kW，$I_0\% = 2.5$，$\Delta P_0 = 294$ kW，计算该变压器 Γ 型等值电路中的阻抗参数。

2.7　普通三绕组升压变压器与降压变压器的参数与用途有何差别？

2.8　自耦三绕组变压器与普通三绕组变压器的结构有何异同？什么叫自耦变压器的型式容量？为什么自耦变压器高中压之间的传输容量大于型式容量？为什么其高中压中性点必须直接接地？

2.9　配电设备基本分类有哪些？各自的功能及本课程主要研究的运行特性为何？

2.10　何谓输电线的功率角？用功角方程说明交流系统功率传输的方向及运行特点。

2.11　输电系统补偿器的作用为何？性能优秀的补偿器应具备何种调节能力？

2.12　解释交流输电中的名词：波阻抗，传播常数，自然功率，线路角，功率角，功率因数角。

2.13　已知一条 1 000 kV 输电线的参数为：单位长度正序电容 $C_1 = 0.014$ μF/km，单位长度正序电抗 $X_1 = 0.262\,8$ Ω/km。总长度 $L = 654$ km。保持送端运行电压 $U_S = 1\,000$ kV，运行频率 $f = 50$ Hz。按无损线计算：

(1)输电线的波阻抗、传播常数和自然功率。

(2)受端突然断开后受端的电压 U_R 和送端的无功 Q_S。

(3)保持受端功率因数 $\cos \varphi_R = 1$、$\cos \varphi_R = 0.95$（滞后）、$\cos \varphi_R = 0.95$（超前），计算三种情况下输电线的极限传输功率和失步功率角 δ_{cr}。

(4)以保持受端电压 $U_R = 1\,000$ kV 为控制目标，针对两种传输功率进行受端无功补偿量的计算。

①受端最大有功负载 $P_{RL.pu} = 1.2$，功率因数 $\cos \varphi_{RL} = 0.95$（滞后）。

②受端最小有功负载 $P_{RL.pu} = 0.4$，功率因数 $\cos \varphi_{RL} = 1$。

（以该输电线在 $U_S = 1\,000$ kV 下的自然功率为基准。）

2.14　用可控硅作换流元件的直流输电系统：

(1)绘出功率传输的等效电路图，说明功率传输的方向是如何决定及如何实现功率传输方向的反转。

(2)解释绘图名词：自然换相点，触发角，逆变角，换相重叠角，熄弧角，并说明这些角度对换流站运行状态的影响。

(3)用可控硅做换流元件的直流输电系统的换流站为什么总是要吸收交流系统的无功？说明影响吸无功量的因素。

第2篇
输配电设备的工作原理与基本参数

第3章
开关电器

开关电器承担电网运行的正常操作,事故时自动切断电路和电气设备检修时隔离电源等三项任务,其投资占配电设备总投资的一半以上,因此,在电网中占有极其重要的地位。由于电力系统容量增长,短路电流加大,切断电路的任务十分繁重,因此本章主要讲述开关电器中的电弧理论、灭弧方法和措施,开关电器的技术参数及应用。

3.1 开关电器的电弧及灭弧原理

3.1.1 电弧产生的过程与灭弧的基本方法

电弧是气体导电现象。直流电弧的组成如图3.1所示。在电网电压较高、开断电流较大的情况下,均可能在触头间形成电弧(由绝缘气体或绝缘油受热分解出的气体游离产生的自由电子导电)。这时伴随有强光和高温(可达数千摄氏度甚至上万摄氏度),切断电路就是要熄灭电弧,如果不能迅速熄灭电弧,将造成开关电器的损坏并将事故扩大。

图 3.1　直流电弧的组成

(1)电弧的形成与稳定燃烧过程

气体导电的条件是气体中出现大量的自由电子,因此开关电器切断电路时在开断的触头之间产生电弧的过程就是自由电子产生的过程:自由电子如何从触头金属表面逸出,触头中间的气体如何分离出自由电子。

1)强电场发射

当开关动、静触头分离的初瞬,触头间距离很小,在外施电压作用下,触头间出现很高的电场强度,当电场强度超过 $3×10^6$ V/m 时,阴极表面的自由电子在电场力的作用下被强行从金属表面拉出,称为强电场发射。

2)碰撞游离

从触头表面拉出的自由电子在强电场作用下加速,以极高的速度向阳极运动,沿途撞击介质中的中性分子或原子,使之游离出自由电子,进而产生连锁反应式的碰撞,使间隙中的自由电子迅速增加,这一过程称为碰撞游离,由此而形成电弧。

3)热发射与热游离

电弧形成之后,断口由开断初瞬的不导电状态变为导电状态。因此加于断口的电压将迅速下降,不能依靠高电场强度,即不能依靠强电场发射和碰撞游离来维持电弧的稳定燃烧。当电源容量很大,即被切断电路的电流很大时,电源在极短的时间内即可向断口注入大量的能量。导致金属触头和间隙内温度迅速升高,此时金属触头依靠高温而发射电子,称之为热发射。高温下的中性分子具有很高的运动速度,足以在其彼此碰撞时游离出大量的自由电子,称为热游离。因此,大电流形成的高温是维持电弧燃烧的主要因素。

4)电弧的稳定燃烧

在游离的同时,间隙中存在着自由电子与正离子相结合还原为中性分子或原子的过程,这一现象称为复合。由于弧道温度很高,因此弧道中的热量向周围介质传递,并有弧道中的部分介质向周围运动而降低弧道中自由电子的密度,这一现象称为扩散。复合与扩散是去游离过程。

当游离与去游离相平衡时,电弧进入稳定燃烧状态。

(2)熄灭电弧的基本方法与措施

由电弧的形成过程提出熄灭电弧的基本方法:削弱游离作用,加强去游离作用。其主要措施为:

1)提高触头的开断速度

第一批自由电子是依靠断口间的高电场强度产生的,提高触头的运动速度或增加断口的数目,可以缩短触头达到绝缘要求开断距离所需要的时间,即减少间隙处于高电场强度下的时间,使自由电子不足而迫使电流减小,过程中注入间隙中的能量也小,间隙温度较低,使电弧不易形成。

2)冷却电弧

用冷却绝缘介质降低电弧的温度,削弱热发射和热游离作用以熄灭电弧。在高压开关中常用的绝缘介质有3种:油、六氟化硫(SF_6)和压缩空气(高密度空气),并分别称为油开关、六氟化硫开关和压缩空气开关。

3)增大绝缘介质气体压力

它可使气体密度增加,缩短分子运动的自由程,降低热游离的概率,增大复合的概率,促使电弧熄灭。在高压断路器中,有高强度绝缘材料做成的半封闭的特制空腔,称为灭弧室,触头套入其中(图3.2),使绝缘气体或绝缘油分解后产生的气体保持很高的压力。

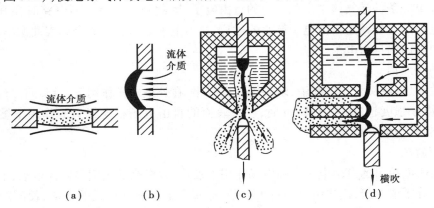

图3.2　开关电器灭弧室吹弧方式

4)吹弧

采用绝缘介质吹弧,使电弧拉长、增大冷却面、提高传热率,并强行迫使弧道中游离介质扩散,流入新鲜介质以促使电弧熄灭。采用合理的灭弧室结构(合理开口)以引导介质的流动,可以实现吹弧。按气体流动方向与电弧方向的相对关系划分吹弧方式,图3.2(a)、(c)为纵吹,图3.2(b)、(d)为横吹。

5)将触头置于真空密室中

由于缺乏导电介质而使断路器分断时不能维持电弧。因此称这种开关为真空开关,它是一种可以频繁操作的高压断路器,但价格昂贵,常用于变电站无功补偿电容器的投切和钢铁厂轧钢电路的控制。

3.1.2　直流电弧的伏安特性及低压开关的灭弧方法

(1)直流电弧的特性

直流电弧的特性可从两个方面来讨论:

①电弧电压的组成。电弧电压沿弧长的分布状况,如图3.3所示。

$$U_h = U_1 + U_2 + U_3 \qquad (3.1)$$

式中　U_h——电弧在全长上的压降,V;

　　　U_1——阴极区压降,V;

　　　U_2——弧柱压降,V;

　　　U_3——阳极区压降,V。

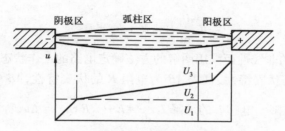

图 3.3　直流电弧电压沿弧长的分布

由于电弧的端部靠近触头的区段(阴极区和阳极区)较之于中心区段(弧柱)温度较低,自由电子的密度小,因此导电率低,电位梯度大。特别是阴极区,由于堆积了许多正离子,大量吸收自由电子而使该区域自由电子浓度最低,电位梯度最高。一般在靠近阴极 10^{-4} cm 的区间内可形成一个近似为常数的压降。例如,触头为铜材,导电介质为空气时,在电弧电流为 $1 \sim 20$ A,阴极压降为 $8 \sim 9$ V,称为阴极效应。

②在弧隙距离(即电弧长 l)确定的条件下,电弧的电压与电弧电流的关系,称为电弧的伏安特性 $u_h = f(i_h)$,如图 3.4 所示。

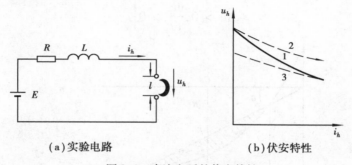

(a)实验电路　　　　　　　　(b)伏安特性

图 3.4　直流电弧的伏安特性

如果用图 3.4(a)的实验电路,在弧长 l 不变的条件下,改变电源电压以改变电弧电流,这时可以得出如图 3.4(b)所示的电弧的伏安特性。曲线 1 表示电源电压缓慢变化时,电弧的端电压与电弧电流的关系,曲线中的每一个点代表弧道中的复合与游离处于动态平衡状态的情况,称曲线 1 为静态特性。其特征是间隙的导电能力随热游离的增强而上升,其电弧的电阻将随电流的上升而下降。由于注入间隙中的热功率正比于电流的平方,因此,当电源电压上升使整个电路的电流上升时,电弧的电压反而下降,电弧的动态电阻为负值,即 $\dfrac{\mathrm{d}u_h}{\mathrm{d}i_h} < 0$,此时电源电压主要降落在外电路的电阻上。曲线 2 表示迅速升高电源电压的情况:由于在每一个电流值下停留的时间不足,热游离处于上升阶段而尚未进入该电流下的稳定状态,因此与曲线 1 相比较,各点出现因温度较低,弧道电阻较高,压降较大的情况。曲线 3 为电源电压迅速下降的情况:由于在每一个电流值下停留时间不足,热游离处于下降阶段而尚未进入稳定状态,从而出现因温度较高,弧道电阻较低,电弧压降较小的情况。曲线 2、3 为电弧的动态特性,由于热惯性的存在,即温度的变化滞后于电流的变化,使电弧的伏安特性与电源电压的变化方向和变化速度有关,不是一条固定的曲线,图 3.4(b)中仅表示出动态特性与静态特性的相对关系。

(2)**电弧稳定燃烧的条件**

电路的电压平衡方程式为:

$$L\frac{di_h}{dt} + i_h R + u_h = E \tag{3.2}$$

由于电弧压降 u_h 的非线性而采用图解的方法确定电路的工作状态,如图 3.5 所示。其中曲线 AEB 为电弧的静态伏安特性,直线 AB 为电阻 R 的伏安特性,AB 线上的点与水平线 EC 的距离为电阻 R 上的压降。电感 L 的压降 $L\frac{di_h}{dt} = E - (i_h R + u_h) = \Delta u$,称为剩余电压,由其确定电流的变化,有:

$$\frac{di_h}{dt} = \frac{1}{L}\Delta u \tag{3.3}$$

并有:

$$\left.\begin{aligned} \Delta u = 0, \frac{di_h}{dt} = 0 \\ \Delta u < 0, \frac{di_h}{dt} < 0 \\ \Delta u > 0, \frac{di_h}{dt} > 0 \end{aligned}\right\} \tag{3.4}$$

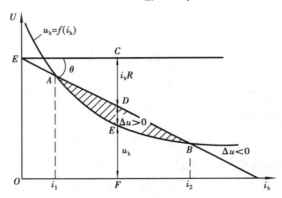

图 3.5 直流电弧的稳定燃烧点图解确定

$\frac{di_h}{dt} = 0$ 是电弧稳定燃烧的必要条件,图 3.5 中之 A、B 两点具有此条件。电弧能承受干扰保持稳定燃烧的另一必要条件为 $\frac{d\Delta u}{di_h} < 0$,当出现扰动 i_h 上升时,有 $\Delta u < 0$ 迫使 i_h 下降回复到原有的工作状态;反之,当出现扰动使 i_h 下降时,有 $\Delta u > 0$ 迫使 i_h 上升回复至原工作点。图 3.5 中仅 B 点满足此条件,即 B 点是电弧的稳定燃烧点。电弧稳定燃烧的充分条件为:

$$\left.\begin{aligned} \Delta u = 0 \\ \frac{d\Delta u}{di_h} < 0 \end{aligned}\right\} \tag{3.5}$$

按 $\Delta u = E - (i_h R + u_h)$,对应于一定的电源电压 E,式(3.5)的条件可改写为:

$$\left.\begin{aligned} E = i_h R + u_h \\ R + \frac{du_h}{di_h} > 0 \end{aligned}\right\} \tag{3.6}$$

由此而确定电弧稳定燃烧的充分条件为:①电源电压等于电阻压降与电弧压降之和;②全电路的动态电阻为正。当电弧动态电阻处于负值区时,外电路电阻的存在是保证电弧稳定燃烧的必要条件。

(3)低压开关的灭弧方法与措施

如能保持 $\Delta u<0$,则能保持 $\dfrac{\mathrm{d}i_\mathrm{h}}{\mathrm{d}t}<0$ 从而使电弧熄灭,因此消耗电压,即增加电阻压降和电弧压降是低压开关熄灭电弧的有效方法,具体措施为:

①拉长电弧。如图3.6(a),当电弧长度为 l_0 时在 B 点稳定燃烧,如将其拉长经 l_1(临界状态)至 l_2,由于 u_h 的增加而总有 $\Delta u<0$,电弧熄灭。

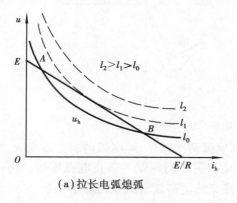
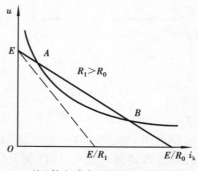

(a)拉长电弧熄弧　　　　　　　(b)外电路中逐级引入电阻灭弧

图3.6　拉长电弧和外电路串电阻熄弧

②开断电路时在电路中串入电阻,如图3.6(b)所示。当外电路电阻为 R_0 时,电弧在 B 点稳定燃烧,如在外电路中串入电阻使外电路电阻变为 R_1,电弧因 $\Delta u<0$ 而熄灭。采用此种措施时应注意限制电流的变化速度以防止过电压,否则不能达到熄弧目的,因此由 R_0 变至 R_1 是逐级串入电阻进行的。

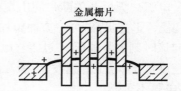

图3.7　金属栅片分割短弧灭弧

③在断口上装灭弧栅。如图3.7,由钢片组成的灭弧栅罩在低压开关触头上,开关断开时,弧电流产生的磁场与钢片产生作用力使电弧拉入灭弧栅内被钢片分割成多段短弧形成许多对电极,由于电弧的近极压降而使电弧所需电压增加,造成 $\Delta u<0$,使电弧熄灭。灭弧栅在低压开关中使用十分广泛。有灭弧栅的刀开关可以切断其铭牌标注的额定电流;无灭弧栅的刀开关的额定电流仅表示其闭合状态下长期通过该电流时发热温度在允许范围之内,由于没有灭弧栅而不能切断该电流,因此仅在无电流下操作承担检修隔离任务。

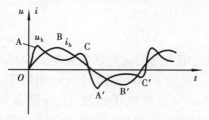

图3.8　交流电弧的电压电流波形

3.1.3　交流电弧的波形与防止恢复电压振荡的方法

(1)交流电弧的波形

交流电弧的电压与电流的波形如图3.8所示。

获得此波形的等效电路如图3.9(a)所示。由于外电路的阻抗远大于电弧电阻,因此稳定燃烧的弧电流波形近似为正弦波形。由于电弧电阻的非线性而使电弧压降为非正弦波形。由于热惯性使交流电弧温度的变化滞后于电流的变化,使最高温度点滞后于电流峰值点。同时对应于相同电流瞬时值处于电流下降段的温度高于处于上升段的温度,因此有电流降段电阻低于上升段电阻。从而使在每一半周期内有电压波形呈前高后低、极小值点较电流峰值点后移的不对称马鞍形状态,在一个周期内的伏安特性如图 3.9(b)所示。

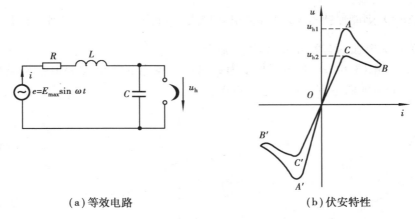

(a)等效电路　　　　　　　　　(b)伏安特性

图 3.9　交流电路的电弧及伏安特性

由于电源电压的交变使每一交变周期内交流电弧两次过零,即电弧两次自然熄灭,而并非如直流电弧那样需要强行熄灭,因此熄灭交流电弧的主要问题仅为防止电弧重燃。由于自燃熄弧产生的过电压低于强行熄弧的过电压,从而使交流电路较直流电路易于切断。

(2)电弧不重燃的条件

电弧熄灭后开关断口间出现两个过程:一方面开关断口间介质的绝缘强度(以击穿电压 u_{jf} 表示)迅速提高;另一方面施加于断口的电压(称为恢复电压,记为 u_{hf})由燃弧时极小的数值向该时刻电源电压 e_0 过渡。电弧是否重燃,取决于两方"竞赛"的结果:图 3.10(a)中,u_{jf} 上升速度低于 u_{hf} 上升速度,电弧在交点处重燃。在图 3.10(b)中,u_{jf} 上升速度高于 u_{hf} 上升速度,电弧不重燃。

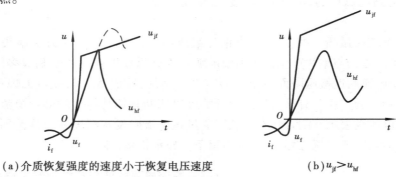

(a)介质恢复强度的速度小于恢复电压速度　　　　　　(b)$u_{jf} > u_{hf}$

图 3.10　交流电弧的熄灭条件

电弧重燃的可能性与电路的性质有关。图 3.11 示出纯电阻电路与纯电感电路电弧自然过零后断口恢复电压的上升过程。A 点为电弧的自然熄灭点,此时 $i_f = 0$。图 3.11(a)对应于纯电阻电路,$i_h = 0$ 时有电源电压 $e_0 = 0$,u_{hf} 平稳(不振荡)地向电源电压过渡,上升缓慢。图 3.11(b)纯电感电路,$i_f = 0$ 时有电源电压 $e_0 = E_{max}$(峰值),且由于无电阻的阻尼作用而由零

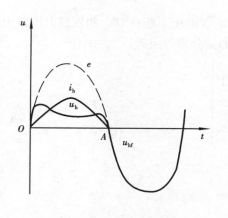
（a）开断纯电阻电路的恢复电压波形

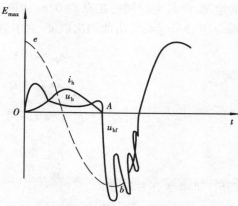
（b）开断纯电感电路的恢复电压波形

图 3.11　自然熄弧后弧隙的恢复电压波形

e—电源电压；i_h—电弧电流；u_h—电弧电压；u_{hf}—恢复电压

电压向 e_0 振荡过渡，u_{hf} 上升极为迅速，因此电弧易于重燃。恢复电压的目标值 e_0 较大和恢复电压易于产生高频振荡使感性电路较阻性电路难于切断。表 3.1 列出 CJ10 接触器辅助触头的技术参数，可见断开交流的能力大于断开直流的能力，断开电阻负荷的能力大于断开电感负荷的能力。

表 3.1　CJ10 接触器辅助触头的技术参数

额定电流 /A	额定电压 /V	开断电流/A	
		电感负荷	电阻负荷
5	交流:380	5	5
	直流:220	0.5	1

（3）恢复电压不振荡的条件及防止振荡的方法

限制恢复电压上升速度最重要的措施是防止恢复电压产生振荡，特别要防止高频振荡。如图 3.12（a）所示，在开关的主断口 DL_1 上经辅助断口 DL_2 并联适当的小电阻 r 可以防止主断口断开时恢复电压的振荡。开关跳闸时主断口 DL_1 首先跳开，然后再跳开 DL_2。

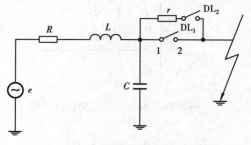
（a）短路时的等效电路

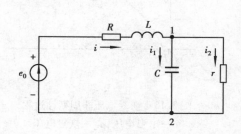
（b）电弧自然熄灭点的等效电路

图 3.12　断路器断口并联电阻的开断计算电路

主断口 DL_1 跳开后（DL_2 跳开之前）的等效电路如图 3.12（b）所示，图中示出主断口电弧熄灭点的情况,令其为时间的起点 $t=0$,e_0 为该瞬时的电源电压。断口 DL_1 的恢复电压即为电容 C 的端电压,即 $u_{hf}=u_c$,由此列出以 u_c 为求解对象的微分方程组为:

$$\left.\begin{array}{l} e_0 = iR + L\dfrac{di}{dt} + u_c \\[2mm] i = i_1 + i_2 \\[2mm] i_1 = C\dfrac{du_c}{dt} \\[2mm] i_2 = \dfrac{u_c}{r} \end{array}\right\} \tag{3.7}$$

整理后,可得微分方程,即

$$LC\frac{d^2 u_c}{dt^2} + \left(RC + \frac{L}{r}\right)\frac{du_c}{dt} + \left(\frac{R}{r} + 1\right)u_c = e_0 \tag{3.8}$$

如为交流电路,$t=0$ 为自然熄灭点,则式(3.7)的初始条件为:$u_c=u_{h0}$,$\dfrac{du_c}{dt}=\dfrac{i_1}{C}=0$,由此而解出方程。图3.13、图3.14 示出不振荡和无阻尼不衰减振荡的两种情况。

分析式(3.7),恢复电压不振荡的条件为:

$$\left(RC + \frac{L}{r}\right)^2 - 4LC\left(\frac{R}{r} + 1\right) \geqslant 0$$

整理为:

$$\left(RC - \frac{L}{r}\right)^2 - 4LC \geqslant 0 \tag{3.9}$$

令 $r=\infty$,即断口无并联电阻 r 时的不振荡条件为:

$$RC^2 - 4LC \geqslant 0 \tag{3.10}$$

即

$$R \geqslant 2\sqrt{\frac{L}{C}} \tag{3.11}$$

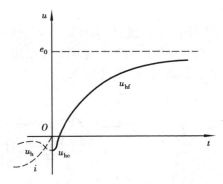

图3.13　恢复电压非周期性过程

u_f—电弧电压;u_{hf}—恢复电压

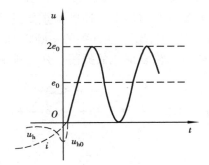

图3.14　恢复电压周期振荡过程

式(3.11)表明阻性电路恢复电压不易振荡而感性电路易于振荡,因此后者难于切断。

由式(3.9)可以分析主断口并联电阻 r 的作用。将平方项展开写为便于与式(3.10)相比较的形式,有电阻 r 时的不振荡条件为:

$$\left[(RC)^2-4LC\right]+\left[\left(\frac{L}{r}\right)^2-\frac{2RCL}{r}\right]\geq0 \qquad (3.12)$$

式(3.12)的第二部分表征并联电阻的作用,并联电阻起有利作用的必要条件为:

$$\left(\frac{L}{r}\right)^2-\frac{2RCL}{r}>0$$

即

$$r<\frac{L}{2RC} \qquad (3.13)$$

式(3.13)表明断口并联电阻 r 越小对主断口 DL_1 的灭弧越有利。但由式(3.11)可知,r 越大对辅助断口 DL_2 的灭弧越有利。同时该并联电阻的作用还与外电路的参数有关,当 $r>\frac{L}{2RC}$(例如阻性电路),将对 DL_1 的灭弧产生不利影响,因此这种开关应用于电阻电路和电容电路时应将并联电阻 r 撤除。

3.2　开关电器的分类与配置原则

(1)开关电器的分类

电力系统中的开关电器具有以下三种功能:

①正常操作。此种开关电器应具备切断正常运行最大工作电流的能力,并分为可频繁操作和不可频繁操作两种。

②事故自动断路。此种开关电器应具备切断短路电流的能力,分为自主鉴别是否发生短路与接受外部继电保护和自动装置系统的控制实现跳、合闸两种。

③检修隔离。一般在无电流下操作,断开后有可见的断开点。

按电压与功能分类,目前在我国电力工程中使用的开关电器见表3.2。

表3.2　开关电器的分类

	正常操作	事故断路	检修隔离
高压 （≥3 kV）	负荷开关(FK) （110 kV 及以下）	熔断器(RD) （35 kV 及以下）	隔离开关(G) （俗称刀闸）
	断路器 DL(油、压缩空气、SF_6、真空) 真空断路器可频繁操作		
低压 （380/220 V）	负荷刀开关(DK) 接触器(JC) （接触器可频繁操作）	熔断器(RD)	无栅刀开关 （DK）
	自动空气开关 KK		

由表3.2可见,高、低压系统中均有单施一种功能的开关电器:负荷开关仅用于正常操作;应用于高、低压正常操作的都有一种可频繁操作的开关电器:低压为接触器,采用电磁铁操作方式,其应用接线如图3.15所示。

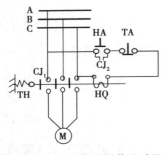

图 3.15 接触器的操作电路图

图 3.15 中,CJ$_1$ 为接触器的主触头,CJ$_2$ 为接触器的辅助触头,两者同时运动,HQ 为合闸电磁铁的线圈,HA 为合闸按钮,TA 为跳闸按钮,TH 为弹簧,当 HQ 不通电时,使 CJ$_1$ 与 CJ$_2$ 同时处于断开状态,将 CJ$_2$ 称为常开接点(无电时断开)。

操作合闸按钮 HA,合闸电磁铁的线圈 HQ 通电,克服弹簧作用力合闸,CJ$_1$ 与 CJ$_2$ 同时变为接通状态。当按钮 HA 返回后,由于 CJ$_2$ 已处于接通状态,因此接触器仍然保持合闸,称为自保持。操作跳闸按钮 TA,电磁铁断电,在弹簧的作用下接触器跳闸。

接触器的主触头从 10 A 到 6 000 A 等级分类较多。辅助触头额定电流均为 5 A,用于控制电路。接触器分为交、直流两大类。其操动电磁铁都有交流和直流两种。使用直流可以减小噪声,如有独立的直流操作电源,还可以提高操作的可靠性。

机械上接触器无合闸保持的机构,由电磁铁长期带电保持合闸,电压严重下降时自动掉闸,因此自身有失压保护功能。

接触器主要用于频繁操作和需要远处操作的电路,在低压电网中,接触器常用于电动机。在高压断路器的操动电路中,常作为接通合闸电路的执行开关。

高压(6~10 kV)的真空断路器可频繁操作,广泛用于变电站(6~10 kV)侧的无功补偿电容器的投切和冶炼厂的轧机。

熔断器仅用于事故断路,熔断器中熔体的熔断时间与通过熔体的电流的关系称为熔断器的安-秒特性,如图 3.16 所示。

图 3.16 中,安-秒特性左方逼近的电流称为最小熔断电流 I_{min}。定义熔体的额定电流 $I_e = 0.8I_{min}$,即熔体的额定电流为可靠不熔断电流。额定电流大的熔体的熔断特性向上移动,如图 3.16 虚线所示,离电源较近的支路称为上段,对保护而言称为上级,在同一电流下,应使上级的熔断时间大于下级的熔断时间,使停电范围最小,称为保护的选择性。

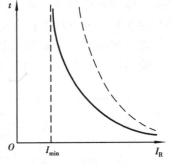

图 3.16 熔断器的保护特性

使用熔断器时应注意以下两点:

①熔体的熔断特性离散性较大,在同一电流下的熔断时间有较大的误差(与制造、装配水平有关),一般应考虑 50% 的时间误差。

②熔断时间随电流的增加而减小,不同额定电流熔体熔断的时差也随之减小。因此,在考虑上下级保护的配合时,应在下级出现最大短路电流情况下保证下级优先熔断。考虑熔断时间 50% 的误差,在该电流下,上级时间应为下级时间的 3 倍。

熔断器的优点是结构简单、价格便宜;缺点是熔断性能不稳定,变化范围大,易于误熔断。由图 3.16 可见,随电流的增大,不同额定电流熔体的熔断时差变得很小,使上下级配合困难,不能可靠地保证保护的选择性,因此,使熔断器的应用范围受限,低压常用于 75 kW 及以下的小容量电动机以及城市对居民供电的配电网,高压仅用于 35 kV 及以下。

隔离开关(无栅刀开关)仅用于检修隔离。

高、低压系统中都有执行两种功能的开关电器,机械上有合闸保持的机构。自动空气开关为低压电网的断路器,在低压开关电器中具有最大的开断能力,自身具有自动断路的跳闸机构(过流脱扣器和低压脱扣器),同时还有独立的跳闸和合闸线圈,可以接受继电保护和自动装置系统的控制实现跳、合闸。

（2）开关电器的配置原则

通过同一电流的电路部分称为一条支路。电力系统中开关电器的配置原则是每条支路的电源侧应配置一组开关电器。所谓一组开关电器,就是要完成三种功能。其中,检修隔离电器应配置在检修设备的近处,以确保不会被远处误合闸。

高、低压电网中开关电器的典型配置如图 3.17 所示。

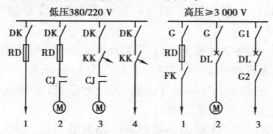

图 3.17　开关电器的典型配置

1）低压电网

配置 1 用于非电动机的小容量用户,例如居民供电,刀开关具有切断小负荷电流的能力,因此,兼施正常操作与检修隔离的功能,熔断器仅用于事故断路。配置 2 用于小容量的电动机(≤75 kW),增加接触器便于离开电动机进行频繁操作。配置 3 用于大容量的电动机(>75 kW),将熔断器换为空气开关,便于继电保护配合,并能切断更大的短路电流。配置 4 较配置 3 减少了接触器,用于大容量的非频繁操作支路。

2）高压电网

配置 1 用于非电动机的小容量用户;配置 2 用于大容量用户,如需频繁操作,则选用真空断路器;配置 3 较配置 2 在断路器后增加一隔离开关 DK_2,其原因是该支路的对侧有电源,本侧停电检修时,断开 DK_2,保证近处有明显的断开点,DK_2 由本侧掌控,可以排除误合闸的可能性。

每条支路的开关电器有一定的操作顺序,必须严格遵守。为防止现场操作人员在操作过程中发生五种恶性事故,电力系统从硬件和软件两个方面采取了防范措施,简称"五防"。

这五种恶性事故为:①带负荷拉、合刀闸;②误入带电间隔;③误分、合断路器;④带电挂接地线(或合接地刀闸);⑤带地线(或接地刀处于合闸状态)合主刀闸。之所以称为恶性事故,是因为这些事故会直接导致人为短路和人身伤亡,导致设备损坏和大面积停电。

为了防止恶性事故的发生,我国电力系统制订了"两票"制度。所谓"两票",指的是"操作票"和"工作票"。"操作票"是运行人员执行设备操作的依据,操作前,必须提出申请,经值班工程师批准后方可进行。操作时严格按照"操作票"上标明的地点和步骤进行。同时需有两人一道进行:一为操作人,另一为监护人,后者的技术级别高于前者,每一操作步骤均要由监护人认可以后操作人方能进行操作。"工作票"是检修人员需要对设备进行检修、调试所提出的申请,同样有保证安全的许多措施。

3.3 开关电器的参数

不同类型的开关电器在电力网中承担不同的任务。例如,高压隔离刀闸和低压无灭弧栅的刀开关不能切断其额定工作电流,但有明显的断口,主要承担检修隔离任务;高压负荷开关(可视为有灭弧栅的隔离刀闸)和低压有灭弧栅的刀开关可以切断额定工作电流,可以承担正常操作任务,但只能手动操作,也不宜频繁操作,而高压真空开关及低压接触器则可电动并能承担频繁操作任务;高、低压熔断器用于 35 kV 及以下电网,仅承担短路时自动切断电路的任务。

高压断路器(油开关、压缩空气开关、SF_6 开关及真空开关)与低压自动空气开关最广泛地应用于高、低压电网承担正常操作与事故时自动切断电路的任务,其结构最复杂、价格(特别是超高压断路器)昂贵。它由 4 个基本部分组成:①绝缘系统;②导电系统;③灭弧系统;④操动系统。其参数主要代表这 4 个系统的能力。

表 3.3 中示出了 LW53-252/3150 型六氟化硫断路器的参数,分述于后。

表 3.3 断路器的参数

型 号	额定电压 /kV	额定电流 /A	额定开断短路电流/kA	动稳固电流/kA	热稳固电流 /(kA·s⁻¹)	合闸时间 /ms	分闸时间 /ms
LW53-252/3150	252	3 150	50	125	50/4	90	19

3.3.1 额定电压 U_e

此参数表征开关的电气绝缘系统(相对地、相间和断口的绝缘)能力,当电网的额定电压不高于开关的额定电压时,开关能在电网中长期工作而不致造成绝缘的击穿。考虑电网在实际运行中电压有可能略高于额定电压,因此开关设计制造的允许长期工作电压最大值 U_{xu} = $(1.1 \sim 1.15)U_e$。同时,按电网可能出现的短时过电压倍数,开关的绝缘也具有对应的承受短时过电压的能力。开关的额定电压等级与电网的额定电压等级是一致的。目前国家的规定电压等级有:3、6、10、35、60、110、220、330、500、750 和 1 000 kV 等。

3.3.2 额定电流 I_e

表征开关的导电系统长期通过电流的能力。当开关工作环境温度为设计规范规定的标准温度 θ_e 时,长期通以额定电流其发热的稳定温度正好达到其长期允许的最高温度 $\theta_{g \cdot xu}$。当环境温度 θ 偏离额定值时,开关允许长期通过的电流 I_{xu} 应根据额定电流进行温度修正。$I_{xu(\theta)} = \sqrt{(\theta_{g \cdot xu} - \theta)/(\theta_{g \cdot xu} - \theta_e)} \cdot I_e$,但最大允许电流应不大于制造厂家的规定。我国目前采用的额定电流标准有:200、400、600、1 000、1 500、2 000、3 000、4 000、5 000、6 000、8 000 和 10 000 A。

3.3.3 额定开断电流 I_{dl}

I_{dl} 表征开关的触头与灭弧系统熄灭电弧的能力。额定开断电流 I_{dl} 是指开关工作在电网的额定电压下所能开断的短路电流的有效值。当电网电压低于开关的额定电压时、开关的开断电流有所增加,但并不与电压的下降完全成反比,即不能保证电压与开断电流的乘积(断流容量)为常数。其原因是维持电弧燃烧的主要因素是热游离,而热游离则依赖于电流的有效值的缘故。因此,在考核开关切断短路电流的能力时,使用切断电流的方法较为方便实用。

3.3.4　动稳固性电流 i_{dw}

i_{dw} 表征开关的机械结构的坚固性,在开关切断短路电流时所能承受最大电动力冲击的能力,应保证开关的机械部分无形变及损坏。电动力取决于电流的瞬时值,因此,应取可能通过开关的最大短路电流的冲击值 i_{ch} 来验证开关的动稳固性。当 $i_{dw} \geqslant i_{ch}$ 时,开关的机械结构不会被损坏,称开关的结构具有动稳固性能,过去习惯上将其称为动稳定性。

3.3.5　t s 热稳固性电流 I_t

I_t 表征开关通过短路电流时承受短时发热的能力,其金属和绝缘材料在高温下的坚固性。当开关在额定状态下运行已达持续工作最高允许温度 $\theta_{g \cdot xu}$ 时,突然增大电流至某一定值,并持续时间 t 秒,如果温度升高到短时发热允许的最高数值 $\theta_{d \cdot xu}$(由设计规范确定),则称电流 I_t 为开关的 t 秒热稳固电流。定义开关热稳固电流所取的时间有 1、4、5 和 10 s 等 4 种。$I_t^2 t$ 代表开关短时吸热的能力。热稳固条件可表示为 $I_t^2 t \geqslant \int_0^t i_d^2 dt$,右端积分对应为短路电流提供的热量。计算开关在 1、4、5 和 10 s 下的允许吸热值 $I_t^2 t$ 时,1 s 下的吸热值为最小,这里考虑了在极短的时间内其发热造成的不均衡现象较为严重,为了限制局部过热而需要降低吸热量。因此,做开关热稳固校验时,所取热稳固电流的时间等级应尽量接近短路电流的实际持续时间 t_d,过去习惯上将其称为热稳定性。

3.3.6　全分闸时间 t_{fd}

断路器的跳闸过程是:跳闸线圈通电,经传动机构使触头分离后灭弧。开关的全分闸时间是指开关的跳闸控制回路从接受跳闸信号开始到触头分离之后电弧完全熄灭为止所经过的时间,它包括固有分断时间 t_{gu} 和燃弧时间 t_{rh},即 $t_{fd} = t_{gu} + t_{rh}$。固有时间是接受到跳闸信号开始至触头脱开为止所经过的时间,它取决于操作机构的性能。燃弧时间取决于触头与灭弧系统,同时与操作系统有关,提高触头的分离速度有利于电弧的熄灭。短路电流的持续时间 $t_d = t_b + t_{fd}$,其中 t_b 是继电保护装置的动作时间。减小短路电流的持续时间可以有效降低短路电流的发热使选择电气设备较为经济,同时对于维持电力系统的动态稳定性具有十分重要的意义,短路持续时间过长,易于导致电力系统动态稳定性破坏。

3.3.7　合闸时间 t_h

断路器的合闸过程是:合闸线圈通电,经传动机构使触头闭合,并由保持机构保持合闸位置后合闸线圈断电。开关的合闸时间是指开关的合闸控制回路接受合闸信号到主触头接通电路所经过的时间。希望三相合闸时间相同,并且稳定,以保证发电机并入电网或两个独立运行的电网经断路器转为并联运行时,自动同期装置与之配合捕捉断路器两侧电网相位同期点的准确性(t_h 是该装置的整定计算参数)。

表 3.4 列出 LW53-252/3150 型六氟化硫断路器配用的 HMB-4 液压弹簧操动机构的技术数据。

表 3.4 断路器操动机构的技术数据

型 号	合闸线圈(DC)		分闸线圈(DC)		储能电动机(AC)	
	电压/V	电流/A	电压/V	电流/A	电压/V	功率/W
HMB-4	220/110	1.43/3.06	220/110	1.43/3.06	220	660

3.3.8　自动重合闸性能

为了提高电力系统运行的可靠性,在一些输电线路中装设有自动重合闸装置。即从短路发生起经过 t_0 时间,继电保护装置使开关跳闸,然后经过无电流时间 t_1,自动重合闸装置使开关重新合闸,如故障原因在上述时间(t_0+t_1)内已消除(称为瞬时性故障),则开关不跳闸,该线路继续运行;当故障原因尚未清除(称为永久性故障),则开关再次跳闸,切除该故障线路。由于温度较高及介质强度尚未完全恢复,在第二次跳闸时开关的开断能力有所下降。

目前制造厂在设计制造时已考虑了重合闸因素的影响,并对开关作了重合闸操作的循环考验,因此,在使用中不需修正开断电流。

思 考 题

3.1　何谓电弧? 简述断路器触头开断时断口电弧的形成与稳定燃烧过程及由此而确定的基本灭弧方法。

3.2　直流电弧稳定燃烧的电压条件为何? 由此得出可在低压开关中有效采用的灭弧方法与措施为何? 灭弧栅与灭弧室在灭弧原理上有何差别?

3.3　为什么交流较直流、阻性电流较感性电路易于切断?

3.4　恢复电压不振荡的条件为何? 在断路器主断口上并联电阻 r 对主断口灭弧有利(或不利)的条件为何?

3.5　电网配置开关电器的原则为何? 解释一组开关电器应满足的 3 种功能及其要求。举出具有上述功能的高、低压开关电器的例子。

3.6　何谓熔断器的保护特性? 其额定电流如何定义?

3.7　开关电器有哪些基本参数? 各参数的意义为何?

第 **4** 章

限流电器

限流电器是配电系统中用以增加电路的短路阻抗,从而达到限制短路电流目的的装置。本章将介绍限制短路电流的意义及各种限流措施,讲述各种限流电器的工作原理。由于限流电器作为一个阻抗元件串接在电路中,当正常工作电流流过时,必然在其上产生电压降而影响供电电压的质量,因此在选择限流电器的类型及参数时,关键的问题在于如何解决既使之达到限制短路电流的目的,又不使正常工作电流情况下引起的电压损失过大的矛盾。本章将围绕该问题重点进行讨论。

4.1 限制短路电流的措施

短路电流直接影响电气设备的选择和安全运行。电力系统的短路电流随系统中单机容量及总装机容量的加大而增长。在大容量发电厂和电力网中,短路电流可达很大数值,以致使在选择发电厂和变电所的断路器及其他配电设备时面临困难,要使配电设备能承受短路电流的冲击,往往需要提高容量等级,这不仅将导致投资增加,甚至还有可能因断流容量不足而选不到合乎要求的断路器,在中压和低压电网中,这一现象尤为突出。在发电厂和变电所的接线设计中,常需采用限制短路电流的措施减小短路电流,以便采用价格较便宜的轻型电器及截面较小的导线。对短路电流限制的程度,则取决于限制措施的费用与技术经济上的受益程度二者之间的比较结果。

各种限流措施,最终都可归结为增大电源至短路点的等效电抗,这些措施从设计着手并依靠正确的运行来实现,分述于后。

4.1.1 选择适当的主接线形式和运行方式

由于并列支路越多,电路等效电抗越小;串联支路越多,电路等效电抗就越大。因此,在接线中减少并联设备支路或增加串联设备支路,可增大系统阻抗,减小短路电流。为此在主接线的设计和运行中常采用下列方法。

①对具有大容量机组的发电厂采用发电机端不并联,形成发电机与变压器串联的单元接线,以减小发电机机端短路电流见第8章。

②在降压变电所,将两台并联变压器低压侧分开运行。如图 4.1 所示,将低压母线分段断路器 1DL 断开,当 d_1 点短路时,流过 2DL 的短路电流将只由变压器 1B 供给,从而使短路电流较之 1DL 合闸运行时的情况要小。必须指出,采用这种运行方式,当 1B、2B 型号相同,而Ⅰ、Ⅱ母线上的负荷大小又不相同时,变压器中的电能损耗较并联运行时要大些。此外低压母线解列运行将降低供电可靠性。例如,若一台变压器因故障自动退出工作时,由该台变压器供电的母线将失电,须经操作合上 1DL 后才能恢复供电。为解决上述不足之处,应在设计与运行时注意使两段母线上的负荷配置均匀,并可在 1DL 处装备用电源自动投入装置,以便在任一段母线失电时 1DL 自动迅速合闸,保证供电连续性。

③在环形网供电网络穿越功率最小处开环运行。或由两条平行线路供电的大容量变电所,将变电所高压母线分段断路器断开,也能减小短路电流。如图 4.2 所示,若将 3DL 断开运行,当 d_2 发生短路时,流过 4DL 的短路电流显然小于 3DL 合闸运行时的情况。当解列点在解列之前穿越功率较大时,解列运行将受到限制。

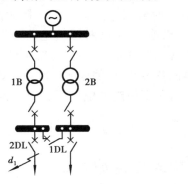

图 4.1　降压变电所中两台变压器分开运行　　图 4.2　双回线分开运行

4.1.2　加装限流电抗器

这种限流措施一般使用于 35 kV 及以下的电网中,目的在于使发电机回路及用户能采用轻型断路器,从而减少电气设备投资。限流电抗器是单相空心电感线圈,按中间有无抽头又分为普通电抗器和分裂电抗器(中间有抽头)两种。根据安装地点和作用不同可称为出线电抗器和母线分段电抗器,如图 4.3 所示。装于线路上的 XDK 为线路电抗器,主要用来限制引出线支路的短路电流。装设在母线分段处的 MDK 为母线分段电抗器,主要用于 d_2 与 d_3 点短路时,限制母联断路器、分段断路器和发电机断路器承受的短路电流。当 d_1 点发生短路,XDK 限制了接于发电机电压母线上所有电源提供的短路电流,而 MDK 只限制了接于母线Ⅱ上的电源提供的短路电流,由于选择 MDK 时所取额定电流较大,MDK 较 XDK 容量大得多,其常规单位下的电抗较小,因此对出线短路电流的限制能力远小于 XDK。

略去励磁支路后,变压器的等值电路与电抗器相同,因此,同样起限流作用,其电抗标幺值为 $\dfrac{u_d\%}{100}$,$u_d\%$ 为短路电压百分值。

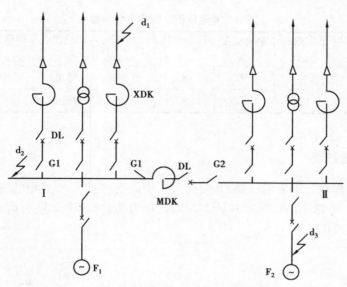

图 4.3　电抗器的作用和接法

4.2　普通限流电抗器与分裂电抗器

4.2.1　普通限流电抗器

普通限流电抗器是单相、中间无抽头的空心电感线圈(如有铁芯,短路时铁芯饱和使电抗减小,与运行要求相反)。

短路电流流经电抗器时在电抗器上产生很大的电动力,为了保证电抗器自身的动稳固性,旧式电抗器用混凝土将电抗器线圈浇装成一个整体,故称水泥电抗器,其型号标注为 NK(铜线)或 NKL(铝线)。新型电抗器线圈外部由环氧树脂浸透的玻璃纤维包封,整体高度固化,整体性强,机械强度很高且噪声小,质量小,型号标注为 XKGK(空心干式限流电抗器)。其额定电压 U_e 有 6 kV、10 kV 两种。额定电流 I_e 由 200～4 000 A 分为若干种。800 A 及以下电抗器的百分电抗 $x_k\%$ 有 4 级:4、5、6、8;1 000 A 和 1 500 A 增加一级:10;2 000～4 000 A 再增加一级:12。

电抗器电抗百分值的定义为:

$$x_k\% = x_{k*} \cdot 100$$

式中　x_{k*}——电抗标幺值,$x_{k*} = x \cdot \dfrac{\sqrt{3}I_e}{U_e}$,$x$ 为常规单位下的电抗值。

表 4.1 列出普通限流电抗器参数。可见,在额定电流与百分电抗相同的情况下,10 kV 电抗器常规单位下的电感较 6 kV 电抗器大,因此质量也较大。

表 4.1　普通限流电抗器主要参数

型　号	额定电压/kV	额定电流/A	百分电抗/%	电感/mH	动稳固电流/kA	热稳固电流/(4 s)kA	单相质量/kg
XKGK-6-1500-8	6	1 500	8	0.588	95.63	37.5	612
XKGK-10-1500-8	10	1 500	8	0.980	95.63	37.5	802

4.2.2　分裂电抗器

分裂电抗器又称双臂限流电抗器,其结构为一中间有一抽头的空心电感线圈。接线符号如图 4.4(a)所示。最常用的接线方式是中间端 3 接电源,两端 1、2 接负荷。图 4.4(b)为分裂电抗器的工作原理图。

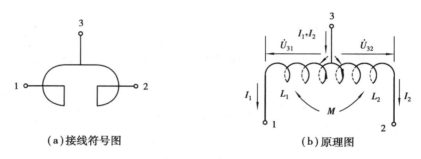

（a）接线符号图　　　　　　　　　　　（b）原理图

图 4.4　分裂电抗器

由于两臂绕组互感的作用,使每支等效电抗与两分支电流方向及比值大小有关:正常运行时,两支电流近似相同,互磁通方向与自磁通方向相反,即两绕组互相去磁而使每支等效电抗小于其自感抗。短路时,短路分支自磁通远大于另一分支(非短路分支)产生的互磁通,因此可略去互磁通。这时,短路分支的等效电抗等于其自感抗。正常运行与短路两种状态下的等效阻抗推导如下:

在图 4.4(b)中,由于中间抽头,两分支自感 L_1、L_2 及自感抗 x_{L1}、x_{L2} 相等,即

$$L_1 = L_2 = L$$
$$x_{L1} = x_{L2} = x_L = \omega L \tag{4.1}$$

设两分支互感系数为 f,则有互感抗 x_M 与自感抗 x_L 的关系为:

$$x_M = f x_L \tag{4.2}$$

按图示电流、电压正方向,有分支压降,即

$$\Delta \dot{U}_{31} = \mathrm{j}\dot{I}_1 x_L - \mathrm{j}\dot{I}_2 x_M = \mathrm{j}\dot{I}_1 x_L \left(1 - f\frac{\dot{I}_2}{\dot{I}_1}\right)$$

$$\Delta \dot{U}_{32} = \mathrm{j}\dot{I}_2 x_L - \mathrm{j}\dot{I}_1 x_M = \mathrm{j}\dot{I}_2 x_L \left(1 - f\frac{\dot{I}_1}{\dot{I}_2}\right) \tag{4.3}$$

第 1 分支等效电抗算式为:

$$x_1 = \frac{\Delta \dot{U}_{31}}{\mathrm{j}\dot{I}_1} = x_L \left(1 - f\frac{\dot{I}_2}{\dot{I}_1}\right) \tag{4.4}$$

同理,第2分支等效阻抗为:

$$x_2 = \frac{\Delta \dot{U}_{32}}{j\dot{I}_2} = x_L \left(1 - f\frac{\dot{I}_1}{\dot{I}_2}\right) \tag{4.5}$$

式(4.4)与式(4.5)表明:分裂电抗器相当于两分支电抗器组合在一起,由于互感的作用使每一分支的等效电抗依赖于两支电流的复值比。因此,分支等效阻抗值为:

正常时,如两分支负荷电流相同,有: $\dot{I}_1 = \dot{I}_2$

$$x_1 = x_2 = x_L(1-f) \tag{4.6}$$

分支短路时,有: $I_1 \gg I_2$

$$x_1 = x_L \tag{4.7}$$

由此而使短路阻抗大于正常阻抗,从而解决了限制短路电流与保证正常压降不超过允许值的矛盾。一般取互感系数 $f=0.5$,这时正常运行等效电抗 $x_1 = 0.5x_L$,为短路状态下等效阻抗的一半。

分裂电抗器的型号为 FK(铜线)和 FKL(铝线),其主要参数见表4.2。

表4.2 中的总通过容量为3 相容量,即每相两臂容量为6 920 kV·A,每分支容量为一半(3 460 kV·A)。

表4.2 分裂电抗器主要参数

型 号	每臂额定电流/A	额定电压/kV	总通过容量/(kV·A)	额定电抗(单臂)/%	动稳固电流/A 两臂电流方向相同	动稳固电流/A 两臂电流方向相反	1 s热稳固电流/A
FKL-6-2×1000-10	1 000	6	3×6 920	10%	25 500	12 550	12 550

由于分裂电抗器正常运行时等效电抗小于其自感抗,因此在满足正常压降要求条件下可提高自感抗以限制短路电流,当 $f=0.5$,两支负荷相同时,较普通电抗器其自感抗可提高为2倍。但当一支负荷突然切除时,由式(4.3)可知,切除支路的负压降使该支路产生过电压,而未切除支路相当于串入普通限流电抗器产生很大的压降。因此,即使在两支负荷平衡情况下,分裂电抗器的阻抗也应加以限制(一般不超过12%),其主要作用在于降低正常压降;当选用普通电抗器按限流要求取定的百分电抗不能满足正常压降要求时,则可考虑改选分裂电抗器。

考虑幅值压降主要由无功电流引起,分裂电抗器两臂幅值压降与两臂电流的关系可写为:

$$\left.\begin{array}{l} \Delta U_1\% = x_L\% I_{1*} \sin\varphi_1 - x_L\% f I_{2*} \sin\varphi_2 \\ \Delta U_2\% = x_L\% I_{2*} \sin\varphi_2 - x_L\% f I_{1*} \sin\varphi_1 \end{array}\right\} \tag{4.8}$$

式中 I_{1*}、I_{2*}、φ_1、φ_2——两臂电流标幺值(以每臂额定电流为基准)及功率因数角。

由式(4.8)可计算几种特殊状态下的两臂压降。例如,取 $x_L\%=12$,$f=0.5$;负载功率因数为0.8,即 $\sin\varphi_1 = \sin\varphi_2 = 0.6$;系统电源接于3 端,其阻抗标幺值为 x_{T*}(以电抗器每臂额定电流为基准):

①两臂电流相等($I_{1*}=I_{2*}=1$),有:

$$\Delta U_1\% = \Delta U_2\% = 0.3x_L\% = 3.6$$

可见,两臂电流处于均衡状态下压降较小。

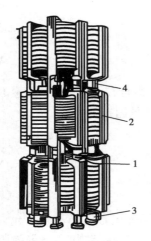

图 4.5　电抗器外形图
1—绕组；2—支柱；3—对地支柱
绝缘子；4—相间支柱绝缘子

②一臂停运（$I_1 = 1, I_2 = 0$），有：

$$\Delta U_1\% = 0.6x_L\% = 7.2$$
$$\Delta U_2\% = -0.3x_L\% = -3.6$$

可见，运行臂相当于普通电抗器，压降增加为两倍，停运臂出现负压降，产生过电压 3.6%。

③一臂短路（设 1 臂短路）。

由于非短路臂电流 I_{2*} 相对于短路电流 I_{1*} 很小，因此可视 $I_{2*} = 0$。

取电源电压标幺值为 1，有 $I_{1*} = \dfrac{1}{x_L + x_{T*}}$，并有 $\sin \varphi_1 = 1$。

式中 x_{T*} 为系统电抗标幺值　$x_{L*} = \dfrac{x_L\%}{100}$。代入式（4.8），得

$$\left. \begin{array}{l} \Delta U_1\% = \dfrac{100}{1 + x_{T*}/x_{L*}} \\[3mm] \Delta U_2\% = -\dfrac{50}{1 + x_{T*}/x_{L*}} \end{array} \right\} \qquad (4.9)$$

可见，非短路臂过电压与系统阻抗和电抗器自感抗比值有关：x_{T*} 越小，x_{L*} 越大时，非短路分支过电压倍数越高。当 $x_{T*}/x_{L*} = 0$ 时，有 $\Delta U_2\% = -50$，负号表示电压升高，因此有非短路分支在另一分支短路过程中过电压 50%。

普通限流电抗器的结构外形如图 4.5 所示。3 个单相组成的电抗器组可以采用三相垂直重叠；二相重叠一相水平；三相水平品字形排列方式，如图 4.6 所示。为减少相间支撑瓷座拉伸力，不同排列方式对线圈的绕向要求不同：按图 4.6（a）排列时中间相与上下两相线圈绕向相反；按图 4.6（b）排列时，垂直重叠的两相绕向相反，另一相与上面相绕向相同；按图 4.6（c）排列时，三相绕向相同。

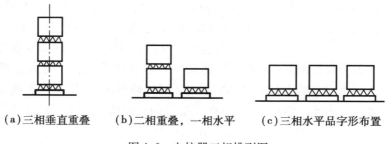

（a）三相垂直重叠　　　（b）二相重叠，一相水平　　　（c）三相水平品字形布置

图 4.6　电抗器三相排列图

4.3　分裂变压器的工作原理与参数

将一台大容量变压器更换为电抗标幺值与之相同的两台小容量变压器，然后在低压侧解列运行，可以减小低压侧的短路电流，但是变压器台数增多将导致投资增加。采用低压分裂绕组变压器（常简称为分裂变压器），能解决这一矛盾。分裂变压器的两个分裂低压绕组与其高

压绕组的相对关系相同,相当于两台小变压器。这种变压器常用作大型机组的厂用变压器和大容量无功补偿装置的降压变压器,也有用作中小型机组扩大单元接线中的升压变压器,应用接线如图 4.7 所示。

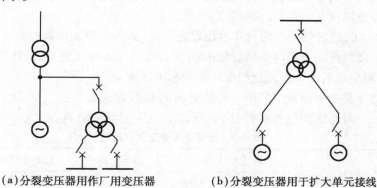

（a）分裂变压器用作厂用变压器　　　　　　（b）分裂变压器用于扩大单元接线

图 4.7　分裂变压器接线图

图 4.8（a）为分裂变压器的等值电路。图中 x_1 为高压绕组的电抗;x_2'、x_2'' 分别为两个低压绕组的漏抗,有 $x_2' = x_2''$。

其电源在 1 侧,2′ 与 2″ 为负载,在两支负载均衡情况下,2′ 与 2″ 为等电位点,其正常供电的阻抗（图 4.8（b））为:

$$x_{1-2} = x_1 + \frac{x_2'}{2} \tag{4.10}$$

当某一负荷支路（例如 2′）短路时,短路电流的阻抗（图 4.8（c））为:

$$x_{1-2'} = x_1 + x_2' \tag{4.11}$$

设计制造分裂变压器的基本思想是使其阻抗结构完全等效于两台小变压器,即应使 $x_1 \approx 0$,当 $x_1 = 0$ 时,有 $x_{1-2'}/x_{1-2} = 2$,即短路阻抗为正常阻抗的 2 倍。

图 4.7（b）为两机一变扩大单元接线使用分裂变压器的情况。同样,分裂变压器等值阻抗图中 $x_1 \approx 0$,并有 $x_2' = x_2''$ 且为普通同容量双绕组变压器的 2 倍。

由于两台发电机在相同负载状况下机端电位相等,因此其正常运行阻抗如图 4.8（b）所示,与一台普通变压器相同。

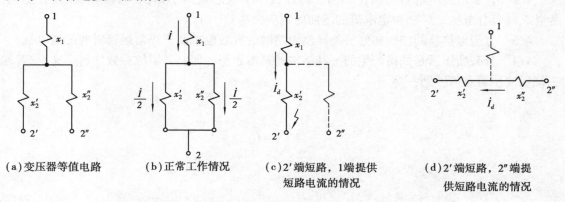

（a）变压器等值电路　　　（b）正常工作情况　　　（c）2′ 端短路,1 端提供　　　（d）2′ 端短路,2″ 端提
　　　　　　　　　　　　　　　　　　　　　　短路电流的情况　　　　　　供短路电流的情况

图 4.8　分裂绕组变压器各种运行情况下的等值电路

当 2′ 短路时,系统单独提供短路电流的阻抗同于图 4.8（c）,为普通变压器的 2 倍,另一台

发电机单独提供短路电流的阻抗如图 4.8(d)所示,有:

$$x_{2'-2''} = x_2' + x_2'' = 2x_2' = 2x_2'' \tag{4.11}$$

当两个电源同时向 2′点提供短路电流时,由于 x_2' 为两个电流的共同通道,这将造成两个电源对短路点的等效阻抗 x_{1-2} 和 $x_{2''-2'}$ 的提高。

尽可能使 $x_1 = 0$,使之等效于两台小变压器是设计、制造分裂变压器的主要思想。因此,在磁耦合关系上应使两低压绕组与高压绕组的耦合关系对等且较紧密,两低压绕组之间的耦合则较弱,这是分裂变压器与一般三绕组变压器的根本区别。

表 4.3 列出分裂变压器参数的例。短路电压的取得方式如下:

①$u_{d1-2}\%$ ——两低压绕组并联短路,高压绕组加压达额定电流。

表 4.3 分裂变压器主要参数

型 号	额定电压/kV		额定容量 /(kV·A)	短路电压百分值	
	高压	低压		$u_{d1-2}/\%$	$u_{d2'-2'}/\%$
SFF-30000/220	220	6	30 000	14	49

②$u_{2'-2''}$ ——高压绕组开路 2″(或 2′)短路,2′(或 2″)加压达低压绕组额定电流,然后将电压百分值乘 2(向高压绕组容量归算)。

$$x_{2'} = x_{2''} = \frac{u_{d2'-2''}\%}{2}/100 = 24.5\%$$

$$x_1 = \frac{u_{d1-2}\%}{100} - \frac{1}{2}x_{2'} = 1.75\%$$

可见有 x_1 接近为 0。

思 考 题

4.1 为什么要限制短路电流? 限制短路电流的基本措施有哪些?

4.2 普通限流电抗器的结构如何? 为什么不加铁芯以缩小体积? 其基本参数有哪些? 为什么其百分电抗 $x_k\%$ 随额定电流的增加而相应提高?

4.3 分裂电抗器的结构如何? 怎样使短路时的等效电抗高于正常运行时的等效电抗?

4.4 分裂变压器是如何产生的? 其结构的基本思想为何? 其阻抗参数如何定义,与普通三绕组变压器有何差别?

第 5 章

互感器

互感器是变换电压、电流的电气设备,它的主要功能是向二次系统提供电压、电流信号以反应一次系统的工作状况,前者称为电压互感器,后者称为电流互感器。

使用互感器的一个极为重要的问题是其铭牌数据中的额定变比与实际运行变比(实际变比)的差别(误差)。前者用于计算:由副边电度计算原边电度以收取电费或由原边电压、电流计算副边电压、电流以整定继电保护的动作值等。误差太大将造成收费严重不准、继电保护误动或拒动。因此,误差问题是本章讨论的重点。

5.1 互感器的作用与工作特性

目前,电力系统使用的互感器一般为电磁式,其基本结构与变压器相同并按变压器原理工作。

图 5.1 示出单相互感器应用于测量的例。图中,V、A、wh 分别为电压、电流和电度表,LH,YH 为电流互感器与电压互感器。

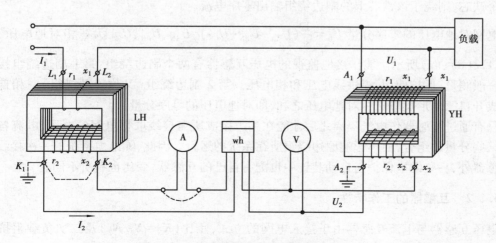

图 5.1 电流互感器和电压互感器的连接

电压互感器原边绕组并接于电网,副边绕组与测量仪表或继电器电压线圈并联。A_1,x_1 与 A_2,x_2 表示电压互感器原、副边绕组的同名端,即 A_1 与 A_2 同名,x_1 与 x_2 同名。

电流互感器原边绕组串接于电网(与支路负载串联),副边绕组与测量仪表或继电器的电流线圈相串联。L_1,L_2 与 K_1,K_2 表示电流互感器原、副边绕组的同名端,即 L_1 与 K_1 同名,L_2 与 K_2 同名。功率型测量仪表与保护继电器及自动调节励磁装置的工作与输入电压、电流相位有关,因此正确测定互感器的同名端并正确接入上述仪表装置十分重要。

5.1.1　互感器的主要作用

①对低电压的二次系统与高电压的一次系统实施电气隔离,保证工作人员的安全。

由于互感器原、副边绕组除接地点外无其他电路上的联系,因此二次系统的对地电位与一次系统无关,只依赖于接地点与二次绕组其他各点的电位差,在正常运行情况下处于低压(小于 100 V)的状态,方便于维护、检修与调试。

互感器副边绕组接地的目的在于当发生原、副边绕组击穿时降低二次系统的对地电压,接地电阻越小,对地电压越低,从而保证人身安全,因此将其称为保安接地。

三相电压互感器原边绕组接成星形后中性点接地,其目的在于使原、副边绕组的每一相均反应电网各相的对地电压从而反应接地短路故障,因此将该接地称为工作接地。

②将一次回路的高电压和大电流变为二次回路的标准值,使测量仪表和继电器小型化和标准化;使二次设备的绝缘水平可按低电压设计,从而结构轻巧,价格便宜;使所有二次设备能用低电压、小电流控制电缆连接,实现用小截面电缆进行远距离测量与控制,并使屏内布线简单,安装方便。通常电压互感器副边额定电压为 100 V,原边电压与各级电网的额定值相同。电流互感器副边额定电流一般为 5 A,原边额定电流从 5 A ~ 250 kA 分为若干等级,以适应各种支路电流的需要。

③取得零序电流、电压分量供反应接地故障的继电保护装置使用。

支路的零序电流 $\dot{I}_0 = \frac{1}{3}(\dot{I}_A + \dot{I}_B + \dot{I}_C)$,因此将三相电流互感器副边绕组并联,使其输出总电流为三相电流之和即得到一次电网的零序电流。如将一次电路(例如电缆电路)的三相穿过一个铁芯,则绕于该铁芯上的副边绕组输出零序电流。

电网对地电压的零序分量 $\dot{U}_0 = \frac{1}{3}(\dot{U}_{AN} + \dot{U}_{BN} + \dot{U}_{CN})$,$\dot{U}_{AN}$、$\dot{U}_{BN}$、$\dot{U}_{CN}$ 为三相对地电压,如图 5.10(f)、(d)、(g)所示。能作接地监视的电压互感器有两个副边绕组:第 1 副边绕组接成星形供一般测量、保护使用,提供线电压和相电压。第 2 副边绕组(又称辅助绕组)三相首尾相连组成开口三角形反应三相对地电压之和,即对地电压的零序分量。

只有通过互感器作电气隔离之后才能在副边接成所需接线取得电网的电压、电流各序分量或某些分量的组合,而不影响原边绕组所在系统的运行。因此,除电力系统的一次接线上配置互感器外,一些继电保护与自动装置中也配有自己的互感器,变比也有所不同。

5.1.2　互感器的工作特性

电压互感器与电流互感器由于接入电网的方式,匝比($K_N = N_1/N_2$)及二次负载阻抗的不同而具有不同的工作特性。

电压互感器并接于电网,一般原边绕组匝数很多,$K_N \gg 1$,且二次负载阻抗很大,其归算到一次侧的阻抗远大于电网负载阻抗,二次侧阻抗的变化不影响一次侧输入电压,因此原边被视作恒压源,副边不容短路。

电压互感器副边装设熔断器以保护其自身不因副边短路而损坏。在可能的情况下,原边也应装设熔断器以保护高压电网不因互感器高压绕组或引线故障危及一次系统的安全。

电流互感器串接于电网之中,但仍然遵从变压器的工作原理。由于一般原边绕组匝数很少,$K_N \ll 1$,且副边负载阻抗很小,其归算于原边的阻抗远小于电网负载阻抗(甚至在副边开路时也如此),因此原边电流只取决于电网负载,不因电流互感器副边负载的变化而变化而被视作恒流源,副边不容开路。

电流互感器副边严禁装设熔断器,其原因是副边短路时并不造成过电流。相反,当熔断器因制造或安装质量差时,长期振动可能造成误断,运行人员也可能误切除而造成副边开路。副边开路情况下,原边电流将全部用来励磁,在无副边电流去磁情况下,将使激磁磁势剧增(为正常工作激磁电流标幺值的倒数倍),从而使铁芯磁通密度剧增、铁损剧增而造成电流互感器严重过热,同时振动也相应增加(运行人员可凭声响异常判断电流互感器副边开路)。

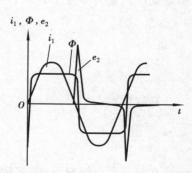

图 5.2　电流互感器二次侧开路时,i_1、Φ 和 e_2 的变化曲线

如图 5.2 所示,在原边电流接近于额定电流 I_{e1} 的情况下,副边开路的互感器的铁芯将工作于深度饱和状态而使其磁通波形具有两个特点:①顶部平直,为非正弦波形;②边缘部分有很高的变化率,当正常励磁电流为 I_{e0} 时,与正常工作状态下磁通变化率的比值为 I_{e1}/I_{e0}。与磁通波形 Φ 相对应,二次侧感应电势 e_2 的波形在磁通平顶部分为零,而在边缘部分则出现很高的冲击波,它将对绝缘造成危害并威胁运行人员的人身安全;同时,产生的谐波也将加剧发热。

5.2　互感器的误差分析

5.2.1　误差的定义

工程上需要用互感器的变比来计算原边或副边的电压、电流。例如,计算保护继电器的动作值时,是以原边为已知量,除以互感器的变比而得出副边量;用接于副边的电度表读数来收取电费时,则是以副边量为已知量,乘以互感器的变比得出原边量。这里所用到的变比,都是指互感器的额定变比,即原边额定值/副边额定值。额定变比因其作为互感器标准参数标出,故又称为标称变比。

电压互感器的额定变比幅值形式表示为:

$$K_u = \frac{U_{e1}}{U_{e2}} \tag{5.1}$$

复数形式:

$$\dot{K}_u = K_u \angle 0°$$

电流互感器的额定变比幅值形式表示为：

$$K_i = \frac{I_{e1}}{I_{e2}} \tag{5.2}$$

复数形式：

$$\dot{K}_i = K_i \angle 0°$$

由于原、副边额定值是确定的，所以额定变比是一个不变的量，同时视两侧相位差为0。

事实上，当互感器运行工况改变时，例如原边的输入电压或电流发生变化以及副边接入不同的二次负载阻抗时，将导致互感器内、外阻抗的比值发生变化，从而使变比发生变化。也就是说互感器的实际变比（原边实际值/副边实际值）是一个随运行工况的改变而变化的量，而额定变比只是实际变化的一个特殊值，可认为是标准运行工况下的变比。实际变比可表示为：

$$\left.\begin{array}{l} K'_i = \dfrac{I_1}{I_2} \\[2mm] K'_u = \dfrac{U_1}{U_2} \end{array}\right\} \tag{5.3}$$

复数形式：

$$\left.\begin{array}{l} \dot{K}'_i = K'_i \angle \theta_i \\[2mm] \dot{K}'_u = K'_u \angle \theta_u \end{array}\right\} \tag{5.4}$$

在某一运行情况下，若实际变比与额定变比不相等，将二次测量值乘以额定变比而得出的一次侧值，必然与一次侧实际值有差异。这种由于实际变比与额定变比不相等而引起互感器在测量电压或电流时产生的计算值与实际值之间的差值称为互感器的误差。互感器的误差分为幅值误差和角误差。幅值误差指互感器二次测出值按额定变比折算为一次测出值后与实际一次值之差对实际一次值比值的百分比，用"f"表示。对于电流互感器和电压互感器，其幅值误差分别为：

$$f_i = \frac{K_i I_2 - I_1}{I_1} \times 100\% \tag{5.5}$$

$$f_u = \frac{K_u U_2 - U_1}{U_1} \times 100\% \tag{5.6}$$

式(5.5)和式(5.6)表明：计算值大于实际值时，互感器幅值误差为正，反之为负。

角误差指互感器二次侧电流（或电压）相量与一次电流（或电压）相量的相角之差，以分为单位，并规定二次侧相量超前于一次侧相量时角误差为正，反之为负。

将式(5.3)和式(5.4)分别代入式(5.5)和式(5.6)可得：

$$f_i = \frac{K_i - K'_i}{K'_i} \times 100\% \tag{5.7}$$

$$f_u = \frac{K_u - K'_u}{K'_u} \times 100\% \tag{5.8}$$

由此可见，互感器的误差就是标称变比与实际变比之差，只有当互感器实际变比与标称变比相同时，误差才为零。

5.2.2 实际变化与运行工况的关系

互感器的额定变比(标称变比)是一个确定的量用于计算,而实际变比是一个变量随互感器的运行工况(原边输入量与副边负载阻抗)的变化而变化。

互感器的额定变比可以认为是指定的标准工况(一定的原边输入量及副边负载)下的实际变比。因此,离开标准工况运行即出现误差——计算量与实际运行量的差别。

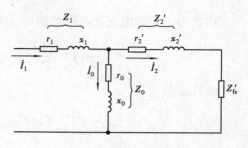

图 5.3 电流互感器等值电路

互感器的变比随运行工况变化的根本原因是内、外阻抗的变化,分析于后。

电磁式互感器按变压器原理工作,因此其等值电路图与变压器相同,只是按其工作特性(当一次电网运行状态确定时)电流互感器原边接入恒流源($\dot{I}_1 = \mathrm{const}$),电压互感器原边接入定压源($\dot{U}_1 = \mathrm{const}$)。显然,互感器的变比可由等值阻抗计算且仅为阻抗的函数,阻抗不变时变比绝对不会改变。因此,各种因素对实际变比的影响都可以通过它对阻抗的影响以进行分析。

以下推导互感器的实际变比与互感器内、外阻抗的关系式。

(1)电流互感器的实际变化 K_i'

如图 5.3 所示,互感器等值电路中:

$\dot{U}_1, \dot{I}_1$——原边输入电压、电流;

$Z_1 = r_1 + jx_1$——原边绕组漏阻抗;

$\dot{U}_2', \dot{I}_2'$——副边电压、电流向原边的归算值;

$Z_2' = r_2' + jx_2'$——副边绕组漏阻抗向原边的归算值;

$\dot{I}_0$——激磁电流;

$Z_0 = r_0 + jx_0$——激磁阻抗;

Z_{fz}'——副边负载向原边的归算阻抗。

副边实际电压、电流与归算电压、电流关系为:

$$\dot{U}_2' = K_N \dot{U}_2 \tag{5.9}$$

$$\dot{I}_2' = \frac{1}{K_N} \dot{I}_2 \tag{5.10}$$

式中 匝比 $K_N = \dfrac{N_1}{N_2}$,K_N 为常量。

原、副边电流关系为:

$$\dot{I}_2' = \dot{I}_1 \left(\frac{Z_0}{Z_0 + Z_2' + Z_{fz}'} \right)$$

或

$$\dot{I}_1 = \dot{I}_2' \left(1 + \frac{Z_2' + Z_{fz}'}{Z_0} \right) \tag{5.11}$$

将式(5.10)代入,得:

$$\dot{I}_1 = \frac{\dot{I}_2}{K_N}\left(1+\frac{Z_2'+Z_{fz}'}{Z_0}\right) \tag{5.12}$$

由此得出实际电流比与阻抗的关系为：

$$\dot{K}_i' = \frac{\dot{I}_1}{\dot{I}_2} = \frac{1}{K_N}\left(1+\frac{Z_2'+Z_{fz}'}{Z_0}\right) \tag{5.13}$$

实际幅值比：

$$K_i' = \left|\frac{\dot{I}_1}{\dot{I}_2}\right| = \frac{1}{K_N}\left|1+\frac{Z_2'+Z_{fz}'}{Z_0}\right| \tag{5.14}$$

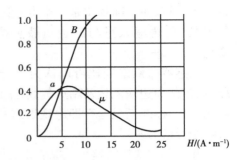

图 5.4　磁化曲线

由式(5.13)和式(5.14)可以分析各种因素对电流互感器实际变比的影响：

①调整副边负载阻抗使"$Z_2'+Z_{fz}'$"与 Z_0 阻抗角相同,则原、副边电流角差为零,即 $\dot{K}_i' = K_i' \angle 0°$。

②副边负载的变化,包括 Z_{fz}' 的大小及角度(即负载仪表的功率因数角)的变化必然导致 K_i' 的变化。

③如图 5.4 所示,互感器铁芯的磁导率 μ 是磁感应强度即激磁磁势的函数。当原边输入值发生变化时将导致激磁电流 $\dot{I}_0$ 的变化,从而导致 μ 的变化、激磁阻抗 Z_0 的变化,$\dot{K}_i'$ 也将随之改变。

④激磁电阻 r_0 反映铁芯的涡流损耗与磁滞损耗,电感 L_0 的磁路与漏电抗 x_1 与 x_2 的磁路不同,前者为铁芯,后者为空气。因此,激磁阻抗对频率的敏感程度与漏抗对频率的敏感程度不相同。当频率 f 发生变化时将改变阻抗之间的比例关系,从而改变实际变比 K_i'。

（2）电压互感器的实际变比 K_u'

图 5.5(a)绘出电压互感器的等值电路并用戴维南定理将其简化为图 5.5(b),由于 $Z_0 \gg Z_1$,简化时视 Z_1 与 Z_0 的并联阻抗近似等于 Z_1。

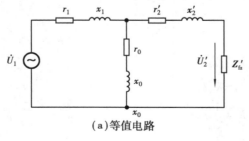
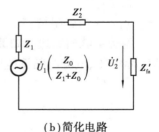

（a）等值电路　　　　　　　　　　　　（b）简化电路

图 5.5　电压互感器的等值电路

其中,$Z_1 = r_1+jx_1$,$Z_2' = r_2'+jx_2'$,$Z_0 = r_0+jx_0$。由图 5.5 可得：

$$\dot{U}_2' = \dot{U}_1\frac{Z_0}{Z_1+Z_0}\cdot\frac{Z_{fz}'}{Z_1+Z_2'+Z_{fz}'}$$

因此有：

$$\dot{U}_1 = \dot{U}_2'\left(1+\frac{Z_1}{Z_0}\right)\left(1+\frac{Z_1+Z_2'}{Z_{fz}'}\right)$$

将式(5.9)代入,有：

$$\dot{U}_1 = \dot{U}_2 \cdot K_N \left(1 + \frac{Z_1}{Z_0}\right)\left(1 + \frac{Z_1 + Z_2'}{Z_{fz}'}\right)$$

由此得出实际电压比的阻抗表达式：

$$\dot{K}_u' = \frac{\dot{U}_1}{\dot{U}_2} = K_N \left(1 + \frac{Z_1}{Z_0}\right)\left(1 + \frac{Z_1 + Z_2'}{Z_{fz}'}\right) \tag{5.15}$$

幅值变比：

$$K_u' = \left| \frac{\dot{U}_1}{\dot{U}_2} \right| = K_N \left| \left(1 + \frac{Z_1}{Z_0}\right)\left(1 + \frac{Z_1 + Z_2'}{Z_{fz}'}\right) \right| \tag{5.16}$$

由式(5.15)与式(5.16)可见,实际电压比是阻抗的函数。

必须指出:互感器的误差是一个工程应用概念,它指的是标称变比与实际变化的差别,即由标称变化得到的"计算值"与"实际值"的差别。任一因素变化对误差的影响均确定于它是否使实际变化接近于标称变化,因此应明确以下概念:

①应区别"归算值"与"计算值"这两个不同的概念:归算值是用匝比 K_N 求得的,而计算值是用标称变比 K_i 与 K_u 求得的。因此不能将互感器的误差视为匝比与实际变比的差别,即不能将误差视为副边向原边的归算值与实际原边值的差别;

②任一因素的单调增或单调减不一定能导致误差相同或相反的单调变化。例如,不能认为电流互感器负载仪表阻抗越小(相应有激磁电流 I_0 越小)时误差越小;

③互感器的误差由前述仪表负载、原边输入量、频率等多个因素共同确定。因此,一个因素的变化可能导致误差的增或减与其他因素有关;

④运行工况确定之后,算出该工况下互感器的等值阻抗即可按由阻抗表达的实际变比算式(5.13)、式(5.14)、式(5.15)和式(5.16)求出实际变比以分析误差状况。其中,激磁阻抗 Z_0 的计算较为复杂,它是多个变量(原边输入值、副边负载阻抗、漏阻抗、频率等)的函数,正确建立计算 Z_0 的数学模型,用现代计算工具计算实际变比是完全可能的。

5.2.3　提高互感器精度的措施

设计制造互感器提高其精度的主要措施为:

(1)提高并稳定激磁阻抗,减小漏抗

由于实际使用互感器时可能接入不同型号、不同数量的二次仪表,即可能有不同的负载阻抗 Z_{fz}',且原边输入值 $\dot{U}_1$,$\dot{I}_1$ 和 f 也因一次电网运行状态的变化而变化,因此,必然导致其实际变比发生变化,误差不可避免。减小误差的第一步就是要减小实际变比的变化范围,即在一定的负载变化和原边输入值变化范围内保持实际变比的稳定性,才有可能在运行工况变化范围内使实际变比均能与标称变比接近,从而将误差限制在允许范围之内。

电流互感器激磁阻抗支路对 $\dot{I}_2$ 的分流系数的变化引起实际电流比的变化。见式(5.13)和式(5.14),对应于一定的负载阻抗增量 $\Delta Z_{fz}'$,实际变比增量为:

$$\Delta \dot{K}_i' = \frac{1}{K_N} \cdot \frac{\Delta Z_{fz}'}{Z_0} \tag{5.17}$$

即实际电流比的变化与负载阻抗增量的大小及阻抗角有关。电流互感器激磁阻抗 Z_0 越大时,对应于一定的负载阻抗增量,实际电流比变化越小。因此,提高电流互感器的激磁阻抗可以提高实际电流比的稳定性。

采用高磁导率材料,加大铁芯截面,同时增加原、副边绕组匝数均可提高激磁阻抗,但显然要增加投资。

电压互感器漏抗对 $\dot{U}_2$ 的分压系数的变化引起实际电压比的变化。当 $Z_0 \gg Z_1$ 时,由式(5.15)可得:

$$\dot{K}'_u \approx K_N \left(1 + \frac{Z_1 + Z'_2}{Z'_{fz}} \right) \tag{5.18}$$

对应于一定的负载阻抗增量 $\Delta Z'_{fz}$,实际变比增量为:

$$\Delta \dot{K}'_u \approx K_N (Z_1 + Z'_2) \left(\frac{1}{Z'_{fz} + \Delta Z'_{fz}} - \frac{1}{Z'_{fz}} \right) \tag{5.19}$$

即实际电压比的变化与负载阻抗增量的大小及漏阻抗有关。电压互感器漏阻抗($Z_1 + Z'_2$)越小,对应于一定的阻抗增量,实际电压比变化越小。因此,降低电压互感器的漏抗可以提高实际电压比的稳定性。

互感器实际变化的稳定性还依赖于激磁阻抗 Z_0 的稳定性。见图5.4,若取互感器的正常工作区段位于 μ-H 曲线的峰值区段,由于该区段较为平坦,即有最小的 $\frac{du}{dI_0}$,当工况变化引起激磁电流 I_0 变化时,由于磁导率 μ 变化很小,从而保证了激磁阻抗 Z_0 的稳定性。此区段对应于磁化曲线 B-H 的线性段,由于工作磁通密度 B 较低,因此需要加大铁芯截面从而提高造价。

(2)按标称变比正确选择匝比

互感器实际运行状况越接近标准工况时其误差越小,因此,互感器的标称变比可认为是标准工况下的实际变比。每一个互感器都有一个确定的标称变比并针对一种标准工况进行设计。实际运行工况应在标准工况附近。按标称变比及标准工况选择匝比是保证互感器精度的重要措施。

1)电流互感器匝比与标称变比的关系

设电流互感器标称变比为 K_i,在标准工况下的阻抗为 $Z'_{2 \cdot b}$,$Z_{0 \cdot b}$,$Z'_{fz \cdot b}$。按标称变比与实际变比相同,由式(5.14),得:

$$K_i = K'_i = \frac{1}{K_N} \left| 1 + \frac{Z'_{2 \cdot b} + Z_{fz \cdot b}}{Z'_{0 \cdot b}} \right|$$

应取匝比:

$$K_N = \frac{N_1}{N_2} = \frac{1}{K_i} \left| 1 + \frac{Z'_{2 \cdot b} + Z_{fz \cdot b}}{Z'_{0 \cdot b}} \right|$$

副绕组匝数:

$$N_2 = \frac{K_i N_1}{\left| 1 + \frac{Z'_{2 \cdot b} + Z_{fz \cdot b}}{Z'_{0 \cdot b}} \right|} < K_i N_1 \tag{5.20}$$

即,由原边匝数计算副边匝数时 N_2 较 $K_i N_1$ 有所减少,这一概念被称为电流互感器的减匝补偿。

2)电压互感器匝比与标称变比的关系

设电压互感器标称变比为 $\dot{K}_u$。按标准工况下有实际变比与标称变比相同,因此由式(5.16)应有:

$$K_{\text{u}} = K_{\text{u}}' = K_{\text{N}} \left| \left(1 + \frac{Z_{1 \cdot \text{b}}}{Z_{0 \cdot \text{b}}}\right) \left(1 + \frac{Z_{1 \cdot \text{b}} + Z_{2 \cdot \text{b}}'}{Z_{\text{fz} \cdot \text{b}}'}\right) \right|$$

应取匝比:

$$K_{\text{N}} = \frac{N_1}{N_2} = \frac{K_{\text{u}}}{\left| \left(1 + \frac{Z_{1 \cdot \text{b}}}{Z_{0 \cdot \text{b}}}\right) \left(1 + \frac{Z_{1 \cdot \text{b}} + Z_{2 \cdot \text{b}}'}{Z_{\text{fz} \cdot \text{b}}'}\right) \right|}$$

副绕组匝数:

$$N_2 = \frac{N_1}{K_{\text{u}}} \cdot \left| \left(1 + \frac{Z_{1 \cdot \text{b}}}{Z_{0 \cdot \text{b}}}\right) \left(1 + \frac{Z_{1 \cdot \text{b}} + Z_{2 \cdot \text{b}}'}{Z_{\text{fz} \cdot \text{b}}'}\right) \right| > \frac{N_1}{K_{\text{u}}} \tag{5.21}$$

由原边匝数计算副边匝数时 N_2 较 $\dfrac{N_1}{K_{\text{u}}}$ 有所增加,这一概念称为电压互感器的增匝补偿。

设计制造者的责任是在保证一定精度的条件下,有足够大的运行工况允许变化范围,以满足实际运行的需要。运行使用者的责任是正确地选择互感器使之运行在标准工况附近以保证互感器的精度达到设计制造规范的最高等级。

5.2.4 互感器的精度等级

电流互感器的精度等级(即准确级次)及其对应的运行工况列于表 5.1。

0.2 级互感器用于实验室,0.5 级用于电度计量,1、3 级用于其他配电盘仪表。

另有 D 级电流互感器用于继电保护,它主要考虑短路状态下的精度,当一定数值的短路电流(以额定电流倍数——短路倍数 n 表达)通过一次侧时,保证误差不超过 10%(见 5.5 节)。

表 5.1 电流互感器的误差极限及对应的运行工况

准确级次	运行条件		误差极限值	
	一次电流百分数 $\dfrac{I_1}{I_{1\text{e}}} \times 100$/%	二次负载 $\cos\varphi = 0.8$ 电阻变化范围/%	电流误差 /%	角误差 /±分
0.2	10	25 ~ 100	±0.50	20
	20		±0.35	15
	100		±0.20	10
0.5	10	25 ~ 100	±1.0	60
	20		±0.75	45
	100 ~ 120		±0.5	30
1.0	10	25 ~ 100	±2.0	120
	20		±1.5	90
	100 ~ 120		±1.0	60
3	50 ~ 120	50 ~ 100	+3.0	不规定
5	50 ~ 120	50 ~ 100	+5.0	不规定
10	50 ~ 120	50 ~ 100	+10	不规定

电压互感器的准确级次及对应的运行工况列于表 5.2。

表 5.2　电压互感器的误差极限及对应的运行工况

准确级次	运行条件		误差极限	
	一次电压百分数 /%	二次负载变化范围 $\cos\varphi=0.8$	电压误差 /(±)%	角误差 /(±)分
0.2	85~115	25~100	0.2	10
0.5	同上	同上	0.5	20
1			1	40
3			3	不规定

0.2 级电压互感器用于精确测量、检验及电力系统实验室,0.5 级用于电度计量,1 级用于其他配电屏仪表,3 级用于继电保护及精度要求不高的自动装置。

5.3　电压互感器的分类与参数

5.3.1　结构分类

电压互感器的核心部分与变压器相似,为了降低造价,当一次电压在 110 kV 及以上时,在输入部分增加了一个分压部件,由此而使目前使用的电压互感器具有 3 种结构形式:①普通式,用于 35 kV 及以下电压等级;②串级式,可视为电感分压式,用于 110 kV 及 220 kV 电压等级;③电容分压式,用于 220 kV 及以上电压等级。

（1）普通式

普通式结构基本与变压器相同。6、10 kV 可做成三相式,这时铁芯必须做成五柱形式。如图 5.6 所示,由于要反映电网各相对地电压并在第三绕组(辅助绕组)输出对地电压的零序分量,要求原边绕组接星形,中性点接地(工作接地)。在中性点接地情况下,如无边柱铁芯,则零序磁通只能以绝缘油、箱体等为通道,由于磁阻很大,而使电压互感器的零序阻抗很小,当电网发生不对称接地故障时,电网的零序电压作用于电压互感器上,将会产生很大的零序电流而使电压互感器过热。边柱的引入,使零序磁通以其为通道,因此提高了电压互感器的零序阻抗,限制互感器中的零序电流。无边柱的三相互感器,不允许原边中性点接地,使互感器对零序处于开路状态,这时互感器也不能反映电网各相对地电压,即此种互感器不用于反映电网接地故障。

（2）串级式

这一名称是按其结构提出来的,前置分压器采用积木式结构。按其功能命名,应为电感分压式。图 5.7 为 220 kV 串级式电压互感器结构示意图。其铁芯分为上下两级,每级又分为上下两段,每段上各绕一原绕组,四段原绕组串联接于电网相、地之间,因此每段原绕组仅分取 $\frac{1}{4}$ 相电压 $\left(\frac{1}{4}U_x\right)$。副绕组和辅助绕组(图 5.7 中未画出)均在下级下段铁芯上,因此,下级下段相当于一个 $\frac{1}{4}$ 相电压的普通电压互感器,故可将此种互感器视为电感分压式电压互感器。

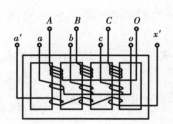

图 5.6　JSJW-10 型三相五柱
式电压互感器结构原理图

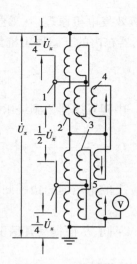

图 5.7　220 kV 串级式电
压互感器的原理接线图
1—铁芯；2—一次绕组；
3，4—平衡绕组；5—二次绕组

串级式电压互感器的另一主要特点是每级铁芯的中点与线圈中点相连接，从而降低线圈对铁芯的电位差（与铁芯接地相比较），使用时可以增加级数而提高原边额定电压。例如，110 kV 用一级，220 kV 用两级，这时线圈对铁芯的最高电位差保持不变，$\dfrac{220}{4\sqrt{3}}$ kV $=\dfrac{110}{2\sqrt{3}}$ kV，使之形成一种积木式结构，为制造、使用提供方便。

为了保证末级（下段）分压系数的稳定，不因副边负载变化引起末级下段等效阻抗变化而改变分压系数并维持各段线圈电压分配的均匀性，因而增设平衡绕组。如图 5.7 所示，3 为段间平衡绕组，4 为级间平衡绕组，两线圈反向串联后闭合，当各段电压不平衡时，线圈 3 中产生不平衡电流，而促使其恢复至逼近平衡（电磁感应定律），当级间不平衡时，由线圈 4 中的电流使其恢复至逼近平衡。

（3）电容分压式电压互感器

电容分压式电压互感器（简称为电容式电压互感器）由电容分压器和一个较低电压的中间电磁式电压互感器两部分组成。这种互感器除具有电压互感器的作用外，还可兼作耦合电容器，与电力系统载波机相连，作高频载波通信用。由于电容式电压互感器的绝缘冲击耐压强度高，体积小，220 kV 电压级以上的电容式电压互感器造价比电磁式电压互感器低，所以目前电容式电压互感器已广泛使用在 220 kV 及以上电力网中。

电容式电压互感器原理接线示于图 5.8 中。由电容 C_1 和 C_2 组成的电容分压器接在被测的一次系统相和地之间。中间互感器原边输入电压为 C_2 两端电压，有：

$$U_{c2} = KU_1$$

式中　K——分压系数。当中间互感器不接入时，有 $K = \dfrac{C_1}{C_1 + C_2}$。

中间互感器的接入，将使分压系数发生变化，并受二次负载的影响而改变 C_2 两端的等效阻抗。为了稳定阻抗，稳定分压系数，从而保证互感器的精度，中间互感器输入端串入谐振电

感 L。这时,按等效发电机原理,互感器的等值电路如图 5.9 所示。图中,Z'_{fz} 为负载归算阻抗,这时含电容分压器在内的互感器阻抗为:

$$Z_n \approx \frac{1}{j\omega(C_1+C_2)} + j\omega(L+L_1+L'_2) \tag{5.22}$$

式中　L_1,L'_2——中间互感器原副绕组漏抗。记 $L_\Sigma = L+L_1+L'_2$,设计取 $\omega L_\Sigma = \dfrac{1}{\omega(C_1+C_2)}$,即

$L_\Sigma = \dfrac{1}{\omega^2(C_1+C_2)}$,则可使电容、电感电抗相消,使 $Z_n=0$,使加于副边负载 Z_{fz}

上的电压向原边的归算值保持为 $\dot{K}U_1 = \dfrac{C_1}{C_1+C_2}\dot{U}_1$,不因副边负载阻抗不同而

不同,从而提高其精度。合乎此条件的电压频率 $\omega_0 = \sqrt{\dfrac{1}{L_\Sigma(C_1+C_2)}}$。

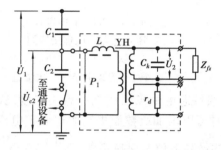
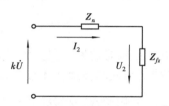

图 5.8　电容式电压互感器原理接线图　　图 5.9　电容分压器简化为有源
二端网络的等值电路图

由于电容和电感均有内阻,该内阻与介质损耗和铁芯损耗有关,不能保持为常量,受频率影响较大。当电网频率 $\omega \neq \omega_0$ 时,电抗也要发生变化,使 $Z_n \neq 0$,同时,杂散电容也影响变比。因此,电容式电压互感器的变比对电网频率的变化较为敏感,其精度仍然相对较低。

由于 L 是一个非线性电感,当电网电压升高或副边负载阻抗下降时,互感器电流增加,当 L 进入饱和区时,其感抗变化剧烈,当感抗 x_L 与负载感抗之和与电容电抗相等时,互感器进入铁磁谐振状态,这时产生很大的电流并在电容 C_2 两端形成很高的过电压。当非全相进入谐振状态时,副边开口三角形输出电压超过零序电压整定值,使继电保护误发电网接地信号。

为了抑制谐振,在互感器辅助绕组上并入阻尼电阻 r_d,同时在电容 C_2 两端装设保护间隙 P_1。

国产电压互感器的结构类型由汉语拼音字母和阿拉伯数字标出。表5.3列出了电压互感器型号中各个字母的含义。

表 5.3　电压互感器型号含义

| 第一个字母 | | 第二个字母 | | 第三个字母 | | 第四个字母 | | 第五个字母 | |
字母	含意	字母	含意	字母	含意	字母	含意	字母	含意
J	电压互感器	C	"串"级式	C	"瓷"箱式	J	接地保护	W	户外式
Y		D	单相	G	干式	J	油浸绝缘		
		S	三相	J	油浸绝缘				
				R	电容分压式				
				Z	浇注绝缘				

5.3.2　电压互感器的参数

电压互感器技术参数见表 5.4,表中列出 6～220 kV 的单相互感器的参数。

由于电压互感器误差与负荷有关,所以同一台电压互感器对应于不同的准确级就有不同的容量,额定容量是指对应最高准确级的容量。最大容量是按电压互感器在最高工作电压下长期工作容许的发热条件所规定的。

表 5.4　电压互感器的技术参数

型　号	额定电压/kV			额定容量/(V·A)			最大容量/VA
	一次绕组	二次绕组	辅助绕组	0.5 级	1 级	3 级	
JDZ$_1$-6	6	0.1		50	80	200	400
JDZ$_1$-10	10	0.1		50	80	200	400
JDZJ$_1$-16	$6/\sqrt{3}$	$0.1/\sqrt{3}$	0.1	50	80	200	400
JDZJ$_1$-10	$10/\sqrt{3}$	$0.1/\sqrt{3}$	0.1/3	50	80	200	400
JDZJ-10	$11/\sqrt{3}$	$0.1/\sqrt{3}$	0.1/3	40	60	150	300
JDZJ-15	$13.8/\sqrt{3}$	$0.1/\sqrt{3}$	0.1/3	40	60	150	300
JDZJ-15	$15/\sqrt{3}$	$0.1/\sqrt{3}$	0.1/3	40	60	150	300
JDZJ-35	$35/\sqrt{3}$	$0.1/\sqrt{3}$	0.1/3	150	250	600	1 200
JDJJ$_2$-35	$35/\sqrt{3}$	$0.1/\sqrt{3}$	0.1/3	150	250	500	1 000
JCC$_1$-60	$35/\sqrt{3}$	$0.1/\sqrt{3}$	0.1/3	150	250	500	100
	$60/\sqrt{3}$				500	1 000	2 000
	$60/\sqrt{3}$				500	1 000	2 000
JCC$_1$-110	$110/\sqrt{3}$	$0.1/\sqrt{3}$	0.1/3	300	500	1 000	2 000
JCC$_2$-110	$110/\sqrt{3}$	$0.1/\sqrt{3}$	0.1		500	1 000	2 000
JCC-220	$220/\sqrt{3}$	$0.1/\sqrt{3}$	0.1		500	1 000	2 000

5.4　电压互感器的配置原则与接线形式

5.4.1　电压互感器的配置

电压互感器的配置原则是:应满足测量、保护、同期和自动装置的要求;保证在运行方式改变时,保护装置不失压、同期点两侧都能方便地取压。通常如下配置:

①母线　6 kV 及以上电压级的每组主母线的三相上应装设电压互感器,旁路母线则视各回路出线外侧装设电压互感器的需要而确定。

②线路　当需要监视和检测线路断路器外侧有无电压,供同期和自动重合闸使用,该侧装一台单相电压互感器。

③发电机 一般在出口处装两组。一组（D/Y 接线）用于自动调整励磁装置。一组供测量仪表、同期和继电保护使用，该组电压互感器采用三相五柱式或三只单相接地专用互感器，接成 $Y_0/Y_0/D$ 接线，辅助绕组接成开口三角形，供绝缘监察用。100 MW 及以上发电机中性点还常设一单相电压互感器，用于 100% 定子接地保护。当定子绕组为单支路时，发电机出口增加一组三绕组互感器，其原边中性点与发电机定子绕组中性点相连，反应定子各相绕组电压，用以判定是否有匝间短路。

④500 kV 及以上的双母线 $\frac{3}{2}$ 断路器接线：输电线路在隔离开关的线路侧三相装设；变压器在隔离开关的母线侧三相装设。

5.4.2 电压互感器接线形式

电压互感器的接线方式很多，较常见的有以下几种：

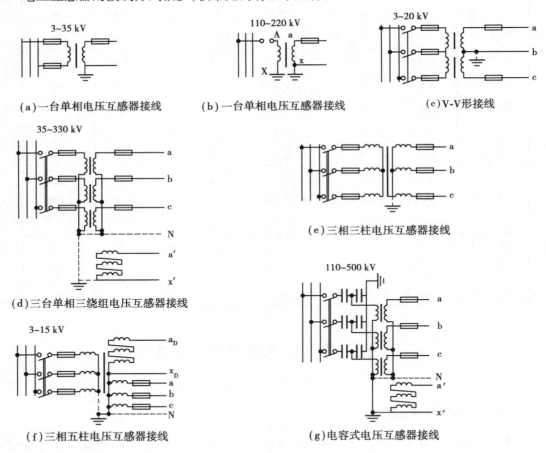

图 5.10 电压互感器接线

①用一台单相电压互感器测量相间或相对地电压的接线方式，分别如图 5.10（a）、（b）所示。对于图 5.10（c）的接法，一次侧不能接地，否则就相当于一次系统的一相接地。为了安全，图 5.10（a）、（b）两种接线的二次侧有一点接地。

②两台单相电压互感器接成 V-V 形接线，如图 5.10（c）所示，此种接线又称为不完全星形

接线,用于测量各相间电压。特点是:只用两个单相电压互感器即可测得 3 个线电压,但不能测 B 相电压。

③3 个单相三绕组电压互感器接成 $Y_0/Y_0/D$ 接线。如图 5.10(d)所示。这种方式中电压互感器的一次绕组和主二次绕组接成星形,为取得对地电压,原边中性点直接接地。被广泛用于 6 kV 及以上系统中。互感器的一次绕组的电压为所接入系统的相电压,主二次绕组电压为 $100/\sqrt{3}$ V,在中性点不接地电网中,应采用主绝缘按线电压设计的接地保护型电压互感器来构成这一接线,以便单相接地时其他两不接地相电压升高时能安全运行。辅助二次绕组接成开口三角形,用于中性点直接接地系统时其绕组电压为 100 V,用于中性点不接地或经消弧线圈接地的系统时,其绕组电压为 $100/3$ V,以保证一次系统单相金属性接地时,电压互感器开口三角形两端电压为 100 V。

④三相三柱式电压互感器的星形接线方式如图 5.10(e)所示。可用于测量线电压和相对电网中性点的电压。因其一次绕组中性点不许接地(防止零序过电流烧坏互感器),故不能测量相对地电压,目前已较少使用。

⑤三相五柱式电压互感器接线方式如图 5.10(f)所示,此种电压互感器为磁系统具有 5 个铁芯柱的三相三绕组电压互感器。一次及主二次绕组均接成星形,且中性点直接接地。用于 3 ~ 10 kV 电网中,可测量各相间电压和相对地电压,辅助二次绕组接成开口三角形,供绝缘监察用。a_D 和 x_D 端子上可以接入接地保护装置的继电器和接地信号指示器。当高压电网绝缘正常时,由于电网中的三相电压是对称的,其相量和为零,所以 a_D 和 x_D 端上的电压为零。当高压电网发生接地故障时,在 a_D 和 x_D 端上出现零序电压,从而启动接地保护装置或接地故障信号回路。

⑥电容式电压互感器接线示于图 5.10(g),同于图(d),仅在输入端增加电容分压器。

电压互感器原边应设隔离开关以便电压互感器检修。检修时还需拔除副边熔断器,以免其他电压经二次回路串入电压互感器副边后经电压互感器升压至原边伤人。35 kV 及以下互感器原边也装设熔断器,该熔断器的熔体按机械强度来选取,其额定电流比互感器额定电流大许多倍,仅用于保护短路故障。电压互感器过负荷由装在低压侧的熔断器来实现。在 110 kV 及以上电压等级的配电装置中,由于高压熔断器制造比较困难,价格昂贵,因此,通常不设熔断器,只设隔离开关。在 380 ~ 500 V 配电装置中,电压互感器可以只经熔断器与电网相连,由熔断器兼隔离开关作用。

5.5　中性点不接地电网中电压互感器暂态过电流原理与实验

电压互感器向电网的监控与保护系统提供实时运行的电压信息,其正常运行与电网安全紧密相关。我国 10 ~ 35 kV 电网为中性点不直接接地的电网,运行中普遍发生电压互感的保护熔断器异常熔断及高压绕组烧毁的故障,寻找此种故障发生的机理成为一个重要的研究课题。

早期的研究普遍认为此种故障发生的原因是电网的对地电容与电压互感器高压绕组的电感串联,产生了铁磁谐振过电流,是一种稳态过电流。提出的措施是在电压互感器上加装消谐器以消除谐振,并有研究者建议将 35 kV 电压互感器改为电容分压式。生产现场的信息表明:

尽管采取了上述措施,事故依然频发,并随电网发展呈上升趋势,同时还出现了互感器与消谐器一起烧毁的情况。

根据运行记录,这种故障大多出现在电网发生间歇性单相接地的时间段,同时考虑电网的对地电容与电压互感器的高压绕组为固有的并联关系,两者不可能构成串联铁磁谐振电路,因此提出应按电网电容与电压互感器的高压绕组成并联关系进行研究,从暂态过电流的角度来分析故障发生的原理。

理论分析与实验研究的录波表明:中性点不接地电网中发生间歇性电弧单相接地时,电压互感器的不接地相对地电压升高,高压绕组的电压在相电压与线电压之间不断切换,暂态磁通使铁芯进入深度饱和区,因此在高压绕组中产生很高倍数的暂态过电流即励磁涌流,这种反复出现的很高倍数的冲击电流可以导致熔断器熔断甚至使电压互感器高压绕组烧毁。

5.5.1　暂态过电流的原理分析

（1）接线与等效电路

10~35 kV 电网绝缘等级较低且网架结构复杂,发生单相接地故障的概率很高,为减小停电损失,发生单相接地故障时不立即跳闸可允许继续运行 2 小时。

中性点不直接接地的电网发生单相接地时,接地点电流仅为电网对地电容电流,如果是电弧接地,由于电流较小,电弧的燃烧往往会很不稳定形成间歇性单相接地,会造成电压互感器暂态过电流。

图 5.11 所示为配电网接线,10~35 kV 电网中性点不直接接地。

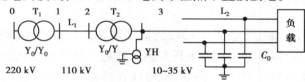

图 5.11　配电网接线

图 5.11 中,T_1 和 T_2 分别是 220 kV 和 110 kV 变压器;L_1 是 110 kV 线路;L_2 是 10~35 kV 线路;YH 是 10~35 kV 电压互感器;C_0 是 10~35 kV 电网的对地电容。

为了取得电网各相对地电压供继电保护使用,电压互感器高压绕组的接线为中性点直接接地的星形接线,因此与电网三相对地电容成并联关系,简化的等效电路如图 5.12 所示。

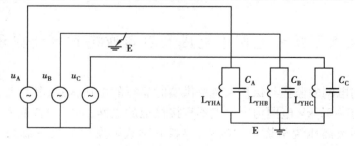

图 5.12　B 相接地的三相等效电路

图 5.12 中,L_{YH} 是电压互感器的电感,C 为电网对地电容,u_A,u_B,u_C 为电源电压。

由图可见,正常运行状态下,各相电压互感器对地电压为电网的相电压。当线路的 B 相接地时,B 相电压互感器对地电压由相电压变为零,A,C 两相电压互感器对地电压由相电压升高为线电压,分别为 u_{AB} 与 u_{CB}。

A 相等效电路如图 5.13 所示。

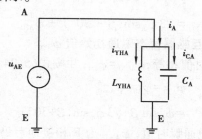

图 5.13 A 相等效电路

对照图 5.12,可见 B 相间歇接地时,u_{AE} 在相电压 u_A 与线电压 u_{AB} 之间切换。

(2)B 相接地前 A 相电压互感器的稳态磁通

设电压、电流、磁通的正方向相同进行分析。B 相接地前,A 相电压互感器承受 A 相电压,以 B 相接地瞬时为时间的参考点该瞬时($t=0$),A 相电压方程写为:

$$u_A = U_m \sin(\omega t + \alpha) \tag{5.23}$$

式中,u_A 为电网 A 相电压瞬时值;U_m 为相电压峰值;α 为 A 相电压的初相角。

按电流与磁通滞后于电压 90°,A 相电压互感器铁芯的磁通方程为:

$$\varphi_A = \varphi_m \sin(\omega t + \alpha - 90°)$$
$$= \varphi_m \sin(\omega t + \beta) \tag{5.24}$$

式中,φ_A 为 A 相电压互感器的磁通;φ_m 为额定相电压下的磁通峰值;β——磁通的初相角,$\beta = (\alpha - 90°)$。

(3)B 相接地后 A 相电压互感器的稳态磁通

B 相接地后,A 相电压互感器承受 AB 线电压,幅值为 A 相电压的 $\sqrt{3}$ 倍,相位超前于 A 相电压 30°,参照式(5.24)磁通方程为:

$$\varphi_{A\infty} = \sqrt{3}\,\varphi_m \sin(\omega t + \beta + 30°) \tag{5.25}$$

式中,$\varphi_{A\infty}$ 为 B 相接地后 A 相电压互感器的稳态磁通瞬时值。

将($t=0$)代入式(5.25),得出接地后 A 相电压互感器稳态磁通 0 秒值为:

$$\varphi_{A\infty 0} = = \sqrt{3}\,\varphi_m \sin(\beta + 30°) \tag{5.26}$$

(4)B 相接地后电压互感器的暂态磁通分量

为保持磁通不突变出现的暂态磁通分量,表达式为:

$$\varphi_{AT} = \phi_{AT0} e^{-\frac{t}{T}} \tag{5.27}$$

式中,φ_{AT} 为暂态磁通瞬时值;ϕ_{AT0} 为暂态磁通初始值;T 为暂态磁通衰减的时间常数,由实验得出 $T = 0.05$ s。

(5)B 相接地后电压互感器的全磁通

由稳态分量与暂态分量合成,方程为:

$$\varphi_{A\sum} = \varphi_{A\infty} + \varphi_{AT}$$
$$= \sqrt{3}\,\phi_m \sin(\omega t + \beta + 30°) + \phi_{AT0}\, e^{-\frac{t}{T}} \tag{5.28}$$

式中,$\varphi_{A\sum}$ 为全磁通瞬时值。

将($t=0$)代入式(5.28),得出接地后 A 相电压互感器稳态磁通 0 秒值为:

$$\varphi_{A\sum 0} = \varphi_{A\infty 0} + \varphi_{AT0}$$

$$= \sqrt{3}\phi_m \sin(\beta + 30°) + \phi_{AT0} \tag{5.29}$$

(6)B 相接地后 A 相电压互感器暂态磁通初始值 ϕ_{AT0}

按接地前后磁通不变,瞬时值相等,$\varphi_{A\sum 0} = \varphi_{A0}$,并按式(5.24)与式(5.26)得出

$$\varphi_{AT0} = \varphi_{A0} - \varphi_{A\infty 0}$$

$$= \phi_m \sin\beta - \sqrt{3}\phi_m \sin(\beta + 30°) \tag{5.30}$$

式中,φ_{A0} 为 B 相接地前稳态磁通瞬时值;$\varphi_{A\infty 0}$ 为 B 相接地后稳态磁通瞬时值。

(7)B 相接地后 A 相电压互感器的最大暂态磁通

由式(5.30)可见:B 相接地后暂态磁通的初始值 φ_{AT0} 与 β 角相关,即与 A 相电压的初相角 α 相关。

见图 5.14,式(5.28)中 A 相电压互感器 3 个磁通瞬时值的关系可用 3 个相量来表示。

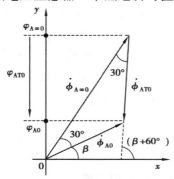

图 5.14　暂态分量初始值计算相量图

图中,$\dot{\phi}_{A0} = \phi_m \angle \beta$ 为接地前磁通;$\dot{\phi}_{A\infty 0} = \sqrt{3}\phi_m \angle (\beta + 30°)$ 为接地后磁通的稳态分量;$\dot{\phi}_{AT0} = (\dot{\phi}_{A0} - \dot{\phi}_{A\infty 0}) = -\phi_m \angle (\beta + 60°)$ 为接地后磁通的暂态分量;ϕ_m 为额定相电压下的磁通峰值;$(\varphi_{A0}, \varphi_{A\infty 0}, \varphi_{AT0})$ 分别为 3 个相量的纵坐标。由于 $\dot{\phi}_{A\infty 0}$ 超前于 $\dot{\phi}_{A0}$ 30°且模值比为 $\sqrt{3}$ 倍,因此 3 个相量组成以 $\dot{\phi}_{A\infty 0}$ 为底边的等腰三角形。

可见当($\beta + 60° = \pm 90°$)时暂态磁通取得最大初始值$|\varphi_{AT0}| = \phi_m$。按 $\beta = (\alpha - 90°)$,暂态磁通取得最大初始值的条件为:

$$\left. \begin{array}{l} \alpha = -60°, 120° \\ \varphi_{AT0} = \pm\phi_m \end{array} \right\} \tag{5.31}$$

(8)B 相接地后 A 相电压互感器的全磁通的最大冲击值

考虑 B 相接地后的稳态磁通峰值为 $\sqrt{3}\phi_m$,暂态分量衰减时间常数较大,全磁通的最大冲击值 $\varphi_{A\sum m}$ 近似为:

$$\varphi_{A\sum m} \approx (\sqrt{3} + 1)\phi_m \approx 2.7\phi_m \tag{5.32}$$

由式(5.32)可见:B 相接地后,A 相电压互感器的磁通峰值可达正常运行稳态磁通峰值的 2.7 倍,使电压互感器的铁芯进入深度饱和区,在绕组中产生很大的冲击电流。

5.5.2　暂态过电流实验

表 5.5 列出了实验用 JDZX16-10RG 型 10 kV 电压互感器的参数。

表 5.5　JDZX16-10RG 电压互感器铭牌参数

型号		JDZX16-10RG　GB1207　单相户内 50 HZ
额定电压比		$(10\,000/\sqrt{3})/(100/\sqrt{3})/(100/3)$ V
励磁电流		额定电压的励磁电流为 0.28 A
精度等级	1a,1n	$(100/\sqrt{3})$ V,20 VA,0.2 级,极限输出:300 VA
	2a,2n	$(100/\sqrt{3})$ V,20 VA,0.5 级,极限输出:300 VA
	da,dn	$(100/3)$ V,100 VA,3P 级
功率因数		$\cos\varphi=0.8$(滞后)
极限输出 300 VA,对应极限电流为 5.2 A		

图 5.15 为在此电压互感器低压侧加电压时测得的励磁特性。

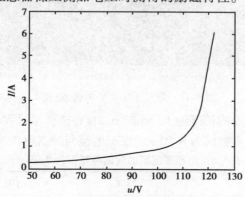

图 5.15　电压互感器励磁特性

由图 5.15 可见:电压为线电压 100 V 时,电压互感器铁芯刚进入饱和区,因此稳定的单相接地不会使电压互感器产生很大的励磁电流。

数值仿真和实验证明:电压互感器在电压切换的过程中暂态磁通可使电压互感器的铁芯进入深度饱和区,产生几十倍甚至上百倍的暂态过电流。

对 JDZX16-10RG 型电压互感器进行暂态过电流的实验研究,在两种电压下合闸时的暂态电流录波如图 5.16、图 5.17 所示。

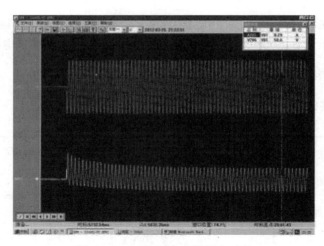

图 5.16 电压 58.6 V 的暂态过程

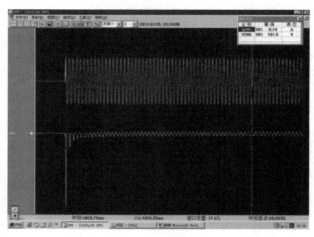

图 5.17 电压 101.9 V 的暂态过程

由录波图测出:暂态过程的长度约 10 周波(0.2 s),按暂态过程的长度为时间常数的 4 倍计算,暂态分量衰减的时间常数约为 0.05 s。稳态电流与冲击电流见表5.6。

表 5.6 电压互感器的合闸电流(I_B = 0.29 A)

电压/V	58.6	101.9
稳态电流 (有效值/峰值)/A	0.29/0.41	0.74/1.0
冲击电流 (瞬时值)/A	0.93	45.24
冲击电流与 稳态峰值比	2.27	45.24

按设计规范,电压互感器高压熔断器熔芯的额定电流有效值为 0.5 A。参见 3.2 节,由于熔断器熔芯的熔断电流具有较大的分散性,定义熔断器熔芯的额定电流为可靠不熔断电流,定

义（$I_e=0.8I_{min}$），即可以让其熔断的最小电流是额定电流的 1.25 倍,即 0.5 A 熔芯的熔断条件是电流在 0.625 A 及以上。

由表 5.5 可见,JDZX16-10RG 型电压互感器正常运行工作电压 57.74 V 下的电流为 0.28 A,单相接地后的工作电压为 100 V,按线性计算电流为 0.49 A,因此稳定的单相接地的稳态电流分量是不能使熔断器熔断的。而稳定的即间歇性的单相接地在不断的电压切换过程中,出现的暂态电流分量叠加在稳态电流分量上产生的冲击电流为 45.24 A,已远超 0.75 A,极易使熔断器熔断。由于单相接地允许运行 2 小时,如果熔断器配置不当或质量不佳未能熔断,则反复不断的冲击电流可能烧毁电压互感器的高压绕组。

5.5.3　结论

仿真计算与实验分析表明:10~35 kV 中性点不接地电网中高压熔断器经常误熔断,并有时出现绕组与铁芯损毁的原理如下:

①10~35 kV 中性点不接地电网绝缘强度差,接地电容电流小,容易发生间歇性的电弧单相接地,是造成高压熔断器经常误熔断,并有时出现绕组与铁芯损毁的重要原因。

②稳定的单相接地,不接地相电压升高为线电压,互感器铁芯刚进入饱和区,稳定的单相接地不会使电压互感器产生很大的电流。

③间歇性的单相接地,电压互感器不接地相高压绕组的电压升高为线电压,使稳态磁通增大。反复在相电压与线电压之间切换,在电压切换过程中产生很大的暂态磁通,叠加在稳态磁通上,产生很大的冲击磁通,使电压互感器的铁芯进入深度饱和区。

④由于磁路饱和,电压互感器绕组中暂态电流峰值很大,可导致高压熔断器熔断,反复出现的冲击电流与冲击磁通可能导致绕组与铁芯过热损毁。

5.6　电流互感器的分类与参数

5.6.1　电流互感器分类

①按安装地点可分为户内式和户外式,20 kV 及以下电压级多为户内式,35 kV 及以上多为户外式。

②按安装方式可分为穿墙式、支持式和装入式。穿墙式装在墙壁或金属结构的孔中,可节约穿墙套管;支持式则安装在平面或支柱上;装入式是套在变压器的套管上,所以也称为套管式。

③按绝缘分为干式,浇注式,油浸式等。干式用绝缘胶浸渍,适用于低压户内的电流互感器;浇注式用环氧树脂作绝缘,浇注成型,目前仅用于 35 kV 及以下的电流互感器;油浸式则是浸泡在绝缘油中。

④按一次绕组匝数可分为单匝式和多匝式。如图 5.18 所示。单匝式又分为贯穿型和母线型两种。贯穿型互感器本身装有单根铜导体作为一次绕组。母线型互感器则本身未装一次绕组,而是在铁芯中留出一次绕组穿越的空隙,施工时将导体穿过空隙作为一次绕组。单匝式电流互感器结构简单,尺寸小,价格低廉,内部电动力小,热稳固性也容易保证,但当一次电流

较小时,误差较大,因此,额定电流在 400 A 以下多采用多匝式。

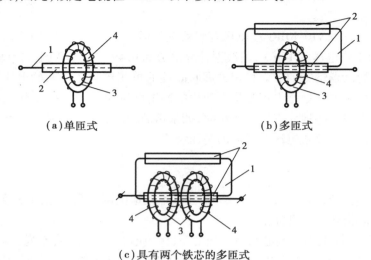

（a）单匝式　　　　　　　　　　（b）多匝式

（c）具有两个铁芯的多匝式

图 5.18　电流互感器的结构原理
1——次绕组;2—绝缘;3—铁芯;4—二次绕组

多匝式按绕组结构分为"8"字形和 U 形。"8"字形绕组结构的电流互感器,一次绕组套住带环形铁芯的二次绕组,两个互相套着的环,形如"8"字,如图 5.19 所示。由于"8"字形线圈,电场不均匀,因此,只用于 35 ~ 110 kV 电压级。

图 5.20 为 U 形绕组电流互感器。一次线芯呈 U 形,主绝缘全部在原绕组上,绝缘共分十层,层间有电容屏(金属箔),内屏与原绕组线芯相接,外屏接地,构成一个圆筒形电容器串,使其电场分布均匀。U 形原绕组的两腿上分别套上两个绕着副绕组的环形铁芯,副绕组为单层多匝。U 形原绕组两腿上部并拢,外扎亚麻绳以提高其机械强度。由于 U 形绕组电流互感器组电场分布均匀和绝缘包制便于实行机械化,目前在 110 kV 及以上高压电流互感器中得到广泛应用。

由于同一支路中,往往需要数量很多的电流互感器供给测量和保护使用,为了节省投资,高压电流互感器常有多个没有磁耦合的独立铁芯和二次绕组,与共同的一次绕组组成有多个二次绕组的电流互感器。这样,一台电流互感器实际为组装在一起的多台互感器。对于 110 kV 及以上的电流互感器,为了适应线路电流的变化和减少产品规格,常把一次绕组分成几组,通过切换来改变绕组的串并联,以获得 2 ~ 3 种电流比。(必须停电切换),并应使所有绕组的电流比相同。

电流互感器的类型结构由其型号标出,国产电流互感器型号的含义见表5.7。

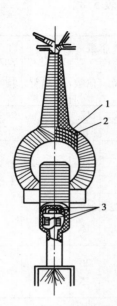

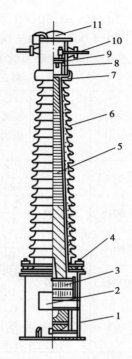

图 5.19　110 kV 8 字形绕组电流
互感器绕组结构
1——一次绕组;2——一次绕组绝缘;
3—二次绕组及铁芯

图 5.20　220 kV 瓷箱式 U 形绕组电流互感器
1—油箱;2—二次接线盒;3—环形铁芯及二次绕组;
4—压圈式卡接装置;5—U 形一次绕组;6—瓷套;
7—均压护罩;8—贮油柜;9—一次绕组切换装置;
10——次出线端子;11—呼吸器

表 5.7　电流互感器型号含义

第一个字母		第二个字母		第三个字母		第四个字母		第五个字母	
字母	含义	字母	含义	字母	含义	字母	含义	字母	含义
L	电流互感器	A	穿墙式	C	瓷绝缘	B	保护级	D	差动保护
		B	支持式	G	改进的	D	差动保护		
		C	瓷箱式	J	树脂浇法	J	加大容量		
		D	单匝式	K	塑料外壳	Q	加"强"式		
		F	多匝式	L	电容式绝缘	QZ	浇注绝缘		
		J	接地保护	M	母线式				
		M	母线式	P	中频的				
		Q	线圈式	S	速饱和的				
		R	装入式	W	户外式				
		Y	低压的	Z	浇注绝缘				
		Z	支柱式						

5.6.2　电流互感器的参数

电流互感器的额定电压等级有:0.5、10、15、20、30、35、60、110、220、330 和 500 kV。额定

109

一次电流有:5、10、15、20、30、40、50、75、100、150、200、300、400、600、800、1 000、1 200、1 500、2 000、3 000、4 000、5 000、6 000、8 000、10 000、15 000、20 000 和 25 000 A。额定二次电流有两种,即1,5 A。负荷功率因数为0.8(滞后)。各种技术参数见表5.8。

表5.8　电流互感器的技术参数

型　号	额定电流比/A	级次组合	准确级次	额定二次负荷/Ω				10%倍数		1 s 热稳定倍数	动稳定倍数
				0.5级	1级	3级	保护级	额定二次负荷/Ω	倍数		
LFCQ-10	300/5	0.5/3	0.5	0.6				0.6	12	110	250
			3			1.2		1.2	6		
LMZ$_1$-10	4 000/5	0.5/D	0.5	2	3						
			D				2.4	2.4	15		
LDZJ$_1$-10	1 500/5	0.5/D	0.5	1.2						50	90
			D				1.6	1.6	15		
LCWD$_1$-35	1 000/5	0.5/D	0.5	2			2	2	15	45	
			D								
LCWD-110	600/5	D$_1$/D$_2$/0.5	D$_1$ D$_2$ 0.5	1.2			1.2 1.2	1.2 1.2	20 15	34	

①额定电流比,即标称变比。

②额定二次负载,代表电流互感器对应一种精度时的额定容量 S_{e2},即在额定二次电流 I_{e2} 和额定二次阻抗 Z_{e2} 下运行时二次绕组输出容量,即

$$S_{e2} = I_{e2}^2 Z_{e2}$$

由于电流互感器的二次电流为标准值(1 A 或 5 A),故额定容量常用额定二次阻抗(Ω)来表示。又因电流互感器的误差与二次负载有关,故对同一台电流互感器来说,不同的准确级会有不同的额定容量(二次负载阻抗)与之对应。参数中给出的额定二次负载为对应最高准确级的二次负载阻抗额定值。

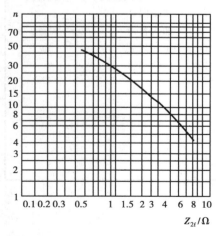

图5.21　10%倍数曲线

③级次组合　表示电流互感器有几个独立铁芯和每个铁芯的准确级次。分子为第一铁芯准确级次,分母为第二铁芯准确级次。

④10%倍数　是指在某一规定二次负荷下,电流互感器能满足幅值误差不超过10%时所允许的最大的一次电流对额定一次电流的倍数。保护用电流互感器的级号用 D(有的产品用"B"标注)级表示,D 级电流互感器在额定二次负载下所应保证的10%倍数,称为额定10%倍数。保护用电流互感器的工作条件及误差主要按电网短路状态考虑。因此,保护用电流互感器在额定一次电流范围内的准确度要求不如测量表计用电流互感器的高,一般为3~10级,但必须有足够大的 10% 倍数,才能使继电保护装置正确动

作。10%倍数越大,表示互感器的过电流性能越好。在 $f_i\% = -10\%$ 时,一次电流倍数 $n(= I_1/I_{e1})$ 与二次负载 Z_{2f} 的关系曲线称为 10%倍数曲线。如图 5.21 所示。

⑤1 s 热稳固性倍数 K_t 代表 1 s 热稳固性电流 I_t 对一次额定电流(有效值)I_{e1} 的倍数,即

$$I_t(1\ s) = K_t I_{e1}$$

⑥动稳固性倍数 K_d。指动稳固性电流 i_{dw} 与一次额定电流峰值之比,有:

$$i_{dw} = K_d(\sqrt{2}I_{e1})$$

5.7　电流互感器的接线形式与配置原则

5.7.1　电流互感器接线形式

电流互感器的二次侧接测量仪表,继电器及各种自动装置的电流线圈。用于测量表计回路的电流互感器接线应视测量表计回路的具体要求及电流互感器的配置情况确定,用于继电保护的电流互感器接线侧应按保护所要求反映的有关故障类型及保证灵敏系数的条件来确定。当测量仪表与保护装置共用同一组电流互感器时,应分别接不同的二次绕组,受条件限制需共用同一个二次绕组时,保护装置应接在仪表之前,以避免校验仪表时影响保护装置工作。

图 5.22 为最常用的电气测量仪表接入电流互感器的 3 种接线方式。

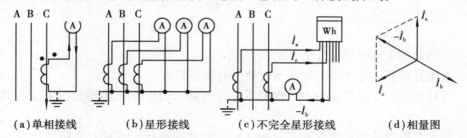

(a)单相接线　　(b)星形接线　　(c)不完全星形接线　　(d)相量图

图 5.22　电流互感器与测量仪表接线及相量图

图 5.22(a)为单相接线。用于测量对称三相负载或相负荷不平衡度小的三相装置中的一相电流。

图 5.22(b)为星形接线。用于相负荷不平衡度大的三相负荷电流测量以及电压为 380/220 V 的三相四线制测量仪表,监视三相负荷不对称情况。

图 5.22(c)为不完全星形接线。广泛用于 35 kV 及以下中性点不直接接地的电网中,只需取 A,C 两相电流时的情况。例如接入三相二元件功率表或电度表即可用此接线。由于三相电流 $\dot{I}_a + \dot{I}_b + \dot{I}_c = 0$,则 $\dot{I}_b = -(\dot{I}_a + \dot{I}_c)$,通过公共导线上的电流表中的电流等于 a 和 b 两相电流之和,即为 b 相电流,如图 5.22(d)所示。

继电保护用的电流互感器接线,通常是用于中性点直接接地电力系统中的保护装置,采用星形接线。在中性点非直接接地的电力系统中,一般线路的电流互感器广泛采用不完全星形接线方式。保护用电流互感器的三角形接线主要应用于 Y/△接线的变压器差动保护。

电流互感器原、副边绕组的极性通常是原边用 L_1、L_2 标出,副边用 k_1、k_2 标出。L_1 与 k_1,L_2 与 k_2 彼此同极性(同名端),当原边电流从 L_1 流向 L_2 时,副边电流从 k_1 经过负荷回到 k_2。

5.7.2　配置原则

电流互感器应按下列原则配置：

①每条支路的电源侧均应装设足够数量的电流互感器，供该支路测量、保护使用。此原则同于开关电器的配置原则，因此往往有断路器与电流互感器紧邻布置。配置的电流互感器应满足下列要求：a. 一般应将保护与测量用的电流互感器分开；b. 尽可能将电能计量仪表互感器与一般测量用互感器分开，前者必须使用 0.5 级互感器，并应使正常工作电流在电流互感器额定电流的 2/3 左右；c. 保护用互感器的安装位置应尽量扩大保护范围，尽量消除主保护的不保护区；d. 大接地电流系统一般三相配置以反映单相接地故障；小电流接地系统发电机、变压器支路也应三相配置以便监视不对称程度，其余支路一般配置于 A、C 两相。

②发电机出口配置一组电流互感器供发电机自动调节励磁装置使用，相数、变比、接线方式与自动调节励磁装置的要求相符合。

③配备差动保护的元件，应在元件各端口配置电流互感器，当各端口属于同一电压级时，互感器变比应相同，接线方式相同。Y/D-11 接线组别变压器的差动保护互感器接线应分别为 D 与 Y 以实现两侧二次电流的相位校正同时低压侧（D 侧）变流比 $K_{低}$ 与高压侧（Y 侧）变流比 $K_{高}$ 的关系为 $K_{低}=K_B K_{高}/\sqrt{3}$，其中 K_B 为变压器的变比（K_B = 高压/低压）。

思　考　题

5.1　互感器的主要作用是什么？

5.2　电流互感器与电压互感器的运行特性有何差异？

5.3　为什么电流互感器运行中二次侧不允许开路？而电压互感器运行中二次侧不允许短路？

5.4　何为互感器的额定变化和实际变比？它们之间有什么不同？实际变比变化的根本原因是什么？

5.5　什么是互感器的误差？哪些运行参数对互感器误差有影响？互感器的准确级是怎样规定的？设计制造与运行使用如何保证其精度？

5.6　串级式电压互感器有何特点？其平衡绕组起什么作用？

5.7　什么是电流互感器的 10% 倍数及 10% 倍数曲线？电压互感器的额定容量与最大容量的物理意义为何？

5.8　试分析为什么三相三柱式电压互感器一次绕组中性点不允许接地？如需接地以监视电网对地绝缘时应做成五柱式？

5.9　为什么三绕组电压互感器的辅助绕组的额定电压有 100/3 V 与 100 V 两种？

5.10　简述电压互感器与电流互感器在电网中的基本配置原则。

5.11　分析 10～35 kV 中性点不接地电网发生间歇性单相接地时在电压互感器高压绕组中产生暂态过电流的原理。

第 **6** 章
导体与绝缘子

本章讲述载流导体的发热和电动力理论。导体及其他电气设备的设计与运行都与此密切相关,故集中在一起进行较系统的分析。发热有长期发热与短时发热之分,且各有其特点,故分别对两种状况下的发热计算方法与应用进行较为全面的分析讨论,以此求得导体的长期允许温度与允许电流值及热稳固性电流的检验值。对于电动力,则按三相载流导体的受力情况进行分析,从而得到电动力的最大值,以此进行动稳固性的校验。

6.1 长期发热与短时发热的定义及对电气设备的危害

记电气设备的通电持续时间为 t,电气设备发热的时间常数为 T_r,则定义 $t \geq 4T_r$ 的发热状态为长期发热,$t < 4T_r$ 的发热状态为短时发热。

长期发热的特征是:$t \geq 4T_r$ 后,电气设备的发热功率与散热功率平衡,因此其温度不再变化,保持为稳定温度。定义电气设备的温度 θ 与周围冷却介质的温度 θ_0 之差为电气设备的温升 τ,长期发热的电气设备已进入稳定温升 τ_∞ 并保持不变。

短时发热的特征是:由于 $t < 4T_r$,电气设备远未进入稳定温升,因而在整个发热过程中散热功率远小于发热功率,计算温升时可以将散热功率略去不计。

按电流持续时间定义,一般电气设备的正常运行状态属于长期发热状态,短路时的状态属于短时发热状态。短路过程中电气设备虽然远未进入稳定温升,但由于其电流远大于正常工作电流,因此其温度仍远大于正常发热的温度。

发热对电气设备的金属和绝缘介质产生危害:长期发热温度过高将使金属发生慢性退火,降低金属的弹性,使金属的接触状态变坏,同时由于接触面的氧化也使接触电阻增加,它使接触处的温度进一步升高,形成恶性循环,最终可能导致可动触头的熔焊或连接点烧断。随着温度的提高,绝缘材料的老化速度急剧增加,严重影响电气设备的使用寿命。短路过程中,电气设备温度很高,它可使金属材料进入强度急剧下降区,在电动力的作用下严重变形甚至熔化,造成设备损坏、事故扩大。过高的温度也严重影响绝缘寿命,使之碳化甚至烧毁。

为了保证电气设备的运行寿命与安全,应限制电气设备长期发热与短时发热的最高温度。设计与制造规范列出了各种电气材料及设备的最高温度允许值,例如硬铝导体长期发热最高允许温度为 70 ℃,短时发热最高允许温度为 220 ℃。各种绝缘材料按不同等级也有各自的最高温度允许值。例如,A 级绝缘材料,105 ℃;B 级,130 ℃。

6.2　导体发热功率与散热功率的计算

要计算导体的温度升高,必须首先计算其发热功率和散热功率,然后用功率平衡的关系进行温度升高的计算。

导体的温度升高与提供热量的热源有关。其中有 3 种有功损耗热源:电阻损耗、金属构件的涡流磁滞损耗和介质损耗。对于屋外装置中的导体还有太阳热辐射热源。分析表明,真正起主要作用的热源是电阻损耗和太阳的热辐射功率,而散热的主要方式是对流和辐射散热两种方式。下面分别进行计算。

(1)电阻损耗及太阳辐射热功率的计算

1)导体的电阻损耗热功率 P_R

当导体中流过的电流为 I,导体的交流电阻为 R_{ac} 时,其电阻损耗热功率 P_R 为:

$$P_R = I^2 R_{ac} \qquad (6.1)$$

式中的 R_{ac} 为导体的交流电阻,与导体的温度和电流的频率有关,其计算式为:

$$R_{ac} = \frac{\rho_{20}\left[1 + \alpha_t(\theta - 20)\right]l}{S} \cdot K_f \qquad (6.2)$$

式中　ρ_{20}——20 ℃时导体的直流电阻率,$\Omega \cdot m$;

α_t——电阻温度系数,$℃^{-1}$;

θ——导体的运行温度,℃;

K_f——导体对交流的集肤效应系数;

S——导体的横截面积,mm^2;

l——导体长度,m。

常用电工材料的电阻率及温度系数列于表 6.1 中。

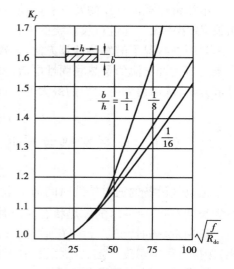

图 6.1　矩形导体的集肤系数

表 6.1　电阻率 ρ 及温度系数 α_t

材料名称	$\rho/(\Omega \cdot m)$	$\alpha_t/(℃^{-1})$
纯铝	0.027 ~ 0.029	0.004 1
铝锰合金	0.037 9	0.004 2
铝镁合金	0.045 8	0.004 2
软棒铜	0.017 48	0.004 33
硬棒铜	0.017 9	0.004 33
钢	0.15	0.006 25

导体的集肤系数 K_f 与电流的频率、导体的形状和尺寸有关。矩形截面导体的集肤系数,如图 6.1 所示。圆柱及圆管导体的集肤系数如图 6.2 所示。图中的 f 为电流频率,R_{dc} 为

长 1 000 m 导体的直流电阻。

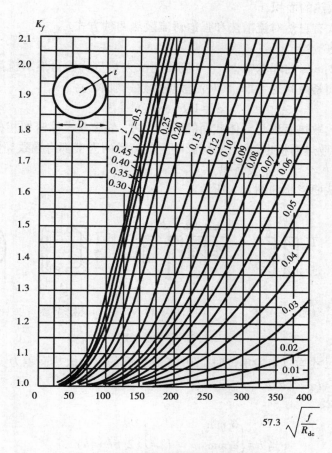

图 6.2　圆柱及圆管导体的集肤系数

2）太阳辐射热功率 P_t

屋外配电装置受阳光照射，因此应考虑太阳光产生的热辐射功率 P_t，其计算式为：

$$P_t = E_t A_t F_0 \tag{6.3}$$

式中　E_t——太阳辐射功率密度，$\mathrm{W/m^2}$，我国取 $E_t = 1\ 000\ \mathrm{W/m^2}$；

　　　A_t——导体的吸收率，对铝管取 $A_t = 0.6$；

　　　F_0——导体受太阳照射的有效面积，$\mathrm{m^2}$。

（2）导体的散热功率计算

导体的散热主要以两种方式进行，即对流散热和辐射散热，空气的导热可忽略不计。

1）对流散热功率 P_l 的计算

由传热学可知，对流散热所传递的热功率与周围介质的温差及散热面积成正比，计算式为：

$$P_l = \alpha_l (\theta - \theta_0) F_l \tag{6.4}$$

式中　α_l——对流散热系数，$\mathrm{W/(m^2 \cdot ℃)}$；

　　　θ——导体的温度，$℃$；

θ_0——周围空气温度，℃；

F_l——对流散热的面积，m^2。

对流散热的方式有自然对流散热和强迫对流散热两种方式。

①自然对流散热

在风速小于 0.2 m/s 的环境中，由空气流动而散失热量称为自然对流散热。空气自然对流散热系数按大空间紊流状态考虑，其对流散热系数一般取为：

$$\alpha_l = 1.5(\theta - \theta_0)^{0.35} \tag{6.5}$$

自然对流的有效散热面积与导体截面的形状尺寸、布置方式等密切相关。一相多条导体条间距越小，其有效散热面积也越小，一切影响空气流动的因素都将导致导体有效散热面积的下降，使有效散热面积小于导体表面积。

常用硬导体的截面形状如图 6.3 所示。

（a）单片导体　　（b）二片导体　　（c）三片导体　　（d）槽形导体　　（e）圆管导体

图 6.3　导体截面图

当图中各参数尺寸均以米为单位时，图中 5 种情况的有效散热面积为：

a. 单片矩形导体　$F_l = 2(h+b) \cdot l$

b. 两片矩形导体

$$当\ b = \begin{cases} 6\ mm \\ 8\ mm \\ 10\ mm \end{cases} \qquad F_l = \begin{cases} 2hl \\ (2.5h+4b) \cdot l \\ (3h+4b) \cdot l \end{cases}$$

c. 三片矩形导体

$$当\ b = \begin{cases} 8\ mm \\ 10\ mm \end{cases} \qquad F_l = \begin{cases} (3h+4b) \cdot l \\ (4h+4b) \cdot l \end{cases}$$

d. 双槽形导体

当 100 mm$<h<$200 mm 时　　　　$F_l = (2h+b) \cdot l$

当 $h>$200 mm 时　　　　　　　$F_l = 2(h+b) \cdot l$

当 $b_2/x \approx 9$ 时，因内部热量不易从缝隙中散出，水平面不产生对流，这时有效散热面积为：

$$F_l = 2hl$$

e. 圆管形导体有利于空气在其表面流动，因此其有效散热面积等于其表面积，有

$$F_l = \pi Dl$$

由式（6.4）即可求得自然对流散热功率

②强迫对流散热

不论是屋内或屋外的配电装置中，当风速大时，形成强迫的对流散热，风速越大其散热条件越好。管形导体的强迫对流散热系数 α_l 为：

$$\alpha_l = \frac{N_u \lambda}{D} \tag{6.6}$$

式中　λ——空气的传热系数,当气温为 20 ℃时,$\lambda = 2.52 \times 10^{-2}$,W/(m·℃);

　　　D——圆管外径,m;

　　　N_u——努谢尔特准则数,表示对流散热强度,其值为:

$$N_u = 0.13 \left(\frac{VD}{\nu}\right)^{0.65}$$

式中　V——风速,m/s;

　　　D——圆管外径,m;

　　　ν——空气运动黏度系数,当空气温度为 20 ℃时,$\nu = 15.7 \times 10^{-6}$ m/s。

如果风向与导体不垂直,二者间有夹角 φ 时,应加一修正系数 β,$\beta = A + B(\sin\varphi)^n$

当 $0° < \phi \leqslant 24°$时,$A = 0.42$,$B = 0.68$,$n = 1.08$,

当 $24° < \phi \leqslant 90°$时,$A = 0.42$,$B = 0.58$,$n = 0.9$。

所以

$$P_l = \frac{N_u \lambda}{D} (\theta - \theta_0) \left[A + B(\sin\varphi)^n\right] \pi D l$$

$$= 0.13 \left(\frac{VD}{\nu}\right)^{0.65} \pi \lambda (\theta - \theta_0) \left[A + B(\sin\varphi)^n\right] \cdot l \tag{6.7}$$

2)辐射散热功率 P_f 的计算

按斯蒂芬-波尔兹曼定律:单位时间内导体向周围空气辐射散出的热量与导体和周围空气绝对温度 4 次方之差成正比,即

$$P_f = 5.7\varepsilon \left[\left(\frac{273+\theta}{100}\right)^4 - \left(\frac{273+\theta_0}{100}\right)^4\right] \cdot F_f \tag{6.8}$$

式中　ε——材料的辐射系数,见表 6.2;

　　　F_f——导体的辐射散热面积,m²。

表 6.2　导体材料的辐射系数 ε 值

材　料	辐射系数	材　料	辐射系数
表面磨光的铝	0.039 ~ 0.057	白漆	0.80 ~ 0.95
表面不光滑的铝	0.055	各种不同颜色的油漆、涂料	0.92 ~ 0.96
精密磨光的电解铜	0.018 ~ 0.023	有光泽的黑色虫漆	0.821
有光泽的黑漆	0.875	无光泽的黑色虫漆	0.91
无光泽的黑漆	0.96 ~ 0.98		

导体的辐射散热表面积 F_f 依导体的形状和布置情况而定。

单片导体:
$$F_f = 2(A_1 + A_2)l$$

式中　A_1——散热高度,当 h 以米为单位时,有 $A_1 = h$;

　　　A_2——散热宽度,当 b 以米为单位时,有 $A_2 = b$。

由于有效辐射散热面积与条间的距离有关,使一相多条导体的辐射散热面积小于导体表面积。

双片导体辐射散热时,二片导体内侧不能向外辐射热,只有上下宽面处向外辐射,内侧为两片互为辐射,只有接近上下边沿处有部分向外辐射热。通常在计算时,对内侧面积乘上系数

$(1-\phi)$。ϕ 为辐射角系数，$\phi=\sqrt{1+\left(\dfrac{A_2}{A_1}\right)^2}-\dfrac{A_2}{A_1}$，它表示相互间辐射的面积，向外辐射出去的为 $(1-\phi)$。

两片导体总的向外辐射面积为：

$$F_f=\left[2A_1+4A_2+2A_1(1-\phi)\right]l$$

三片导体：三片导体的辐射表面积，可按二片导体相同的方法求得，即

$$F_f=\left[2A_1+6A_2+4A_1(1-\phi)\right]\cdot l$$

槽形导体：
$$F_f=\left[2(h+2b)+b\right]\cdot l$$

    h——槽形导体的高度，m；

    b——槽形导体的宽度，m。

圆管导体：
$$F_f=\pi Dl,\mathrm{m}^2$$

式中 D——导体的直径，m；

   l——长度，m。

6.3　导体的长期发热与容许电流

（1）导体的温升过程

载流导体的温度由起始温度开始上升，经过一段时间后达到稳定温度。温度升高过程应根据能量平衡的关系进行计算。工程上常用综合散热系数 α 代替对流和辐射散热系数的作用，在微分时间 dt 内，可得：

$$I^2Rdt=mcd\theta+\alpha F(\theta-\theta_0)dt \tag{6.9}$$

式中 I——流过导体的电流，A；

   R——导体的电阻，Ω；

   m——导体的质量，kg；

   C——导体的比热容，J/(kg·℃)；

   α——导体的综合散热系数，W/(m²·℃)；

   F——导体的散热面积，m²；

   θ——导体的温度，℃；

   θ_0——周围空气的温度，℃。

导体通过正常电流时，其温度变化范围不大，因此，在此条件下的电阻 R，比热容 C 及散热系数 α 均可视为常数。

记温升为 τ，$\tau=\theta-\theta_0$。当介质温度 θ_0 为常量时，有 $d\tau=d\theta$。由式（6.9）得出关于导体温升的一阶线性非齐次微分方程，即

$$mC\frac{d\tau}{dt}+\alpha F\tau=I^2R \tag{6.10}$$

其初始条件为：$t=0$，$\tau=\tau_K$。τ_K 称为初始温升，即导体在原有运行电流下的温升，微分方程的解表示出通以新的持续工作电流 I 后导体温升的变化过程：新的温升 τ_∞ 的建立，原有温升 τ_K 的衰减。

$$\tau = \tau_{\infty}\left(1 - e^{-\frac{t}{T_r}}\right) + \tau_K e^{-\frac{t}{T_r}} \tag{6.11}$$

式中　$T_r = \dfrac{mC}{\alpha F}$——发热时间常数；

　　　$\tau_{\infty} = \dfrac{I^2 R}{\alpha F}$——稳定温升。

θ_0 保持为常量情况下,温升 τ 的变化过程如图 6.4 所示。

稳定温度:

$$\theta_{\infty} = \theta_0 + \frac{I^2 R}{\alpha F} \tag{6.12}$$

值得注意的是:当环境温度 θ_0 不为常量时(例如屋内配电装置在通电状态下环境温度可能显著上升),由于 $\mathrm{d}\tau$ 不能代换 $\mathrm{d}\theta$,发热中间过程将发生变化,但稳定温升的算式仍然不变,同时有稳定温度的算式保持不变,只是这时的环境温度 θ_0 应为发热稳定后的数值。各种典型设计的配电装置的计算环境温度可在电力工程电气设计手册中查取。

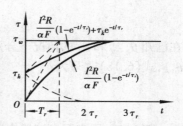

图 6.4　导体温升 τ 的变化曲线

(2)导体的容许电流

限制导体(和其他电气设备)长期工作电流的根本条件是其稳定温度不应超过长期发热最高允许温度,即 $\theta_{\infty} \leqslant \theta_{\mathrm{g} \cdot \mathrm{xu}}$。

在环境温度 θ_0 下,使电气设备的稳定温度正好为允许温度,即使 $\theta_{\infty} = \theta_{\mathrm{g} \cdot \mathrm{xu}}$ 的电流,称为该环境温度下的容许电流,记为 $I_{\mathrm{xu}}(\theta_0)$。按发热功率与散热功率平衡 $I_{\mathrm{xu}}^2 R = \alpha F(\theta_{\mathrm{g} \cdot \mathrm{xu}} - \theta_0)$,可得:

$$I_{\mathrm{xu}}(\theta_0) = \sqrt{\frac{\alpha F(\theta_{\mathrm{g} \cdot \mathrm{xu}} - \theta_0)}{R}} \tag{6.13}$$

在制造规范确定的标准环境温度 θ_e 及标准冷却方式 $\alpha = \alpha_e$ 下,电气设备的容许电流称为额定电流 I_e,即 $I_e = I_{\mathrm{xu}}(\theta_e)$,有:

$$I_e = \sqrt{\frac{\alpha_e F(\theta_{\mathrm{g} \cdot \mathrm{xu}} - \theta_e)}{R}} \tag{6.14}$$

工程实际中往往以额定参数作为已知量而计算实际运行允许量,由式(6.13)和(6.14)可得环境温度为 θ_0 下的允许电流,即

$$I_{\mathrm{xu}}(\theta_0) = \sqrt{\frac{\alpha(\theta_{\mathrm{g} \cdot \mathrm{xu}} - \theta_0)}{\alpha_e(\theta_{\mathrm{g} \cdot \mathrm{xu}} - \theta_e)}} \cdot I_e \tag{6.15}$$

简写为:
$$I_{\mathrm{xu}}(\theta_0) = K_a K_{\theta} I_e \tag{6.16}$$

式中　$K_a = \sqrt{\dfrac{\alpha}{\alpha_e}}$——散热方式修正系数;

　　　$K_{\theta} = \sqrt{\dfrac{\theta_{\mathrm{g} \cdot \mathrm{xu}} - \theta_0}{\theta_{\mathrm{g} \cdot \mathrm{xu}} - \theta_e}}$——环境温度修正系数。

当采用规范规定冷却方式且 θ_0 与 θ_e 相差不很大时,可取 $K_a = 1$ 以简化计算。

显然,改善冷却方式提高散热系数 α 和降低环境温度可以提高电气设备的容许电流。

屋外导体要吸收阳光辐射热功率 P_t,因此在稳定状态下的热功率平衡方程式为:

$$I^2R+P_t=\alpha F(\theta_\infty-\theta_0)$$

因此,稳定运行温度升高,有:

$$\theta_\infty=\theta_0+\frac{I^2R+P_t}{\alpha F} \tag{6.17}$$

令 $\theta_\infty=\theta_{g\cdot xu}$,得容许电流算式:

$$I_{xu}(\theta_0)=\sqrt{\frac{\alpha F(\theta_{g\cdot xu}-\theta_0)-P_t}{R}} \tag{6.18}$$

在已知 $\theta_{g\cdot xu}$ 和 θ_0 的情况下分别计算对流散热功率 P_l 和辐射散热功率 P_f 以取代 $\alpha F(\theta_{g\cdot xu}-\theta_0)$,式(6.18)改写为:

$$I_{xu}(\theta_0)=\sqrt{\frac{P_l+P_f-P_t}{R}} \tag{6.19}$$

例 6.1 屋内配电装置中装有 100 mm×8 mm 的矩形截面铝导体,其长期运行允许温度为 $\theta_{g\cdot xu}=70$ ℃,计算在环境温度 $\theta_0=25$ ℃情况下的长期工作允许电流。

解 由式(6.19)可知,在无日照的自然对流条件下,允许电流为:

$$I_{xu}=\sqrt{\frac{P_l+P_f}{R}}$$

由于散热功率与导体电阻均正比于导体长度,因此令 $l=1$ m 以简化计算。

①交流电阻 R_{ac} 的计算

由表 6.1 查得 20 ℃条件下 ρ_{20} 和 α_t,分别为 $\rho_{20}=0.028\times10^{-6}$ Ω·m,$\alpha_t=0.004\ 1$ ℃$^{-1}$。

当温度为 70 ℃时,1 m 长铝导体直流电阻为:

$$\begin{aligned}R_{dc}&=\frac{\rho_{20}[1+\alpha_t(\theta-20)]}{S}\\&=\frac{0.028[1+0.004\ 1(70-20)]}{100\times8}\Omega\\&=0.042\ 2\times10^{-3}\ \Omega\end{aligned}$$

由 $\sqrt{\dfrac{f}{R_{dc}}}=\sqrt{\dfrac{50}{0.422}}=34.42$ 及 $\dfrac{b}{h}=\dfrac{8}{100}=0.08$,查图 6.1 中曲线,得集肤效应系数 $K_f=1.05$。

则导体的交流电阻为:

$$R_{ac}=1.05\times0.042\ 2\times10^{-3}\Omega=0.043\ 3\times10^{-3}\Omega$$

②对流散热功率 P_l 的计算

由式(6.4)可知,当导体温度达 $\theta_{g\cdot xu}=70$ ℃时,对流散热功率为:

$$P_l=\alpha_l(\theta_{g\cdot xu}-\theta_0)F_l$$

单条对流散热面积($l=1$ m):

$$F_l=2(h+b)l=\left(2\times\frac{100}{1\ 000}+2\times\frac{8}{1\ 000}\right)m^2=0.216\ m^2$$

对流散热系数:

$$\alpha_l=1.5(\theta_{g\cdot xu}-\theta_0)^{0.35}=5.68\ W/(m^2\cdot℃)$$

因此有

$$P_l = 5.68 \times 45 \times 0.216 \text{ W} = 55.21 \text{ W}$$

③辐射散热功率 P_f 的计算

由式(6.8)得：

$$P_f = 5.7 \times \varepsilon \left[\left(\frac{273 + \theta_{g \cdot xu}}{100} \right)^4 - \left(\frac{273 + \theta_0}{100} \right)^4 \right] F_f$$

单条辐射散热面积($l = 1$ m)：

$$F_f = 2(h+b)l = 0.216 \text{ m}^2$$

导体表面涂漆时,取辐射系数 $\varepsilon = 0.95$,即

$$P_f = 5.7 \times 0.95 \left[\left(\frac{273 + 70}{100} \right)^4 - \left(\frac{273 + 25}{100} \right)^4 \right] \times 0.216 \text{ W} = 69.65 \text{ W}$$

导体的长期允许电流为：

$$I_{xu} = \sqrt{\frac{P_l + P_f}{R_{ac}}} = \sqrt{\frac{55.21 + 69.65}{0.044\ 3 \times 10^{-3}}} \text{ A} = 1\ 679 \text{ A}$$

6.4　短路时导体发热最高温度的计算

导体短时发热最高温度不超过允许值 $\theta_{d \cdot xu}$,是其经受短路电流时热稳固性的根本条件。短时发热最高温度的计算推导如下：

短时发热过程中导体的温度远小于稳定温度,因此其散热功率远小于发热功率,计算中略去散热功率不计,即短路电流提供的热量全部消耗于提高导体的温度。由于短路电流远大于正常工作电流,尽管远未进入稳定温升状态,但其温度仍远大于正常运行温度,因此计算中应视导体的电阻率和比热均为温度的函数,即

电阻率：
$$\rho_\theta = \rho_0(1 + \alpha\theta)$$

比热容：
$$C_\theta = C_0(1 + \beta\theta) \tag{6.20}$$

式中　ρ_0, C_0——导体材料在 0 ℃时的电阻率和比热；

　　　α, β——电阻率和比热的温度系数；

　　　θ——导体温度。

由此,列出短时发热微分方程：

$$i_d^2 R_\theta \mathrm{d}t = m C_\theta \mathrm{d}\theta \tag{6.21}$$

式中　i_d——短路电流瞬时值,A；

　　　$R_\theta = \rho_\theta \dfrac{l}{S}$——导体电阻,$\Omega$,$l, S$ 为导体长度与截面积；

　　　$m = \rho_m Sl$——导体质量,kg,ρ_m 为导体材料的密度。

将式(6.20)代入式(6.21)得出：

$$i_d^2 \rho_0(1 + \alpha\theta) \frac{l}{S} \mathrm{d}t = \rho_m S l C_0(1 + \beta\theta) \mathrm{d}\theta \tag{6.22}$$

式(6.22)左端为短路电流发热量的微分,右端为导体吸热量的微分。两端同时除以 Sl,得：

$$\frac{1}{S^2} i_d^2 \rho_0(1 + \alpha\theta) \mathrm{d}t = \rho_m C_0(1 + \beta\theta) \mathrm{d}\theta \tag{6.23}$$

式(6.23)左端为短路电流向单位体积导体材料提供热量的微分,右端为单位体积材料吸收热量的微分。

式(6.23)两端同时除以 $\rho_\theta = \rho_0(1+\alpha\theta)$,得:

$$\frac{1}{S^2}i_d^2\mathrm{d}t = \frac{C_0\rho_m}{\rho_0}\left(\frac{1+\beta\theta}{1+\alpha\theta}\right)\mathrm{d}\theta \tag{6.24}$$

式(6.24)实现了变量分离,同时使方程的右端参数仅为材料的参数,即右端仅依赖于材料。如以左端表征短路电流向单位体积材料提供的热量的微分,则对应的右端表征单位体积材料吸收的热量的微分。

设短路持续时间为 $0\to t_d$,与之相对应导体温度变化为 $\theta_k\to\theta_z$,则以下积分式成立:

$$\frac{1}{S^2}\int_0^{t_d}i_d^2\mathrm{d}t = \frac{C_0\rho_m}{\rho_0}\int_{\theta_k}^{\theta_z}\frac{1+\beta\theta}{1+\alpha\theta}\mathrm{d}\theta \tag{6.25}$$

式中　θ_k——短路开始时的导体温度;

θ_z——短路终止时的导体温度。

这时,积分式左端表征短路电流向单位体积材料提供的热量,右端对应表征单位体积材料吸收的热量。将式改写为:

$$\frac{1}{S^2}Q_d = A_z - A_k \tag{6.26}$$

式中

$$Q_d = \int_0^{t_d}i_d^2\mathrm{d}t \tag{6.27}$$

$$A_z = \frac{C_0\rho_m}{\rho_0}\left[\frac{\alpha-\beta}{\alpha^2}\ln(1+\alpha\theta_z) + \frac{\beta}{\alpha}\theta_z\right] \tag{6.28}$$

$$A_k = \frac{C_0\rho_m}{\rho_0}\left[\frac{\alpha-\beta}{\alpha^2}\ln(1+\alpha\theta_k) + \frac{\beta}{\alpha}\theta_k\right] \tag{6.29}$$

式中　A_z——短路终止时单位体积导体的含热量;

A_k——短路开始时单位体积导体的含热量。

由此得出:

$$A_z = A_k + \frac{1}{S^2}Q_d \tag{6.30}$$

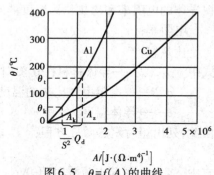

图6.5　$\theta = f(A)$的曲线

当导体材料及初始温度 θ_k 确定后,可以算出 A_k。当短路电流及其持续时间确定后,可以用6.5节的方法算出 Q_d。如同时已知导体截面 S,则可按式(6.30)算出 A_z,随之确定最终温度 θ_z。为方便计算,将材料的 A 值与温度 θ 的关系作成图6.5所示的曲线。由 θ_k 查 A_k,然后计算出 A_z 后,由 A_z 查 θ_z。

6.5　$\int_0^{t_d}i_d^2\mathrm{d}t$ 的等效计算

由于短路电流 i_d 变化复杂,因此在工程应用中采用稳态电流 I_∞ 及等效发热时间 t_j 实施代换的计算方法,其物理概念如图6.6所示。

令 $I_\infty^2 t_j = \int_0^{t_d}i_d^2\mathrm{d}t$。即将图6.6中曲边梯形 $DEFO$ 的面积计算改为矩形 $ABCO$ 的面积计算。

这一简化的关键在于等效时间 t_j 的确定。显然，t_j 与实际短路持续时间 t_d 有关并依赖于实际短路电流 i_d 的变化规律，它与电机参数、励磁调节器的动作特性有关，可以针对典型的参数与特性作出在工程上有实用性的等效计算。

作如下演变：

$$\int_0^{t_d} i_d^2 \mathrm{d}t = \int_0^{t_d} (i_z + i_f)^2 \mathrm{d}t$$

$$= \int_0^{t_d} (i_z^2 + i_f^2 + 2i_z i_f) \mathrm{d}t$$

式中　i_z,i_f——短路电流的周期性分量与非周期性分量。由于 i_z 的符号交变而 i_f 的符号固定，从而有 (i_z,i_f) 的符号交变。因此可略去第 3 项的积分，即近似有：

$$\int_0^{t_d} i_d^2 \mathrm{d}t \approx \int_0^{t_d} i_z^2 \mathrm{d}t + \int_0^{t_d} i_f^2 \mathrm{d}t \tag{6.31}$$

按 $I_\infty^2 t_j = \int_0^{t_d} i_d^2 \mathrm{d}t$，得

$$t_j = \frac{1}{I_\infty^2} \int_0^{t_d} i_z^2 \mathrm{d}t + \frac{1}{I_\infty^2} \int_0^{t_d} i_f^2 \mathrm{d}t \tag{6.32}$$

简记为

$$t_j = t_{jz} + t_{jf}$$

式中　t_{jz},t_{jf}——周期性分量与非周期性分量的假想时间。

（1）周期性分量假想时间的确定

$$t_{jz} = \frac{1}{I_\infty^2} \int_0^{t_d} i_z^2 \mathrm{d}t \tag{6.33}$$

令 $\beta'' = \dfrac{I''}{I_\infty}$，以短路电流的初始值和稳态值之比代表短路电流的变化规律，按电机的典型参数与调节特性作出 t_{jz} 与实际短路持续时间的关系曲线 $t_{jz} = f(\beta'', t_d)$，如图 6.7 所示。

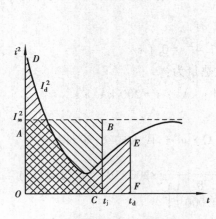

图 6.6　等值时间 t_{dz} 的意义

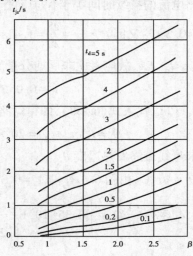

图 6.7　周期分量等值时间曲线

图 6.7 中，短路时间 t_d 最多为 5 s，如果大于 5 s，可认为短路电流已达其稳定值。大于 5 s 后的实际时间即为等值时间。故当 $t>5$ s 时，其等值时间为：

$$t_j = t_{z(5)} + (t_d - 5) \tag{6.34}$$

（2）非周期分量假想时间的计算

$$t_{jf} = \frac{1}{I_\infty^2} \int_0^{t_d} i_f^2 \, dt \tag{6.35}$$

非周期分量的解析式可写为：

$$i_f = \sqrt{2} I'' e^{-\frac{1}{T_f}} \tag{6.36}$$

式中　I''——周期性分量零秒有效值；

　　　T_f——非周期性分量衰减的时间常数，一般情况下，取 $T_f = 0.05$ s。

将式（6.36）代入式（6.35）后，可得 t_{jf} 的算式：

$$t_{jf} = 0.05 \beta''^2 (1 - e^{-\frac{t_d}{0.025}}) \tag{6.37}$$

由于非周期分量为一衰减分量，其发热的时间常数为 0.025 s，在 4 倍时间常数以后，即 $t \geq 0.1$ s 以后热量不再增加，因此在计算 t_{jf} 时可作如下简化：

①当 $t_d \geq 1$ s 时，略去非周期分量的发热，取 $t_{jf} = 0$；

②当 $0.1\,\mathrm{s} \leq t_d < 1$ s 时，取 $t_{jf} = 0.05 \beta''^2$；

③当 $t_d < 0.1$ s 时，t_{jf} 按式（6.37）计算。这时有：

$$Q_d = \int_0^{t_d} i_d^2 \, dt = I_\infty^2 t_j = I_\infty^2 (t_{jz} + t_{jf}) \tag{6.38}$$

例 6.2　发电机电压为 10.5 kV，额定电流为 1 500 A，出线为 2（100×8）mm^2 矩形铝母线。三相短路电流 $I'' = 28$ kA，$I_\infty^{(3)} = 20$ kA。继电保护的动作时间为 0.1 s，断路器全分闸时间为 0.2 s。正常负荷时母线的温度为 46 ℃，试计算短路电流的发热量和母线的最高温度。

解　①计算短路电流的热效应 Q_d

短路电流的持续时间等于保护动作时间 t_b 与断路器全分闸时间 t_{fd} 之和，即 $t_d = (0.1 + 0.2)$ s $= 0.3$ s。又因 $\beta'' = \dfrac{I''}{I_\infty} = \dfrac{28}{20} = 1.4$。故查图 6.7 的周期分量等值时间曲线得到 $t_{jz} = 0.4$ s。

$0.1\,\mathrm{s} < t_d < 1$ s，故应考虑非周期分量的发热量。有

$$t_{jf} = 0.05 \beta''^2 = 0.05 \times 1.4^2 \ \mathrm{s} = 0.1 \ \mathrm{s}$$

将 t_{jz} 和 t_{jf} 代入式（6.38），即得短路电流的发热量为：

$$Q_d = I_\infty^2 (t_{jz} + t_{jf}) = 20^2 \times (0.4 + 0.1) \ \mathrm{kA}^2 \cdot \mathrm{s} = 200 \ \mathrm{kA}^2 \cdot \mathrm{s}$$

②求母线最终发热温度 θ_z

因 $\theta_k = 46$ ℃，由图 6.4 查得 $A_k = 0.35 \times 10^6$ J/（$\Omega \cdot \mathrm{m}^4$），代入式（6.30）得：

$$A_z = A_k + \frac{1}{S^2} Q_d = \left[0.35 \times 10^6 + \frac{1}{\left[\left(2\dfrac{100}{1\,000} \times \dfrac{8}{1\,000} \right) \right]^2} \times 200 \times 10^6 \right] \mathrm{J/(\Omega \cdot m^4)}$$

$$= (0.35 \times 10^6 + 0.007\,8 \times 10^6) \ \mathrm{J/(\Omega \cdot m^4)} = 0.357\,8 \times 10^6 \ \mathrm{J/(\Omega \cdot m^4)}$$

再由图 6.5，用 A_z 查得：

$$\theta_z = 48 \text{ ℃} < 220 \text{ ℃（铝母线最高允许温度）}$$

此母线最高发热温度远小于其最高允许值，故满足热稳固性条件要求。

6.6 通过短路电流时导体热稳固性的工程条件

短路时导体热稳固性的根本条件是其最高温度不超过短时发热最高允许温度,即

$$\theta_z \leqslant \theta_{d \cdot xu} \tag{6.39}$$

当其需要更换为较小截面导体时,需要重新作一次 θ_z 的计算,在工程应用中颇觉不便。因此,推出另一实用的工程条件:用控制截面最小值来保证导体的热稳固性。推导如下:

见式(6.25),如取右端初始温度为导体长期发热的最高允许温度,即取 $\theta_k = \theta_{g \cdot xu}$,终止温度为导体短时发热的最高允许温度,即取 $\theta_z = \theta_{d \cdot xu}$,则右端积分 $\dfrac{C_0 \rho_m}{\rho_0} \displaystyle\int_{\theta_{g \cdot xu}}^{\theta_{d \cdot xu}} \dfrac{1 + \beta\theta}{1 + \alpha\theta} d\theta$ 表征导体通过短路电流时单位体积材料的允许吸热量,左端仍对应表征短路电流向单位体积材料提供的热量。这时,导体热稳固性的条件写为:

$$\frac{1}{S^2} \int_0^{t_d} i_d^2 dt \leqslant \frac{C_0 \rho_m}{\rho_0} \int_{\theta_{g \cdot xu}}^{\theta_{d \cdot xu}} \frac{1 + \beta\theta}{1 + \alpha\theta} d\theta \tag{6.40}$$

式中 左端 $\dfrac{1}{S^2}\displaystyle\int_0^{t_d} i_d^2 dt = \dfrac{1}{S^2} I_\infty^2 t_j$,由短路电流确定。

右端 $\dfrac{C_0 \rho_m}{\rho_0} \displaystyle\int_{\theta_{g \cdot xu}}^{\theta_{d \cdot xu}} \dfrac{1 + \beta\theta}{1 + \alpha\theta} d\theta = C^2$,当材料确定之后即能确定,因此称 C 为材料的耐热值,C^2 表征单位体积导体材料的允许吸热量。

由此将热稳固性条件改写为:

$$\frac{1}{S^2} I_\infty^2 t_j \leqslant C^2 \tag{6.41}$$

热稳固性的工程条件为:

$$S \geqslant \frac{I_\infty}{C} \sqrt{t_j} \tag{6.42}$$

当导体集肤效应系数 $K_f > 1$ 时,应写为:

$$S \geqslant \frac{I_\infty}{C} \sqrt{K_f t_j}$$

或最小截面为:

$$S_{min} = \frac{I_\infty}{C} \sqrt{K_f t_j} \tag{6.43}$$

各种导体材料的耐热值列于表6.3。对应的单位为:S_{min},mm^2;I_∞,A;t_j,s。

用工程条件检验导体热稳固性的步骤为:

①计算导体可能通过的最大短路电流的零秒值 I'' 和稳态值 I_∞;

②按对应于该短路点的继电保护及断路器动作时间确定短路电流的持续时间 t_d,有:

$$t_d = t_b + t_{fd} \tag{6.44}$$

式中 t_b——继电保护动作时间,为可靠起见,宜采用后备保护的动作时间;

t_{fd}——断路器的全分闸时间(见3.3节)。

③计算短路电流等效发热时间 t_j;

表 6.3　导体材料的耐热值 C

导体材料		最大容许温度/℃	C 值/$A\sqrt{s}(\text{mm})^{-2}$
铜		320	175
铝		220	97
钢	不直接与设备连接	420	66
	直接与设备连接	320	62

④按所选导体截面与材料查取 K_f 与 C 值；

⑤按式(6.43)检验所选导体的热稳固性。显然,在更换导体时,重做第④、⑤两步,工作量很小。同时,可以方便地算出最小截面,由此控制热稳固性,在设计、施工中均很方便。

例 6.3　用工程条件计算例 6.2 导体的热稳固性。

解　由例 6.2 知: $t_j = t_{jz} + t_{jf} = (0.4 + 0.1)$ s $= 0.5$ s。取 $K_f = 1$,按铝材料 $C = 97$,短路电流 $I_\infty = 20$ kA 代入式(6.43)求出热稳固性最小截面。

$$S_{\min} = \frac{I_\infty}{C}\sqrt{K_f t_j} = \frac{20 \times 10^3}{97}\sqrt{0.5} \text{ mm}^2 = 146 \text{ mm}^2$$

实际截面 $S = 2(100 \times 8) \text{ mm}^2 = 1\ 600 \text{ mm}^2 > S_{\min}$,导体满足热稳固性要求。

6.7　载流导体间的电动力

6.7.1　两根细长平行导体间的电动力

所谓导体很细,指的是其截面周边长度小于导体间的净距(边缘距离),这时计算两导体间的电动力可以不考虑电流在导体截面上的分布,而视为集中在导体的中心线上,所产生的误差很小。

所谓导体很长,指的是将导体两端部的磁场视为与中段磁场相同时,计算出的两导体之间的总作用力与考虑端部磁场的不均匀性所得的计算值相差甚小。

图 6.8 示出两细长平行导体通以电流 i_1,i_2 产生相互作用力 F 的情况。当两导体电流方向相反时产生相互排斥的力,当电流方向相同时则相互吸引。

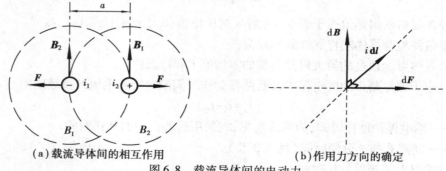

(a)载流导体间的相互作用　　　　　(b)作用力方向的确定

图 6.8　载流导体间的电动力

第一导体中电流 i_1 在第二导体所在处产生的磁感应强度的方向 B_1 由右手定则确定,其值为:

$$B_1 = \mu_0 H_1 = \mu_0 \frac{i_1}{2\pi a} = \frac{2i_1}{a} \times 10^{-7} \tag{6.45}$$

式中 $\mu_0 = 4\pi \times 10^{-7}$ ——空气的磁导系数;

i_1 ——第一导体电流,A;

a ——导体中心距,m。

作用力 F 的方向由左手定则确定,有矢积关系为:

$$\mathrm{d}\boldsymbol{F} = i\mathrm{d}\boldsymbol{l} \times \boldsymbol{B} \tag{6.46}$$

$\mathrm{d}\boldsymbol{l}$ 的方向为电流 i_2 的方向。

当两导体的长度为 l 时,按整个导体处于同一磁场强度中计算,有:

$$F_2 = \int_0^l i_2 B_1 \mathrm{d}l = i_2 B_1 l$$

同理,第二导体在第一导体处所产生的磁感应强度为:

$$B_2 = \mu_0 H_2 = \frac{2i_2}{a} \times 10^{-7}$$

并有:

$$F_1 = \int_0^l i_1 B_2 \mathrm{d}l = i_1 B_2 l$$

显然,按牛顿第三定律,有 $F_1 = F_2 = F$,即

$$F = \int_0^l i_2 B_1 \mathrm{d}l = \int_0^l i_1 B_2 \mathrm{d}l$$

$$= \frac{2l}{a} i_1 i_2 \times 10^{-7} \tag{6.47}$$

6.7.2 电流分布对电动力的影响

当导体的边沿距离(净距)小于其截面的周长时应考虑电流在截面上的分布,在原算式中引入修正系数 K_x 以考虑其影响,这时两根导体的电动力算式为:

$$F = 2K_x \frac{l}{a} i_1 i_2 \times 10^{-7} \tag{6.48}$$

矩形截面导体应用于大电流情况下往往一相使用多条,这时计算同相条间作用力时即需引入修正系数 K_x,它由图 6.9 查取。

图 6.9 的特点为:①当 $\dfrac{a-b}{h+b} < 2$,即净距 $(a-b)$ 小于导体截

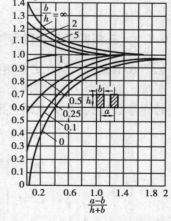

图 6.9 矩形截面形状系数曲线

面周长 $2(h+b)$ 时方才需要修正,方可能有 $K_x \neq 1$;②K_x 与纵横边长比值有关,即与导体截面的形状有关,因此 K_x 又称为形状系数,由于电流在截面上沿横向 $(b$ 方向$)$ 分布使电动力增加,沿纵向 $(h$ 方向$)$ 分布使电动力减小,因此,图 6.9 中有:

$$\frac{b}{h} > 1 \ \text{时}, K_x > 1$$

$$\frac{b}{h}<1 \text{ 时},K_x<1$$

$$\frac{b}{h}=1 \text{ 时},K_x=1$$

圆管导体 $K_x=1$。

槽形导体 K_x 值列于表6.4。

表6.4　槽形导体的 K_x 值

截面尺寸/mm h(高)×b(宽)×c(厚)	形状系数			
	K_{1-3}'	K_{1-2}'	K_{1-1}'	K_{2-2}'
75×35×4	0.446 5	0.815 1	1.041 8	0.922 4
75×35×5.5	0.440	0.81	1.039 5	0.992 5
100×45×4.5	0.367 8	0.78	1.056 2	0.898
100×45×6	0.366 1	0.775 2	1.054	0.927 3
125×55×6.5	0.316 1	0.750 3	1.007 5	0.894 5
150×65×7	0.282 5	0.731 8	1.079 8	0.883 9
175×80×8	0.275 7	0.733 8	1.096	0.887 4
200×90×10	0.253 4	0.717 9	1.104 5	0.879 7
200×90×12	0.251 4	0.713 6	1.102 5	0.878 3
225×105×12.5	0.25	0.718 4	1.116 5	0.882 2
250×115×12.5	0.237	0.71	1.125 3	0.879 2

注:1,2,3;1′,2′,3′——如图6.13所示。

6.7.3　三相同平面平行导体间的电动力

如图6.10所示,A、B、C 三相导体布置在同一平面上,发生三相对称短路时 B 相导体受力最为严重。取合力 F_B 正方向与 F_{BA} 相同,有 $F_B=F_{BA}-F_{CA}$。视短路前电流为零,周期性分量衰减时间常数较大,最大电动力出现时刻该电流尚未衰减,此时的三相短路电流可写为:

$$\left. \begin{array}{l} i_A=I_m\left[\sin(\omega t+\varphi)-e^{-t/T_f}\sin\varphi\right] \\ i_B=I_m\left[\sin\left(\omega t+\varphi-\frac{2}{3}\pi\right)-e^{-t/T_f}\sin\left(\varphi-\frac{2}{3}\pi\right)\right] \\ i_C=I_m\left[\sin\left(\omega t+\varphi+\frac{2}{3}\pi\right)-e^{-t/T_f}\sin\left(\varphi+\frac{2}{3}\pi\right)\right] \end{array} \right\} \quad (6.49)$$

式中　$I_m=\sqrt{2}I''$——周期性分量峰值;

　　　φ——A 相短路电流初相角;

　　　T_f——非周期性分量衰减的时间常数,取 $T_f=0.05\,s$。

由于 B 相与 A、C 两相距离都很近,因此 B 相受力峰值最大,故有:

$$F_B=\frac{2l}{a}\times10^{-7}(i_Ai_B-i_Bi_C)\,(N)$$

128

$$= \frac{2l}{a} \cdot I_m^2 \times 10^{-7} \left[\frac{\sqrt{3}}{2} e^{-2t/T_f} \sin\left(2\varphi - \frac{4}{3}\pi\right) - \sqrt{3} e^{-t/T_f} \sin\left(\omega t + 2\varphi - \frac{4}{3}\pi\right) + \right.$$

$$\left. \frac{\sqrt{3}}{2} \sin\left(2\omega t + 2\varphi - \frac{4}{3}\pi\right) \right] \tag{6.50}$$

其中,第一项是以 $T_f/2$ 为时间常数衰减的恒向力,是非周期分量与非周期分量相互作用的结果;第二项为工频衰减分量,以 T_f 为时间常数衰减,是周期性分量与非周期性分量相互作用的结果;第三项为倍频分量,是周期性分量与周期性分量相互作用的结果。

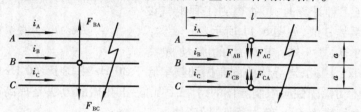

（a）作用在中间（B相）的电动力　　（b）作用在边相（A或C相）的电动力

图 6.10　对称三相短路时的电动力

当短路相位满足条件,$2\varphi - \frac{4}{3}\pi = 90°$,即 $\varphi = 165°$时,第一项恒向力初值最大,则

$$F_B = \frac{2l}{a} I_m^2 \times 10^{-7} \left[\frac{\sqrt{3}}{2} e^{-2t/T_f} - \sqrt{3} e^{-t/T_f} \cos\omega t + \frac{\sqrt{3}}{2} \cos 2\omega t \right] \tag{6.51}$$

当 $t = 0.01$ s 时,$\omega t = \pi$,$2\omega t = 2\pi$,则 B 相承受最大力:

$$F_{Bmax} = \frac{2l}{a} I_m^2 \times 10^{-7} \left[\frac{\sqrt{3}}{2} e^{\frac{0.02}{0.05}} + \sqrt{3} e^{\frac{0.01}{0.05}} + \frac{\sqrt{3}}{2} \right] N$$

$$\approx 2.86 \times \frac{2l}{a} I_m^2 \times 10^{-7} N$$

取短路冲击电流 $i_{ch} = 1.82 I_m$,则有:

$$F_{Bmax} = 2.86 \times \frac{2l}{a} \left(\frac{i_{ch}}{1.82} \right)^2 \times 10^{-7}$$

$$= 1.73 \times \frac{l}{a} \times i_{ch}^2 \times 10^{-7} \tag{6.52}$$

当 i_{ch} 取 kA 时,则

$$F_{Bmax} = 1.73 \times \frac{l}{a} i_{ch}^2 \times 10^{-1} \tag{6.53}$$

6.7.4　考虑母线共振影响时对电动力的修正

将支持绝缘子视为刚体时,则母线的一阶固有振动频率为:

$$f_1 = 112 \times \frac{r_i}{l^2} \varepsilon \tag{6.54}$$

式中　r_i——母线弯曲时的惯性半径,cm;

　　　l——母线跨距(两支点间的距离),cm;

ε——材料系数,铜为 1.14×10^4,铝为 1.55×10^4。

当其一阶固有频率 f_1 在 $30\sim160$ Hz 时,因其接近电动力的频率而产生共振,导致材料的应力增加,此时引入共振系数 β 来修正,以扩大 β 倍作用力来反映共振的作用,因此有:

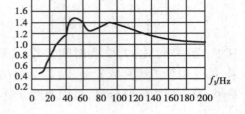

$$F_{B\max} = 1.73\times\frac{l}{a}\times i_{ch}^2\beta\times10^{-1} \qquad (6.55)$$

式中,i_{ch} 取 kA,在工程计算时,可查电力工程电气设计手册获得振动系数 β 值,如图 6.11 所示。

图 6.11 共振系数 β 曲线

由电动力的算式可知:电动力的振动频率为 50 Hz 和 100 Hz。因此,当导体的固有振动频率低于 30 Hz 或高于 160 Hz 时,有 $\beta\approx1$。

考虑母线导体动稳固性应限制导体的跨距,因此防止共振的方法是提高母线的固有频率使其不低于最小允许频率 $f_{1\min}$ 作为条件,即应使

$$f_1 \le f_{1\min}$$

将式(6.54)代入,得出防止共振的跨距条件为:

$$l \le \sqrt{\frac{112 r_i \varepsilon}{f_{1\min}}}$$

取 $f_{1\min}=160$ Hz 时,避免机械共振的最大跨距为:

$$l_{\max} = \sqrt{112 r_i \varepsilon / f_{1\min}} = 0.873\sqrt{r_i \varepsilon} \qquad (6.56)$$

当导体材料和截面尺寸确定之后,防共振最大跨距,仅与导体排列方式有关,可在设计手册中查取,见表 6.5。

表 6.5 母线机械共振允许最大跨距

母线材料	截面尺寸 $(h\times b)/m^2$	惯性半径 r_i/cm		机械共振允许最大跨距/cm	
		母线排列方式		母线排列方式	
		三条竖放	三条平放	三条竖放	三条平放
铜	120×10	0.289	3.468	49	169
铝	120×10	0.289	3.468	57	197

6.8 短路时硬导体的动稳固性计算

6.8.1 一相一条导体的动稳固性计算

保证导体动稳固性的根本条件为:

$$\sigma_{\max} \le \sigma_{xu} \qquad (6.57)$$

式中 $\sigma_{\max}$——导体截面上产生的最大应力,N/cm^2;

σ_{xu}——导体材料的许用应力,N/cm^2;硬铝——6 860;硬铜——13 720。

工程应用中常以控制最大跨距(相邻两支持绝缘子间的中心距)来保证导体的动稳固性。

工程条件推导如下：

一个跨距内的最大电动力为：

$$F = 1.73 i_{ch}^2 \frac{l}{a} \times 10^{-1} \tag{6.58}$$

外力形成的弯矩为：

$$M = \frac{Fl}{10} = 1.73 i_{ch}^2 \frac{l^2}{a} \times 10^{-2} \tag{6.59}$$

内力形成的弯矩为 $\sigma_{max} W$，与外弯矩平衡而求得最大应力，即

$$\sigma_{max} = \frac{M}{W} = 1.73 i_{ch}^2 \frac{l^2}{aW} \times 10^{-2} \tag{6.60}$$

式中　W——导体的抗弯截面系数，cm^3。

由此而得出控制跨距的工程条件：

欲使

$$\sigma_{max} \leqslant \sigma_{xu}$$

应使

$$l \leqslant 7.6 \frac{\sqrt{\sigma_{xu} W a}}{i_{ch}} \tag{6.61}$$

W 表示导体形成内弯矩的能力，W 越大则形成相同的内弯矩（以平衡外弯矩）所出现的最大应力 σ_{max} 越小。

矩形导体的抗弯截面系数 W 与截面尺寸和导体的排列方式有关，如图 6.12 所示。

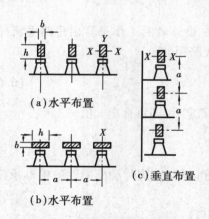

（a）水平布置

（b）水平布置

（c）垂直布置

图 6.12　矩形母线的布置方式

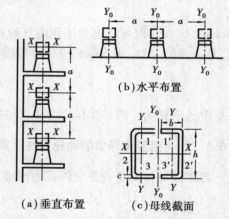

（b）水平布置

（a）垂直布置　　（c）母线截面

图 6.13　双槽形母线的布置方式

按图 6.12（a）排列时，有：

$$W = W_y = \frac{1}{6} b^2 h \tag{6.62}$$

按图 6.12（b）、（c）排列时，有：

$$W = W_x = \frac{1}{6} b h^2 \tag{6.63}$$

由于 $h > b$，因此图 6.13（b）的排列方式对抗弯有利，即更能保证导体的动稳固性。

圆管导体：

$$W = \pi \frac{D^4 - d^4}{32D} \tag{6.64}$$

式中　D、d——圆管的外径与内径，cm。

如图 6.13 所示,其中图(c)示出双槽形母线受力时计算截面系数的转轴:x-x;y-y;y_0-y_0。

当两条母线间以衬垫连接,三相按图(a)排列时,取 $W=2W_x$,W_x 为单条母线对 x-x 轴的截面系数;三相按图(b)排列时,取 $W=2W_y$,W_y 为单条母线对 y-y 轴的截面系数。

当两条母线焊接成一个整体,三相按图(b)排列时,取 $W=W_{y_0}$,W_{y_0} 为两条槽形母线所构成的整体对 y_0-y_0 轴的截面系数。

表 6.6　一相单条导体允许跨距 l_{max}　　　　　　　（cm）

材　料	截面 $h\times b$ /mm	截面系数 W_x/cm³	允许跨距 /cm	截面系数 W_y/cm³	允许跨距 /cm
铜	120×10	24	$4\,350\sqrt{a}/i_{ch}$	2	$1\,255\sqrt{a}/i_{ch}$
铝	120×10	24	$3\,085\sqrt{a}/i_{ch}$	2	$890\sqrt{a}/i_{ch}$

上述截面系数可在电力工程电气设计手册中查取。

当导体材料、截面尺寸、排列方式确定之后,σ_{xu},W 随之确定,这时作为动稳固性检验可将式(6.61)改写为:

$$l\leqslant k\frac{\sqrt{a}}{i_{ch}} \tag{6.65}$$

式中,$k=7.6\sqrt{\sigma_{xu}W}$ 可在电力工程电气设计手册中查取,设计者的工作是算出短路电流冲击值 i_{ch},取 a,查 k,然后算出保证导体动稳固性的允许最大跨距,即

$$l_{max}=k\frac{\sqrt{a}}{i_{ch}} \tag{6.66}$$

表 6.6 中示出算例。当导体排列方式、材料与截面尺寸确定后,即可算出 k 值。

6.8.2　一相多条导体的动稳固性计算

一相多条导体的特点是导体截面内增加了条间作用应力 σ_x,这时动稳固性的根本条件改写为:

$$\sigma_{max}+\sigma_x\leqslant\sigma_{xu}$$

或

$$\sigma_{max}\leqslant\sigma_{x\text{-}x} \tag{6.67}$$

式中　$\sigma_{x\text{-}x}=\sigma_{xu}-\sigma_x$——相间作用应力允许值;

σ_{xu}——材料许用应力;

σ_x——条间作用应力;

σ_{max}——相间作用应力最大值。

因此,其工程条件可以写为:

$$l\leqslant 7.6\frac{\sqrt{\sigma_{x\text{-}x}Wa}}{i_{ch}} \tag{6.68}$$

与单条导体不同之处在于需作条间作用应力 σ_x 的计算。

当每相选用两条截面尺寸为 $h\times b$ 的矩形导体时,其条间中心距 $a=2b$,由此可以确定条间

作用力的修正系数 k_x。为了减小条间作用应力,两条导体之间加衬垫块予以支撑。若取衬垫距离为 l_1,按每条导体通过电流为 $0.5i_{ch}$,可得条间作用力

$$F_x = 2k_x \frac{l_1}{2b}(0.5i_{ch})^2 \times 10^{-1}$$

$$= 0.25k_x \frac{l_1}{b} i_{ch}^2 \times 10^{-1} \qquad (6.69)$$

按条间的支撑状态,条间作用力引起导体截面上的最大应力为:

$$\sigma_x = \frac{F_x l_1}{12W_y} = \left(\frac{12.5k_x}{hb^3} \times 10^{-3}\right) i_{ch}^2 l_1^2$$

$$= k_1 i_{ch}^2 l_1^2 \qquad (6.70)$$

式中,$k_1 = \left(\dfrac{12.5k_x}{hb^3} \times 10^{-3}\right)$ 为两条导体的条间应力计算系数,决定于导体的截面尺寸。同样,对于一相三条、四条导体,考虑每条导体电流的分配比例之后,在截面尺寸 $h \times b$ 确定情况下,同样有 k_1 值确定,可在电力工程电气设计手册中查取。

见图 6.13(c),槽形导体的截面尺寸为 $h \times b \times c$,有 $b = 0.5h$,由双槽形导体组成一相导体时,可视两条导体电流中心距为 h,并有条间作用力修正系数 $k_x \approx 1$,因此其条间作用力为:

$$F_x = 2\frac{l_1}{h}(0.5i_{ch})^2 \times 10^{-1}$$

$$= 0.5\frac{l_1}{h} i_{ch}^2 \times 10^{-1} \qquad (6.71)$$

条间作用最大应力为:

$$\sigma_x = \frac{F_x l_1}{12W_y} = \left(\frac{4.17}{hW_y} \times 10^{-3}\right) i_{ch}^2 l_1^2 \qquad (6.72)$$

同理,可写为: $\qquad\qquad \sigma_x = k_1 i_{ch}^2 l_1^2$

式中　i_{ch}——冲击电流,kA;

　　　l_1——衬垫距,cm;

　　　k_1——条间应力计算系数,$k_1 = \dfrac{4.17}{hW_y} \times 10^{-3}$,也可在手册中查取。

式(6.68)可改写为以下形式:

$$l \leqslant k_2 \frac{\sqrt{\sigma_{x \cdot x} a}}{i_{ch}} \qquad (6.73)$$

即 $\qquad\qquad\qquad\qquad l_{max} = k_2 \frac{\sqrt{\sigma_{x \cdot x} a}}{i_{ch}} \qquad (6.74)$

式中　k_2——最大跨距计算系数。$k_2 = 7.6\sqrt{W}$,也可按导体截面尺寸、条数及相间排列方式在设计手册中查取。表 6.7 示出查取 k_1,k_2 的例。

表 6.7 一相多条导体允许跨距 l_{max} （cm）

材料	截面 $h×b$ /mm^2	条间作用应力 σ_x /(N·cm^{-2})	截面系数 W_x/cm^3	允许跨距 /cm	截面系数 W_y/cm^3	允许跨距 /cm
铜	2(100×10)	$0.53i_{ch}^2l_1^2×10^{-3}$	33.3	$43.9\sqrt{\sigma_{x-x}a/i_{ch}}$	14.4	$28.8\sqrt{\sigma_{x-x}a/i_{ch}}$
	3(100×10)	$0.41i_{ch}^2l_1^2×10^{-3}$	50.0	$53.7\sqrt{\sigma_{x-x}a/i_{ch}}$	33.0	$43.7\sqrt{\sigma_{x-x}a/i_{ch}}$

多条导体动稳固性计算的步骤归纳如下：

①计算短路电流冲击值 i_{ch}；

②按已知导体截面尺寸、每相条数计算或查取 k_1；

③取 l_1，按式(6.70)或式(6.72)代入 i_{ch} 算条间作用应力 σ_x 及相间允许应力 σ_{x-x}；

④按相间排列方式，导体截面尺寸查 k_2；

⑤取 a，按式(6.73)代入 i_{ch} 计算 l_{max}。

由于条间距离很近且抗弯截面系数较小，因此条间作用应力很大。提高条间支撑衬垫的密度即减小衬垫距离 l_1 对保证导体的动稳固性效果十分显著。但衬垫过密将增加材料消耗，加大施工工作量，同时会影响对流散热。一般取 $l_1 = \dfrac{l}{n}$，n 为整数。

6.9 导体的分类与参数

在发电厂、变电所及输电线路中，所用导体有软裸导线、硬铝母线及电力电缆等。由于电压等级及要求的不同，所使用导体的类型也不相同。如在输电线路中采用钢芯铝绞线，而钢芯铝绞线又根据电压等级和跨越档距的不同，有普通型、轻型和加强型之分。对于有防腐要求的环境还有防腐蚀钢芯铝绞线，其中分为轻防、中防、重防三类。对于配电装置中所使用的硬铝母线，则根据使用电压等级和环境，有矩形母线、圆管母线及槽型母线等，电压等级高采用圆管硬铝母线，电压等级低则采用矩形母线，对于 10 kV 级的大容量母线，则采用槽型母线。根据变电所或发电厂的位置要求不同，如大城市中心或地形狭窄等，常采用高压电力电缆作引入引出线。以上三类导体均可在电力工程手册或电机工程手册中全部查得。以下仅简述三类导体中的典型代表产品。

6.9.1 导体的分类

(1)软裸导线

电力架空线路均采用软裸导体，根据不同的要求有圆单股线、裸绞线和钢芯铝绞线等。

1）圆单股导线

圆单股导线主要有铝包钢线、钢包钢线、镀锌低碳钢线和硬铜圆单股线（特殊环境使用）等多种。此类导线的线径细、强度高、载流容量小，常用于小容量配电线路或通信明设架空线。硬铜圆单线因价格昂贵仅用于特殊环境中，见表6.8。

表6.8　裸单线导体的种类、规格及用途

种　类	型　号	线径范围/mm	用　途
铝包钢线	GL、GGL	3.7～4.4	用于通信明线或小容量配电线
钢包钢线	GTA	1.2～6.0	用于通信明线
镀锌低碳钢线		4.0～6.0	用于农用配电线及通信明线
硬铜圆单线	TY	3.0～6.0	特殊环境使用

2）普通绞线

此类导线主要有铝绞线、铝合金绞线、铝包钢绞线、镀锌钢绞线、硬铜丝绞线等多种。一般铝绞线用于小跨距的配电线路。铝合金绞线常用于一般输配电线路。铝包钢绞线主要用于重冰区或大跨距导线，通信或避雷线等。主要种类及规格见表6.9。

表6.9　普通绞线的种类、规格及用途

种　类	型　号	截面范围/mm²	用　途
铝绞线	LJ	10～600	用于小档距配电线路
铝合金绞线		10～600	用于一般输配电线路
铝包钢绞线	GLJ	70～600	用于重冰区或大跨距导线，通信或避雷线
镀锌钢绞线		2～260	用于农网架空线或避雷线
硬铜绞线	TJ	10～400	特殊环境使用

3）组合绞线

组合绞线就是用两种单线（即导电金属单线和高强度金属单股线）绞制而成，如钢芯铝绞线、钢芯铝合金绞线、钢芯铝包钢绞线等。此类导线是电网中应用最为广泛的导体，具有抗拉强度高、价格低等优点，其结构如图6.14及图6.15所示。主要种类及用途见表6.10。

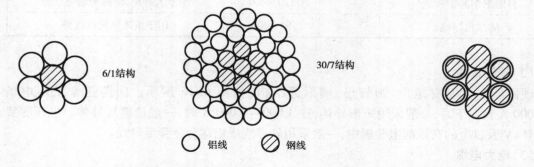

图6.14　钢芯铝绞线截面图　　　　图6.15　钢铝包钢混绞线

组合绞线的种类、规格及用途见表6.10。

表6.10　组合绞线的种类、规格及用途

种　类		型　号	截面范围/mm²	用　途
钢芯铝绞线	普通	LGJ	10～400	用于输配电线路
	轻型	LGJQ	150～700	
	加强	LGJJ	150～400	
钢芯铝合金绞线	热处理	HLGJ	100～400	用于重冰地区或大跨越输电线路
	非热处理	HL₂GJ	100～400	
	热处加强	HLGJJ	150～400	
	非热加强	HL₂GJJ	150～400	
钢芯铝包钢绞线		GLGJ	120～400	同上
钢铝包钢混绞线		GGLJ	70～120	用于大跨越输电线路及避雷
防腐钢芯铝绞线	轻防	LGJF	25～400	用于有腐蚀环境的输电线路
	中防	LGJF₂	25～400	
	重防	LGJF₃	25～400	
钢芯软铝绞线		LRGJ	120～700	用于容量较大的输配电线路

4）特种导线

特种导线系指防电晕的扩径型钢芯铝绞线，高强度大跨距导线及自阻尼导线等。此类导线的特点是截面大，抗拉强度高，适用于重冰区超高压架空线路。主要种类、规格及用途见表6.11。

表6.11　特种导线的种类、规格和用途

种　类	型　号	截面范围/mm²	用　途
扩径钢芯铝绞线	LGJK	240～700	用于高压或高海拔输电线
铝钢扩径空芯导线	LGKK	400～1 400	用于高压或高海拔变电所
高强度重防腐钢芯铝包钢线	GLGJF₃	120～400	用于大跨输电线路
自阻尼钢芯铝绞线		120～400	用于大跨距、耐疲劳输电线路
防冰雪导线		50～400	用于重冰区输电线路

（2）硬铝母线

硬铝母线主要有矩形、圆管形、槽形等结构，如图6.16所示。回路正常工作电流在4 000 A及以下时，一般采用矩形导体，在4 000～8 000 A时，一般选槽形导体。电压等级在110 kV及以上的高压配电装置中，一般采用软导线或铝锰合金管形母线。

（3）电力电缆

电力电缆是自带绝缘的导体，其结构示于图6.17，一般敷设于地下，其投资高于架空线。其特点为：

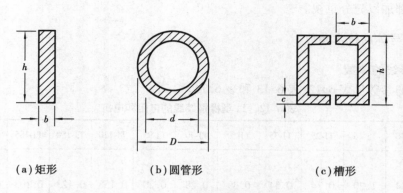

（a）矩形　　　　　　　（b）圆管形　　　　　　　（c）槽形

图 6.16　母线截面图

①一般埋设于土壤中或敷设于室内、沟道、隧道中，不用杆塔，占地少。

②受气候条件和周围环境影响小，传输性能稳定，中、低压线路可较少维护，安全性较高。

③具有向超高压、大容量发展的更为有利的条件，如低温，超导电力电缆等。

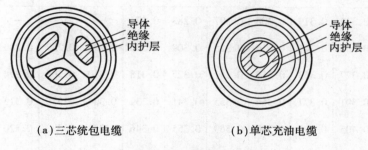

（a）三芯统包电缆　　　　　　　　　　（b）单芯充油电缆

图 6.17　电缆结构图

由于具有上述特点，电力电缆常用于城市的地下电网，发电站的引出线路，工矿企业内部的供电，以及过江、过海峡的水下输电线。在电力线路中，电力电缆的比重逐渐增加。

电力电缆的品种繁多，有中低压型（一般指 35 kV 及以下）和高压型（110 kV 及以上）。

中低压电缆有：黏性浸渍纸绝缘电缆、聚氯乙烯绝缘电缆、聚乙烯绝缘电缆、交联聚乙烯绝缘电缆、天然橡皮绝缘电缆、丁基橡皮电缆、乙丙橡皮电缆等。

高压电缆有：自容式充油电缆、钢管充油电缆、聚乙烯绝缘电缆和交联聚乙烯绝缘电缆等。

电力电缆的结构由导线、绝缘层和护层构成，除 1~3 kV 级产品外，均需有屏蔽层。电缆线路中必须配置各种中间连接盒和终端接头附件等。

电力电缆及其附件必须满足以下要求：

①能长期承受电网工作电压和运行中经常遇到的各种过电压的冲击，如操作过电压、大气过电压和故障过电压等。

②能可靠地传送需要传送的功率。

③具有较好的机械强度、弯曲性能和防腐性能。

④有较长的使用寿命。

电缆附件应具有和电缆本体相同的电气工作性能。但由于电缆附件的电场分布复杂，且需在现场施工，工艺条件差，因此成为电缆线路中的薄弱环节，必须在设计、制造、安装施工和使用维护中都加以充分重视。

6.9.2 导体的技术参数

(1)裸导线的参数

裸绞线的参数见表 6.12、表 6.13 和表 6.14。

表 6.12 TJ 型裸铜绞线的电阻和电抗

导线型号	TJ-10	TJ-16	TJ-25	TJ-35	TJ-50	TJ-70	TJ-95	TJ-120	TJ-150	TJ-185	TJ-240	TJ-300
电阻/($\Omega \cdot km^{-1}$)	1.34	1.20	0.74	0.54	0.39	0.28	0.20	0.158	0.123	0.103	0.078	0.062
线间几何均距/m	电抗/($\Omega \cdot km^{-1}$)											
0.4	0.355	0.333	0.319	0.308	0.297	0.283	0.274	—	—	—	—	—
0.6	0.381	0.358	0.345	0.336	0.325	0.309	0.300	0.292	0.287	0.280	—	—
0.8	0.399	0.377	0.363	0.352	0.341	0.327	0.318	0.310	0.305	0.298	—	—
1.0	0.413	0.391	0.377	0.366	0.355	0.341	0.332	0.324	0.319	0.313	0.305	0.298
1.25	0.427	0.405	0.391	0.380	0.369	0.355	0.346	0.338	0.333	0.320	0.319	0.312
1.50	0.438	0.416	0.402	0.391	0.380	0.366	0.357	0.349	0.344	0.338	0.330	0.323
2.0	0.457	0.437	0.421	0.410	0.398	0.385	0.376	0.368	0.363	0.367	0.349	0.342
2.5	—	0.449	0.435	0.424	0.413	0.399	0.390	0.382	0.377	0.371	0.363	0.356
3.0	—	0.460	0.446	0.435	0.423	0.410	0.401	0.393	0.388	0.282	0.374	0.376
3.5	—	0.470	0.456	0.445	0.433	0.420	0.411	0.408	0.398	0.392	0.384	0.377
4.0	—	0.478	0.464	0.453	0.441	0.428	0.419	0.411	0.406	0.400	0.392	0.385
4.5	—	—	0.471	0.460	0.448	0.435	0.426	0.418	0.413	0.407	0.399	0.392
5.0	—	—	—	0.467	0.456	0.442	0.433	0.425	0.420	0.414	0.406	0.399
5.5	—	—	—	—	0.462	0.448	0.439	0.433	0.426	0.420	0.412	0.405
6.0	—	—	—	—	0.468	0.454	0.445	0.437	0.432	0.428	0.418	0.411

表 6.13　LJ 型裸铝绞线的电阻和电抗

绞线型号	LJ-16	LJ-25	LJ-35	LJ-50	LJ-70	LJ-95	LJ-120	LJ-150	LJ-185	LJ-240	LJ-300
电阻 /($\Omega \cdot km^{-1}$)	1.98	1.28	0.92	0.64	0.46	0.34	0.27	0.21	0.17	0.132	0.106
线间几何均距/m	电抗/($\Omega \cdot km^{-1}$)										
0.6	0.358	0.345	0.336	0.325	0.312	0.303	0.295	0.288	0.281	0.273	0.267
0.8	0.377	0.363	0.352	0.341	0.330	0.321	0.313	0.305	0.299	0.291	0.284
1.0	0.391	0.377	0.366	0.355	0.344	0.335	0.327	0.319	0.313	0.305	0.298
1.25	0.405	0.391	0.380	0.369	0.358	0.349	0.341	0.333	0.327	0.319	0.302
1.5	0.416	0.402	0.392	0.380	0.370	0.360	0.353	0.345	0.339	0.330	0.322
2.0	0.434	0.421	0.410	0.398	0.388	0.378	0.371	0.363	0.356	0.348	0.341
2.5	0.448	0.435	0.424	0.413	0.399	0.392	0.385	0.377	0.371	0.362	0.355
3	0.459	0.448	0.435	0.424	0.410	0.403	0.396	0.388	0.382	0.374	0.367
3.5	—	—	0.445	0.433	0.420	0.413	0.406	0.398	0.392	0.383	0.376
4.0	—	—	0.453	0.441	0.428	0.419	0.411	0.406	0.400	0.392	0.385

表 6.14　LGJ 型钢芯铝绞线的电阻和电抗

绞线型号	LGJ-16	LGJ-25	LGJ-35	LGJ-50	LGJ-70	LGJ-95	LGJ-120	LGJ-150	LGJ-185	LGJ-240	LGJ-300	LGJ-400
电阻 /($\Omega \cdot km^{-1}$)	2.04	1.38	0.95	0.65	0.46	0.33	0.27	0.21	0.17	0.132	0.107	0.082
线间几何均距/m	电抗/($\Omega \cdot km^{-1}$)											
1.0	0.387	0.374	0.359	0.351	—	—	—	—	—	—	—	—
1.25	0.401	0.388	0.373	0.365	—	—	—	—	—	—	—	—
1.5	0.412	0.400	0.385	0.376	0.365	0.354	0.347	0.340	—	—	—	—
2.0	0.430	0.418	0.403	0.394	0.383	0.372	0.365	0.358	—	—	—	—
2.5	0.444	0.432	0.417	0.408	0.397	0.386	0.379	0.372	0.365	0.357	—	—
3.0	0.456	0.443	0.428	0.420	0.409	0.398	0.391	0.384	0.377	0.369	—	—
3.5	0.466	0.453	0.438	0.429	0.418	0.406	0.400	0.394	0.386	0.378	0.371	0.362

（2）硬铝母线的参数

硬铝母线的参数见表 6.15 和表 6.16。

表 6.15　矩形导体的允许载流量（交流量/直流量）

（按环境温度+25 ℃，最高允许温度+70 ℃计）

母线尺寸/mm	铜母线载流量/A			铝母线载流量/A			钢带载流量	
	每相或每极的铜排数			每相或每极的铝排数			尺寸/mm	载流量/A
	1	2	3	1	2	3		
30×4	475	—	—	365/370	—	—	20×3	65/100
40×4	625	1 090		480	855		25×9	80/120
40×5	700/705	1 250	—	540/545	965	—	30×3	95/140
50×5	860/870	1 525	1 895	665/670	1 180	1 470	40×3	125/190
50×6	955/966	1 700	2 145	740/745	1 315	1 655	50×3	155/230
60×6	1 125/1 145	1 740/1 990	2 240/2 495	870/880	1 355/1 555	1 720/1 940	20×4	70/115
80×6	1 480/1 515	2 110/2 630	2 720/3 220	1 150/1 170	1 630/2 055	2 100/2 460	22×4	75/125
100×6	1 810/1 875	2 470/3 245	3 170/3 940	1 425/1 455	1 935/2 515	2 500/3 040	25×4	85/140
60×8	1 320/1 345	2 160/2 485	2 790/3 020	1 245/1 040	1 680/1 840	2 180/2 330	30×4	100/165
80×8	1 690/1 755	2 620/3 095	3 370/3 850	1 320/1 355	2 040/24 000	2 620/2 975	40×4	130/220

注：导体扁平布置时，当导体宽度在 60 mm 以下时，载流量应按表列数值减少 5%，当宽度在 60 mm 以上时，减少 8%。

表 6.16　铝锰合金管形导体长期允许载流量及计算用数据

导体尺寸 D/d /mm	导体截面 /mm²	导体最高允许温度为以下值时的载流量/A		截面系数 W /cm³	惯性半径 r_i /cm	惯性矩 I /cm⁴
		+70 ℃	+80 ℃			
$\phi30/25$	216	572	565	1.37	0.976	2.06
$\phi40/35$	294	770	712	2.60	1.33	5.20
$\phi50/45$	373	970	850	4.22	1.68	10.6
$\phi60/54$	539	1 240	1 072	7.29	2.02	21.9
$\phi70/64$	631	1 413	1 211	10.2	2.37	35.5
$\phi80/72$	954	1 900	1 545	17.3	2.69	69.2
$\phi100/90$	1 491	2 350	2 054	33.8	3.36	169
$\phi110/100$	1 649	2 569	2 217	41.4	3.72	228
$\phi120/110$	1 806	2 782	2 377	49.9	4.07	299
$\phi130/116$	2 705	3 511	2 976	79.0	4.36	513

注：1. 最高允许温度+70 ℃的载流量，系按基准环境温度+25 ℃、无风、无日照、辐射散热系数与吸热系数为 0.5、不涂漆条件计算的。

　　2. 最高允许温度+80 ℃的载流量，系按基准环境温度+25 ℃、日照 0.1 W/cm²、风速 0.5 m/s、海拔 1 000 m、辐射散热系数与吸热系数为 0.5、不涂漆条件计算的。

　　3. 上表导体尺寸中，D 为外径，d 为内径。

（3）电力电缆的参数

电力电缆的参数见表6.17和表6.18。

表6.17 ZLQ,ZLQ$_1$,ZLL型油浸纸绝缘铝芯电力电缆在空气中敷设时允许载流量 （A）

芯数×截面 /mm²	1～3 kV,t_1=+80 ℃				6 kV,t_1=+65 ℃				10 kV,t_1=+60 ℃			
	25 ℃	30 ℃	35 ℃	40 ℃	25 ℃	30 ℃	35 ℃	40 ℃	25 ℃	30 ℃	35 ℃	40 ℃
3×2.5	22	21	20	19	—	—	—	—	—	—	—	—
3×4	28	26	25	24	—	—	—	—	—	—	—	—
3×6	35	33	31	30	—	—	—	—	—	—	—	—
3×10	48	46	43	41	43	40	37	34	—	—	—	—
3×16	65	62	58	55	55	51	48	43	55	51	46	41
3×25	85	81	76	72	75	70	65	59	70	65	59	53
3×35	105	100	95	90	90	84	78	71	85	79	72	64
3×50	130	124	117	111	115	107	99	91	105	98	89	79
3×70	160	152	145	136	135	126	117	106	130	120	110	98
3×95	195	185	176	166	170	159	148	134	160	148	135	121
3×120	225	214	203	192	195	182	169	154	185	171	156	140
3×150	265	252	239	226	225	210	196	178	210	194	177	158
3×180	305	290	276	260	260	243	225	205	245	227	207	185
3×240	365	348	330	311	310	290	268	244	290	268	245	219

注:ZLQ——油浸纸绝缘铝芯铅包电力电缆,适于敷设在室内沟道中,不能承受机械外力。

ZLQ$_1$——油浸纸绝缘铝芯铅包带黄麻外层电力电缆。适于地沟敷设,不能承受机械外力。

ZLL——纸绝缘铝芯裸铅包电力电缆,适于架空敷设在户内地沟、管道中,不能承受机械外力。

表6.18 ZLQ$_2$,ZLQ$_3$,ZLQ$_5$型油浸纸绝缘电力电缆埋地敷设时允许载流量 （A）

芯数×截面 /mm²	1 kV,t_1=+80 ℃			6 kV,t_1=+65 ℃			10 kV,t_1=+60 ℃		
	15 ℃	20 ℃	25 ℃	15 ℃	20 ℃	25 ℃	15 ℃	20 ℃	25 ℃
3×2.5	30	29	28	—	—	—	—	—	—
3×4	39	37	36	—	—	—	—	—	—
3×6	50	48	46	—	—	—	—	—	—
3×10	67	65	62	61	57	54	—	—	—
3×16	88	84	81	78	74	70	73	70	65
3×25	114	109	105	104	99	93	100	95	89
3×35	141	135	130	123	116	110	118	112	105
3×50	174	166	160	151	143	135	147	139	130
3×70	212	203	195	186	175	165	170	160	150
3×95	256	244	235	230	217	205	209	198	185
3×120	289	276	265	257	244	230	243	230	215
3×150	332	318	305	291	276	260	277	262	245
3×185	376	360	345	330	312	295	310	294	275
3×240	440	423	405	386	366	345	367	348	325

注:ZLQ$_2$——纸绝缘铝芯铅包钢带铠装电力电缆,可埋设在土壤中,能承受机械外力,但不能承受大的拉力。

ZLQ$_3$——纸绝缘铝芯铅包细钢丝铠装电力电缆,可埋设在土壤中,能承受机械外力及相当的拉力。

ZLQ$_5$——纸绝缘铝芯铅包粗钢丝铠装电力电缆,可敷设在水中,能承受较大的拉力。

6.10　绝缘子的分类与参数

绝缘子用于支持无绝缘的导体,保证其对地绝缘及机械强度(短路电流通过时的动稳固性)。

绝缘子分为支持绝缘子和穿墙套管两类。前者又分为悬式(导体悬挂其下)与支撑式两种,如图6.18所示。

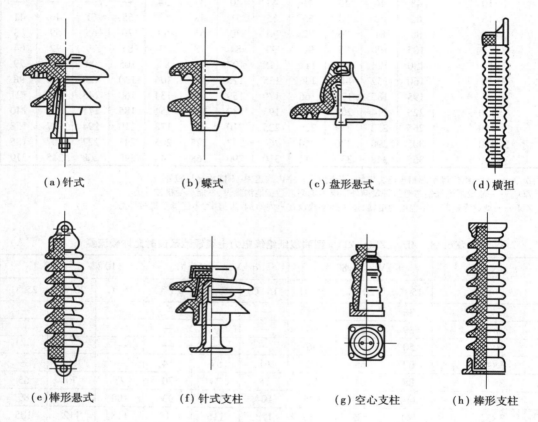

|　(a)针式　|　(b)蝶式　|　(c)盘形悬式　|　(d)横担　|

|　(e)棒形悬式　|　(f)针式支柱　|　(g)空心支柱　|　(h)棒形支柱　|

图6.18　支持绝缘子的基本形式

在运行中,绝缘子承受着工作电压和各种过电压的作用,承受着导线自重、覆冰质量、风力、系统短路电动力、设备操作机械力以及震动力等作用;此外,由于绝缘子大多数暴露在大气中工作,还受到大气条件(雨、雪、雾、露、温度、湿度、气压等)变化以及环境污染的影响,工作条件是非常恶劣的。因此对绝缘子的性能要求包括机械性能、电气性能和热稳固性等多个方面。

绝缘子的机械强度参数为 A、B、C、D、E 5 级,其端部允许最大载荷分别为 375、750、1 250、2 000 和 3 000 kg,使用中为安全起见,均按其允许载荷的 60% 考虑,即分别为 225、450、750、1 200 和 1 800 kg。其主要电气参数见表6.19 和表6.20。

表 6.19 盘形悬式绝缘子性能表

绝缘子型号[①]	图号 图27.3至 图27.4	主要尺寸 /mm				泄漏距离 公称值 (不小于) /mm	拉伸负荷/t		工频电压 (不小于)/kV			50%雷电冲击 闪络电压 (不小于)/kV
		H	D	d	b		机电破坏(不小于)	一小时机电	干闪络	湿闪络	击穿	
X-3	a	140	200	14	—	220	4	3	60	30	90	—
X-4.5	a	146	254	16	—	290	6	4.5	75	45	110	120
XP-6	a	146	254	16	—	290	6	4.5	75	45	110	120
XP-10	a	155	254	16	—	290	10	7	75	45	110	120
XP-16	a	155	254	20	—	290	16	12	75	45	110	120
XP-21	a	170	280	24	—	330	21	16	80	50	120	130
X-3C	b	146	200	—	16	220	4	3	60	30	90	—
X-4.5C	b	146	254	—	16	290	6	4.5	75	45	110	120
LX-4.5	a	140	254	16	—	290	6	4.5	75	45	110	105
LXP-10	a	146	254	16	—	290	10	7	75	45	110	105
LXP-16	a	170	280	20	—	330	16	12	76	45	120	120

注:①型号中,X 和 LX 分别为瓷和钢化玻璃悬式绝缘子;短线后的数字为一小时机电负荷值;C——槽型连接(球窝型连接不用字母表示);XP 和 LXP 分别为按机电破坏负荷值表示的瓷和钢化玻璃悬式绝缘子;数字为机电破坏负荷值。

表 6.20 针式绝缘子性能表

绝缘子型号[①]	额定电压 /kV	系统最高 工作电压 /kV	瓷件尺寸 /mm		泄漏距离 (公称值 不小于) /mm	工频电压(不小于) /kV			50%雷 电冲击 闪络电 压(不小 于)/kV
			高	伞径		干闪络	湿闪络	击穿	
P-6M,P-6T,P-6W	6	6.9	90	125	160	50	28	65	70
P-10M,P-10MC,P-10T	10	11.5	105	145	195	60	32	78	80
P-15M,P-15MC,P-15T	15	17.5	120	190	300	75	45	98	118
P-20M,P-20T	20	23	165	228	400	86	57	111	140
P-35M,P-35T	35	40.5	200	280	600	120	80	156	175
PQ-35T	35	40.5	245	305	700	140	90	185	195

注:①型号中,P——针式瓷绝缘子;Q——加强绝缘;短线后的数字为绝缘子额定电压(kV);M——木担直脚;MC——加长的木担直脚;T——铁担直脚;W——弯脚。

表 6.21　支柱式绝缘瓷瓶和绝缘瓷套管技术数据

支柱式绝缘瓷瓶			绝缘瓷套管				备　注
型　号	U_e/kV	破坏荷重 /kg	型　号	u_e/kV	I_e/A	破坏荷重 /kg	
ZA- 6Y(T)	6		CLB- 6/250		250		
ZA-10Y(T)	10		400	6	400		
ZA-35Y(T)	35	375	600		600		
ZNA- 6MM	6		CLB-10/250		250		
ZNA-10MM	10		400		400		
ZB- 6Y(T)	6		600		600		户
ZB-10Y(T)	10		1000	10	1 000	750	内
ZB-35F	35	750	1500		1 500		
ZNB-10MM	10		CLB-35/250		250		式
ZNB$_2$-10MM	10		400	35	400		
ZC-10F	10	1 250	600		600		
			1000		1 000		
			CLC-10/2000	10	2 000	1 250	
			CLD-10/2000	10	2 000	2 000	
ZS-10/500	10	500	CWLB-6/250		250		
ZS$_2$-10/500	10		400	6	400		
			600		600	750	
ZS-35/800	35	800	CWLB-10/250		250		
ZS-35/400	35	400	400		400		
ZPA-6	6	375	600	10	600		户
ZPA-10	10	500	1000		1 000		外
CP10-1~8	10	250	CWLC-10/1000		1 000		式
CD35-1~4	35	350	2000	10	2 000	1 250	
			CWLB-35/250		250		
			400		400		
			600	35	600	750	
			1000		1 000		

思 考 题

6.1　电气设备长期发热与短时发热如何定义？各有何特征？为什么要限制电气设备长期发热与短时发热的最高温度？

6.2　引起导体发热与散热的因素有哪些？如何计算其引起的发热功率与散热功率？

6.3　何谓电气设备的允许电流 I_{xu} 和额定电流 I_e，它们之间有何关系？导体长期载流限制的根本条件与工程条件为何？

6.4　导体通过短路电流时热稳固性的根本条件与工程条件为何？导体材料系数 C^2 与短路电流积分 $\dfrac{1}{S^2}\displaystyle\int_0^{t_d} i_d^2 \mathrm{d}t$ 相比较的物理意义为何？

6.5　何谓等效（假想）发热时间 t_j？如何确定 t_{jz}？如何计算 t_{jf}？

6.6　解释力的基本算式：$F = 2\dfrac{l}{a} i_1 i_2 \times 10^{-7}\mathrm{N}$ 与 $F_{B\max} = 1.73\dfrac{l}{a} i_{ch}^2 \times 10^{-1}\mathrm{N}$，式中符号的意义及推导该式的假定条件。如何考虑共振的影响？如何防止共振引起的动态应力增加？

6.7　一相多条导体条间作用力的计算特点为何？如何确定修正系数 k_x？影响修正系数 k_x 的几何参数有哪些？它们怎样影响 k_x？

6.8　硬导体通过短路电流时动稳固性的根本条件为何？一相一条导体动稳固性的工程条件为何？一相多条导体时如何计算条间作用应力及动稳固性工程条件的变化？并简述其动稳固性计算的基本步骤。

6.9　简述导体的分类。绝缘子参数 A、B、C、D、E 的物理意义。

第 **7** 章
交流输电补偿器

根据接入电网的方式和功能的不同,交流输电系统中的补偿器分为并联无功补偿器和串联电抗补偿器。电容器和电抗器是补偿器中的电抗元件,前者为容抗,后者为感抗。将其并联于电路中,电容器发出无功,电抗器吸收无功;将其串联于输电线中,电容器减小感抗,电抗器增加感抗。不能连续改变电抗值的补偿称为固定补偿,可连续改变电抗值的补偿称为可控补偿。目前电力系统中使用的并联无功补偿器主要有电容器、电抗器和静止无功补偿器,串联电抗补偿器主要有电容器和可控串联补偿器。

7.1　并联补偿电容器与电抗器

由于结构简单、价格低廉、运行可靠、管理方便,并联电容器与电抗器大量应用于无功补偿。电容器主要用于 60 kV 及以下的电网中补偿电网与负荷的无功消耗,电抗器主要用于额定电压为 500 kV 及以上的电网中吸收输电线的剩余无功。目的在于维持电压水平和减小输电损耗。

设并联点的电压为 U,电容器的电抗为 $-jX_C$,电抗器的电抗为 jX_C,则电容器和电抗器发出的无功功率为:

$$Q_C = \pm \frac{U^2}{X_C} \tag{7.1}$$

式中:电容器取正号,电抗器取负号。由式(7.1)可见,并联电容器发出的无功和并联电抗器吸收的无功均正比于电压的平方,其 $Q\text{-}U$ 特性曲线如图 7.1 所示。

电容器的缺点是当电网电压降低时发出的无功急剧下降,对电力系统的电压稳定性不利。

为了减小元件短路对电网的影响,目前电容器大多采用星形接线。为了运行调节方便,变电站中将接入母线的电容器分成几组,每组用一台断路器投切,户外常用 SF_6 断路器,户内常用真空断路器,以适应较为频繁的操作。

并联电容器投入电网的合闸瞬间,由于电压不能突变而相当于短路状态,因此出现很大的合闸涌流,需要采取限制合闸涌流的措施。采用串联电抗器限制涌流电路与电压电流相位关系如图 7.2 所示。

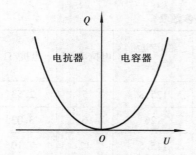

图 7.1　电容器与电抗器的 $Q\text{-}U$ 特性

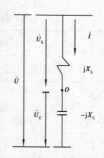

图 7.2　电容器与串联电抗器接线图

图中，X_C 为基波频率下电容器的容抗，X_L 为基波频率下电抗器的感抗。

有串联电抗器的电容器的合闸涌流的最大值的近似算式为：

$$i_{y\max} = \sqrt{2}\, I_e\left(1 + \sqrt{\dfrac{X_C}{X_L{}'}}\right) \tag{7.2}$$

式中　$i_{y\max}$——电容器的合闸涌流的最大值；

　　　I_e——电容器的额定电流；

　　　$X_L{}'$——电网感抗与串联电抗之和 $X' = X_{L0} + X_L$，X_{L0} 为电网感抗。

合闸涌流频率的算式为

$$f_y = f_1 \sqrt{\dfrac{X_C}{X_L{}'}} \tag{7.3}$$

式中　f_y——合闸涌流频率；

　　　f_1——电压基波频率。

定义串联电抗器的电抗率为 K，电抗百分率为 $K\%$，算式为：

$$\left.\begin{array}{l} K = \dfrac{X_L}{X_C} \\[2mm] K\% = \dfrac{X_L}{X_C} \times 100 \end{array}\right\} \tag{7.4}$$

如图 7.3 所示，串联电抗器将引起电容器稳态电压的升高。

图 7.3 中，$\dot{U}$、$\dot{U}_L$、$\dot{U}_C$ 分别为母线电压、电抗器电压和电容器电压，它们的有效值关系为 $U_C = U + U_L$，电容器电压较母线电压升高的倍数为：

$$K_C = \dfrac{U_C}{U} = \dfrac{X_C}{X_C - X_L} = \dfrac{1}{1 - K} \tag{7.5}$$

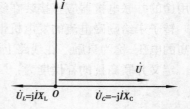

图 7.3　电容器与串联电抗器相量图

式(7.3)表明，电容器电压较母线电压升高的倍数随串联电抗率的增大而增大。因此，有串联电抗器的电容器的额定电压高于电网的额定电压，并随电抗率的增大而提高。

表 7.1 列出了我国生产的几种与 2 400 kvar 电容器配套使用的空心串联电抗器参数。

表7.1 串联电抗器参数表

型 号	并联电容器		额定电流/A	电抗率/%	电抗/Ω
	容量/kvar	电压/kV			
CKK-40/10-5		$11/\sqrt{3}$	125.8	5	2.53
CKSC-48/10-6	2 400	$11/\sqrt{3}$	126	6	3.02
CKSC-96/10-12		$12/\sqrt{3}$	115.5	12	7.19

并联电容器的合闸涌流与接入点电力系统的短路阻抗相关,表中列出了3种规范的电抗率,接入点电力系统的短路阻抗越小,选用的串联电抗器的电抗率越大。

当有高次谐波电流注入电容器的接入点时,有串联电抗器的电容器支路可能因为对该频率谐振而成为滤波器。谐振频率的算式为:

$$f_0 = f_1 \sqrt{\frac{X_C}{X_L}} \tag{7.6}$$

由于谐波源是恒流源,在谐波电流很大的情况下,大部分谐波电流注入串联谐振的电容器支路,可能使包括电容器在内的该支路的元件过载,导致过热、降低断路器的断流能力等诸多危害。因此应对电容器的接入点的谐波电流进行测量,在选择串联电抗器的电抗率时应同时注意不使该支路的元件过载,当谐波电流较大时,应避免对最大谐波电流分量的频率谐振。

超高压与特高压线路运行电压很高且单位长度的电容量较大,因此产生很大的无功功率。例如,500 kV 输电线 100 km 产生的无功功率大于 100 Mvar。在轻载状态下,由于输电线电感吸收的无功随电流的平方减小,输电线将有很大的剩余无功注入电网,引起线路及近区电网电压升高。采用并联电抗器主要作用为:

①吸收超高压输电线在轻载下产生的剩余无功,防止线路及近区电网电压过度升高。为了降低造价,此种用途的并联电抗器通常装于变电站的低压母线上,由于额定电压较低,被称为低抗。例如我国 500 kV 变电站的并联电容器与电抗器通常装在 35 kV 母线上。

②吸收超高压输电线一端断开时产生的剩余无功,防止断开端电压的过度升高。显然,此种用途的并联电抗器应直接装在线路断路器的外侧,由于额定电压较高,被称为高抗。

转子未给励磁电流的发电机带上空载长线时可能依靠发电机的剩磁和长线的电容建立起很高的电压,称为自励。在线路上装设高抗可防止自励的发生。

定义并联高抗的补偿度为:

$$K_L = \frac{Q_L}{Q_C} \tag{7.7}$$

式中 K_L——并联高抗的补偿度;

Q_L——并联高抗的额定容量;

Q_C——线路在额定电压下的电容功率。一般取 $K_L = 40\%$。

表7.2 列出了我国生产的几种 35 kV 空心并联电抗器参数。

表7.2　并联电抗器参数表

型　号	额定容量/kvar	额定电压/kV	额定电流/A	额定电抗/Ω	损耗(75 ℃)/kW
BKK5000/35	5 000	$35/\sqrt{3}$	247	81.7	32
BKK10000/35	10 000	$35/\sqrt{3}$	495	40.8	48
BKK20000/35	20 000	$35/\sqrt{3}$	990	20.4	66

7.2　静止无功补偿器

专用于调节电网无功的同步电机称为调相机,它是一种可发无功也可吸无功的双向连续调节的可控无功补偿器。由于是旋转设备,运行维护复杂而被淘汰,取而代之的是由电容器和可控硅控制的电抗器组成的可控并联无功补偿器,其功能与调相机相同,因为不是旋转设备而称为静止无功补偿器,简称SVC(Static var Compensator)。

图7.4为现代静止无功补偿器的结构示意图。图中,C为电容器,L为电抗器,SCR为可控硅。L与SCR组成可控硅控制的电抗器,简称TCR(Thyristor Controlled Reactor)。

图7.5示出加拿大魁北克水电中心内米斯考变电站的静止无功补偿器的结构。图中,B为变压器,额定容量为330 MV·A,额定电压748.6/26.1 kV,短路电抗百分值$x_s\% = 14.87$;YH、LH为电压互感器与电流互感器,AC为自动控制器,通过改变SCR的触发角来实现控制目标。补偿器的正向容量(发无功)为310 Mvar,负向容量(吸无功)为103 Mvar。

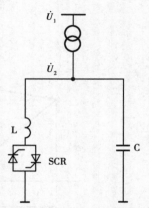

图7.4　静止无功补偿器的结构示意图

在稳定运行状态下,静止无功补偿器的电压与吸收的无功电流的关系,称为补偿器的静态特性。控制器通过对可控硅的双向控制,使静止无功补偿器的静态特性如图7.6所示,以吸无功为正。

静态特性控制分为SCR关断区、控制区和限流区等3个区域,控制区为正常运行状态下的工作区。3个区的特性如下:

(1)SCR关断区

当$U \leqslant U_S$时(OA段),SCR关断,这时仅有电容器投入,吸收的无功电流为:

$$I_Q = - I_C = - \omega CU = - K_C U \tag{7.8}$$

式(7.8)中,特性线的斜率$K_C = \tan \beta = \omega C$,正比于电容器的电纳。

(2)控制区

当$V_S \leqslant V \leqslant V_C$时(AC段),SCR导通,这时电抗器投入。由于受可控硅控制,电抗器支路

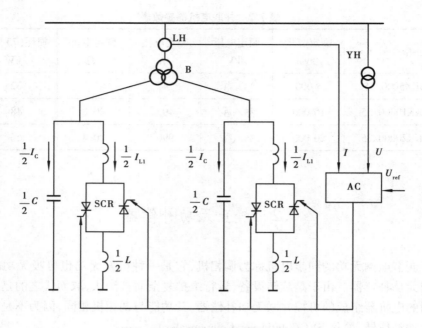

图7.5 静止无功补偿器的结构图

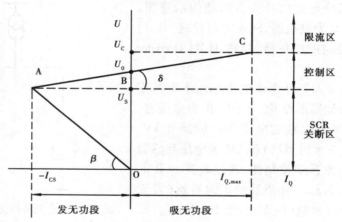

图7.6 静止无功补偿器的静态特性

电流不是正弦曲线,可以分解出基波分量 I_{L1}。

$$I_{L1} = \omega L_{eq} U = K_{L.eq} U \qquad\qquad (7.9)$$

式中 L_{eq}——电抗支路的等效电感;

$K_{L.eq}$——电抗支路的等效电纳,由控制器 AC 整定。

控制器吸收的无功电流

$$I_Q = I_{L1} - I_C = (K_{L.eq} - K_C) U - I_{CS} = K_{eq} U - I_{CS} \qquad\qquad (7.10)$$

式中 $K_{eq} = (K_{L.eq} - K_C)$——补偿器的等效电纳。

控制区的静态特性为:

$$U = \frac{I_{CS} + I_Q}{K_{eq}} = U_0 + K_S I_Q \qquad\qquad (7.11)$$

式中　U_0——空载电压, K_S 为特性线的斜率, 有

$$\left. \begin{array}{l} U_0 = \dfrac{I_{CS}}{K_{eq}} \\[3mm] K_S = \tan \alpha = \dfrac{1}{K_{eq}} \end{array} \right\} \tag{7.12}$$

（3）限流区

SVC 的控制器可以通过限制 SCR 的触发角来限制 SVC 吸收无功电流的最大值, 如图 7.4 所示, 当 $U \geqslant U_C$ 时, SVC 吸收的无功电流始终保持为 I_{Qmax}, 以避免装置过载。

TCR 的工作原理如图 7.7 所示, 正向 SCR 在电压相角为 $\omega t = \alpha$ 时发出触发脉冲理想地将电抗器支路开通; 负向 SCR 理想地在电压相角为 $(\omega t = \pi + \alpha)$ 时发出触发脉冲, 理想地将电抗器支路开通。由于电感线圈的电流滞后于电压变化, 电抗器支路的每一次开通都产生关于电压过零点对称的电流, 其导通区间为 θ。图中, u 为电抗器支路的电压, i_L 为电抗器支路的电流, α 为 SCR 的触发角, 导通角 $\theta = 2(\pi - \alpha)$, α 的调节范围为 $\left(\dfrac{\pi}{2} \sim \pi\right)$, 对应的 θ 调节范围为 $(\pi \sim 0)$, 两个极限状态分别称为 SCR 全导通与 SCR 关断。

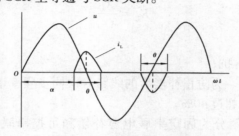

图 7.7　电抗器支路电流

用傅里叶级数分解出电抗器电流的基波为:

$$i_{L1} = \sqrt{2} I_{L1} \sin(\omega t - 90°) \tag{7.13}$$

式中　i_{L1}、I_{L1}——电抗器基波电流的瞬时值与有效值。有

$$I_{L1} = \frac{U}{x_L} \frac{\theta - \sin \theta}{\pi} = K_L K_\theta U \tag{7.14}$$

式中　U——电抗器支路电压的有效值;

　　　$K_L = \dfrac{1}{x_L}$——电抗器电纳;

　　　$K_\theta = \dfrac{\theta - \sin \theta}{\pi}$——控制系数, 由 α 控制。

采用图 7.8 控制模型:

控制方程为:

$$(U - U_{ref})K - I_Q = 0 \tag{7.15}$$

从而得到如式（7.11）所示的控制器的静态特性

$$U = U_{ref} + \frac{1}{K}I_Q = U_0 + K_S I_Q \tag{7.16}$$

由式（7.16）可见, 反应控制器一次调节特性的电压调差率 K_S 由放大系数 K_l 整定, 执行二次

调节的空载电压 U_0 由 U_{ref} 给定。

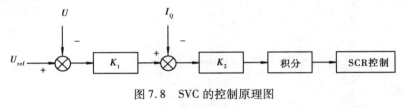

图 7.8　SVC 的控制原理图

7.3　可控串联电容器

在交流输电系统中利用串联电容器的容抗,补偿输电线的部分感抗,使得输电线两端的电气距离缩短,达到减少功率输送引起的电压降和功角差,从而提高线路输送容量,提高电力系统运行稳定性水平。

定义串联补偿器的容抗与原线路感抗的比值为串联补偿度,简称串补度,表达式为:

$$K_C = \frac{X_C}{X_{L.L}} \tag{7.17}$$

式中　K_C——串补度;

　　　X_C——串联补器的容抗;

　　　$X_{L.L}$——原线路感抗。为防止补偿后的线路对次同步频率谐振,一般限制正常状态下的串补度不超过 40%。

输电线的串联电容补偿分为固定串联电容补偿和可控串联电容补偿(TCSC,Thyristor Controlled Series Capacitor)两种。

TCSC 由电容器和与之并联的电抗器组成,电抗器受双向晶闸管的控制的,如图 7.9 所示。图中,C 为电容器,L 为电抗器,DL 为旁路断路器,旁路断路器合闸即将串联电容补偿装置短路退出工作。为减小旁路断路器合闸时电容器短路放电的涌流,在旁路断路器支路中串入由电感和电阻并联而成的阻尼器 ZN。金属氧化物限压器(MOV)是电容器组过电压的主保护。G 为旁路隔离开关,G_1、G_2 为检修隔离开关。当线路处于运行状态下,G 的操作只能在旁路断路器 DL、检修隔离开关 G_1、G_2 均在合闸位置下进行。

TCSC 中的并联电抗器产生一个可控的附加感性电流,从而实现对串联补偿器等效电抗的连续调节。由于 $X_L < X_C$,LC 并联构成的补偿器的等效电抗可为容性也可为感性,补偿器可在两个区域内运行,并可连续调节。

由图 7.9 可见,可控串联补偿器的等效感性电抗为:

$$x_{TCSC} = \frac{U_C}{I_T} \tag{7.18}$$

式中　x_{TCSC}——补偿器的等效电抗;

　　　U_C——补偿器两端的电压;

　　　I_T——补偿器的总电流。

$$I_T = I_{L1} - I_C \tag{7.19}$$

式中　I_{L1}——电抗器电流的基波分量。与式(7.14)相似,I_{L1} 的算式为:

152

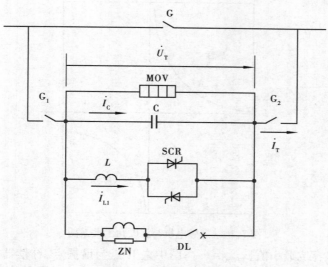

图 7.9　TCSC 结构图

$$I_{L1} = \frac{U_C}{x_L} \cdot \frac{\theta - \sin \theta}{\pi} \tag{7.20}$$

按式(7.18)与式(7.19)对 x_{TCSC} 和 I_T 的定义:当 $I_T < 0$ 时,补偿器的等效电抗 $x_{TCSC} < 0$,为容性;当 $I_T > 0$ 时,补偿器的等效电抗 $x_{TCSC} > 0$,为感性;当 $I_{L1} = I_C$,即 $I_T = 0$ 时,补偿器处于 LC 并联谐振状态,补偿器的等效电抗 $x_{TCSC} = \infty$。

将补偿器处于 LC 并联谐振状态时可控硅(SCR)的触发角称为临界角 α_{cr}。以 α_{cr} 为参考,将补偿器工作模式分为以下 4 种:

(1)**闭锁模式**

可控硅的触发角 $\alpha = \pi$,导通角 $\theta = 0$,电感电流 $I_{L1} = 0$,补偿器电流只有电容电流 $I_T = -I_C$,补偿器等效电抗为 $x_{TCSC} = -x_C$,取得容抗最小值。

(2)**旁路模式**

可控硅的触发角 $\alpha = \dfrac{\pi}{2}$,导通角 $\theta = \pi$(全导通),电感电流 $I_{L1} = \dfrac{U_C}{x_L}$,补偿器电流为电感电流

与电容电流之差 $I_T = \dfrac{U_L}{x_L} - \dfrac{U_C}{x_C} = \dfrac{x_C - x_L}{x_L x_C} U_C$,等效为电感与电容并联,制造使 $x_L < x_C$,补偿器等效电

抗为 $x_{TCSC} = \dfrac{x_C x_L}{x_C - x_L} > 0$,取得感抗最小值。

(3)**容性调节模式**

可控硅的触发角 $(\alpha_{cr} < \alpha < \pi)$,$I_{L1} < I_C$,$I_T = I_{L1} - I_C < 0$,补偿器等效电抗为 $x_{TCSC} < 0$,为容性。

(4)**感性调节模式**

可控硅的触发角 $\left(\dfrac{\pi}{2} < \alpha < a_{cr}\right)$,$I_{L1} > I_C$,$I_T = I_{L1} - I_C > 0$,补偿器等效电抗为 $x_{TCSC} > 0$,为感性。

补偿器的等效电抗 x_{TCSC} 与可控硅的触发角 α 的关系如图 7.10 所示。

图中之 A 点为 SCR 全导通点,补偿器取得感抗最小值,$x_{TCSC} = \dfrac{x_C x_L}{x_C - x_L}$;图中之 B 点为 SCR

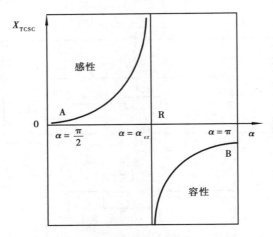

图 7.10　等效电抗与触发角的关系图

关断点,补偿器取得容抗最小值,$x_{TCSC}=-x_C$;图中之 R 点为谐振点,补偿器呈开路状态,$x_{TCSC}=\pm\infty$。

　　考虑到技术和经济因素,串联电容补偿装置一般应用于 500 kV 及以上高电压、长距离输电线路上,特别适于巨型电站的输出线路。我国伊敏电厂经双回长 380 km 的 500 kV 输电线与齐齐哈尔市的冯屯变电站相连,再由双回 500 kV 输电线送电到哈尔滨电网,在伊冯线的冯屯侧安装的可控串补装置,补偿度 $K_C=25\%$,各元件的参数为:

　　电容器:电容 $C=119$ μF,容抗 $X_C=26.75$ Ω,$I_N=2.2$ kA,$U_N=59$ kV

　　电抗器:电感 $L=14.33$ mH,容抗 $X_L=4.5$ Ω,$I_N=3$ kA,$U_N=85$ kV

思 考 题

7.1　电容器和电抗器有何优缺点?

7.2　电容器支路的串联电抗器作用为何? 如何选择?

7.3　何谓低抗和高抗? 高抗的作用为何?

7.4　简述静止无功补偿器的结构和可控硅控制的电抗器(TCR)的工作原理。

7.5　静止无功补偿器的静态特性是如何获得的?

7.6　简述可控串联补偿器的结构,它是如何控制线路电抗的,说明它的工作模式。

第 **3** 篇

电气一次接线、配电装置的结构形式与运行特点

第 **8** 章

电气主接线的结构形式、运行与操作

8.1 概　述

发电厂和变电站的电气主接线图是由各种电气元件如发电机、变压器、断路器、隔离开关、互感器、母线、电缆、线路等按照一定的要求和顺序连接起来,并用国家统一规定的图形和文字符号来表示发、变、供电的电路图。因为三相交流电气设备的每相结构相同,所以电气主接线图以单线图表示。这样使主接线图简化、清晰、明了。如果在某些局部三相结构不相同,只是在这部分局部画成三线图。

8.1.1　主接线结构线形式的定义与相关概念

发电厂、变电站电气主接线的结构形式主要包括:①有几个电压等级;②各级电压的进、出线状况;③各级电压的进、出线的横向联络方式。

发电厂、变电站电气主接线中一般有 2~3 个电压等级,主接线的形式是针对每一个电压等级而言的,不同的电压等级可能有不同的接线形式,全站的接线形式就是各级电压接线形式的总和。

各级电压的进出线状况包括来去地点、进出功率的大小与负荷的性质。同一电压等级进出线的横向联络方式指的是进出线的并联关系,是否并联、采用何种方式并联,这是主接线形式的核心内容,决定主接线的造价和技术特性。

将同一电压等级的多条支路并联运行,方便于这些支路进行功率交换和相互备用。在主接线的结构形式中,专门用于实现多条支路并联的导体称为汇流母线,简称母线。然而,在其他的一些场合,也有将通过大电流的导体称为母线,例如,特大容量发电机的出口导体采用封闭结构,称为封闭母线。这些“母线”的含义为流过此导体的功率很大,并将分配给其后的多条支路,显然不是主接线结构形式中所定义的母线。

采用母线并联的接线形式中,母线的组数被写入接线结构形式的命名之中:设一组母线的接线称为单母线接线,设两组母线的接线称为双母线接线,这是因为两者在运行特性上有很大的差别,因此,我国 220 kV 及以上电压的主接线基本上均采用双母线接线形式。

断路器具备正常操作和事故时在保护装置的控制下切断故障部分的能力。为了限制故障时的停电范围,每一条支路的电源侧都装设了断路器,当断路器退出工作(例外检修)时,该支路的故障将需要与其紧邻的各条支路的断路器跳闸才能切除,显著扩大了停电范围,因此,各支路不允许无断路器运行。每条支路所属的一台断路器检修是否停电,成为评判主接线形式技术特性的重要标准。断路器的价格十分昂贵,随着电压的提高和电流的增大更为显著,成为影响主接线投资的十分重要因素,因而在典型接线中,平均一条支路所占用的断路器台数也被写入主接线结构形式的命名之中。例如,我国 500 kV 及以上电压的主接线基本上均采用双母线(3/2)断路器接线形式,常称为“一个半”接线。

需要指出的是:基于长期的设计与运行实践,电力系统提炼出了几种典型的主接线结构形式,这些接线形式在技术上有显著的差别,即在技术等级上有高低之分,并伴随技术等级的提高相应的建设投资也随之增加。因此,掌握各种典型接线形式的特点至关紧要。其掌握内容包括:①能简单清晰地描述该接线形式的结构;②该接线形式的正常运行方式,包括开关电器的投、切状态;③内部及邻域发生故障时引起的停电范围与停电持续时间;④设备(例如断路器)检修的影响,是否引起停电。③与④凸显出各典型接线形式运行特性的差别,并鉴别出其技术等级的高低。所谓主接线的设计,实际上就是各级电压主接线形式的选择,随着发电厂、变电站容量增大、电压等级和负荷重要性的提高,选择主接线形式的等级也随之提高,基本上有大致对应的关系,有的在规程上就作了明确的规定。

8.1.2　选择主接线结构形式的基本要求

电力运行的方针是“安全可靠,优质经济”,电气主接线是以传输能量为目的的大功率电流所通过的电路,正确选择电气主接线形式是保证实现电力运行的“八字方针”的首要环节。

选择主接线结构形式应满足以下基本要求:

(1)运行可靠

运行可靠指的是保证连续供电的能力,当任一元件出现故障或需要检修时,应尽量缩小停电范围和停电时间,这一要求与发电厂和变电站的容量增大、电压等级和负荷重要性相匹配。

（2）运行灵活

运行灵活指的是可以通过开关电器的投切获取多种有实用价值的运行结构（或称为运行方式）。例如,接入双母线系统的支路可以从一组母线倒换到另一组母线上运行,这不仅可以在一组母线停运时减小停电范围与停电时间,而且在必要时还可以腾出一组母线进行新技术、新产品的工业试验,或指定部分电源或负荷支路与其他电网并联运行。

在母线上加断路器称为母线分段,可以进一步减小停电范围和缩短停电时间,同时也可获取更多的运行方式。因此,"运行灵活"有其独特的含义。

（3）简单清晰

简单的含义包括结构简单和运行人员操作简单。主接线的总体结构的简单和同类支路的统一结构可使管理方便,并使运行人员不易发生误操作。值得注意的是:不必要的冗余可能导致结构复杂,同时能显著发挥作用的设备的节省也可能会使运行操作变得复杂,易于误操作而导致极大的损失。在工程中尽可能使用专用设备,例如,早年提出的双母线接线中用母线联络断路器兼作支路断路器检修时的旁路断路器的接线,节省了一个断路器,但是使接线的清晰度大为降低,并使运行人员的操作复杂化,可能"因小失大"。本书不提倡设备兼用,对此类接线结构形式将不予介绍。

（4）考虑扩建

除水电站有确定的最终容量外,一般的发电厂和变电站大都可能在设计之初是不能完全确定最终容量,因此,主接线的设计应选择方便扩建的结构形式。

（5）减少投资

投资与运行费用和停电损失应综合考虑,涉及技术经济比较。相关设计规程的规定原则上反映了这种综合比较结果。一般情况下,应按设计规程的规定,根据发电厂和变电站的容量、电压等级和负荷重要性,选用与之相对应的接线形式。

（6）节约占地

这不是一个单纯涉及投资的问题。在土地不充裕的情况下,必须考虑人民生活和其他部门的需要,尽量节约用地。

8.2　电气主接线形式的分类

发电厂、变电站的主接线形式指的是发电厂、变电站采用的电压等级,各级电压的进出线状况及其横向联络方式。

发电厂、变电站的高、中压与电力系统联络,因此其进、出线及高、中压之间的相互联络应与系统规划相统一,保证联络变压器不过载是考虑高、低压接入电源（进线）数目的重要因素。

对近区负荷的供电应保证供电的可靠性,出线回路数应符合 1.7 节中所提出的要求。同时还应保证电能质量、限制输电线上的压降,一般在最大负荷下不应超过 5% ,一条线路故障后或检修时不超过 10% ,在负荷波动严重的情况下,允许压降值还应减少,由调压计算确定。一般单机容量为 50 MW 及以下的发电厂往往以 10 kV 电压对几千米范围内的近区负荷供电。

在进、出线确定之后,其横向联络的方式分为两大类:有横向联络与无横向联络分述于后。

8.2.1 有横向联络的接线形式

按联络方式不同,此种接线分为有母线形式和无母线的简易接线形式。

(1)有母线形式

此种接线设有一组或两组汇流母线,其作用是实现同一电压等级的各进、出线支路的并联(图8.1—图8.8)。分别称为单母线接线和双母线接线。

单母线接线按母线是否设立分段断路器而分为单母线(不分段)接线(图8.1)和单母线分段接线(图8.2)。

双母线接线按每条支路使用的断路器数目分为双母线单断路器接线(图8.5)、双母线3/2断路器接线(图8.7)和双母线双断路器接线(图8.8)。

每条支路只有一个断路器的接线,在断路器检修时该支路停电,为了解决断路器检修问题,在母线上设一备用断路器(旁路断路器PD)通过旁路母线(PM)实现与各支路断路器的并联。因此,出现有旁路系统的接线形式(图8.3、图8.6)。

有母线的接线形式布置清晰、运行方便、便于扩建,是电力系统特别是大型发电厂、变电站高、中压电压等级普遍采用的接线形式。

(2)简易接线形式

不用汇流母线实现各进、出线并联的接线形式称为简易接线形式。它包括桥形接线(图8.9)和多角形接线(图8.10)。

有横向联络的接线形式可以提高运行的灵活性,使各支路构成相互备用的关系,但需要增加投资并随并联支路的增多而增大短路电流。

8.2.2 无横向联络的接线形式

当不用发电机电压对周围供电时,发电机不在机端并列运行,这时将发电机和变压器之间直接串联并不设断路器,组成发电机-变压器组,再经高压断路器接至高压母线。这种接线形式称为发电机-变压器单元接线(图8.13),当变压器的高压(或中压)无横向联络时形成变压器-线路单元接线[图8.13(a)],当出现变压器低压和高压均无横向联络时,则形成发电机-变压器-线路单元接线[图8.13(b)]。

8.3 有母线系统的接线

按联络母线的组数和平均每条支路占用的断路器台数,有母线的接线形式分为单母线、双母线单断路器、双母线3/2断路器和双母线双断路器等形式。评判这些接线形式的级别有两条标准:①一组母线停运引起的停电范围和停电持续时间;②能否在一台支路断路器检修时该支路不停电。

8.3.1 单母线

(1)单母线接线

图8.1为单母线主接线,图中有两个电源(发电机或变压器)4回出线。为了减少母线中

的功率损耗,要合理地布置出线和电源的位置,尽可能使电流均衡分布在母线上。在各支路中都装有断路器和隔离开关。正常运行时全部断路器和隔离开关均投入。断路器的作用是用来接通和切断电路。故障时切除故障部分,保障非故障部分正常运行。隔离开关则是用来停电检修一次设备时形成明显断口,隔离带电部分与检修部分,保证检修工作的安全。隔离开关的配置是:当出线回路对侧有电源时,为了检修断路器的安全,其两侧都必须装设隔离开关 G_M 和 G_X,当对侧无电源时,则可以不装线路侧隔离开关 G_X。发电机与 DL_1 之间也可不装隔离开关,这是因为发电机断路器 DL_1 检修必须在发电机停止工作情况下才能进行,但为了试验的方便也往往要装设。

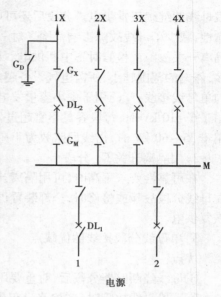

图 8.1　单母线接线
1X,2X,3X,4X—引出线;PL—断路器;
G_X—线路隔离开关;G_M—母线隔离开关;
G_D—接地开关;M—母线

电气设备检修时需要接地以确保人身安全。35 kV 及以下电网一般临时安装接地线。110 kV 及以上电网使用带接地刀的隔离开关,接地刀 G_D 与主刀 G_X 相互闭锁,只有在对方断开时方能合上。

隔离开关不作为操作电器,所以断路器和隔离开关在正常运行操作时,必须严格遵守操作顺序;隔离开关"先合后断"或在断开状态下断口两端等电位状态下进行操作。例如向出线 1X 送电时,操作步骤是:①检查该支路断路器确在断开位置;②合母线侧隔离开关 G_M;③合线路侧隔离开关 G_X;④合断路器 DL。

操作顺序遵守了两条基本原则:①隔离开关与断路器的关系是"隔离开关先合后断";②母线侧隔离开关 G_M 与线路侧隔离开关 G_X 的关系是"母线侧隔离开关先合后断"。遵守第②条原则的意义在于完全防止母线隔离开关的误操作引起母线短路事故。线路隔离开关误操作相间产生电弧引起线路短路,这时线路断路器迅速切除而不至于导致母线停运。

遵照上述两条原则,切断线路和操作步骤应为:①分断路器 DL;②检查该支路断路器确在断开位置;③断线路侧隔离开关 G_X;④断母线侧隔离开关 G_M。

单母线接线的优点是:①结构简单清晰、操作简便、不易误操作;②节省投资和占地;③易于扩建。

单母线接线最严重的缺陷是母线停运(母线检修、故障,线路故障后线路保护或断路器拒动)将使全部支路停运,即停电范围为该母线段的 100%,且停电时间很长,若为母线自身损坏需待母线修复之后方能恢复各支路运行。因此,一般仅适用于小电厂和变电站。

(2)单母线分段接线

为了避免单母线接线可能造成全厂停电的缺点,可用断路器或隔离开关将单母线分段而成为单母线分段接线,如图 8.2 所示。

1)用断路器分段

在用断路器分段的单母线接线中,分段断路器 FD 装有继电保护装置,在某一分段母线上发生故障时,FD 在保护作用下会首先自动跳开,随后故障段各支路断路器跳开,保证非故障分段母线的继续正常供电。分段后还可以分段检修母线,可以避免全部停电,因而提高了供电可靠性,减少了母线故障影响范围。对一级重要用户可以从不同分段上引接,保证在母线或母线隔离开关故障或检修时不中断供电。母线分段的数目,可以根据电源数目和容量来分,段数越多,停电的范围越小,所需电气设备越多,一般以 2～3 段为宜。根据运行实践,用断路器分段的单母线接线,广泛用于中小容量发电厂的 6～10 kV 接线和 6～110 kV 变电所配电装置中。用于 6～10 kV 时,每段容量不宜超过 25 MW,否则负荷过大,出线回数过多,影响供电可靠性,用于 35～60 kV 时,出线回路数为 4～8 回;用于 110～220 kV 时,回路数不超过 3～4 回。

2)用隔离开关 G_K 分段

在可靠性要求不高时,可用隔离开关分段,这样可以节省一台断路器和一台隔离开关,但在母线分段故障或检修时,全部装置仍会短时停电。把分段隔离开关拉开后,完好的一段就可恢复供电。

3)单母线分段接线的优缺点

优点:

①母线经断路器分段后,对重要用户可以从不同段引出两个回路,由两个独立电源供电。

②一段母线故障时(或检修),仅停故障(或检修)段工作,非故障段仍可继续工作。

缺点:

①当一段母线或母线隔离开关故障或检修时,接在该段母线上的电源和出线,在检修期间必须全部停电。

②任一回路的断路器检修时,该回路必须停止工作。

为了在检修断路器时不中断该回路供电,可加装旁路断路器及旁路母线。

(3)加装旁路断路器与旁路母线

图 8.3 所示为带旁路母线的单母线分段接线,它与单母线分段接线的区别是增设了旁路母线 PM 和旁路断路器 PD,旁路母线 PM 通过旁路隔离开关 PG 与每一出线连接。

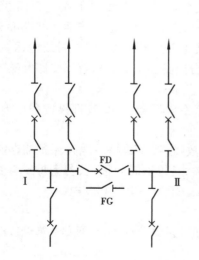

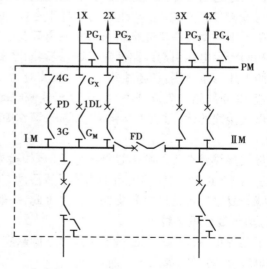

图 8.2　单母线分段接线
FG—分段隔离开关;
FD—分段断路器

图 8.3　带旁路母线的单母线分段接线
ⅠM,ⅡM—母线;PM—旁路母线
PD—旁路断路器;PG—旁路隔离开关

160

正常运行时,旁路断路器 PD 及旁路隔离开关 PG 是断开的。当检修出线 1X 的断路器 1DL 时,首先合上 PD 的两侧隔离开关 3G 和 4G,再合 PD,向旁路母线 PM 充电,检查 PM 是否完好,PM 完好,再接通 PG$_1$,然后断开 1DL 及两侧隔离开关 G$_X$ 和 G$_H$,这时 1DL 已退出工作,由 PD 代替 DL 工作,出线 1X 并不中断供电。虚线表示旁路母路系统也可用于检修电源电路的断路器,称为进线带旁路。

旁路母线系统普遍应用在 35 kV 及以上的电气主接线中,考虑到不同电压等级断路器检修的时间、投资的经济性和供电可靠性等,一般在电压为 35 kV 出线 8 回以上,110 kV 6 回以上,220 kV 4 回及以上的户外配电装置才考虑加装旁路母线。6~10 kV 室内配电装置可以采用小车式开关柜解决断路器检修问题:在断路器跳开状态下,拉出工作小车,投入备用小车,恢复供电。

8.3.2　双母线单断路器接线

(1)双母线单断路器接线的特点

图 8.4 所示为双母线单断路器接线图,在这接线中具有两组母线Ⅰ、Ⅱ,两组母线之间通过母联断路器 LD 连接起来,而且每一电源和出线都通过一台断路器和两组隔离开关分别接在两组母线上。正常运行时只合一组隔离开关。在母联断路器及两侧隔离开关合闸状态下,两组母线电位相等,可以先合上备用隔离开关后,再断开运行隔离开关,实现该支路转入另一组母线运行的不停电倒换。

此种接线有两种运行方式:一种是固定连接分段运行方式,即一些电源与出线固定连接在一组母线上,另一些电源与出线固定连接在另一组母线上,母联断路器 LD 合上,相当于单母线分段运行。另一种方式是一组母线工作,另一组母线备用,全部电源和出线接于工作母线上,母联 LD 断开,相当于单母线运行方式。很显然前一种运行方式可靠性较高,它克服了工作母线故障,使整个装置停止工作的缺点。正常运行时一般采用双母线同时工作的运行方式——双母线按单母线分段的运行方式。后一种运行方式一般在检修母线或检修某些设备该段母线必须停电时应用。

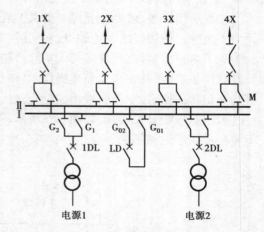

图 8.4　双母线单断路器接线
LD—母线联络断路器

(2)双母线单断路器接线的优点

有了两组母线后,其运行的可靠性和灵活性大为提高,它的优点如下:

①可以轮流检修母线,而不中断对用户的供电。

②当一组母线故障时,仍然造成接于该组母线上的支路停电,但可以迅速地切换至另一组母线上恢复工作,从而减少了停电时间。

③检修任一回路的母线隔离开关时,只需断开该回路和与此隔离开关相连的母线,将其他所有回路都倒换到另一组母线上运行,该隔离开关便可停电进行检修。

④在个别回路需要独立工作或进行试验(如发电机或线路检修后需要试验)时,可将该回

路单独接到一组母线上。

⑤扩建方便。向双母线的左右任一方向扩建,均不需破坏原有的结构。

要实现双母线接线的上述功能,必须利用隔离开关进行一些切换操作,称为倒闸操作。制订倒闸操作程序必须严格遵守隔离开关不能接通和切断电流的原则并考虑在万一出现误操作的情况下损失最小。

为了保证运行安全,电力系统实行"操作票"制度,即将操作程序(包括二次回路的切换)写于操作票中,然后操作人在监护人的领导下,按票逐一操作。检修工作同样应填写"工作票",确定需要停电的范围和安全保护措施然后进行。统称两票制度,必须严格遵守。

(3)双母线接线的主要缺点及消除措施

①倒闸操作比较复杂,且以隔离开关作为"操作电器"容易导致误操作、引起事故,并对实现自动化和运动化带来不便。

②工作母线故障时或外部故障而出线断路器拒绝动作时,接在该母线上的所有回路要短时停电,母联断路器故障时,要导致两组母线停电,检修出线断路器时,该回路要短时停电。

③接线所用设备多(特别是隔离开关),配电装置复杂,故经济性较差。

为了消除这种接线的上述缺点,在实际工作中可采用如下措施:

①为了防止误操作,要求运行人员除严格执行操作规程外,在隔离开关和相应的断路器之间装设联锁装置,使其在违反前述操作顺序时不能执行,必要时加装微机型防误操作装置。

②在正常工作时,双母线采用固定连接运行方式,此时两组母线通过母联并联工作。

③采用双母线分段接线,如图8.5所示,图中FD为分段断路器。由于分段的增加可以进一步缩小母线停运的影响。

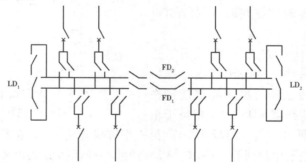

图 8.5 双母线分段接线

④为了检修出线断路器时,避免该回路短时停电,可装设旁路母线,如图8.6所示,它的双母线单断路器接线已具有相当的可靠性,因此在220 kV及110 kV容量较大的发电厂和变电站中得到广泛的应用。

8.3.3 双母线3/2断路器接线

图8.7所示为两回路3个断路器组成的双母线3/2断路器接线,又称一个半断路器接线。其结构是在两组母线之间连接多个由三组(每组三相)断路器及两侧隔离开关组成的断路器串,每条支路经隔离开关接入两组断路器之间。正常运行时全部断路器和隔离开关均投入。和双母线双断路器接线一样,任一组母线停运及任一组断路器检修均不引起任何支路停电。但由于每串中间一组断路器2DL为两条支路共用,因此必然造成同一串两条支路之间的相互

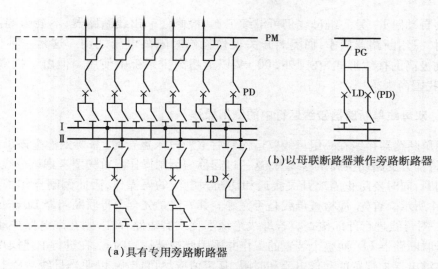

(b)以母联断路器兼作旁路断路器

(a)具有专用旁路断路器

图8.6 双母线带旁路母线的接线

干扰而使其次于双断路器接线：①每条支路停运均需切除2DL，这时同串另一支路仅运行在一组母线上，须经操作方能接入另一组母线；②1DL（或3DL）检修时，3DL（或1DL）需承受两条支路电流，同时支路 S_1 故障（或支路1X故障）将同时引起支路1X（S_1）停运。

3/2断路器接线广泛用于500 kV电压级，由于其已具有很高的可靠性，考虑500 kV断路器价格十分昂贵，配电装置占地面积较大，因此较之于双断路器接线有显著的经济性。为使母线电流分布合理并在一串支路切除时保持系统功率平衡，尽可能在一串上接一条电源支路（送电支路）和一条负荷支路（受电支路），并使靠近一组母线的支路送电与受电平衡。

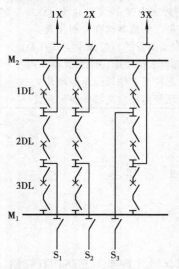

图8.7 双母线3/2断路器接线

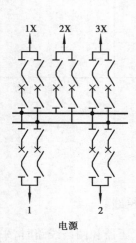

图8.8 双母线双断路器接线

8.3.4 双母线双断路器接线

图8.8所示为双母线双断路接线。正常运行时，两组母线和所有断路器都投入工作，电路中每一元件均有备用。当一组母线发生故障时，连接在这组母线上所有的电源和出线

断路器都会自动跳开,另一组母线仍可继续工作,检修任一出线断路器,不会影响该回路供电。操作时,只用断路器操作,而隔离开关仅作检修时隔离电压之用。这是一种供电可靠性和灵活性极高的接线形式,在国外 500 kV 以上超高压系统中使用。但由于投资太大,经济性差,在我国尚未采用。

8.3.5 双母线单断路器接线运行中的倒闸操作

双母线单断路器接线在一组母线停运检修后重新投入运行时,需要先检查该母线确已完好,然后再将部分支路切换到该母线上,这一过程称为倒闸操作。首先要考虑该母线仍有故障时能快速切断,同时要防止隔离开关接通和切断大电流的误操作,因此倒闸操作需要缜密进行,如图 8.4 所示。首先,应检查母线是否完好。其方法是先合上母联断路器 LD,向母线充电 3~5 min,并对母线进行外部检查。若母线绝缘不良或有短路存在,则在继电保护动作下,会自动跳开母联断路器 LD,而整个装置的工作并不因此被破坏。为此,在进行上述操作前,值班人员应调整继电保护装置的动作电流和时限,其定值应尽可能小,以便当母线故障时,母联断路器 LD 能最快跳闸。如果母线完好,LD 不会跳闸,则应将它的继电保护定值调整至原值并切断其操作电源,即断开直流操作空气开关,以避免在转换母线的过程中,因断路器过负荷或误跳闸等原因,引起带负荷拉合隔离开关和线路停电事故。

操作票的主要内容列于表 8.1。

表 8.1 操作票的主要内容

记号 (打钩)	操作 顺序	操作内容
√	(1)	调整母联断路器继电保护定值,然后合上母联断路器向待投母线充电 5 min
	(2)	对待投母线进行外部检查,恢复母联继电保护整定值
	(3)	检查母联断路器确在合闸位置
	(4)	断开母联断路器的直流操作空气开关
	(5)	依次全部合上待投运母线侧隔离开关
	(6)	依次全部拉开工作母线侧隔离开关
	(7)	合上母联断路器直流操作空气开关

8.4 简易联络接线

8.4.1 桥形接线

当只有两台变压器和两条线路时,采用桥形接线实现 4 条支路相互联络,该接线在 4 条电路中使用 3 个断路器,所用断路器数量较少。其中 1DL 与 2DL 称为线路断路器,3DL 称为桥断路器。根据桥断路器的位置可分为内桥式如图 8.9(a)所示(桥断路器在变压器侧)和外桥式如图 8.9(b)所示(桥断路器在线路侧)两种。桥形接线可视为单母线分段接线省去一侧支路断路器的接线:将桥断路器视为分段断路器,省去变压器断路为内桥,省去线路断路器为外桥。因此是一种等级很低的接线。

（1）内桥接线

内桥接线的特点是：两条线路上都装一台断路器（1DL 和 2DL），因此线路的切除和投入比较方便，当线路发生短路时，仅故障线路断路器跳开，仅停该线路，其他 3 个回路仍可继续工作；当变压器 B_1 故障时，1DL 和 3D 断路器都要断开，从而影响了同侧线路 1X 供电。该接线变压器的投入和切除操作比较复杂，所以内桥接线适应于线路较长，故障概率较大，而变压器又不需要经常投切的情况。

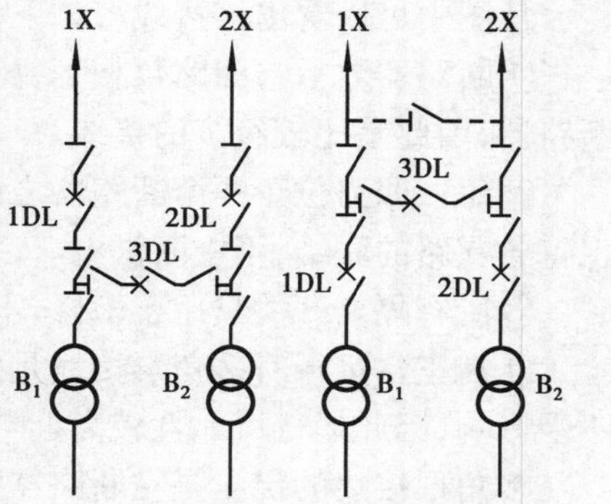

（2）外桥接线

外桥接线的特点是：与内桥接线相反，当线路 1X 故

（a）内桥式　　（b）外桥式

图 8.9　桥形接线

障时，1DL 和 3DL 都要跳开，要影响同侧变压器的工作；当变压器故障时，仅停该变压器，不影响其他回路工作，该接线变压器的切除和投入比较方便。所以外桥接线适应于线路较短和变压器要按经济运行方式经常投切的情况。作为小容量水电厂的接线，有时要切除发电机而停下一台变压器采用外桥接线比较适宜。此外，当系统有穿越功率流经本厂（所）时，例如两回出线接入环形电网，也应采用外桥接线，使系统穿越功率不受 1DL 和 2DL 切除的影响。为了检修桥断路器 3DL，不致引起系统在此处开断运行，可增设并联的旁路隔离开关（虚线），以供检修之用，平时则断开。

由于桥形接线造价低，并且容易发展为单母线分段接线，因此为了节省投资，在配电装置建造初期，负荷较小，引出线回路数目不多的小变电站，可采用桥形接线。随着负荷的增长，回路数目的增多，再过渡到单母线分段。

8.4.2　多角形接线

多角形接线结构是将各支路断路器连成一个环，然后将各支路接于环的顶点上，如图 8.10 所示。常用的有三角形、四角形接线等。

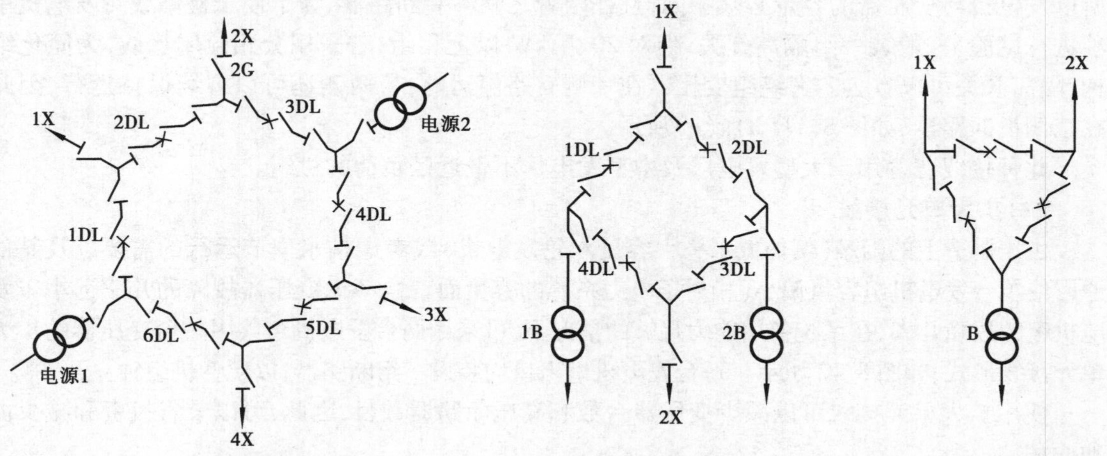

（a）六角形接线　　　　　　（b）四角形接线　　　　　　（c）三角形接线

图 8.10　多角形接线

从图中可以看出该接线有如下优点：

①断路器数目与回路数相等,比相同回路数的单母线分段接线和双母线接线均少用一个断路器,因此是比较经济的接线。

②每一回路位于两个断路器之间,因而具有双断路器接线的优点,检修任一断路器时都能保持各支路的联结,不中断供电。

③所有隔离开关只用于检修,不作操作电器,容易实现自动化和遥控。

④在正常运行时多角形接线是闭合的,当任一回路发生故障,仅该回路被断开,其余回路不受影响,因此运行可靠性较高。

多角形接线的优点是在断路器数目同于支路数目的情况下任一断路器检修均不引起支路停电,但存在如下缺点：

①任一台断路器检修,如图8.10(b)中的1DL检修,多角形接线开环运行,此时如果某元件又发生故障(如2X线路故障)就可能出现非故障回路(1B)被切除并将系统在此处解开,如为大容量电厂、变电站,可能由此导致系统各部分发、受功率严重不平衡。这种情况随着角数的增加更为突出,为此多角形接线最多不超过6个角。

②开环和闭环两种工况下,流过断路器的工作电流不相同,这给设备选择和继电保护整定带来一定困难。

③此种接线的配电装置不便于发展,扩建时需破坏原有结构。

因此,多角形接线仅用于小容量水电站。

8.5　单元接线

(1)发电机-变压器单元接线

发电机-变压器单元接线,如图8.11所示,图8.11(a)为发电机与双绕组变压器单元接线,电能通过变压器升压后直接送入高压电网,这种接线的发电机和变压器不可能单独工作,所以发电机与变压器的容量必须相同,且在两者之间不装断路器,为了便于检修或对发电机单独进行试验,一般装一组隔离开关,但对20万kW以上相组,若采用分相封闭母线,为简化结构,隔离开关可以省去。三绕组变压器在一侧支路停运时,另两侧还可以继续保持运行,因此在三侧设断路器,如图8.11(b)、(c)所示。

此种接线普遍用于大型发电厂及中型发电厂不带近区负荷的机组。

(2)扩大单元接线

由于制造上的困难(例如低水头大容量水轮发电机)或考虑枯水季节运行的需要以及其他原因使单台发电机组容量偏小(相对于电力系统的容量而言),考虑变压器故障的几率远小于发电机组的故障几率,在系统备用能力足够的情况下,可采用两台发电机组共用一台变压器的扩大单元接线形式,如图8.12所示。每台发电机组出口均装设一组断路器,以便各机组独立开、停。

使用扩大单元接线可以减少变压器台数和高压断路器数目,因此,可以节省投资和减少占地面积。

(3)发电机-变压器-线路单元接线

图8.13(a)为变压器-线路单元接线,图8.13(b)为发电机-变压器-线路单元接线。当线

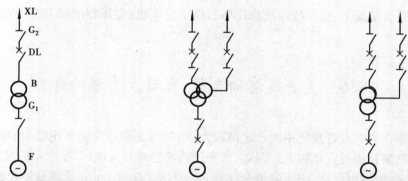

（a）发电机-双绕组变压器单元接线　（b）发电机-三绕组变压器单元接线　（c）发电机-自耦变压器单元接线

图 8.11　单元接线

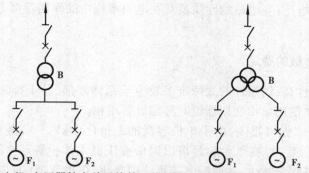

（a）发电机-变压器扩大单元接线　（b）发电机-分裂绕组变压器扩大单元接线

图 8.12　扩大单元接线

路很短时,不需在发电厂内设置升高电压配电装置,从而减少投资和占地。同时,由于解除了站内高压各支路的并联,可以降低站内的短路电流。

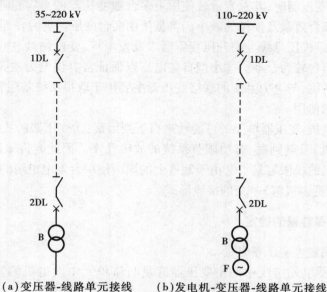

（a）变压器-线路单元接线　　　（b）发电机-变压器-线路单元接线

图 8.13　发电机、变压器线路单元接线

167

在线路很长情况下,由于线路故障几率远高于发电机、变压器故障几率,因此不宜采用此种接线。

8.6　主变压器的台数、容量及类型的选择

主变压器在电气设备投资中所占比例较大,同时与之相适应的配电装置,特别是大容量、高电压的配电装置的投资也很大。因此,主变压器的选择对发电厂、变电站的技术经济性影响很大。例如,大型发电厂高、中压联络变压器台数不足(仅有 1 台)或容量不足将导致电站和电网的运行可靠性下降,联络变压器经常过载或被迫限制两级电网的功率交换或封锁发电机的出力。反之,台数过多、容量过大将增加投资并使配电装置复杂化。

主变压的选择与发电厂、变电站的性质及其在电力系统中的作用等多方面因素有关,以下仅提出一般原则。

8.6.1　主变压器台数的确定

变压器本身的可靠性高,偶然性的故障也多发生于箱体外部,易于排除,因此一般不考虑主变压器的明备用,仅在使用单相变压器组时考虑设备用相。

变压器单台容量可以做得很大,由于单位容量的造价(元/kV·A)随单台容量的增加而下降,因此减少变压器台数,提高单台容量可以降低变压器本体投资。由于变压器台数的减少,与之配套的配电设备相应减少,并使配电装置结构简化,布置清晰(减少交叉),占地面积、施工工作量也随之减少从而取得显著的技术经济效益。

减少变压器台数的途径如下:①使用发电机-变压器扩大单元。②在需要变压器并联以相互备用时,使用两台变压器比使用更多台数变压器有利。考虑一台变压器退出工作后的备用能力相当,使用两台变压器时,其总容量较使用更多台数变压器的总容量有所增加,但变压器台数减少所取得的综合效益及损耗的减小仍将是使用两台变压器更为合理。负荷变电站的降压变压器,小型发电厂机压母线上的升压变压器以及发电厂、变电站高、中压电网的联络变压器一般情况下使用两台较为合理。③小型自备电厂以保证自身供电为主要目的,一般无很多剩余功率输入电力系统,与电力系统的联络变压器主要用于取得系统备用和运行的稳定性,这时联络变压器可考虑使用一台。

采用扩大的发电机-变压器单元的可能性来自下列因素:①变压器的故障几率远小于发电机组(原动机、发电机)及其励磁、有功调节系统的故障几率。因此允许采用的单台变压器的极限容量大于发电机的极限容量。②由于制造上的原因使单台发电机组的最大容量受到限制而被迫采用两机(或更多机组)一变的接线形式。

8.6.2　主变压器容量的确定

可按下述原则确定主变压器容量:

①发电机-变压器单元接线中的主变压器容量与该单元中发电机的容量(扣除厂用电)配套。

②高、中压电网的联络变压器应按两级电网正常与检修状态下可能出现的最大功率交换

确定容量,依赖于两级电网的合理调度。

变压器有极高的运行可靠性,因此可以降低备用的要求。并联运行的变压器在一台变压器事故切断时相互备用(隐备用),只要求短时保持原有总输送容量,同时应计及变压器的短时过载能力。

当联络变压器为两台时,考虑一台突然切断后另一台应短时承担全部负荷,因此选择每台容量为总容量的 50% ~ 75%。采用 50% 时,一台变压器突然切断,另一台过载倍数为 2,允许运行 7.5 min。采用 75% 时,过载倍数为 1.3,允许运行 2 h,应保证在上述时间内电网调度能妥善地调整系统潮流、降低联络点的穿越功率。

变压器的检修时间间隔很长:第一次大修在正式投运后 5 年左右进行,以后根据运行情况和检查试验结果确定,一般不少于 10 年。合理地安排检修时间合理调度电网,并利用变压器的过载能力满足供电要求,不必因此而增加变压器的安装容量。

③小型电厂机端电压母线上的升压变压器的容量选择条件为:a. 接于该母线上的发电机处于全开满载状态而母线负荷(含厂用电)又最小时,能将全部剩余功率送出。b. 发电机开机容量最小(最大 1 台故障或检修退出工作、水电站冬季停运),能经该变压器倒送功率满足母线负荷要求。上述两状态指的是具有一定持续时间的状态用以确定变压器的额定容量,对于一些持续时间很短的状态可考虑以变压器的过载能力满足要求。c. 当两台变压器并联运行互为备用时,主要考虑变压器箱体之外故障的短时备用能力,其原则与前述联络变压器相同,要求高的,选取单台容量较大。由于变压器检修周期长,且可与该母线上的发电机检修时间相配合,因而不因其检修增加容量。

综上所述,在选择主变压器容量时,所采用的基本原则是:①在电力系统正常运行与检修状态下,以具有一定持续时间的日负荷选择主变压器的额定容量,日负荷中持续时间很短的部分,可由变压器过载满足。②并联运行的主变压器以隐备用形式相互作为事故备用,只要求短时保持原有总传输容量并应计及变压器的短时过负荷能力。③主变压器检修时间间隔很长、检修时间较短,合理做好检修与运行调度。则不因检修并联变压器而增加其选择容量。

8.6.3　主变压器类型的选择

(1)单相变压器的使用条件

三相变压器与同容量的单相变压器组相比较,其铜和钢片材料消耗节省 20% ~ 50%,从而使其价格较低且安装占地面积小,且运行损耗减少 12% ~ 15%。因此一般情况下,规定使用三相变压器。

一般变压器在制造厂装配好后再运输。随着电压的提高,容量的增大,变压器的外形尺寸及质量均增大,因此可能出现由制造厂到发电厂、变电站运输道路的困难:隧洞的高度、桥梁的承载能力不足等。使用单相变压器可使单件容量降低 2/3,从而解决运输问题,这往往成为使用单相变压器最主要的原因。

单相变压器的明备用容量为一相容量,由于备用容量降低 2/3 才有可能使加装明备用后在运行上取得的效益能够补偿投资的增加。由于变压器的可靠性极高,因此当变压器组数大于或等于 3,即单相变压器台数大于或等于 9 时才设立备用相,使用单相变压器可以通过设立备用相而取得技术经济效益。

单相变压器一般应用于 500 kV 及以上电压的发电厂、变电站中。

（2）三绕组普通变压器与三绕组自耦变压器的使用条件

当发电厂有两级升高电压（高压与中压）时，往往使用三绕组变压器作为联络变压器，其主要作用是实现高、中压的联络。其低压绕组接成三角形抵消磁通的三次谐波分量，同时可以提供备用厂用电源或接入发电机（图 8.17 和图 8.18）。

变电站同样可使用三绕组变压器作联络变压器。

当中压为中性点非直接接地电网时，只能使用普通三绕组变压器。

在中、小型发电厂中三绕组联络变压器的低压绕组一般接入发电机。该发电机组可视为高、中压两级电网的公共机组：既可向高压电网送电，也可向中压电网送电。实际上两级电网的功率平衡由公共机组改变功率传送方向来实现而并非高、中压电网之间的功率交换，因此可以降低传输损耗。公共机组停运时，联络变压器高、中压绕组之间传递功率，实现两级电网的功率平衡。三绕组变压器三侧均应装设断路器。

由于自耦变压器的形式容量小于额定容量，因此其消耗的铜线、钢片及绝缘材料较同容量普通变压器少（造价降低 20% 以上），运行损耗也小。由于尺寸与质量下降使之单台容量可以做得很大，减轻运输困难。因此，在 500 kV 发电厂、变电站中广泛取代普通三绕组变压器取得经济效益。

自耦变压器只能用于高、中压中性点均有效接地的电网，即只能用于 220 kV 及以上的发电厂、变电站，由于其阻抗较小，它可能使短路电流增加，使低电压等级电网断路器断流容量不足并对通信造成干扰，应经计算确定。

500 kV 发电厂使用自耦变压器时，其低压侧一般作为备用厂用电源引接点，使备用电源具有很高的可靠性。当低压侧接入发电机时，应使自耦变压器型式容量与发电机容量相同，因此应选择其额定容量为发电机容量的 $\dfrac{1}{K_\mathrm{T}}$ 倍，$K_\mathrm{T} = \left(1 - \dfrac{U_2}{U_1}\right)$ 称为型式系数，U_1、U_2 为高、中压电压。发电机向中压绕组传送功率即可使中压（公共绕组）满载，从而限制高压向中压传送功率，即不能发挥自耦变压器的优越性。此种情况下，为了保证高压向中压传送功率，必须提高变压器容量，这将引起投资上升、短路电流增加。因此一般大型电厂不采用低压接入发电机的方案。

（3）有激磁调压变压器的使用条件

有激磁调压变压器曾被称为有载调压变压器，前者表示有电压，后者表示有电流。与普通变压器的差别在于：①普通变压器的调压开关只能在停电状态下进行分接头的切换，有激磁调压变压器的调压开关可以在运行中带电切换。②普通变压器调压范围较小（±5%），有激磁调压变压器调压范围很大（达±10%）。因此，在电压变化范围较大且变化频繁的情况下，需使用有激磁调压变压器。

有激磁调压变压器价格显著高于普通变压器，特别是分接头调节开关要承担运行中的切换操作，在制造上有相当的困难，必须严格保证质量，否则将会造成严重事故，降低运行可靠性。

下述情况下，发电厂、变电站可能需要使用有激磁调压变压器：

①中、小电厂（一般单机容量 50 MW 及以下）设立发电机电压母线，连接该母线与高、中压电网的变压器可能出现功率方向倒换时，为了保证该母线负荷供电电压质量需要带负荷调

节电压。

此种情况是由接入该母线的发电机容量不足引起。因此,在母线动、热稳固性允许条件下,接入该母线的发电机容量,应保证切除 1 台之后满足最大母线负荷的要求。由此而避免功率倒送,降低传输损耗。

水电站丰、枯季节可能出现上述母线上变压器潮流反向,如仅属于季节性的倒换(非频繁的倒换)也不必装设有激磁调压变压器。

②地方变电站、工厂、企业的自用变电站往往出现日负荷变化幅度很大的情况,如要满足电能质量要求往往需要装设有激磁调压变压器。

③330 kV 及以上电压变电站,由于高压电网无功调节设备(电抗器等)容量不足,在昼夜负荷变化时,由于超高压输电线电容充电功率的影响使变压器高压端电压变化幅度很大,为维持中、低压电压水平往往需要装设有激磁调压变压器。

8.7　电气主接线形式选择的技术经济比较

设计发电厂、变电站电气主接线时,首先应按技术要求确定可能选用的方案。当有多个方案在技术上相当时,则需要进行经济比较。

8.7.1　技术上可行方案的选择

设计发电厂、变电站主接线时,在技术上应考虑的主要问题是:①保证全系统运行的稳定性,不因在本厂、站内的故障造成系统的瓦解。②保证负荷,特别是重要负荷供电的可靠性及电能质量。③各设备特别要注意高、中压联络变压器的过载是否在允许范围之内。

为此,必须认真地分析系统及负荷资料。然后根据发电厂、变电站在系统中的作用:是否为主力发电厂、枢纽变电站、电压高低、容量大小、系统在本厂、站的穿越功率大小和负荷的性质,遵照国家所颁布的有关规程确定其技术上的等级。

必须指出,前述各种典型的主接线方案在技术上都是有显著差异的,有不同的技术等级,即不应将其中任何两种方案视为技术上相当的方案。例如,双母线单断路器带旁路的接线在一组母线停运时,约有 50% 的支路停运,对特大容量的发电厂及最高电压的枢纽变电站,尽管是短时的停运也可能对全系统的稳定运行造成严重的威胁,因此在技术上与 3/2 断路器和双断路器接线相差甚远。又如单母线分段带旁路的接线与双母线单断路器不带旁路的接线,它们在投资上是相当的,但在技术上的侧重点是各不相同的:前者解决支路断路器检修该支路不停电的问题,后者解决一组母线停运后经过倒闸操作可以缩短接于该组母线上的支路的停电时间问题。

前述典型接线主要反映同级电压的横向联络方式的差异。设计主接线首先还需确定各级电压的进出线状况,它包括直接接入各级电压的电源容量和高、中压联络变压器的形式、台数、容量、厂用备用电源的引接点等问题的考虑。小电厂可以将全部发电机接入机压母线对近区负荷供电,然后用 1～2 台变压器与系统连接,在技术上取得并联后互为备用的优势。也可能因变压器台数的减少而取得经济效益。大电厂在单机容量很大的情况下,应尽可能减少一次故障切除多台发电机的几率,选择的接线应保证在保护和断路器正确动作的情况下,不出现多台机的切除,即这种切除仅可能出现于越级动作的情况,减少并联点可以减少这种概率。实际上断路器价格的昂贵,或制造水平的限制不能在机端装设断路器也排除了大机组在机端并联的可行性。

将接入高压母线的发电机-变压器单元改接在中压母线上,必将由于变压器和配电装置电压的降低而节省该单元的投资,但会影响高、低压之间的穿越功率,必须计及中压负荷最大和最小两种情况选择直接接入中压母线的发电机-变压器单元容量和联络变压器的容量,应保证传输功率在变压器负载能力之内。

当中、低压之间传送功率较大时,将显著降低自耦变压器的经济性,选用自耦变压器和普通三绕组变压器需要作经济比较。

变压器形式、台数、容量的改变,必将造成自身投资、相应配电装置投资及电能损耗的改变。

技术上的可行性必须符合各地的特定情况,例如占地面积,交通运输,设备的制造情况和实际运行效果,安装、调试水平等。必须深入全面地了解情况,才能达到预期的效果。

8.7.2 方案的经济比较

经济比较主要是对各方案的综合投资和年运行费两大项进行综合比较。计算时,可只计算各方案不同部分的投资和年运行费,计算步骤如下:

(1)**计算综合投资 Z**

$$Z = Z_0\left(1 + \frac{a}{100}\right) \tag{8.1}$$

式中 Z_0——主体设备的综合投资,包括变压器、开关设备、配电装置等设备的综合投资,元;

a——不明显的附加费用比例系数,一般 220 kV 取 70,110 kV 取 90。

所谓综合投资,包括设备本体价格、控制设备、母线、主要材料费、安装费等各种费用的总和。

(2)**计算年运行费 U**

年运行费主要包括一年中变压器的电能损耗费及检修、维护、折旧费等。按下式计算

$$U = \alpha\Delta A + U_1 + U_2 \tag{8.2}$$

式中 U_1——检修、维护费,万元,一般为$(0.022 \sim 0.042)Z$;

U_2——折旧费,万元,一般为$(0.05 \sim 0.058)Z$;

α——电能电价,应取当地实际电价;

ΔA——变压器电能损失$(kW \cdot h)$(一年)。

ΔA 的计算要随变压器形式不同而异,现分述如下:

1)双绕组变压器 n 台同容量变压器并列运行时,

$$\Delta A = \sum\left[n(\Delta p_0 + K\Delta Q_0) + \frac{1}{n}(\Delta p_d + K\Delta Q_d) \times \left(\frac{S}{S_e}\right)^2\right]t \tag{8.3}$$

式中 n——相同的变压器台数;

S_e——每台变压器额定容量，$kV \cdot A$；

S——n 台变压器担负的总负荷，$kV \cdot A$；

t——对应负荷 S 运行的时间，h；

Δp_0、ΔQ_0——每台变压器的空载有功损耗，kW，无功损耗 $\Delta Q_0 = I_0 (\%) \dfrac{S_e}{100}$（kvar）；

$I_0(\%)$—— 一台变压器空载电流百分值；

Δp_d、ΔQ_d——每台变压器的短路有功损耗，kW，无功损耗 $\Delta Q_d = U_0 (\%) \dfrac{S_e}{100}$（kvar）；

$U_0(\%)$——变压器的短路电压（或称阻抗电压）百分值；

K——无功经济当量（即单位无功损耗在经济上相当的有功损耗量），发电机母线上的变压器取 0.02，系统中的变压器取 $0.1 \sim 0.15$。

2）三绕组变压器 n 台同容量并联运行

A.1,2,3 绕组容量比为 $100/100/100$、$100/100/66.6$、$100/100/50$ 则按下式计算

$$\Delta A = \sum \left[n(\Delta p_0 + K\Delta Q_0) + \frac{1}{2n}(\Delta p_d + K\Delta Q_d) \left(\frac{S_1^2}{S_e^2} + \frac{S_2^2}{S_e^2} + \frac{S_3^2}{S_e S_{e3}} \right) \right] t \ (kW \cdot h) \quad (8.4)$$

式中　S_1、S_2、S_3——n 台变压器第一、二、三侧所担负的总负荷，$kV \cdot A$；

S_{e3}——第三绕组的额定容量，$kV \cdot A$。

B. 当容量比为 $100/100/66.6$ 则按下式计算

$$\Delta A = \sum \left[n(\Delta p_0 + K\Delta Q_0) + \frac{1}{1.83n}(\Delta p_d + K\Delta Q_d) \left(\frac{S_1^2}{S_e^2} + \frac{S_2^2}{S_e S_{e2}} + \frac{S_3^2}{S_e S_{e3}} \right) \right] t \quad (8.5)$$

式中　S_{e2}、S_{e3}——第二、三绕组的额定容量，$kV \cdot A$。

C. 当容量比为 $100/50/50$ 则按下式计算

$$\Delta A = \sum \left[n(\Delta p_0 + K\Delta Q_0) + \frac{1}{2n}(\Delta p_d + K\Delta Q_d) \left(\frac{S_1^2}{S_e^2} + \frac{S_2^2}{S_e S_{e2}} + \frac{S_3^2}{S_e S_{e3}} \right) \right] t \quad (8.6)$$

8.7.3　方案的确定

对几个技术上相当的方案，通过以上的公式分别算出各个方案的综合投资和年运行费，若有一个方案无论综合投资和年运行费都比其他的方案小，则应优先选用。若在两个方案中，第一方案综合投资 Z_1 高而年运行费 U_1 低，第二方案综合投资 Z_2 低而年运行费 U_2 高，则应进一步进行经济比较，比较的方法有下述两种。

（1）静态比较法

1）抵偿年限法

我国长期沿用至今的抵偿年限法，就是静态法的一种，这种计算方法比较简单，没有仔细考虑投资时间对经济效果的影响，它以设备、材料和人工等的经济价值固定不变作为前提，认为经济价值与时间无关，是静态的。在上述的两方案中，如综合投资 $Z_1 > Z_2$，而年运行费 $U_1 < U_2$，则可用抵偿年限 T 来确定最佳方案。

$$T = \frac{Z_1 - Z_2}{U_2 - U_1} \quad (8.7)$$

根据当前国家经济政策，T 规定以 5 ~ 8 年为限。T 如小于 5 年，则采用综合投资高的第一方案。因为方案一中多投资的费用，可在 T 年内由节约的年运行费予以补偿。若 T 大于 8 年，表明方案一每年节约的年运行费，不足以在短期(5 ~ 8 年)内将多用的投资偿还。则选用投资小的第二方案，以获得最佳的经济效益。对于两个方案都采用一次性投资，装机程序相同，主体设备投入情况相近，装机过程在 5 年左右完成时，采用此法进行方案比较，较为适宜。

2)计算费用最小法

如在技术上相当的方案多于两个时，为了便于比较，常采用计算费用最小的方法，即

$$C_i = \frac{Z_i}{T} + U_i \quad (i = 1, 2, 3, \cdots) \tag{8.8}$$

式中　C_i——计算费用。

可取 $T = 5 \sim 8$ 年，然后分别计算各方案的计算费用 C，其中 C 最小的方案为最经济方案。

(2)动态比较法

这种方法主要考虑在经济分析中，以货币的经济价值随时间而经常改变为基础。各种费用都在随市场供求关系，随时间不同而异，因此，对建设期中的电力设施的投资、运行期的年费用和效益都要考虑时间因素，各种费用的支付时间不同，发挥的效益亦不同。对不同方案进行经济效益比较时，必须在同等可比的条件下方能进行。

按照我国电力工业的《电力工程经济分析暂行条例》规定，采用"最小年费用法"进行动态经济比较。以年费用最少来确定最优方案。其计算公式为：

$$NF = Z \left[\frac{r_0(1 + r_0)^n}{(1 + r_0)^n - 1} \right] + U \text{ 为最小} \tag{8.9}$$

$$Z = \sum_{t=1}^{m} Z_t (1 + r_0)^{m-t}$$

$$U = \frac{r_0(1 + r_0)^n}{(1 + r_0)^n - 1} \left[\sum_{t=t'}^{m} U_t(1 + r_0)^{m-t} + \sum_{t=m+1}^{m+n} U_t \frac{1}{(1 + r_0)^{t-m}} \right]$$

上三式中　NF——年费用(平均分布在从 $m+1$ 到 $m+n$ 期间的 n 年内)，万元；

　　　　　Z——折算到第 m 年的总投资(即第 m 年的本利和)，万元；

　　　　　Z_t——第 t 年的投资，万元；

　　　　　t——从工程开工这一年($t=1$)算起的年份；

　　　　　m——施工年数；

　　　　　r_0——电力工业投资回收率，或称电力工业投资利润率，现阶段暂定为 0.1；

　　　　　n——工程的经济使用年限(暂定水电厂 50 年，火电厂 25 年，输变电 20 ~ 25 年，核电厂 25 年)；

　　　　　U——折算年运行费，万元；

　　　　　U_t——第 t 年所需的年运行费；

　　　　　t'——从工程开工这一年算起，工程部分投运的年份。

图 8.14 为上式各参量相互关系意图，按上式计算各方案的年费用，其中最小者为经济上的最优方案。

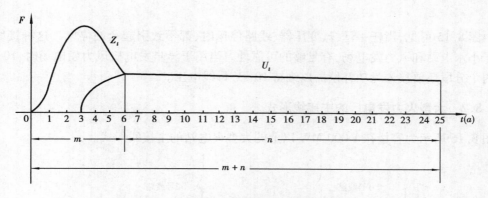

图 8.14 年最小费用法各参量关系示意图

8.8 典型主接线形式的应用

8.8.1 小型发电厂的主接线形式

图 8.15 所示为容量在 100 MW 以下的小型电站的主接线形式。

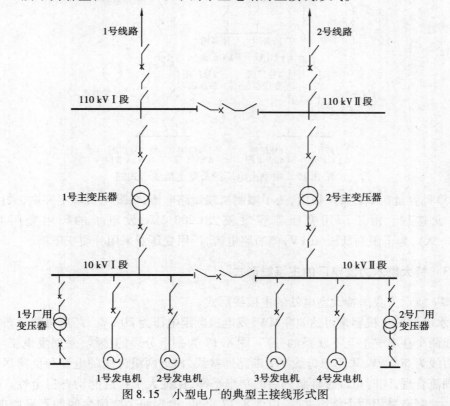

图 8.15 小型电厂的典型主接线形式图

图 8.15 中,发电机电压为 10 kV,经两台变压器升压后,由两回 110 kV 线路接入电力系统。10 kV 与 110 kV 均采用单母线分段接线,设两台厂用变压器,分别接于 10 kV 母线的两个

分段。

由图 8.15 可见,当任一母线、变压器、线路停运时,都不致引起全站停电。这种接线形式常用于小水电站和风力发电场,有足够的可靠性。当用于异步发电机风力发电场时,10 kV 母线的两个分段还要接入无功补偿器以维持 10 kV 母线电压。

8.8.2　大型火力发电厂的主接线形式

图 8.16 所示为容量在 1 000 MW 以上的大型火电站的主接线形式。

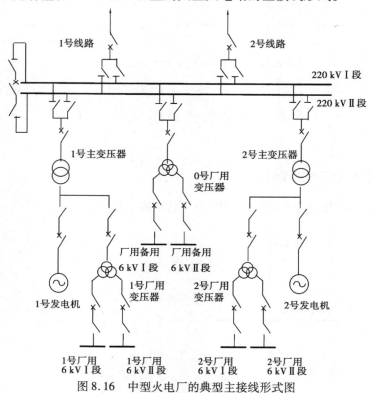

图 8.16　中型火电厂的典型主接线形式图

由于单机容量在 200 MW 以上,为了限制机端短路电流,各发电机端不并联,采用发电机-变压器单元接线。由于厂用变压器容量较大(200 MW 发电机的厂用变压器容量接近 20 MV·A),为了限制低压(6 kV)侧短路电流,厂用变压器采用分裂变压器。

8.8.3　特大型水力发电厂的主接线形式

图 8.17 所示为我国特大型电站的主接线形式。

这种水电站的单机容量可达 800 MW,发电机额定电压为 20 kV。厂房可能分布在大江的两岸,形成两个在电气上互不联系的分厂,图 8.17 为一个分厂的接线,采用发电机-变压器单元接线,出线为 500 kV,采用双母线 3/2 断路器接线,靠近两组母线的电源和负荷尽可能分布均衡,使潮流合理,同时可以保证解列后的功率平衡,保证大干扰后的动态稳定性。由于发电机电流较大,制造采用两个绕组并联,由图 8.17 可见,检测两个绕组之间的不平衡电流,可以鉴别发电机绕组是否发生匝间短路。发电机中性点经电阻接地,目的在于削弱内部过电压

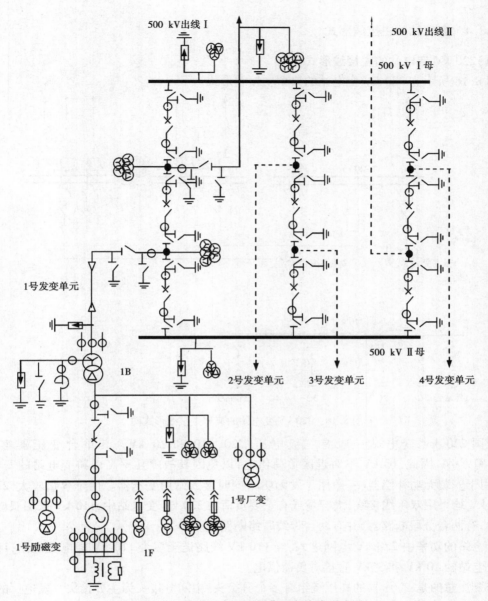

图 8.17　特大型水电厂的典型主接线形式图

水平。

　　每台发电机设一厂用变压器,接线简单、清晰。由于水电站的站用电率远小于火电站,800 MW 发电机的厂用变压器容量约为 2 500 kV·A,因此不必采用分裂变压器。一般火电厂的励磁电源取自与发电机同轴旋转的励磁交流发电机,而水电站的励磁电源取于机端,机端有励磁变压器称为静止励磁系统。

　　特大型火电厂的主接线形式与特大型水电厂近似,采用发电机-变压器单元接线,出线为 500 kV,采用双母线 3/2 断路器接线,只是发电机的附属设备有所不同。

8.8.4 变电站的主接线形式

(1)220 kV 变电站的主接线形式

图 8.18 所示为 220 kV 变电站的典型主接线形式。

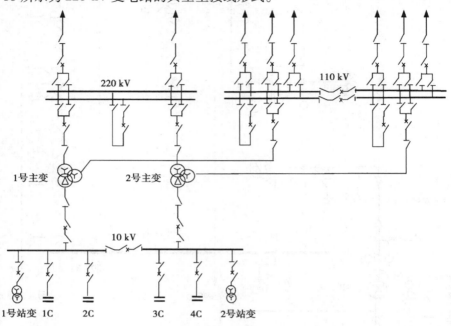

图 8.18 220 kV 变电站的典型主接线形式图

我国 220 kV 变电站一般有三级电压:220、110 和 10 kV。其单台变压器容量可达 240 MV·A,因此,10 kV 不对近区负荷供电,以免因其故障几率高威胁变电站的安全,10 kV 仅用于安装无功补偿器(一般用于发无功),同时接入站用变压器。由于容量较大,220 kV 和 110 kV 均采用双母线接线,大容量或有重要负荷的 220 kV 变电站中,110 kV 采用双母线分段接线,有两台分段断路器,并有两台母线联络断路器。

变电站的功率由 220 kV 电网进入,经 110 kV 线路送至多个 110 kV 配电变电站,110 kV 配电变电站的 10 kV 和 35kV 直接对负荷供电。

需要注意的是:变压器的高压绕组有多个分接头,中间分接头为主分接头。发电厂的变压器为升压变压器,高压侧为功率送端,主分接头电压较额定电压高 10%;变电站的变压器为升压变压器,高压侧为功率受端,主分接头电压为额定电压。变电站一般选用有激磁调压变压器,除主分接头外,还有 ±8×1.25% 16 个分接头,以提高调压精度。

(2)500 kV 变电站的主接线形式

图 8.19 所示为我国 500 kV 变电站的典型主接线形式。

我国 500 kV 变电站一般有三种电压:500、220 和 35 kV。一般单台变压器容量为 750 MV·A,使用三台 250 MV·A 单相自耦变压器组成。主接线形式为:500 kV 采用双母线 3/2 断路器接线;220 kV 采用双母线分段接线;35 kV 采用单母线分段接线,接入两台站用变压器,同时另有站外取得的站用电源,为了轻载时吸收 500 kV 输电线的剩余无功,35 kV 接入双向无功补偿器(电容器与电抗器)。

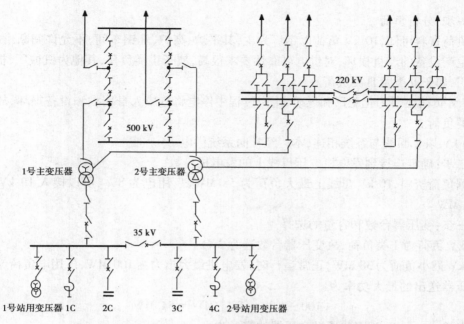

图 8.19　500 kV 变电站的典型主接线形式图

8.9　电气主接线设计举例

题目:4×50 MW 地区凝汽式火力发电厂电气主接线设计

原始资料

①某地区新建一座装机容量为 4×50 MW 的火力发电厂,发电机额定电压 $U_e = 10$ kV,$\cos \varphi = 0.8$。电厂建成后以 10 kV 电压供给本地区负荷,其中有机械厂、钢厂、棉纺厂等,最大负荷为 58 MW。最小负荷为 38 MW,并以 35 kV 电压供给附近的化肥厂和煤矿用电,其最大负荷为 28 MW,最小负荷为 19 MW,负荷功率因数为 0.85。要求剩余功率全部送入 110 kV 系统,负荷中 I 类负荷比例为 30%,II 类为 40%,III 类为 30%。发电厂近期安装 2 台 50 MW,远期再扩建 2 台 50 MW。

②按负荷供电可靠性要求及线路传输能力已确定各级电压出线列于表 8.2。

表 8.2　各级电压出线

10 kV		35 kV		110 kV	
名　称	回路数	名　称	回路数	名　称	回路数
机械厂	2	化肥厂	2	系　统	2
钢　厂	4	煤　矿	2		
棉纺厂	2				
市　区	4				
预　留	6	预　留	4	预　留	1
合　计	18	合　计	8	合　计	3

179

第一步:分析负荷

由负荷资料可知,10 kV 负荷以钢厂为主,其平炉、高炉、轧钢车间,不允许间断供电,否则将造成生产设备的严重损坏,对供电可靠性要求很高,属于 Ⅰ 类负荷,其他为机械厂、棉纺厂和城市照明,属于 Ⅱ 类及 Ⅲ 类负荷。

35 kV 负荷主要为化肥厂和煤矿,生产过程中停电将造成人身伤亡和设备损坏,故属于 Ⅰ 类和 Ⅱ 类负荷。

110 kV 以 2 回线与系统相连,本厂经常向系统供电。

第二步:确定连接到发电机电压母线上的发电机台数

根据负荷资料,10 kV 母线上最大负荷为 58 MW,厂用电为 8%,所以接入 10 kV 母线机组 2×50 MW。

第三步:变压器台数和容量的选择

35 kV 负荷为 Ⅰ 类负荷,故变压器台数选为 2 台。

10 kV 最小负荷为 38 MW,正常运行时,发电机最大出力为 100 MW,厂用电负荷为 8 MW,故经变压器送出的最大功率为:

$$[100 - (38 + 8)] \text{ MW} = 54 \text{ MW}$$

发电机 $\cos \varphi = 0.8$,因此通过变压器的容量为:

$$S = \frac{54}{0.8} \text{ MV} \cdot \text{A} = 67.5 \text{ MV} \cdot \text{A}$$

若最大一台机组(50 MW)检修,其余 1 台 50 MW 的发电机,则不能满足 10 kV 最大负荷(58 MW)的用电。此时厂用电为 4 MW,故缺额为:

$$[50 - (58 + 4)] \text{ MW} = -12 \text{ MW}$$

此缺额需由系统变压器倒送。

按上述计算,对变压器作如下选择:

$$2 \times 40 \text{ MV} \cdot \text{A} \quad \text{三绕组变压器}$$

中压侧负荷最大值为: $\frac{28}{0.85}$ MV · A = 33 MV · A,故选择绕组容量比为 100%/100%/50%。

当一台变压器突然故障切除时,在最大开机且 10 kV 母线负荷最小情况下,另一台变压器过负荷倍数为:

$$\frac{67.5}{40} = 1.68$$

允许过载时间接近 2 小时,可在此时间内处理事故,发电机组将自动减小发电功率。

1 台变压器运行时,在母线日负荷低谷时段,变压器过载 15%,可传输容量与最大传输容量的比值为:

$$\frac{40 \times (1 + 15\%)}{67.5} \times 100\% = 68\%$$

即可满足 Ⅰ 类负荷和大部分 Ⅱ 类负荷的要求。由于两机剩余功率已能满足 35 kV 负荷要求:故远期 2×50 MW 机组直接接入 110 kV。

本站主接线如图 8.20 所示。

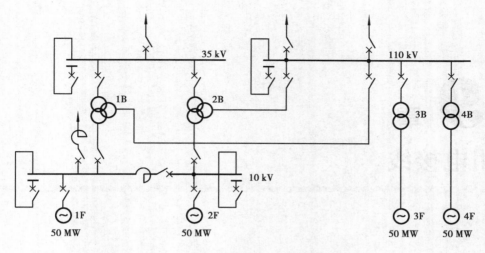

图 8.20

思 考 题

8.1 什么叫主接线的形式? 设计主接线形式的基本要求有哪些?

8.2 简述典型主接线形式的分类。

8.3 绘图说明有母线系统的主接线的结构、正常运行方式,母线停运的影响及如何解决支路断路器检修该支路不停运的问题。

8.4 绘图说明桥形接线与多角形接线的结构特点,内、外桥的选用原则,多角形接线的优、缺点及选用原则。

8.5 简述主变压器形式、台数、容量的选择原则。减少变压器台数的途径有哪些? 采用扩大的发电机-变压器单元接线来自于哪些因素?

8.6 写出双母线单断路器接线中,一条支路由Ⅰ组母线切换到Ⅱ组母线的倒闸操作步骤和有专用旁路断路器的带旁路母线接线中,一条支路断路器检修的操作步骤(绘图说明)。为什么隔离开关的操作应特别注意? 其操作原则是什么?

8.7 试画出 2 回主变进线,2 回出线的 3/2 断路器接线图,并分析说明进出线如何布置,才可避免当某一串中间一组断路器检修时,而另一串中母线侧断路器故障造成全部停电。

8.8 某地区新建一座火电厂,有 3 台 50 MW 的发电机,功率因数为 0.8,发电机电压 10.5 kV 侧有 20 回电缆馈线,其最大综合负荷为 52 MW,最小为 38 MW,厂用电率为 10%,高压侧为 110 kV 有 4 回线路与电力系统相连,试初步设计该厂主接线图(不包括自用电系统)并选择主变压器的容量和台数。

8.9 某地区 220 kV 的变电站,装有 2 台 120 MV·A 的主变压器,220 kV 侧有 6 回进线,110 kV 侧有 12 回出线,10 kV 侧有 20 回出线,且均为重要用户,不允许停电检修本站断路器,三侧应采用何种接线方式,画出接线图,并简要说明。

8.10 在双母线接线中是如何用母联断路器来代替出线断路器工作的?

第 **9** 章
自用电接线

本章以热力发电厂为重点,讲述自用电系统自用机械的分类。厂用电率以及自用机械的机械特性等基本概念。通过对拖动机械的电动机的选择,阐明各类拖动电动机的运行特点及其自启动容量校验方法,然后再分别介绍热电厂、核电站、水电厂、变电所及换流站的自用电系统接线特点。

9.1 发电厂自用电系统的工作机械及其运行特性

9.1.1 发电厂自用电系统的工作机械

在现代发电厂中,为保证主体设备(锅炉、汽轮机或水轮机、发电机)的正常运行,需要许多机械为其服务。这些机械称为自用机械或厂用机械。自用机械大多用电动机拖动,仅有个别的用蒸气拖动。

不同类型的发电厂,有不同的自用机械,现分述如下:

(1)热电厂的主要自用机械

①保证锅炉给水的机械:如给水泵。

②保证锅炉燃烧的机械:如排粉风机、送风机、引风机等。

③保证汽轮机冷凝设备正常运行的设备:如循环水泵、凝结水泵等。

④保证发电机和主变压器冷却的机械:如发电机空气冷却器、油泵、水泵、通风机等。

⑤运煤系统的机械:如扒煤机、推煤机、抓斗起重机等。

⑥煤粉制备机械:如磨煤机、输煤机、给煤机等。

⑦化学净水处理及除灰设备的机械等。

(2)水电厂的主要自用机械

①保证水轮发电机组调速和润滑的机械,如调速器、油泵、空气压缩机及发电机冷却系统和机组润滑系统的水泵等。

②保证变压器冷却的机械:如通风机、油泵、水泵等。

③全厂公用的机械:如供水泵、排水泵、闸门起重设备、充电机、浮充电机、整流装置、滤油

机、厂房通风机及厂房内桥式起重机等。

（3）自用机械的分类及自用电率

根据自用机械在生产过程中的作用及突然供电中断时,对人身、设备、生产的影响,按其重要性可分为 4 类:

1）第 Ⅰ 类

指短时(包括手动切换恢复供电所需时间)停电会造成设备损坏,危及人身安全,使机组运转停顿及大幅度影响出力的自用机械。如火电厂中的给水泵、凝结水泵、循环水泵、送风机、引风机、给粉机等。水电厂中水轮发电机组的调速器、压油泵、润滑油泵、空气压缩机等。通常这些设备设有两套,互为备用,并由两个独立电源供电,当一个电源失去之后,另一个电源就立即自动投入供电。对拖动第 Ⅰ 类自用机械的电动机,必须保证自启动。特别重要的自用机械,例如核电站的主循环泵还应有第三电源。

2）第 Ⅱ 类

允许短时停电(几秒至几分钟),在允许的停电时间内,如及时经人工操作恢复供电后,不致造成生产紊乱的自用机械,如火电厂中的工业水泵、疏水泵、灰浆泵、输煤机械和化学水处理设备等,对接有第 Ⅱ 类自用机械负荷的自用母线,也应由两个独立电源供电,但可采用手动切换。

3）第 Ⅲ 类

较长时间停电不致直接影响生产,仅造成生产上不方便,如试验室、油处理室及中央修配厂的电动机等。对于第 Ⅲ 类负荷,一般由一个电源供电。

4）第 Ⅳ 类

事故保安负荷,在 200 MW 及以上机组的大容量发电厂中,由于自动化程度较高,在事故停机过程中及停机后的一段时间内,仍应保证供电。否则可能引起主要设备损坏,重要的自动控制失灵或危及人身安全的负荷,称为事故保安负荷。根据对电源的不同要求事故保安负荷分为两种。

①直流保安负荷:由蓄电池组供电,如发电机组的直流润滑油泵。

②交流保安负荷:平时由交流自用电供电,当失去自用工作和备用电源时,一般由快速自启动的柴油发电机组供电。如实时控制用的电子计算机,允许短时停电的盘车电动机等。

自用电量占发电厂全部发电量的百分数,称为厂用电率。在额定工况下,厂用电率可用下式估算:

$$K_{cy} = \frac{S_{js}\cos \varphi_p}{p_e} \times 100\% \tag{9.1}$$

式中　K_{cy}——厂用电率,%;

　　　S_{js}——厂用计算负荷,kV·A;

　　　$\cos \varphi_p$——平均功率因数,一般取 0.8;

　　　p_e——发电机的额定功率,kW。

由于电厂类型的不同,自用电的重要性也有程度上的差异。从自用负荷的大小看,热电厂比水电厂大得多,水电厂的厂用电率仅为(0.5% ~ 3%);热电厂中的热力化电厂为(8% ~ 12%),凝汽式热电为(6% ~ 8%)。从自用负荷对电能生产过程的影响看,一般说来,水电厂不如热电厂重要。此外,自用电的重要性亦与各厂采用的技术条件有关。如在火电厂中采用超高参数蒸气,核能电厂采用新型冷却方式,大容量发电机采用计算机控制式全盘自动化和运动化装置时,对自用电的质量、可靠性的要求就更加严格。

厂用电率是发电厂的一项重要经济指标。降低厂用电率可以降低发电成本,同时相应地增大了对电力系统的供电量,对国民经济有重大意义。

自用电的工作可靠与否,对发电厂与电力系统的可靠运行有直接的影响,因此自用电是最重要的负荷。

保证自用电的可靠性和经济性,在很大程度上取决于正确选择拖动自用机械的电动机类型和容量,以及在运行中的正确使用和管理。并且也取决于正确选择自用电供电电源、电压和自用电系统的接线方式,还有赖于采用新型的继电保护和自动化措施。

9.1.2 自用工作机械的转矩—转速特性

发电厂的自用机械由拖动电动机和被拖动的工具机组成。工具机的阻转矩(或称负载转矩)M_z 与转速 n 的关系称为工具机的机械特性。按 $M_z = f(n)$ 的不同将自用机械分为两大类:

第一类:机械的阻转矩与转速无关即 M_z＝定值,当转速变化时,阻转矩 M_z 保持不变具有恒转矩负载特性,如图 9.1 曲线 1 所示。这里 M_{z*} 是机械在额定转速时以阻转矩为基准值的标幺值。在火电厂中属于这类机械有磨煤机、碎煤机、输煤皮带、绞车、起重机等。

第二类:机械的阻转矩与转速有关,即具有非线性上升的转矩机械特性,如图 9.1 中之曲线 2 所示。它们的阻转矩与转速的二次方或高次方成比例,在电厂中属于这类机械的有:风机、油泵以及工作时没有静压头的离心式水泵等,阻转矩与转速的关系可用下式表示:

$$M_{z*} = M_{z_0*} + (1 - M_{z_0*})n_*^{\alpha} \qquad (9.2)$$

式中 M_{z_0*}——与转速无关的摩擦起始阻转矩标幺值,一般 $M_{z_0*} = 0.1 \sim 0.2$(通常取 $M_{z_0*} = 0.15$);

α——表示阻转矩随转速变化的指数,对于风机和工作时没有静压头的水泵等,$\alpha = 2$;

n_*——转速标幺值,其基准值是同步转速;

M_{z*}——阻转矩标幺值,转矩的基准值取机械在额定出力时的额定转矩。

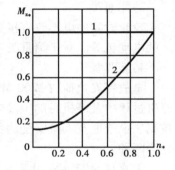

图 9.1 工具机的机械特性
1— M_{z*} ＝ 定值
2— $M_{z*} = 0.15 + 0.85n_*^2$

则得 $$M_{z*} = 0.15 + 0.85n_*^2$$

具有巨大静压头的离心式机械,如火电厂中的给水泵,在它将水送入锅炉汽包时不但要克服水在管道中流动的阻力,而且需克服汽包中的巨大蒸气压力和出水管中水的质量等静压头。它的机械特性与上述的不同,在逆止阀未开启以前,特性曲线按 $\alpha = 2$ 的规律变化,在逆止阀开启,水泵开始供水后,特性曲线的陡度增大,可能达到 $\alpha = 5 \sim 6$,图 9.2 示不同静压头 H_{j*}(以总压力为基准值的标幺值)时,给水泵的机械特性。由图可见当静压头 $H_{j*} = 0$ 时的特性曲线与一般风机相同,即 $\alpha = 2$。在这种情况下,水泵只要一有转速就开始供水。随着静压头 H_{j*} 的增大,开始供水所需的转速也增大,因此 H_{j*} 越大,供水开始得越迟(图中曲线的起端即开始供水之点),曲线陡度越大。出现这种现象的原因是给水泵的流量-转速特性也与静压头有关,如图 9.3 所示。由图可以看出,当 $H_{j*} = 0.75$ 时(给水泵的通常情况),如果转速 n_* 减少到 85%,流

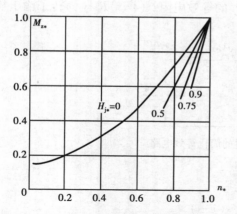

图 9.2 离心式水泵在不同静压头下的机械特性

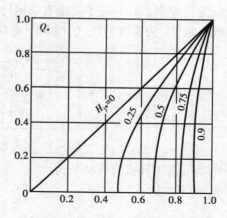

图 9.3 离心泵的流量与转速的关系

量 Q_* 就下降到 50% ;n_* 减少到 82% ,Q_* 变为零,给水中断。

由此可见,像给水泵这种对于转速的变动非常敏感的机械特性,在运行时应予以特别注意,如果拖动这类机械的电动机由于电源频率下降或电压降低,电动机的转速将降低,从而给水泵的流量锐减,这将使锅炉的给水量不足减少蒸气产量和降低蒸气参数,迫使汽轮机的输入功率不足而转速下降,频率更加降低,引起恶性循环,造成系统的频率崩溃。所以,火电厂中除了电动给水泵外,还要装有备用的汽动给水泵。

9.2   自用电动机启动的计算与实验

笼式感应电动机结构简单、运行可靠、效率高、启动方便,因此得到广泛应用。当供电母线近区故障时,母线电压降低或消失,持续时间的长短取决于继电保护装置和备用电源自动投入装置的动作速度。自用电动机在此时间段内电动机的转速下降甚至停转,当母线电压恢复后电动机重新升速,这一过程称为电动机的自启动。

9.2.1   影响电动机自启动的因素分析

(1)电动机的等效电路及与工具机的有功平衡

1)电动机的等效电路

如图 9.4 所示,电动拖动机组由电动机及其所拖动的工具机构成,电动机与工具机之间用机械联轴节 K 相连接。图中,M 为感应电动机,L 为工具机,$\dot{U}$ 为电动机电压,$\dot{I}$ 为电动机电流,$(P+jQ)$ 为电动机输入的电磁功率,P_M 为电动机输出的机械功率,P_L 为工具机输出的功率。

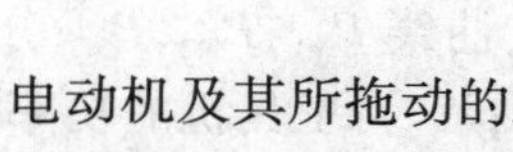

图 9.4   电动拖动机组的结构

感应电动机转子向定子归算后的 T 型等效电路如图 9.5 所示。图中,$\dot{I}_s$ 为感应电动机定子电流;$\dot{I}_r$ 为转子电流;$\dot{I}_m$ 为励磁电流;X_s 为电网抗;$X_{\sigma 1}$ 为定子漏抗;$X_{\sigma 1}$ 为转子漏抗;X_m 为励磁电抗;s 为转差率;R_r 为转子绕组有功损耗 ΔP_r 的等效电阻;$(1-s)R_r/s$ 为转子输出机械功率的等效电阻;U_s 为系统电压,U_r 为转子电压。

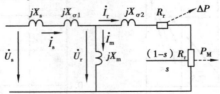

图 9.5　感应电动机的简化等效电路

2)电动机与工具机的有功平衡

①P_M 的算式为:

$$P_M = \frac{U_r^2 R_r s(1-s)}{s^2 X_{\sigma 2}^2 + R_r^2}$$ (9.3)

感应电动机自启动过程是一个机电暂态过程,启动过程中转子输出机械功与其所拖动的工具机的功率平衡($P_M \neq P_L$),导致转速的变化。求解转速变化的微分方程称为转子运动方程。

$$J \frac{\mathrm{d}\Omega}{\mathrm{d}t} = \frac{P_M - P_L}{\Omega}$$ (9.4)

式中　J——机组的转动惯量;

　　　Ω——转子的机械角速度。

②P_L 的算式

设工具机的功率增量与转差率偏移量的平方成正比,为:

$$P_L = P_{Ln}\left[1 \pm (\Delta s/\Omega_n)^2\right]$$ (9.5)

式中　$\Delta s = (s - s_n)$——转差率的偏移量;

　　　P_{Ln}——额定转速下的工具机功率;

　　　P_L——转差率为 s 下的工具机功率:$\Delta s < 0$ 时取正号,$\Delta s > 0$ 时取负号。

③P_M 与 P_L 的功率平衡

以电动机自身额定电压和额定容量为基准,取电动机的阻抗标幺值参数为:$X_m = 3.3$,$X_{\sigma 1} = X_{\sigma 2} = 0.143\ 8$,$R_r = 0.055$,额定转差率 $s_n = 0.054$,对应的额定转速 $\Omega_n = 0.946$。

分别取电网电压 $U_s = (1.1,1.0,0.8)$ 三种状况,计算出电动机的(P_M-s)特性及与工具机的(P_L-s)特性如图 9.6 所示。图中,曲线 P_{M1},P_{M2},P_{M3} 分别是电网电压 $U_s = (1.1,1.0,0.8)$ 三种状况下,电动机输出的机械功率;P_L 为工具机的功率。两者的交点为平衡点:左侧与 P_M 上升段的交点为稳定平衡点,右侧与 P_M 下降段的交点为不稳定平衡点。

稳定平衡点与不稳定平衡点的判据是:出现瞬时小扰动使机组速度偏离该点,扰动消失后机组在偏离点的功率不平衡量是否驱使机组回到原平衡点,是为稳定平衡点,否为不稳定平衡点。

可以偏离点处的两个功率的大小关系来进行鉴别:例如 1、2 两个平衡点,偏离点在右侧 s 增大速度降低,在偏离点有 $P_M > P_L$,驱使电动机组升速 s 减小回到原平衡点,因此为稳定平衡点;3、4 两个平衡点,偏离点在右侧 s 增大速度降低,在偏离点有 $P_M < P_L$,驱使电动机组减速远离原平衡点,因此为不稳定平衡点。

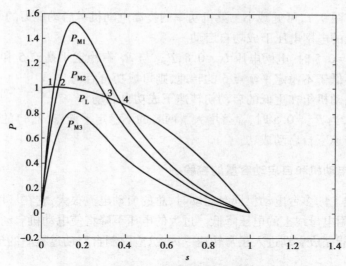

图 9.6　电动机与工具机的功率平衡（$P_{Ln} = 1$）

（2）影响自启动的因素

1）机端电压的影响

由图 9.6 可见，当电网电压较高（$U_s = 1.1, 1.0$）时，（P_{M1}, P_{M2}）在高转速（低转差率）区与 P_L 有稳定平衡点（1,2），因此有自启动成功的可能性；当电网电压很低（$U_s = 0.8$）时，P_{M3} 与 P_L 在高转速（低转差率）区与 P_L 无交点，自启动没有成功的可能性。

2）启动初转速的影响

在电动机端电压消失的过程中电动机减速，电源恢复后电动机自启动是否能成功还要取决于当时电动机的转速，称为启动初始转速。

见图 9.6 中的（P_{M1}, P_{M2}）：当启动初始转速高于不稳定平衡点（3,4）所对应的速度时，（$P_M > P_L$）电动机升速进入稳定平衡点运行，自启动成功；当启动初始转速低于（3,4）点所对应的速度时，（$P_M < P_L$）电动机减速停转，自启动失败。

3）工具机功率的影响

减小工具机额定功率（例如关闭被拖动鼓风机的出风口）可以提高电动机组的自启动能力。图 9.7 示出了（$P_{Ln} = 0.5$）时的功率平衡情况。

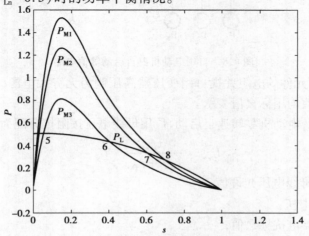

图 9.7　电动机与工具机的功率平衡（$P_{Ln} = 0.5$）

187

对照图 9.6 与图 9.7,可见减小工具机功率的提高电动机自启动能力的两种效果:

①可以在更低的电网电压下成功自启动

见 P_{M3},当 $P_{Ln} = 0.5$ 时,电网电压 $U_s = 0.8$,P_{M3} 与 P_L 有稳定平衡点 5 和不稳定平衡点 6,只要启动初转速不低于不稳定平衡点 6 的转速,则可成功自启动。

②可以允许电动机组在更低的启动初转速下成功自启动

见 P_{M1} 与 P_{M2},当 $P_{Ln} = 0.5$ 时,显著增大了两者的不稳定平衡点(7,8)的转差率,允许电动机在更低的初始转速下自启动成功。

9.2.2　自用电动机和自启动容量的校验

当同一段母线上的多台电动机同时启动时,总的启动电流很大,它在厂用变压器或电抗器上产生压降,使自用电母线上的电压降低。过大的电压下降将使电动机启动时间延长,从而使绕组发热,甚至不能完成启动进入正常转速。因此,应限制自启动过程中的最低电压不小于表 9.1 中的数值。

图 9.8 所示为一组电动机经自用高压变压器自启动的等值电路。

表 9.1　自启动要求的最低母线电压

名　称	类　型	自启动电压 /%
高压厂用母线	高温高压电厂	65 ~ 70
	中压电厂	60 ~ 65
低压厂用母线	低压母线单独自启动	60
	低压母线与高压母线串接自启动	55

注:对于高压厂用母线,失压或空载时自启动取上限值,带负荷自启动时取下限值。

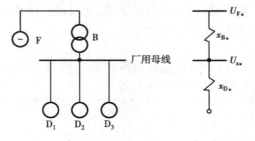

图 9.8　自用电动机群自启动等值电路

忽略电路中所有元件的电阻并视自用变压器高压侧为无穷大电源,即 $U_{F*} = 1$,以该变压器容量为基准值,各值均用标幺值表示。

按最严重的情况,电动机零转速自启动,厂用母线电压按阻抗分配为:

$$U_{z*} = \frac{x_{D*}}{x_{B*} + x_{D*}} \cdot U_{F*} \tag{9.6}$$

式中　U_{z*}——厂用母线电压允许值;

　　U_{F*}——电源电压;

　　x_{B*}——变压器电抗标幺值;

　　x_{D*}——电动机平均次暂态电抗向变压器容量的归算值。

有：
$$x_{D*} = \frac{1}{I_{q*}} \cdot \frac{S_B}{S_D} \tag{9.7}$$

式中　I_{q*}——电动机的启动电流标幺值，假定由零转速开始启动，$I_{q*} \approx 5$；

S_B——变压器容量，$kV \cdot A$；

S_D——允许参加启动的电动机输入容量，$kV \cdot A$。

将式(9.7)代入式(9.6)，得：
$$S_D = \frac{U_{F*} - U_{z*}}{I_{q*} x_{B*} U_{z*}} \cdot S_B \tag{9.8}$$

电动机额定功率 P_D 定义为输出功率，因此允许参加启动的电动机额定功率 P_D 为：
$$P_D = S_D \eta \cos \varphi \tag{9.9}$$

式中　η——电动机效率；

$\cos \varphi$——电动机功率因数。

将式(9.8)代入式(9.9)可得：
$$P_D = \frac{(U_{F*} - U_{z*}) \eta \cos \varphi}{U_{z*} I_{q*} x_{B*}} \cdot S_B \tag{9.10}$$

由式(9.10)可见：当厂用母线电压下降的允许值 U_{z*} 确定以后，自用变压器(或电抗器)的阻抗标幺值 X_{B*} 越大，或电动机的启动电流倍数越大，允许自启动的电动机总容量就越小。假定由零转速开始启动，$I_{q*} \approx 5$。

为保证重要自用机械的电动机可靠自启动并提高启动速度，其措施如下：

①限制参加自启动的电动机容量。其措施为在不重要的机械电动机上装设低电压保护装置，延时 0.5 s 断开，不参加自启动。

②当电压下降时间太长(超过 9 s 时)，应增加切除容量。需将一部分重要机械的电动机从母线上短时断开，在母线电压恢复后，重新自动投入。即装设延时 9 s 的低电压保护和自动重合闸装置，以确保最重要的电动机的快速自启动。

③重要机械的电动机不装低电压保护，等待电源回升自动启动。对于阻转矩较大的重要机械的电动机，只能在接近额定电压下启动，当电压低于启动所需电压时切除，待母线电压达标时再自动投入。

④对于重要机械选用高启动转矩和高最大转矩的电动机。

⑤在不得已情况下，增大厂用变压器的额定容量 S_B。

9.2.3　感应电动机的启动实验

(1)接线与负荷模型

1)接线

如图 9.9 所示，两台笼式异步电动机拖动直流发电机的机组，经电网阻抗 Z_s 接于恒压电源 U_s，用于实验研究单机启动和双机先后启动特性及影响启动的因素。图中，U_s 为电网电源电压；$Z_s = 3.885\ \Omega$ 为电网阻抗；M_1，M_2 为交流笼式异步电动机；G_1，G_2 为他励直流发电机作工具机；U_M 为电动机电压；U_G 为直流发电机输出电压；i_f 为直流发电机的励磁电流，R 为直流发电机的负载电阻，即工具机的负荷。

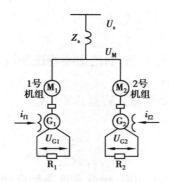

图 9.9 实验接线

2）负荷特性

工具机的有功频率特性由下式反应：

$$U_G = k_u \, i_f \, \Omega$$
$$P_L = \frac{U_G^2}{R} = \frac{(k_u \, i_f \, \Omega)^2}{R} \Bigg\}$$

(9.11)

式中 U_G——直流发电机电压；

k_u——直流发电机的电压常数；

i_f——直流发电机励磁电流；

Ω——电动机转速；

R——电炉电阻；

P_L——直流发电机即工具机功率。

由式(9.11)可见：

①在额定转速 Ω_n 下,工具机的额定功率 P_{Ln} 正比于直流发电机励磁电流的二次方,给定直流发电机励磁电流即给定了工具机的额定功率。

②保持直流发电机励磁电流不变(i_f = const),工具机的运行功率正比于系统频率的二次方。

（2）设备与仪器

1）拖动负荷机组

①三相交流异步电动机：

型号：Y100L$_2$-2。P_e = 3 000 W,U_e = 380 V,I_e = 6.8 A, f_e = 50 H$_z$,n_e = 1 420 rpm。

②他励直流发电机(作工具机)：

型号：Z-2-41。电枢：P_e = 2 400 W,U_e = 230 V,I_e = 10.44 A,n_e = 1 450 rpm,励磁：他励,u_{fe} = 220 V,i_{fe} = 0.792 A。

③电炉：U_e = 220 V,P_e = 2 000 W。

2）波形分析仪

型号：DF1024 便携式波形记录仪,生产厂家为中国电力科学研究院。

（3）启动过程录波分析

见等效电路图(图9.5)：笼式异步电动机启动成功的标志是转速上升到接近额定转速,表现为机端电压恢复靠近额定电压,并同时有电流衰减至拖动负荷电流;反之,启动失败的标志是转速不能上升到接近额定转速,机端电压不能恢复到接近额定电压,同时有电流不衰减。

1）单机启动

直流发电机不同励磁电流，即不同工具机负荷下的启动时间与稳态电流列于表9.2。

表9.2　各种起动条件下的启动时间与起动电流倍数

实验编号	1	2	3
电动机端电压/V	220	220	220
直流机励磁电流/A	0	0.3	0.6
启动时间/ms	854	936	1 248
稳态电流/A	3.15	3.73	4.88

由表9.2可见：工具机负载越大，启动时间越长，稳态电流越大。

2）双机先后启动

在不同的工具机负荷下，一台机先启动运行，另一台机后启动，动态过程录波，分析相互之间的影响。

①1号机以一种工具机负荷先启动运行（$i_{f1} = 0.62$ A），2号机以三种工具机负荷后启动（$i_{f2} = 0.22, 0.4, 0.5$ A）。

录波示于图9.10—图9.12。图中上面两条线是1号机的电压与电流；下面两条线是2号机的电压与电流，两机接于同一母线，因此电压相同。由图9.10—图9.12可以得出如下概念：

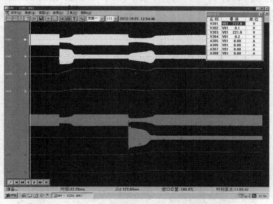

图9.10　（$i_{f1} = 0.62$ A，$i_{f2} = 0.22$ A）的启动过程

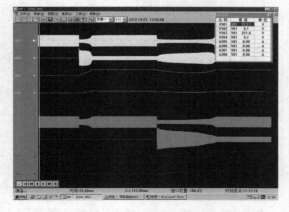

图9.11　（$i_{f1} = 0.62$ A，$i_{f2} = 0.4$ A）的启动过程

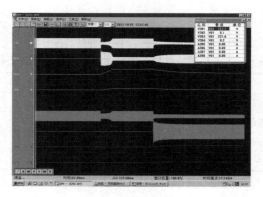

图 9.12　($i_{\mathrm{f1}} = 0.62$ A, $i_{\mathrm{f2}} = 0.5$ A)的启动过程

A. 由等效电路图可知:笼式异步电动机启动电流主要受转差率的影响,(R_{r}/s)是转子电流的决定性因素,在转速未接近额定转速之前,在相当长的一段时间内电动机持续保持一个很大的电流,当转速上升到接近额定转速时电流方才迅速下降。

B. 由于电网阻抗$(Z_{\mathrm{s}} \neq 0)$,2 号机组启动时引起母线电压下降,导致已运行的 1 号机组转速下降,也有一个转速回升的过程,即已运行机组也要参加自启动,也是影响自启动的重要因素。

C. 比较图 9.10 与图 9.11;可见随启动电动机拖动工具机负载增大,启动过程时间延长。

D. 见图 9.12,启动电动机拖动负载继续增大$(i_{\mathrm{f2}} = 0.5$ A)导致启动失败。

②2 号机以三种工具机负荷先启动运行$(i_{\mathrm{f2}} = 0.22, 0.4, 0.5$ A),1 号机以一种工具机负荷后启动$(i_{\mathrm{f1}} = 0.62$ A)。

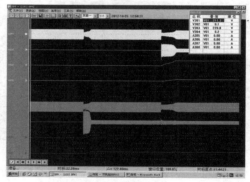

图 9.13　($i_{\mathrm{f2}} = 0.22$ A, $i_{\mathrm{f1}} = 0.62$ A)的启动过程

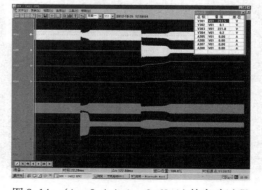

图 9.14　($i_{\mathrm{f2}} = 0.4$ A, $i_{\mathrm{f1}} = 0.62$ A)的启动过程

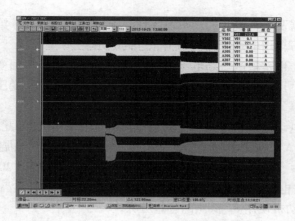

图 9.15 ($i_{f2}=0.5$ A, $i_{f1}=0.62$ A)的启动过程

录波示于图 9.13—图 9.15,由图可知:

A. 比较图 9.13 与图 9.14;可见随已运行电动机拖动负载增大,启动过程时间延长。

B. 如图 9.15 所示,运行电动机拖动负载继续增大($i_{f2}=0.5$ A)导致启动失败。

C. 比较图 9.15 与图 9.13;可见两者的先运行机组与后启动机组的负荷正好交换,如果两者都启动成功必有电网的稳定状态完全相同,也就是说两者启动期望达到的目标是相同的。当两直流机励磁电流分别为(0.5 A,0.62 A)时,两种先后启动顺序都出现启动失败,说明当电网阻抗较大时已运行机组与启动机组对启动具有很相近的影响。

9.3 热电厂的自用电接线

9.3.1 自用电接线原则

自用电系统通常采用单母线接线形式,在火电厂中,因锅炉辅机多,用电量大,如送风机、引风机、磨煤机、排粉机、冲灰水泵等,用电量约占厂用电量的 60% 以上。为提高自用电系统的供电可靠性,高压自用母线按锅炉台数分成若干独立工作段,这种接线原则称为按炉分段,各段上的负荷则按以下情况来分配。

①同一机炉或在生产程序上相互有关的电动机和其他用电设备应接在同一分段上。但当同一机炉的自用机械有两套,其中一套纯为备用(如凝结水泵电动机等)时,则应接在不同分段上。

②全厂公用负荷,应根据负荷的大小及对供电可靠性的要求,分别接在各分段上。当公用负荷较多时,应设置公用母线段。但相同的Ⅰ类公用机械的电动机不要接在同一母线段上。

按炉分段的原则使自用电接线十分清晰,便于运行、检修。如果一处发生故障,只影响一机一炉,不会造成多台机组停电。当锅炉容量在 400 t/h 时,由于辅助设备容量较大,每台锅炉由两段自用母线供电。

9.3.2 自用电电压的确定

自用电系统短路时,短路电流特大,其原因为:①在发电厂内部,离电源近。②各电源提供的短路电流全部流经短路支路设备。③自用电动机的反馈电流。为保证各自用电动机及其他负荷支路采用轻型路器及电气设备的动热稳固性必须对其加以限制。第 4 章所述的各种限制短路电流措施在热电厂自用电系统中得到了充分的应用。

正确选用厂用电压也是限制短路电流极为重要的措施。由于厂用变压器的容量与发电机单机容量成比例变化,可近似认为厂用变压器高压侧为无穷大电源,变压器低压侧短路电流反比于低压侧电压,因此厂用电压随单机容量的增大而提高。

由于热电厂自用电动机容量由几千瓦到几兆瓦变化范围很大,因此,热电厂厂用电压采用两级:6 kV 和 380/220 V。有更多容量的电动机接于高压可以改善自启动条件。结合电动机制造的技术经济性,一般 200 kW 及以上电动机使用 6 kV 电压,200 kW 以下电动机使用 380 V。在特大的火电站及核电站可能采用 10 kV 电压,并相应提高低压电动机的使用容量,以 800 kW 作为电动机使用高、低压的容量分界。

9.3.3　自用电电源及其引接方式

在热电厂中,为了保证自用电供电的可靠性,在电源设置上,除有正常工作电源外,还应有备用电源。对有大容量机组(200 MW 及以上)的发电厂还应有启动电源和事故保安电源。下面分别介绍各种电源及其引接方式。

(1)自用电工作电源及其引接方式

热电厂的自用电的工作电源,是保证机组正常运转所必需的电源,要求它供电可靠,而且满足自用负荷对电压和容量的要求。其引接原则是:

①高压自用工作电源(变压器或电抗器)应从发电机电压回路引接。其引接方式与电气主接线形式有关。

a. 当有发电机电压母线时,高压工作电源由各母线段引接,供给接在该母线段的机组的自用负荷,如图 9.16(a)、(b)所示。

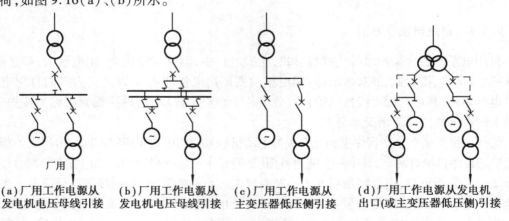

(a)厂用工作电源从　　(b)厂用工作电源从　　(c)厂用工作电源从　　(d)厂用工作电源从发电机
发电机电压母线引接　　发电机电压母线引接　　主变压器低压侧引接　　出口(或主变压器低压侧)引接

图 9.16　厂用工作电源的引接方式

b. 当发电机与主变压器采用单元接线时,高压工作电源一般由主变压器低压侧引接,供给本机作自用负荷,如图 9.16(c)所示。

c. 当采用扩大单元接线时,应从发电机出口或主变压器低压侧引接,如图 9.16(d)所示。

发电机容量为 125 MW 及以下时,一般在厂用分支上装设断路器。

发电机容量为 200 MW 及以上时,由于短路电流很大,因此在厂用分支上可不装断路器,而采用分相封闭母线,但应有可拆连接点,以便调试、检修。

②低压自用工作电源采用380/220 V 电压等级,一般由高压自用母线上(通过低压自用变压器)取得。为了限制 380/220 V 网络中的短路电流,低压自用变压器单台容量限制在 2 000 kV·A 范围内。

(2)备用电源及其引接方式

自用备用电源(变压器和电抗器)主要作为自用工作电源的事故备用,也可作为检修及机组开停时的电源。因此备用电源的引接应保证其独立性,避免与自用工作电源由同一点引接,引接点电源数量应有两个以上,并有足够的供电容量,一般采用下列引接方式:

①当有发电机电压母线时,由与工作电源不同的分段上引接。

②当无发电机电压母线时,由与电力系统连接的最低一级电压母线上引接,或由联络变压器的低压绕组引接,并应保证在发电厂全停的情况下,能从电力系统取得足够的电源。

自用电系统的备用电源有两种设置方式。

一种为前述备用方式,因为设有正常时不工作的变压器而称为明备用方式,其台数应按表9.3 设置。每台用量应不小于它可能取代的最大变压器容量。

表9.3　明备用厂用变压器台数配置原则

	厂用高压变压器	厂用低压变压器
一般电厂	六台及以 下设一台/上设二台	八台及以 下设一台/上设二台
机、炉、电单元控制电厂	五台及以 下设一台/上设二台	八台及以 下设一台/上设二台
≥200 MW 机组电厂	二台设一台 三台及以上设二台	每两台设一台

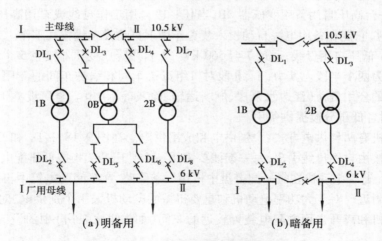

(a)明备用　　　　　　　　(b)暗备用

图 9.17　厂用备用电源的连接方式

另一种备用方式称为暗备用方式,如图 9.17(b)所示。在两段工作母线间设联络断路器,正常时断开,当任一段失压时自动投入。这时要求每台工作变压器容量能满足两段负荷要求。这种方式限制在火电厂,特别是大、中型火电厂采用。其原因:①厂用变压器总容量显著增大;②在备用电源自动投入过程中,引起正常段母线压降,即影响正常机组的运行;③当为持续性故障时,备用投入后将加速切除,但将冒保护拒动或开关拒动的风险而威胁第二机组。即暗备用方式增加了同时使两台机组停运的危险。

(3)启动电源

大型机组均为发电机-变压器单元接线形式,工作厂用电源接于机端,因此必须用其他电源启动和停运。为了保证机组的快速启动和停运安全,单机容量为 200 MW 及以上的机组对启动电源的容量和可靠性都应特别重视。

启动电源常和备用电源合并,这时将备用变压器称为启动备用变压器,其容量增大:应保证能代替 1 台满载运行机组的厂用电源,并能同时启动或停运第 2 台机组。

(4)事故保安电源

对 200 MW 及以上发电机组,应设置 380/220 V 事故保安电源。它主要用于当自用工作电源和备用电源消失时,确保在事故状态下能安全停机,主要负荷为盘车电动机、蓄电池浮充电设备、检测仪表及事故照明等。采用的事故保安电源有以下 3 种类型:

①采用极为可靠的外部独立电源。大容量电厂可从外系统引进专用线路作为事故保安电源。

②蓄电池组经逆变转换为交流。

③柴油发电机组。

9.3.4 热电厂自用电接线举例

图 9.18 所示为一中型热力发电厂自用电接线,厂内装有二机二炉,发电机电压为 10.5 kV,发电机电压工作母线是断路器分段的双母线,有两台升压变压器(B_1 和 B_2)与 110 kV 电力系统相联系。自用高压母线为单母线,电压为 6 kV,按锅炉台数分为两段,每段各由一台自用工作变压器 1B、2B 供电,其电源从发电机电压母线的两个分段上引接,备用电源采用明备用方式,专设一台高压自用备用变压器 0B,当任一段自用工作母线或自用高压变压器(1B 或 2B)发生故障时,它能在备用电源自动投入装置作用下自动投入代替其工作。

380/220 V 低压自用母线,通过 7 台 560 kV·A 自用降压变压器接在 5 个分段上,每一分段又以闸刀分为两个半段。其中,Ⅰ、Ⅱ段对机组汽机车间和锅炉车间的专用盘供电,其余各段分别对全厂的公用负荷(江边水泵房、燃料运输、除灰等)供电。全厂设立 1 台低压备用变压器(0 号),对各低压分段提供备用。

厂内电动机有两种供电方式:个别供电和成组供电。在图 9.18 中 D_1 和 D_2 是个别供电,每一电动机直接由自用母线引出,每一馈线要占用一个高压开关柜或低压配电盘中一条电路,D_3 是成组供电,若干电动机在每一配电盘中占用一条线路,在车间配电箱中再个别引出,电动机即在配电箱附近。对于大功率电动机和重要机械的电动机采用个别供电,对于不重要机械的小功率电动机和离开自用电配电装置较远的车间(如中央水泵房)中的设备和电动机可以成组供电。

图 9.19 为 2×200 MW 机组的热电厂自用电接线图,该厂发电机与变压器采用单元接线,它们之间用分相封闭母线连接,自用工作电源从发电机出口引接,厂用电采用 6 kV 和 380 kV 两种电压,每台机组设 A、B 两段 6 kV 母线,由一台分裂变压器供电。两台机组设一台启动(备用)变压器,取自 220 kV 母线经变压器降压至 6 kV,供给机组启动和停机负荷,并兼作自用工作变压器的事故备用。给水泵和全厂公用负荷集中由 1 号机组供电,因此 1 号高压自用工作变压器和启动(备用)变压器选用 31.5/20~20 MV·A,其他机组的高压自用工作变压器

选用 31.5/16～16 MV·A，每台机组也设 A 和 B 两段 380 V 自用母线，由一台低压自用变压器供电。两台机组装设一台低压备用变压器，作为低压工作变压器、低压公用变压器和电除尘变压器的备用。照明和检修网络采用中性点直接接地系统。对输煤等负荷，考虑在负荷中心设置 6 kV 母线集中供电。其电源由 1 号机组 6 kV 自用工作母线引接。每台低压自用工作母线上还接有柴油发电机组作为事故保安电源。当交流电源忽然中断时，此机组能自动快速启动，满足保安负荷用电，保证安全停机。

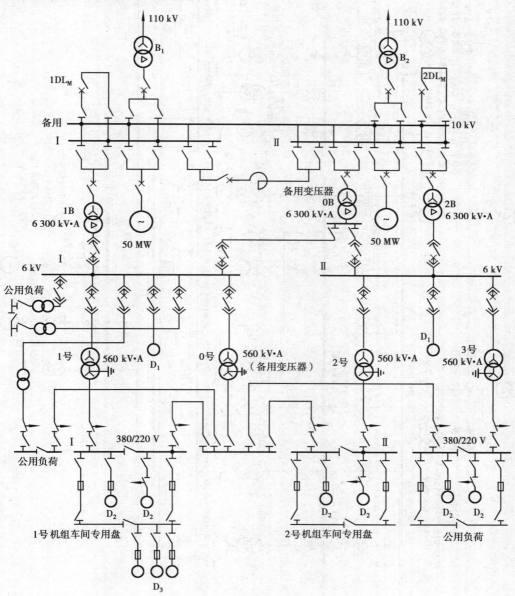

图 9.18　中型热电厂自用电接线

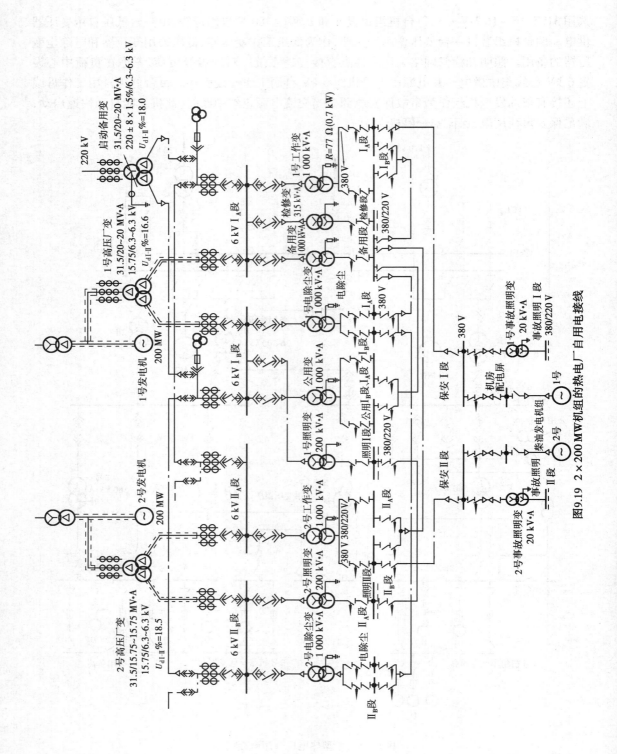

图9.19　2×200 MW机组的热电厂自用电接线

198

9.4　核电站的自用电接线

9.4.1　核电站自用电系统的特点

在设计和运行时,核电站极为重要的问题就是保证它的安全性。因为核电站有向周围环境释放放射性物质的潜在危险,因此不管在正常状态下或是在事故状态下均应排除对运行人员及周围环境的放射性剂量超标的可能性,应实施可靠的监视与保护。

核反应堆配备有监视测量仪表及自动化装置以保证可靠地控制与监视核反应,同时工质循环系统的所有机械特别是主循环泵都必须可靠地工作。

在正常运行状态下,核电站必然要产生一些具有放射性的废渣、废液和废气。必须要专门收集、运输、储藏或加工,同时需要相应的泵、风机等设备。

事故状态下放射物质的排放将急剧增加,通常要关闭反应堆,但核反应并不能立即结束,其产生的能量有可能导致反应堆密封的破坏,作为其保护装置包括关闭反应堆、对反应堆及其所在房间实施冷却及减压的系统的正常工作十分重要。很明显,鉴于以上原因,核电站的安全需要非常可靠的厂用电系统来保证,其要求超过常规热电站。

9.4.2　核电站自用电系统负荷的分类

按供电可靠性要求,将核电站的自用电负荷分为 3 类:

①特别重要的负荷,绝不允许供电中断;

②重要负荷,电源允许中断时间不超过 3 min,可以采用备用电源自动投入方式保证供电;

③供电可靠性要求略低的负荷。

第 Ⅰ 类负荷:反应堆控制与保护系统的用电设备;反应堆监视与测量系统的用电设备;放射性剂量监视系统;事故关闭反应堆并实施冷却的控制系统,以及汽轮机调节与润滑系统的事故油泵电动机等。这些用电设备一般容量不大,要求 380～660 V 三相交流电源和 220 V 直流电源。

第 Ⅱ 类负荷:循环系统的泵、风机、事故关闭反应堆并实施冷却的电动机。参加保证安全的辅助系统,特别重要的用电器——专用通风、事故照明、事故给水泵、技术水泵等。这些用电器的容量范围大,考虑用 380～660 V 和 6～10 kV 两种电压等级供电。其中主循环泵功率很大,每个反应堆有多台循环泵,每一台的负荷能力均为 100%。

第 Ⅲ 类负荷:用于普通热电站,用 380～660 V 及 6～10 kV 交流供电。

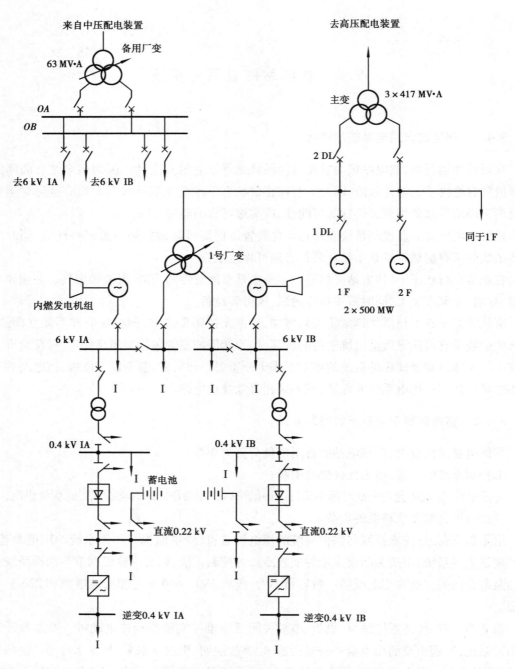

图 9.20　核电站 500 MW 机组自用电接线示意图

9.4.3　核电站自用电系统的电源及接线

如同普通的热电站,核电站的工作电源取自机端,备用电源取自电力系统,分别设立工作变压器与备用变压器。由于核能电站安全要求的特殊性,需要增设第 3 种电源为事故电源,以保证事故情况下对第 Ⅰ、Ⅱ 类负荷供电的要求。这一电源要求具有很高的独立性和可靠性。一般对第 Ⅰ 类负荷的事故备用采用蓄电池,将其逆变为交流使用。对第 Ⅱ 类负荷采用自动启

200

动的内燃发电机。

核电站的典型接线如图9.20所示。两台机组接为扩大单元，其中每台发电机出口设两个断路器，在其间分支引出工作电源，大大地提高了工作电源的可靠性。备用电源取自中压系统。厂用6 kV母线上接有第Ⅱ、Ⅲ类负荷，处于不同的分段上，第Ⅱ类负荷分段上有内燃发电机、事故备用电源。特别重要的第Ⅰ类负荷均属低压，接于220 V母线，由蓄电池组提供事故备用。

9.5　水电厂的自用电接线

9.5.1　水电厂的自用电负荷

由于水电厂电能生产的特点，其自用电比同容量的热电厂简单，但仍是各水电厂中最重要的负荷，它可分为两类：机组自用电和全厂公用电。

（1）机组自用电

通常是指机组或发变单元所需要的负荷。其中包括机组自用机械设备（如机组调速装置用的压油泵、机组轴承润滑系统用的油泵或水泵、机组顶盖排水泵、机组空气冷却器的冷却水供水泵、水内冷机组供水泵、漏油泵、蝶阀压油泵、励磁系统可控硅冷却风扇等）以及发变单元的变压器冷却系统等用电负荷。

（2）全厂公用电

为全厂公共用电的厂用负荷，其中包括空气压缩机、充电机、浮充电机整流装置、各种排水泵、起重机、闸门启闭设备、滤油机、厂房通风机、电梯、照明、坝区及引水建筑物等处的供电。

自用电负荷中，也有些不允许供电中断，否则，将会影响电厂的正常运行，甚至造成设备损坏。因此，对电厂自用电，要求有足够的可靠性。

9.5.2　水电厂的自用电接线

（1）自用电供电电压的选择

中小型水电厂，自用电动机的单台容量很少有超过100 kW，因此，自用电电压采用380/220 V一级已经足够，而且比较经济合理。

大型水电厂，有大容量的高压电动机（如厂外水利枢纽的防洪、灌溉取水，船闸或升船机等设备的电动机）时，一般采用380/220 V和6 kV（或10 kV）两级电压供电。

（2）自用电接线的形式

中小型水电厂，自用电母线一般都采用单母线分段，且只分两段，两台自用变压器以暗备用方式向两段母线供电。

大容量水电厂，自用电母线则按机组台数分段。每段由单独自用变压器供电，并设置专用的备用变压器（明备用），而且装设备用电源自动投入装置。

为了供给厂外坝区闸门及水利枢纽等设施用电，可设专用坝区变压器。

（3）自用电电源及其引线

为了保证自用电的可靠性，自用电电源必须相互独立。中小型水电厂一般应有两个独立的自用电电源。它们之间起到互为备用的作用。大型水电厂,由于在系统中地位重要,要求自用电更为可靠,自用电电源一般为三个及以上个数的独立电源,并设立明备用电源。

引接备用电源的一般原则如下:

①小型电厂有发电机母线时,自用电工作电源取自该母线。工作母线分段时,另一台自用变压器接于另一分段,两电源相互备用。当母线无分段时(一般该电站与系统联络线电压很低),则在高一级电压引接第2电源。

②发电机-变压器单元接线,自用工作电源在发电机出口引接。中型电厂可互为备用,其容量满足全站用电要求。

③大型电厂的备用电源取自中压母线和高、中压联络变压器的低压绕组。

9.5.3 水电厂自用电接线举例

图9.21所示为某中型水电厂的自用电接线。

自用电电源从每段发电机扩大单元电压母线上引接。当全厂停机时,自用电源可通过主变压器(B_1或B_2)从系统取得,保证机组启动。

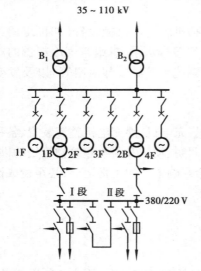

图9.21 某中型水电厂自用电接线

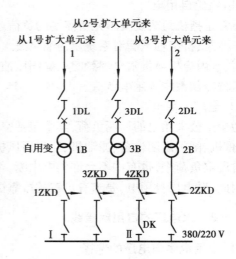

图9.22 某大型水电厂自用电接线

自用电母线分两段,由两台自用变压器1B和2B分别供电。中间用自动空气开关分段联络。正常运行时,母线分段运行,当一个电源故障时,分段的自动空气开关在备用电源自动投入装置的作用下合闸,由另一台自用变压器供给全厂自用电(1B和2B为暗备用方式)。该厂为中型水电厂,厂用负荷较小,自用电压采用380/220 V。

图9.22所示为某大型水电站自用电接线,该电厂有6台机,组成3个扩大单元接线。采用3台自用变压器,分别由各个扩大单元支线引出。

正常运行时只有两台自用变压器和两段自用母线投入工作。另一台自用变压器3B处于备用状态(明备用)。当1B(或2B)回路发生故障时,1DL及1ZKD(或2DL及2ZKD)自动断开,3DL及3ZKD(或4ZKD)自动投入,恢复供电。

图9.23所示为某特大型水电厂自用电接线,该厂装有4台大容量机组,在系统中占有相

202

当重要的地位,要求自用电具有更高的可靠性。同时该厂的水利枢纽兼有防洪、航运等任务,有大容量的电动机,距主厂房有一定的距离,坝区需采用 6 kV 供电。采用机组自用电与全厂公用自用电分开的供电方式。这样,既节省电缆、减少公用自用变容量,又能保证机组安全可靠运行。

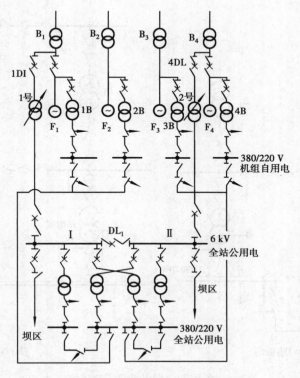

图 9.23　某大型水电厂自用电接线

图 9.23 的特点为:①各机出口设工作变压器,两台机(1 和 2,3 和 4)之间互为备用;②坝区高压母线分为两段,电源分别引自 1、4 号机出口断路器外侧,两段互为备用;③380/220 V 公用电分为 4 段,1、2 段互为备用,3、4 段互为备用,单数编号低压变压器接于 6 kV Ⅰ 段,双数编号变压器接于 6 kV Ⅱ 段;④机组自用电母线与公用低压母线之间设联络线,可由运行人员切换。

其基本运行方式是两段一组,互为备用。

9.6　变电站的自用电接线

在中小型变电站中,自用电的负荷主要是照明、蓄电池的充电设备、硅整流设备、变压器的冷却风扇、采暖、通风、油处理设备、检修工具及水泵等。对装有空气断路器的变电站还有空气压缩机等。这些负荷耗电不多,因此变电站的自用电接线很简单,一般只装一台站用变压器,由变电站中最低一级电压母线引接电源,其副边采用 380/220 V 中性点直接接地的三相四线制供电,动力和照明合用一个电源。

110 kV 及以上电压的变电所,均装设两台站用变压器,分别接在最低一级母线的不同分段上,并装设备用电源自动投入装置,来提高站用电供电的可靠性。

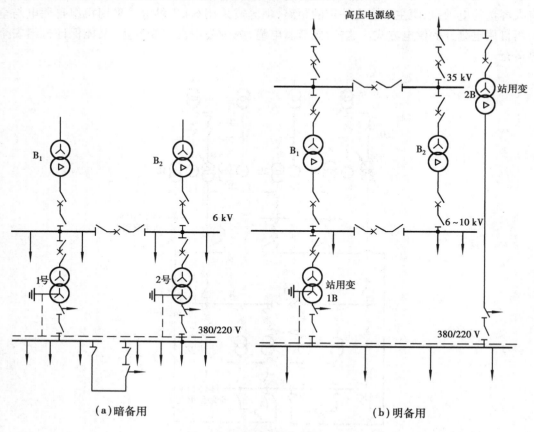

图 9.24 变电站自用电接线

变电站站用母线一般采用单母线接线方式。当有两台站用变压器时,采用单母线分段接线方式,平时解列运行,以限制故障范围,如图 9.24(a)所示。对于容量不大的变电站,为了节省投资,所用变压器高压侧可用高压熔断器代替高压断路器以降低投资。

无人值班的变电站除应装两台站用变压器外,还须将其接在不同电压等级或独立电源上,以保证在变电站内停电时,仍能使站用电得到不间断的供电。图 9.24 所示为变电站自用电典型接线。图 9.24(a)为暗备用,图 9.24(b)为明备用。

9.7 换流站的自用电接线

目前,我国已建成多条超高压和特高压直流输电线,在远距离输电中发挥了重要的作用。直流输电线传输功率很大,一条 ±1 000 kV 直流输电线双极传输功率约 8 000 MW,因此,保证换流站的站用电十分重要。

除常规变电站的站用负荷外,换流站还增加了一些特有的站用负荷。例如,换流阀内的冷却系统负荷(主循环泵、水处理装置等)、换流阀外的冷却系统负荷(水冷方式的冷却泵、冷水机组或风冷方式的冷风机等)、油浸式平波电抗器冷却装置等。

我国颁发的《换流站的站用电设计技术规定》作出了下列规定：

①采用两级站用电压：高压 10 kV，低压 380/220 V，高压接线采用中性点不直接接地方式，低压接线采用三相四线制中性点直接接地方式。

②应设置三回站用电源，一回取自站内，一回取自站外，另一回由技术、经济比较确定，每一回站用电源均应满足全站最大计算负荷要求，并应保证三个电源的独立性和可靠性。

③应集中或分散设置双重化（冗余配置）的交流不间断电源，提供给特别重要的负荷备用。

思 考 题

9.1　什么叫厂用电率？自用机械是如何分类的？

9.2　在火电厂中除了电动给水泵外，为什么还要装有汽动给水泵？

9.3　综述火电厂自用工作电源和备用电源的引接方式。

9.4　何谓备用电源的明备用和暗备用？各适用于什么情况？

9.5　火力发电厂的自用电接线原则是什么？为什么采用此原则？

9.6　何谓自用电动机的自启动？为什么要进行自启动容量校验？如果自启动的电动机容量超过允许值时，可采取哪些措施？

9.7　选择自用电动机时须满足哪些要求？

9.8　大型、中小型水电厂在自用电接线方面各有什么特点？

9.9　当变电站采用整流操作电源时，对站用电有什么要求？

9.10　核电站的自用电为什么需要增设第三种电源？

9.11　直流输电换流站的自用电设计技术规定有哪些？

9.12　分析感应电动机的机端电压、启动转速、电动机特性、工具机特性对站用电动机自启动的影响。

第 **10** 章

配电装置的结构形式

10.1 概　述

　　配电装置是电气一次接线的工程实施。配电装置的设计包括选择安装场地、布置设备、每个设备的固定、设备之间的连接、电缆沟道及运输道路的分布等问题,对完成一次接线并使之具有优良的技术经济性影响极大。

　　配电装置的设计必须满足下述基本要求:①安全可靠。首先应保证运行与检修人员的安全,使运行人员巡视与检修人员检修时与带电体边缘有足够的安全距离,同时还要考虑设备运输时不致与带电体之间发生放电现象。必须考虑到事故发生时限制事故扩大的措施。例如事故变压器的排油设施,屋内可能发生爆炸的设备的防爆措施(设防爆隔墙、防爆小间),防止电缆事故后火灾的蔓延等。同时要特别注意保护运行人员,使之在事故状态下能方便地脱离危险场地。设备布置要清晰,便于记忆,尽可能地减少误操作的可能性。②在符合规程规定的条件下,与国家经济发展相同步,改善运行与检修的条件。良好的运行环境(足够的空间、适当的温度和减小噪声)可以保证运行与检修人员的生理状态良好,从而提高运行与检修质量。③防震、防污。我国部分地区属地震地区,因此应考虑防震措施,以确保电力系统的安全。发生地震灾害时迅速恢复电力供应对保护人民的安全、恢复生产具有十分重要的意义。配电装置应防止电厂自身及周围工厂排废的污染,应根据污秽等级确定扩大屋内配电装置使用的电压等级(一般清洁地区限用于 35 kV 及以下电压级)或采取其他的措施。④考虑扩建。热电厂和变电站往往需要扩建,除近期已确定的扩建工程外,在可能的情况下,应为尚难预料的远期扩建留有余地。⑤节省投资,减少占地。在保证前述四项要求的前提下,依靠精心设计,使用经实践证明可靠的新技术、新材料以降低投资和减少占地。在土地紧张的情况下,占地可能成为设计配电装置的主要制约因素。

10.2   配电装置的最小安全净距

为了安全可靠,高压配电装置规程中规定了屋内外配电装置的安全净距。所谓安全净距是以保证不放电为条件,该级电压所允许的在空气中的物体边缘最小电气距离。

表 10.1 和表 10.2 是屋内和屋外配电装置中有关部分之间的最小安全净距。其意义可以参看图 10.1 和图 10.2。

表 10.1   屋内配电装置的安全净距 （mm）

符 号	适用范围	额定电压/kV									
		3	6	10	15	20	35	60	110J	110	220J
A_1	①带电部分至接地部分之间 ②网、板状遮栏向上延伸线距地2.3 m 处,与遮栏上方带电部分之间	70	100	125	150	180	300	550	850	950	1 800
A_2	①不同相的带电部分之间 ②断路器和隔离开关的断口两侧带电部分之间	70	100	125	150	180	300	550	900	1 000	2 000
B_1	①栅状遮栏至带电部分之间 ②交叉的不同时停电检修的无遮栏带电部分之间	825	850	875	900	930	1 050	1 300	1 600	1 700	2 550
B_2	网状遮栏至带电部分之间	175	200	225	250	280	400	650	950	1 050	1 900
C	无遮栏裸导体至地(楼)面之间	2 375	2 400	2 425	2 450	2 480	2 600	2 850	3 150	3 250	4 100
D	平行的不同时停电检修的无遮栏裸导体之间	1 875	1 900	1 925	1 950	1 980	2 100	2 350	2 650	2 750	3 600
E	通向屋外的出线套管至屋外通道的路面之间	4 000	4 000	4 000	4 000	4 000	4 000	4 500	5 000	5 000	5 500

注:J 系指中性点直接接地系统。

表 10.2   屋外配电装置的安全净距 （mm）

符 号	适用范围	额定电压/kV								
		3 ~ 10	15 ~ 20	35	60	110 J	110	220 J	330 J	500 J
A_1	①带电部分至接地部分之间 ②网状遮栏向上延伸线距地2.5 m 处与遮栏上方带电部分之间	200	300	400	650	900	1 000	1 800	2 500	3 800
A_2	①不同相的带电部分之间 ②断路器和隔离开关的断口两侧引线带电部分之间	200	300	400	650	1 000	1 100	2 000	2 800	4 300

续表

符号	适用范围	额定电压/kV								
		3～10	15～20	35	60	110 J	110	220 J	330 J	500 J
B_1	①设备运输时,其外廓至无遮栏带电部分之间 ②交叉的不同时停电检修的无遮栏带电部分之间 ③栅状遮栏至绝缘体和带电部分之间 ④带电作业时的带电部分至接地部分之间	950	1 050	1 150	1 400	1 650	1 750	2 550	3 250	4 550
B_2	网状遮栏至带电部分之间	300	400	500	750	1 000	1 100	1 900	2 600	3 900
C	①无遮栏裸导体至地面之间 ②无遮栏裸导体至建筑物、构筑物顶部之间	2 700	2 800	2 900	3 100	3 400	3 500	4 300	5 000	7 500
D	①平行的不同时停电检修的无遮栏带电部分之间 ②带电部分与建筑物、构筑物的边沿部分之间	2 200	2 300	2 400	2 600	2 900	3 000	3 800	4 500	5 800

注:J 系指中性点直接接地系统。

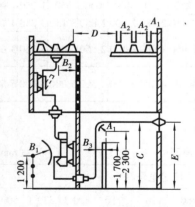

图 10.1 屋内配电装置安全净距校验图

A 值是基本带电净距,其中 A_1 为带电部分对地净距,A_2 为不同相带电部分之间的净距。

B 值是带电部分至遮栏的净距,与遮栏的结构相关。其中 B_1 值是指带电部分至栅状遮栏的净距和可移动设备在移动中至无遮栏带电部分的净距,$B_1=(A_1+750)\text{mm}$,考虑人员手臂误入栅栏其手臂伸入的长度不大于 750 mm,设备运输和移动时摆动也不应大于此值,交叉的不同时停电检修的无遮栏带电部分之间,检修人员在导线(导体)上下活动范围的限制也为此值。B_2 值是指带电部分至网状遮栏的净距,$B_2=(A_1+70+30)\text{mm}$,考虑人员手指误入网栏其手指伸入的长度不大于 70 mm,另外考虑了 30 mm 的施工误差。如为板状遮栏,因为手指无法伸入,只需考虑 30mm 的施工误差,$B_3=(A_1+30)\text{mm}$。

C 值是保证人举手时,手与带电裸导体之间的净距不小于 A_1 值,$C=(A_1+2\ 300+200)\text{mm}$,2 300 mm 是考虑一般人的举手高度,200 mm 是考虑施工误差。在积雪严重的地方还应考虑积雪的影响,该距离应适当加大。凡人员可以到达并可在该处站立的地方都应按此考虑。

D 值是保证配电装置检修时,处于活动受限的状况下的人与带电裸导体之间的净距不小于 A_1 值,屋内配电装置取 $D=(A_1+1\ 800)\text{mm}$,屋外配电装置取 $D=(A_1+1\ 800+200)\text{mm}$,1 800 mm

是考虑人员手中持有的工具的最大活动范围,200 mm 是考虑屋外场把较差而增加的裕度。规定带电部分与围墙顶部和带电部分与配电装置以外的建筑物等的净距也不应小于 D 值。

运行人员应明确上述有关安全净距的设计原则,防止小于安全净距的情况发生。例如,运行人员应禁止身体超高(举手高度超过 2 300 mm)的人员进入配电装置,禁止进入配电装置的人员手持较长的物体(例如雨伞)进入配电装置,在配电装置的入口就应设置此类禁令警示牌,同时还应注意恶劣天气下带电体的异常摇摆,随时注意确保人员的安全。

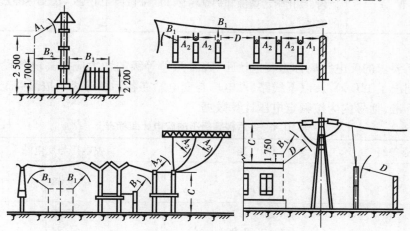

图 10.2　屋外配电装置安全净距校验图

表 10.3 列出了线路、发电厂、变电站所处区域的污秽分级标准。

表 10.3　线路、发电厂、变电站污秽分级标准

污秽等级	污秽特征	盐密/(mg·cm⁻²)	
		线路	发电厂 变电站
0	大气清洁地区及离海岸盐场 50 km 以上无明显污秽地区	≤0.03	—
I	大气轻度污秽地区,工业区和人口低密集区,离海岸盐场 10~50 km 地区,在污闪季节中干燥少雾(含毛毛雨)或雨量较多时	>0.03~0.06	≤0.06
II	大气中等污秽地区,轻盐碱和炉烟污秽地区,离海岸盐场 3~10 km 地区,在污闪季节中潮湿多雾(含毛毛雨)但雨量较少时	>0.06~0.10	>0.06~0.10
III	大气污染较严重地区,重雾和重盐碱地区,离海岸盐场 1~3 km 地区,工业与人口密度较大地区,离化学污染源和炉烟污秽 300~1 500 m 的较严重污秽地区	>0.10~0.25	>0.10~0.25

续表

污秽等级	污秽特征	盐密/(mg·cm^{-2})	
		线路	发电厂变电站
IV	大气特别严重污染地区,离海岸盐场 1 km以内,离化学污染源和炉烟污秽 300 m 以内的地区	>0.25 ~ 0.30	>0.25 ~ 0.30

单位电压要求的爬电距离称为爬电比距,随着污秽等级的增大应提高电气设备的爬电比距,表 10.4 列出了 110 kV 及以下线路、发电厂与变电站在各污秽等级下按最高工作电压应取的爬电比距标准,括号内为按额定电压计算数据。

表 10.4　各污秽等级下的爬电比距标准　　　　　　　　（cm/kV）

污秽等级	线　路	发电厂与变电站
0	1.39 (1.60)	1.48
I	1.39 ~ 1.74 (1.60 ~ 2.00)	1.60 (1.84)
II	1.74 ~ 2.17 (2.00 ~ 2.50)	2.00 (2.30)
III	2.17 ~ 2.78 (2.50 ~ 3.20)	2.50 (2.88)
IV	2.78 ~ 3.30 (3.20 ~ 3.80)	3.10 (3.57)

考虑中性点不接地或经消弧线圈接地的系统过电压水平较高,其外绝缘水平应提高一级选取。

10.3　屋内配电装置的结构形式

屋内配电装置的结构与电气主接线及电气设备的形式(如电压等级、母线容量、断路器形式、出线回路数以及有无出线电抗器等)密切相关,同时还与施工、检修和运行经验有关。

发电厂和变电所中 6 ~ 10 kV 屋内配电装置,按其布置形式不同有单层、双层和三层之分。单层式是把所有设备布置在同一楼层。它适用于出线无电抗器的情况。显然,单层式占地面积较大。三层式是将所有电气设备根据轻重分别布置在 3 个楼层中。它具有安全可靠,占地面积小等优点,但其结构复杂,造价较高。两层式兼顾了单层和三层的优点,造价较低,但占地面积较大。目前 35 ~ 220 kV 的屋内配电装置采用单层和两层形式。

作为施工的依据,应提供 3 种基本图纸:①布置图(屋内配电装置)或平面图(屋外配电装置)。主要用于表达母线及各条支路(称为间隔)的排列关系及各设备所在位置(图 10.3、图 10.6)。②支路断面图。主要用于表达各典型支路中设备的连接关系(图 10.5、图 10.6)。③单个设备的安装图。主要用于表达各设备的固定方式、与其他设备连接处的结构、工艺形式等。图纸上标明了确定设备安装位置的尺寸,保证了安全净距。同时附有设备材料表,以便施工备料。图上还标明道路(作为巡视和检修运送设备的通道)及电缆沟道。

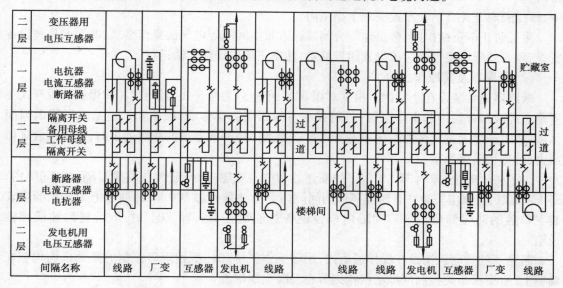

图 10.3　二层二通道双母分段、出线带电抗器的 6 ~ 10 kV 配电装置布置图

10.3.1　屋内配电装置设备的布置

布置设备时考虑的原则为:

①同一回路的电器和导体应布置在一个间隔内,以保证检修安全和限制故障范围;

②尽量将电源布置在中部,使母线通过较小的电流;

③较重的设备(如电抗器)布置在下层;

④布置对称、清晰,便于操作并不易误操作;

⑤有利扩建。

照上述原则对各种设备作如下布置:

(1)母线和隔离开关

母线通常装在配电装置的上部,有水平、垂直和三角形布置 3 种形式。水平布置安装容易,可降低建筑高度,在中小型发电厂和变电所中常被采用。垂直布置时,相间距离可以取得较大而不增加间隔深度,支持绝缘子装在水平隔板上,跨距可以取小,使母线机械强度增大,但结构复杂,建筑高度增加。可用于 20 kV 以下,短路电流很大的装置中。三角形布置结构紧凑,常用于 6 ~ 35 kV 大中容量的配电装置中。

母线的相间距离 a 决定于相间电压,还要考虑短路时母线和绝缘子的机械强度要求。在 6 ~ 10 kV 小容量装置中,母线水平布置抗弯截面系数较大时,a 为 250 ~ 350 mm;垂直布置抗弯截面系数较小时为 700 ~ 800 mm;35 kV 水平布置时,a 约为 500 mm。

双母线或分段母线中的两组母线应以垂直的隔墙(或板)分开,使一组母线故障时不会影响另一组正常工作,并且可以安全地进行检修。

由于硬母线在温度变化时将会膨胀和收缩,如果母线被固定连接并且很长时,应加装母线伸缩补偿器,以消除伸缩应力。

母线隔离开关通常装在母线的下方。为了防止带负荷拉闸引起的电弧造成母线相间短路,在 3～35 kV 双母线装置中,母线与隔离开关之间宜装设耐火隔板。两层以上的配电装置中,母线隔离开关宜单独布置在一个小室内。

为了防止带负荷拉闸、带接地线合闸或误入带电间隔等电气误操作事故,确保人身和设备安全,屋内外配电装置中应该设置闭锁装置,使不正确的操作无法进行。

（2）**断路器及其操作机构**

断路器通常装设在小室内。根据防爆要求,小室分为敞开式、封闭式和防爆式。敞开式小室是全部或部分使用非实体隔板;封闭式小室的四周为实体墙,顶盖和门也是无网眼的封闭体;事故时产生大量气体的封闭小室有出口直接通向屋外或专设的防爆通道时,可以泄放气体压力,则称为防爆小室。

为了防火安全,屋内 35 kV 以下的断路器和油浸互感器,一般装在两侧有隔墙的间隔内。35 kV 及以上,则应安装在有防爆隔墙的间隔内。总油量超过 100 kg 的油浸电力变压器应安装在单独的防爆间隔内。当间隔内单台设备总油量在 100 kg 以上时,应设置贮油或挡油设施。

断路器的操动机构设在操作通道内,手动操作机构和轻型远距离控制的操动机构均装在墙壁上,重型远距离控制的操动机构则装在混凝土基础上。

（3）**互感器和避雷器**

电流互感器不论干式或油浸式,都可与断路器放在同一小室内。穿墙式电流互感器应尽量作为穿墙套管使用。

电压互感器经隔离开关和熔断器（110 kV 及以上只用隔离开关）接到母线上,它可以单独或几个不同用途的共同装在同一间隔内。

当母线接有架空线路时,母线避雷器也可和电压互感器共用一个间隔,但应中间隔开。

（4）**电抗器**

由于电抗器较重,一般装在第一层的小室内,它有垂直、水平和品字形布置 3 种方式,如图10.4 所示。通常线路电抗器采用垂直或品字形布置。当电抗器的电流超过 1 000 A,电抗值超过 5% 时,宜采用"品"字形布置。额定电流超过 1 500 A 的母线分段电抗器或变压器低压侧的电抗器,则宜采用水平布置。

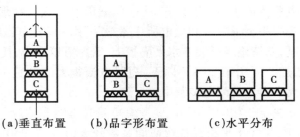

　(a)垂直布置　　(b)品字形布置　　(c)水平分布

图 10.4　电抗器的布置方式

安装电抗器时应当注意,垂直布置时,B 相应放在上、下两相之间;"品"字形不应将 A、C

相重叠在一边。这是因为 B 相电抗器线圈的绕向与 A、C 相不同,所以在外部短路时,电抗器相间的最大作用力是吸引力,以便利用瓷绝缘子抗压强度比抗拉强度大的特点。

（5）配电装置室的通道和出口

配电装置的布置应考虑便于设备的操作、检修和搬运,所以需要设置维护通道,操作通道。各种通道的最小宽度不应小于表 10.5 所列的数值。

为了保证工作的安全和方便,不同长度的配电装置应有不同数目的出口,长度大于 7 m时,应有两个出口,即一头一个门道。当长度大于 60 m 时,应在中部增加一个出口。为了防火防爆,配电装置室的门应向外开,并装弹簧锁。相邻配电装置室之间如有门时,应能向两个方向开启。

表 10.5　配电装置内各种通道最小宽度/m

通道分类 布置方式	维护通道	操作通道		防爆通道
		固定式	手车式	
一面有开关设备	0.8	1.5	单车长+0.9	1.2
两面有开关设备	1.0	2.0	双车长+0.6	1.2

（6）电缆隧道及电缆沟

配电装置中的电缆放置在电缆隧道及电缆沟内。电缆隧道为封闭狭长的建筑物,高 1.8 m 以上,两侧设有数层敷设电缆的支架,人能在隧道内进行敷设和维修工作,一般用于大电厂。电缆沟是宽深不到 1 m 的沟道,上面有盖板。工作时必须揭开盖板,很不方便,但造价较低,为变电所和中小型电厂所采用。

（7）配电装置室的采光和通风

配电装置要有良好的采光和通风,以利于值班人员保持精力充沛。另外还应设事故排烟和事故通风装置。为了防止蛇、鼠等小动物进入,酿成事故,通风口应装百叶窗或网状窗。

10.3.2　屋内配电装置的间隔断面图

图 10.5 为 6 ~ 10 kV 两层式配电装置断面图。它适用于母线短路冲击电流值在 200 kA以下的大中型变电所或机组容量在 50 000 kV·A 以下的发电厂中。装置内最大可装 SN_4 型少油断路器和 1 000 A 的电抗器。

母线和隔离开关设在第二层,母线垂直排列,相间距离为 750 mm,用隔板隔开。母线隔离开关装在下面的敞开小室内,两者之间用隔板隔开,以防事故蔓延。第二层中有两个维护通道,靠近设备侧设有网状遮栏,确保巡视安全。

第一层布置断路器和电抗器等笨重设备。分两列布置,左半部为 1 出线间隔,右半部为 1发电机进线间隔,中间是操作通道。同一回路的断路器及母线隔离开关均集中在第一层操作通道内操作,比较方便。出线电抗器室与出线断路器沿纵向前后布置,垂直布置的电抗器下部有通风道,冷空气进入后将热量从外墙上部的百叶窗排出,电流互感器采用穿墙式,兼作穿墙套管。变压器回路采用架空引入,出线用电缆经隧道引出。

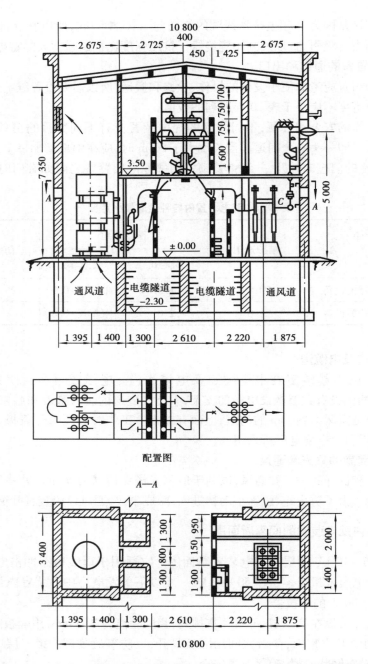

图 10.5　二层、二通道、双母线、出线带电抗器的 6 ~ 10 kV 配电装置的断面图

10.3.3　屋内配电装置的特点

屋内配电装置不受外界因素的影响,具有以下特点:

①占地面积小;②维护、巡视和操作不受气候等外界条件影响;③污秽、腐蚀气体对电气设备影响小,维护简便;④房屋建筑投资大。

随着电压的升高,配电装置所占空间加大,因此在采用普通开关电器(非 SF₆ 全封闭组合电器)的情况下限用于较低电压等级:空气清洁地区限于 10 kV 及以下电压等级,当容量不大,可使用开关柜时,35 kV 也可采用;污秽地区可扩大至 110 kV;严重污秽地区(绝缘子单位表面积污秽物含盐量高且雨量稀少地区)可扩大至 220 kV。

10.4　屋外配电装置的结构形式

10.4.1　屋外配电装置设备的布置与安装

屋外配电装置按母线的高度分为中型、半高型和高型 3 种。

图 10.6 示出 220 kV 双母线带旁路的中型屋外配电装置图,其特点是三组母线高度相同、母线下方不安装断路器、电流互感器等设备,因此母线高度较半高型和高型低。

如将断路器、电流互感器移至相邻的一组母线下方,则需将该组母线升高,则构成半高型配电装置。

如将断路器、电流互感器移至旁路母线下方,同时将两组工作母线重叠布置,则构成高型配电装置。

采用半高型、高型结构可以节省占地,但构架材料消耗较多,特别是检修、巡视不便,因此在非土地特别紧张情况下一般不采用。在土地紧张情况下,半高型可用于 110 kV,高型可用于 220 kV。当电压等级更高时,中型配电装置的母线已有相当的高度,不宜进一步升高。

屋外配电装置设备的布置用平面图表示。图中表示出母线和各条支路(间隔)及支路中各设备所占有的位置。图 10.6(a)为平面图的一部分。

屋外配电装置设备的布置与安装应注意下述问题:

(1)母线和构架

屋外配电装置的母线可分为软母线和硬母线两种。软母线为钢芯铝绞线。一般为三相水平布置,用悬式绝缘子悬挂在母线构架上。软母线的档距较大,母线跨越构架的高度也比较大。

硬母线常用矩形和管形。矩形用于 35 kV 及以下的配电装置中,管形母线可防电晕,因此多用于 220 kV 及以上的配电装置中。管形母线用柱式绝缘子固定在支柱上,相间距离小,节省占地面积,电晕起始电压高。但管形母线易产生微风共振和存在端部效应,对基础不均匀下沉比较敏感,支柱绝缘子抗震能力较差。

屋外配电装置的构架可由型钢或钢筋混凝土制成。钢构架经久耐用,便于固定设备,抗震能力强,但金属消耗量大,需经常维护。钢筋混凝土构架可节省钢材,维护简单,坚固耐用,但不便固定设备。用钢筋混凝土环形杆和镀锌钢梁组成的构架,兼顾二者的优点,目前已在我国 220 kV 及以下的各类配电装置中广泛应用。由钢板焊成的板箱式构架和钢管混凝土柱,则是一种用材少、强度高的结构形式,适用于大跨距的 500 kV 配电装置。

(2)电力变压器

变压器基础一般做成双梁形并铺以铁轨,轨距等于变压器的滚轮中心距。为了防止变压器着火时燃油流动使事故扩大,单个油箱油量超过 1 000 kg 以上的变压器,在其下面应设置贮油池或挡油墙,其尺寸应比变压器外廓大 1 m,贮油池内铺设厚度不小于 0.25 m 卵石层。

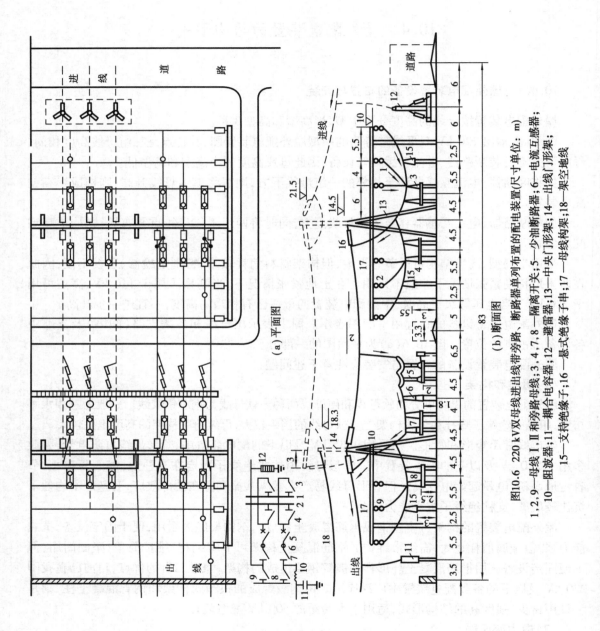

图10.6 220kV双母线进出线带旁路、断路器单列布置的配电装置(尺寸单位：m)

1，2，9—母线I，Ⅱ和旁路母线；3，4，7，8—隔离开关；5—少油断路器；6—电流互感器；
10—阻波器；11—耦合电容器；12—避雷器；13—中央门形架；14—出线门形架；
15—支持绝缘子；16—悬式绝缘子串；17—母线构架；18—架空地线

主变压器与建筑物之间的距离不应小于 1.25 m,且距变压器 5 m 以内的建筑物,在变压器总高度以下及外廓两则各 3 m 的范围内,不应装门窗和通风孔。当变压器油重超过 2 500 kg 以上时,两台变压器之间的防火净距不应小于 5 m,否则应设防火墙。

(3)电气设备的基础

根据主接线要求,场地条件、总体布置、出线方向等因素综合比较。

断路器、隔离开关和电流、电压互感器等均采用高式布置,其支柱的高度约 2 m。

110 kV 及以上的阀型避雷器由于器身细长(约 3.4 m),为了稳定,多落地安装在 0.4 m 的基础上。磁吹避雷器及 35 kV 阀型避雷器形体矮小,一般采用高式布置。避雷器周围应设置围栏以策安全。

(4)电缆沟和通路

电缆沟的布置,应使电缆所走的路径最短。一般横向电缆沟布置在断路器和隔离开关之间,纵向电缆沟是主干沟,电缆数量较多,可分为两路。

为了运输设备和消防需要,应在主要设备近旁铺设行车道。大中型变电所内一般为 3 m 宽的环形道。对于超高压配电装置,由于设备大而笨重,应满足检修机械行驶到设备旁边的要求。

屋外配电装置内应设置 0.8 ~ 1 m 的巡视小道,以供运行人员巡视。电缆沟盖板可作为部分巡视小道。

10.4.2　屋外配电装置的间隔断面图

配电装置的间隔种类有:①发电机或变压器进线;②出线;③母线联络断路器;④旁路断路器;⑤母线电压互感器与避雷器。

图 10.6(b)中实线示出一个出线间隔断面,清楚地表达出该支路各设备之间的连接关系。进线断路器、电流互感器与出线断路器、电流互感器均在母线的同一侧、同一列上,因此称为单列布置,这时进线需按图中虚线所示路径进入本间隔的配电设备。进线配电设备对称地布置在母线的另一侧时,则称为双列布置,应根据场地的形状来选定。

10.4.3　屋外配电装置的特点

①土建工程量及费用较小,建设周期短;②扩建方便;③相邻设备间距大,便于带电作业;④占地面积大;⑤受天气的影响,设备运行条件差。

10.5　成套配电装置

成套配电装置是制造厂将各种典型支路的开关电器、电流互感器或一组母线所需接入的电压互感器与避雷器安装在全封闭或半封闭的金属柜中。制造厂根据柜中接线方式、元件组合及容量大小的不同做成标准柜,加以编号,以供设计时选用,并允许提出可行的修改要求。

成套配电装置分为低压配电屏(或开关柜),高压开关柜和 SF₆ 全封闭组合电器 3 种类型,大都布置在屋内。

10.5.1 低压配电屏

低压配电屏的屏面上部安装测量仪表,中部设有闸刀开关的操作手柄,屏面下部有两扇向外的金属门,如图 10.7 所示。柜内上部有继电器,二次端子和电度表。母线装在屏顶。闸刀开关、熔断器、自动空气开关和电流互感器都装在屏后。

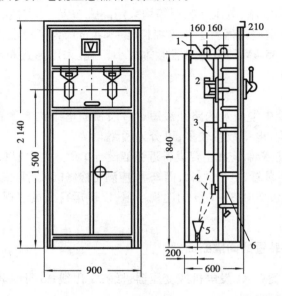

图 10.7 BSL-1 型低压配电屏

1—母线;2—闸刀开关;3—自动空气开关;

4—电流互感器;5—电缆头;6—继电器盘

抽屉式开关柜为封闭式结构,主要设备均装在抽屉内或手车上。回路故障时,可拉出检修或换上备用手车,可快速恢复供电。

低压配电屏结构简单,布置紧凑,占地面积小,检修维护方便,在发电厂和变电所中广泛应用。

10.5.2 高压开关柜

我国目前生产的 3~35 kV 高压开关柜可分为固定式和小车式两种。GC 系列为小车、封闭式高压开关柜,如图 10.8 所示。这种系列的开关柜为单母线结构,柜前中部为小车室,断路器及其操动机构均装在小车上。在工作位置时,断路器与母线和出线相接。检修时将小车拉出,使动、静触头分开。如果不允许长时间停电,可换上备用小车,方便灵活。

小车与柜相连的二次线采用插头连接,当小车拉出时,虽然一次插头断开,但二次线仍可接通,以便调试断路器。

小车推进机构与断路器操动机构之间设有联锁装置,以防带负荷推拉小车。小车两侧及底部设有接地滑道、定位销和位置指示等附件。柜门外设有玻璃观察窗,运行时可以观察内部情况。其他设备和安装部分可看示图。

小车式结构防尘性能好,运行可靠,维护工作量小,检修方便,而且互换性好,可减少停电时间,所以广泛用于发电厂 3~10 kV 厂用配电装置中。

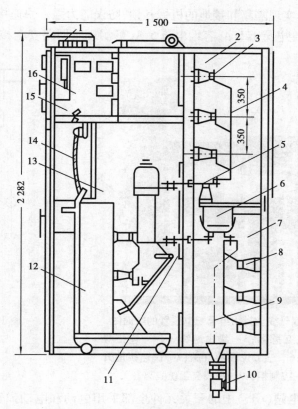

图 10.8　GC-2 型小车封闭式高压开关柜

1—二次小母线室;2—主母线室;3—母线;4—引下线;5—静触头;6—电流互感器;
7—出线室;8—绝缘子;9—电缆;10—零序电流互感器;11—自动遮板;
12—断路器小车;13—小车室;14—二次电缆;15—端子排;16—继电器室

10.5.3　SF₆ 全封闭式组合电器

SF$_6$ 全封闭组合电器是以 SF$_6$ 气体作为绝缘和灭弧介质,以优质环氧树脂绝缘子作支撑的一种新型成套高压电器。

SF$_6$ 全封闭组合电器由母线、隔离开关、负荷开关、断路器、接地开关、快速接地开关、电流互感器、电压互感器、避雷器和电缆终端等组成。上述各元件可制成不同连接形式的标准独立体,再辅以一些过渡元件(如弯头、三通、伸缩节等),可适应不同主接线的要求,组成配套的配电装置。

图 10.9 所示为我国近年生产的一种 110 kV 双母线接线用的 SF$_6$ 全封闭组合配电装置的断面图,图 10.10 为图 10.9 的解释电路。

其中,断路器采用自能灭弧室和 CT20 电动弹簧操作机构。

三工位隔离开关是隔离开关和接地开关集成一体的开关元件,三相共箱结构,配有电动操动机构,由于隔离和接地共用一个动触头,因此共有三种工作位置:隔离分、接地分;隔离合、接地分;隔离分、接地合。实现了隔离和接地的机械闭锁;同时,电动操作机构内部有两套驱动和控制装置,实现了隔离和接地的电气联锁。三工位隔离开关不仅可以进行电动操作,还可以通过工装进行手动操作,实现隔离和接地的机械互锁,防误能力强。快速接地开关配用电动弹簧操作机构,可开、合感性电流 125 A,容性电流 5 A,可实现主回路安全接地。断路器的操作寿命为 10 000 次。

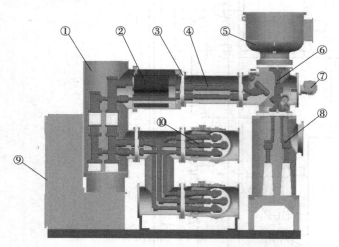

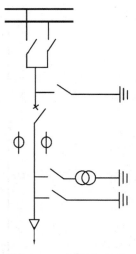

<table>
<tr><td>图 10.9　110 kV 双母线全封闭组合配电装置的断面图</td><td>图 10.10　解释电路图</td></tr>
</table>

图 10.9　110 kV 双母线全封闭组合配电装置的断面图
1—断路器;2—电流互感器;3—盆式绝缘子;4—连接导体;5—电压互感器;6—三工位隔离开关;7—快速接地开关;8—电缆终端;9—控制柜;10—母线三工位隔离开关

图 10.10　解释电路图

由于气体绝缘变电站(GIS)中的开关元件全部采用电动和电动弹簧操作机构,因而机构检修维护工作量少,操作噪音极低,可以在居民区使用;由于 SF6 气体性能衰减和因电弧开断引起的弧触头烧损均很小,因此断路器、隔离开关检修周期很长。

充气套管内充 SF6 气体,污秽等级Ⅳ级,外绝缘满足海拔 2 000 m 运行条件,特殊套管可以满足海拔 4 000 m 运行条件。

电缆终端是高压电缆头与 GIS 连接的接口部件,预留插拔式电缆头连接接口,安装方便,电缆终端仓设置独立 SF6 气室,拆装电缆头不影响 GIS 其他单元,预留试验接口,可方便试验。

需解体运输的 GIS 产品分为若干运输包装单元,运输中不破坏各元件的完整性,能做到整间隔的运输。并且带低气压运输,这样可减少现场除尘净化和抽真空等工作量,现场安装方便,安装周期短,现场的安装和调试工作量大为降低。

GIS 全封闭电器有进出线、母线联络、电压互感器等典型间隔产品,可供设计者按接线选择间隔,组成与接线结构相对应的配电装置。

SF$_6$ 全封闭电器有以下优点:

①大量节省占地面积和空间。全封闭电器占用空间与敞开式的比率可近似估算为 $\dfrac{10}{U_e}$,U_e 为额定电压(kV),可见,电压越高,效果越显著。

②运行可靠。由于其带电体封闭在金属外壳中,不受大气和尘埃污染而造成事故。SF$_6$ 是不燃惰性气体,不发生火灾,一般不会发生爆炸事故。

③土建和安装工作量小,工期短。

④检修周期长,维护工作量小。一般运行 10 年或切断额定开断电流 15~30 次或正常开

断 1 500 次,才进行检修。漏气量小,每年只有 1% ~ 3% ,且用吸附器保持干燥,所以补气和换过滤器工作量很小。

⑤由于金属外壳的屏蔽作用,减弱了对外界的电磁干扰,静电感应和噪声,这是超高压配电装置中的一个重大课题。

⑥由于支撑坚固,提高了设备通过短路电流时的动稳固性,并有很好的抗震性能。

缺点:

①对材料性能、加工精度和装配工艺要求极高,工件上的毛刺、油污、铁屑和纤维都会造成电场不均匀,使 SF_6 抗电强度大大降低。

②需要专门的 SF_6 气体系统和压力监视装置,且对 SF_6 的纯度和水分都有严格的要求。

③金属消耗量大。

④目前价格较贵。

SF_6 全封闭电器应用于 110 kV 及以上电压等级的下列场所:

①处在工业区、市中心、险峻山区、地下、洞内、用地狭窄的水电厂或扩建场地不足的发电厂和变电所。

②位于空气严重污染、海滨、高海拔地区的变电所。

思 考 题

10.1　何谓配电装置? 设计配电装置的基本要求有哪些? 应通过哪些途径来节省投资?

10.2　配电装置最小安全净距 A、B、C、D 值的基本意义是什么?

10.3　简述典型配电装置形式的基本分类及使用范围。

10.4　配电装置图的基本类型、各种图纸所表达的主要内容为何?

10.5　何谓成套配电装置? 使用成套配电装置有何优点? 适用于哪些场合?

第4篇
配电设备的选择计算

第11章
配电设备的选择计算

11.1 选择配电设备的通用计算条件

电力系统中各种电气设备的作用和工作条件并不一样,具体选择的方法也不完全相同,但对它们的基本要求却是相同的。要保证电气设备能够可靠地工作,必须按正常工作条件选择,按短路状态来校验。

11.1.1 按正常工作条件选择

(1)允许电压不小于最高工作电压

导体和电器的额定电压 U_e 就是铭牌上标出的额定线电压,是计算允许电压 U_{xu} 的依据。

电器可以长期在其额定电压的 110% ~ 115% 下安全运行,这一电压称为最高允许工作电压。当 U_e 在 220 kV 及以下时,其 U_{xu} 为 $1.15U_e$,当 U_e 为 330 kV 及以上时,其 U_{xu} 为 $1.1U_e$。

当海拔高度超过 1 000 m 时,电气设备外部绝缘强度下降,因此规定在海拔 1 000 ~ 3 500 m 范围内每升高 100 m,其允许工作电压下降 1%。一般在安装点海拔高度超过 2 000 m 时,应选用专门加强了外部绝缘的高原型电气设备,或采用额定电压高一等级的设备。

电气设备需要承受的长期工作电压最大值 $U_{g \cdot max}$ 与安装点在电网中的位置有关。在设计与运行合理时不超过额定电压 U_e 的 10%,即 $U_{g \cdot max} \leqslant 1.1U_e$。

电气设备长期工作的电压条件写为:

$$U_{xu} \geqslant U_{g \cdot max} \tag{11.1}$$

220 kV 及以下电压等级的电气设备绝缘裕度较大。因此,在非高海拔(小于 2 000 m)地区,按所在电网的额定电压选择配电设备的额定电压即可满足要求。

(2)允许电流不小于最大持续工作电流

满足此条件的目的在于使电气设备持续工作的最高温度不超过长期发热的最高允许温度 $\theta_{g \cdot xu}$。

电气设备工作的环境温度往往不是设计制造规范中的标准环境温度 θ_e,因此应按实际最高环境温度 θ 计算其允许电流,它与额定电流 I_e 的关系为:

$$I_{xu} = \sqrt{\frac{\theta_{g \cdot xu} - \theta}{\theta_{g \cdot xu} - \theta_e}} \, I_e = K_\theta I_e \tag{11.2}$$

式中　$K_\theta = \sqrt{\dfrac{\theta_{g \cdot xu} - \theta}{\theta_{g \cdot xu} - \theta_e}}$——允许电流的温度修正系数。

我国目前电气设备(电容器除外)的设计规范规定:$\theta_{g \cdot xu} = 75 \ ℃$,$\theta_e = 40 \ ℃$。导体为:$\theta_{g \cdot xu} = 70 \ ℃$,$\theta_e = 25 \ ℃$。电气设备在环境温度低于 θ_e 时,其允许电流大于额定电流,但不得超过 20%。电容器不允许过电流运行。

各支路最大工作电流确定于支路主要设备:发电机、调相机和变压器,由于在电压降低 5% 时,其电流可以提高 5%,保持出力不变。所以其回路的 $I_{g \cdot max} = 1.05I_e$;母联断路器回路应取母线上最大一台发电机或变压器的 $I_{g \cdot max}$;母线分段电抗器的 $I_{g \cdot max}$ 应为母线上最大一条支路跳闸时保证该母线负荷所需的电流;出线回路的 $I_{g \cdot max}$ 除考虑线路正常负荷电流(包括线路损耗)外,还应考虑事故时由其他回路转移过来的负荷。

11.1.2　按短路状态校验

(1)热稳固性

电气设备热稳固性的根本条件是短路发热最高温度不超过短时发热的最高允许温度,即 $\theta_z \leqslant \theta_{d \cdot xu}$。

一般电气设备的工程使用条件为:

$$I_t^2 t \geqslant I_\infty^2 t_j \tag{11.3}$$

不等式左端表示电气设备的能力——允许吸热量,I_t 为设备给出的 t 秒热稳固性电流;不等式右端表示电气设备应承受的热负荷——短路电流向该电气设备提供的热量,取 I_∞ 的单位与 I_t 相同。

式中　I_∞——短路电流稳态值;

t_j——假想(等效)发热时间,t_j 与实际短路持续时间 t_d 及短路电流的变化状况(以初始值与稳态值之比 $\beta'' = \dfrac{I''}{I_\infty}$ 表征)有关,其计算方法见6.3节。

电流互感器的铭牌参数给出热稳固倍数 k_t,其热稳固电流 $I_t = k_t I_e$,I_e——额定一次电流。

导体的工程使用条件为使用截面 S 应不小于热稳固性最小截面 S_{min},有

$$S_{min} = \frac{I_\infty}{C} \sqrt{K_f t_j} \tag{11.4}$$

式中　C——导体材料的耐热系数,C^2 表征单位体积材料的允许吸热量,铝材:$C = 97$;

铜:$C = 175$。对应的单位:S_{min}—mm^2;I_∞—A;t_j—s。

K_f——导体的集肤效应系数,与导体截面大小形状有关。

(2)动稳固性

动稳固性的根本条件是短路冲击电流产生的最大应力 σ_{max} 不大于材料的许用应力 σ_{xu},即,$\sigma_{max} \leq \sigma_{xu}$。

一般电气设备的动稳固性条件为:

$$i_{dw} \geq i_{ch} \tag{11.5}$$

式中　i_{dw}——电气设备的动稳固性电流;

i_{ch}——流过电气设备的短路电流冲击值。

电流互感器给出动稳固性倍数 k_d,其动稳固性电流 $i_{dw} = k_d(\sqrt{2} I_e)$。

硬导体的工程使用条件为使用跨距不大于最大允许跨距:$l \leq l_{max}$。l_{max} 的计算参见6.8节。

下列情况可简化短路校验:①用熔断器保护的电气设备,因熔断器熔断很快,短路电流持续时间 t_d 很小而不作热稳固性校验。②如果熔断器有限流作用(在短路电流尚未达到峰值时即可熔断),则动稳固性也可不校验。③电压互感器回路设备不作动、热稳固性校验。

(3)短路电流计算条件

作校验用的短路电流应按下列情况确定。

1)系统容量和接线　按本工程设计最终容量计算,需要考虑发展容量,一般考虑本期工程建成后5～10年的容量;其接线应采用可能发生最大短路电流的接线方式,当系统阻抗最小(称为最大运行方式),与待校验支路相并联的其他支路未投入时,待校验支路将通过更大的短路电流。

2)短路种类　一般按系统最大运行方式下三相短路校验,若其他短路较三相短路严重时,则按最严重的短路情况计算。

3)计算采用的运行方式和短路点　应在待选设备两端设短路点,并采用通过设备短路电流最大的运行方式。

现以图11.1为例说明:

①发电机变压器回路的断路器校验,应比较断路器两端发生短路时通过断路器的电流值,选择其较大者作为短路计算点。

例如,选择发电机出口断路器 DL_1 时,当 d_1 点短路时,流过 DL_1 的电流为 I_{F1},当 d_2 点短路时,流过的电流为 $I_{F2} + I_B$,若两台发电机容量相同,显然 $I_{F2} + I_B > I_{F1}$,故 d_2 点应为 DL_1 的短路计算点。

②母线断路器的校验,应考虑用母联断路器向另一母线充电时,该母线有故障,即 d_4 点短路。此时全部短路电流 I_{F1}+I_{F2}+I_B 流过 DL 及工作母线。

③带电抗器的出线回路电器校验。母线引线及套管应按电抗器前 d_7 点短路校验。而对出线断路器可按电抗器后的 d_8 点作为短路计算点,这样由于电抗器的限流作用,可选用轻型断路器。实践经验表明,由于干式电抗器本身相当可靠,而断路器和电抗器之间的连线很短,短路的可能性很小,因此,按 d_8 点校验,选择的 DL$_4$ 既能满足技术要求,也能节约投资。

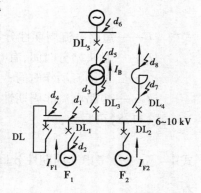

图 11.1　短路计算点的选择

④母线损坏将使所有的电气设备长期不能工作。因此母线应在最严重的短路下校验动、热稳固性。在图中 d_1 点或 d_7 点短路,所有电源的电流都流过母线,故应以 d_1 点作为短路计算点。

(4)短路计算时间

校验热稳固性和开断电流时,还必须合理地确定计算时间。

短路持续时间 t_d 等于继电保护动作时间 t_b 和相应断路器的全分闸时间 t_{fd} 之和,即

$$t_d = t_b + t_{fd} \tag{11.6}$$

断路器全分闸时间为其固有分闸时间和燃弧时间之和,即 $t_{fd} = t_{gu} + t_{hu}$。

当校验裸导体及 110 kV 以下电缆的热稳固性时,一般采用主保护动作时间。若主保护有死区,则应采用能保护该死区的后备保护动作时间,并采用相应处的短路电流值。校验电器和 110 kV 及以上充油电缆的热稳固性时,一般采用后备保护动作时间,使计算可靠性提高。

11.2　开关电器的其他选择条件

11.2.1　高压断路器的选择

(1)形式选择

断路器应根据安装地点、周围环境和使用技术条件等要求选择其种类和形式。3 ~ 10 kV 断路器需频繁操作时(例如轧钢、自动无功补偿装置的投切等)应选用真空断路器;其他情况下,一般采用 SF$_6$ 断路器。安装在屋外时,应选择屋外式结构。

(2)开断电流选择

高压断路器的额定开断电流 I_{dl} 应不小于其触头开始分离瞬间 t_{dl} 的短路电流的有效值 $I_d(t_{dl})$,即

$$I_{dl} \geqslant I_d(t_{dl}) \tag{11.7}$$

校验短路时应按最严重的短路类型计算。由于断路器开断单相短路的能力比开断三相短路的能力大 15% 以上,因此,只有单相短路比三相短路电流大 15% 以上时,才按单相短路校验。

忽略周期性分量的衰减,有:

$$I_d(t_{dl}) = \sqrt{I''^2 + (\sqrt{2}\,I''e^{-\frac{t_{dl}}{T_f}})^2} \tag{11.8}$$

式中 I''——短路电流周期性分量的 0 秒有效值,即次暂态电流有效值;

  t_{dl}——触头始分时间,有 $t_{dl} = t_b + t_{gu}$,t_b,t_{gu} 分别为继电保护动作时间和断路器操动机构的固有动作时间;

  T_f——短路电流非周期性分量衰减的时间常数,一般取 $T_f = 0.05$ s。

式(11.8)可写为:

$$I_d(t_{dl}) = \alpha I'' \tag{11.9}$$

式中 α——考虑非周期性分量的校正系数。

有

$$\alpha = \sqrt{1 + 2e^{-\frac{t_{dl}}{0.025}}}$$

可见,当 $t_{dl} = 0$ s 时(理想无延时切断), $\alpha = \sqrt{3}$;当 $t_{dl} \geqslant 0.1$ s 时,有 $\alpha = 1$。因此,对于慢速动作开关($t_{dl} \geqslant 0.1$ s),其断路电流检验式可简化为:

$$I_{dl} \geqslant I''$$

快速动作开关($t_{dl} < 0.1$ s)的检验式为:

$$I_{dl} \geqslant \sqrt{1 + 2e^{-\frac{t_{dl}}{0.025}}}\,I'' \tag{11.10}$$

开关切断故障的速度既依赖于自身动作的固有时间(由操动系统确定)也依赖于所配备的继电保护装置。一般 35 kV 及以下多为慢速动作开关。

高压断路器的操动机构一般由厂家配套供应,只有部分少油断路器可选配电磁式、弹簧式和液压式等操动机构。一般电磁式操动机构需要专用的直流合闸电流,其结构简单可靠;弹簧式的结构比较复杂,调整要求高;液压式加工精度要求高。选择何种形式的操动机构,应根据安装调整方便、运行可靠以及操作电源种类而定。

11.2.2 高压熔断器的选择

熔断器是最简单的保护电器,在低压电网中应用很广。高压熔断器多用于保护电压互感器,电力电容器和小容量配电变压器。

高压熔断器根据其额定电压、额定电流、切断能力和保护安秒特性四项参数和特性进行选择。所谓安秒特性,指的是熔体的熔断时间与通过电流的函数关系。

(1)按额定电压选择

对于一般的高压熔断器,其额定电压应大于或等于电网的额定电压。但对于填充石英砂的熔断器还不能用于低于其本身额定电压的电网中。因为这种熔断器是限流的,能在电流达到最大值之前就将电流截断,致使熔断时在电网中产生过电压。过电压的倍数与电路参数和熔体长度有关。如在低于其额定电压的电网中,因熔体较长,过电压高达 3.5 ~ 4 倍的相电压,可能损坏电网中的电气设备。若用在高于其额定电压的电网中,则熔断时产生的过电压将引起电弧重燃而无法再度熄灭,以致把熔断器壳烧坏。只有用在与之额定电压相等的电网中时过电压仅为 2 ~ 2.5 倍的相电压,略高于线电压,没有危险。

(2)按额定电流选择

熔断器的额定电流分为熔管的额定电流和熔体的额定电流。一个等级的电流熔管可装多个等级的电流熔体。

1)熔管的额定电流选择

为了使熔断器外壳不致损坏,其熔管额定电流 I_{eRg} 应大于或等于熔体的额定电流 I_{eRt},即

$$I_{eRg} \geqslant I_{eRt} \tag{11.11}$$

2)熔体额定电流的选择

应考虑一些设备投入时产生的涌流:

保护 35 kV 以下电力变压器的高压熔断器,其熔体的额定电流可按下式选择。

$$I_{eRt} = KI_{g \cdot max} \tag{11.12}$$

式中　K——可靠系数,不计电动机自启动时,$K = 1.1 \sim 1.3$,考虑电动机自启动时,$K = 1.5 \sim 2.0$;

　　　$I_{g \cdot max}$——变压器回路最大工作电流。

用于保护电力电容器的高压熔断器的熔体,应按下式选择。

$$I_{eRt} \geqslant KI_C$$

式中　K——可靠系数,对限流式高压熔断器,当一台电力电容器时,$K = 1.5 \sim 2.0$,当一组电
　　　　容器时,$K = 1.3 \sim 1.8$;

　　　I_C——电力电容器回路的额定电流。

(3)熔断器开断电流校验

$$I_{dl} \geqslant I'' \tag{11.13}$$

或

$$I_{dl} \geqslant I_{ch} \tag{11.14}$$

对于无限流作用的熔断器,用冲击电流有效值 I_{ch} 校验;对于有限流作用的熔断器,在电流过最大值之前已被截断,因而不计非周期分量的影响,采用 I'' 进行校验。

(4)熔断选择性校验

为了保证前后两级熔断器之间或熔断器与电源(或负荷)保护之间的选择性,还应进行熔体的熔断选择性校验。

(5)按机械强度选择

保护电压互感器的高压熔断器的额定电流按机械强度要求固定选为 0.5 A,只需按额定电压来选择,并校验其断流能力。

11.3　限流电抗器的其他选择条件

限流电抗器串接于 6 ~ 10 kV 出线和母线以限制短路电流。出线电抗器的额定电流应按所在出线的最大工作电流选择,母线分段电抗器的额定电流应按接于该母线上的最大支路电流的 60% ~ 70% 选择。

在电抗器额定电流 $I_{e \cdot k}$ 确定之后,还应选择其电抗百分值 $x_k\%$,定义 $x_k\% \triangleq x_{k*} \cdot 100$,$x_{k*}$ 为电抗器以自身额定电压、电流为基准的电抗标幺值。

母线分段电抗器正常通过电流较小,因而对正常工作压降影响较小,其额定电流较大,可选择较大的电抗百分值,以保证母线设备的动热稳固性为条件,一般可取为 8 左右。

出线电抗器的电抗百分值应按下述条件选择:

①限制出线首端(电抗器后)短路的次暂态电流值 I'' 不大于出线(轻型)断路器的断路电流 I_{dl},即 $I'' \leqslant I_{dl}$。

由于 6~10 kV 断路器动作速度较慢,因此以 I'' 作为其断路条件。由系统电抗及电抗器电抗计算 I'',应有

$$\frac{I_{e \cdot k}}{x_{k*} + x_{xT*}} \leqslant I_{dl} \tag{11.15}$$

式中　x_{k*}——电抗器的电抗标幺值;

　　x_{xT*}——系统对(6~10 kV)母线的电抗标幺值(以电抗器额定电流 $I_{e \cdot k}$ 为基准)。

因此,计算条件变为

$$x_{k*} \geqslant \frac{I_{e \cdot k}}{I_{dl}} - x_{xT*} \tag{11.16}$$

$$x_k\% \geqslant \left(\frac{I_{e \cdot k}}{I_{dl}} - x_{xT*}\right) \cdot 100 \tag{11.17}$$

②出线电抗器后短路时使母线残压不小于 65%,以保证接于该母线的发电机和非故障支路负荷运行的稳定性,即应有

$$U_{cy*} = \frac{x_{k*}}{x_{k*} + x_{xT*}} \geqslant 0.65 \tag{11.18}$$

因此应使 $$x_{k*} \geqslant 1.86 x_{xT*} \tag{11.19}$$

注意,系统电抗标幺值 x_{xT*} 应以电抗器额定电压、电流为基准。

③检验电抗器的正常工作压降,应使 $\Delta U_* \leqslant 5\%$,以免负荷端调压困难。

当负荷最大工作电流为 $I_{g \cdot max}$ 时,其无功电流为 $I_{g \cdot max}\sin\varphi$,$\varphi$——线路负荷功率因数角。由于电抗器近似于纯电感元件,其上压降主要由无功电流引起,因此应有

$$\Delta U_* = \frac{I_{g \cdot max}\sin\varphi}{I_{e \cdot k}} \cdot x_{k*} \leqslant 0.05$$

$$x_k\% \leqslant \frac{5 I_{e \cdot k}}{I_{g \cdot max}\sin\varphi} \tag{11.20}$$

式中　$I_{e \cdot k}$——电抗器额定电流;

　　$I_{g \cdot max}$——线路最大工作电流;

　　φ——线路负荷功率因数角。

电抗器的电抗标幺值等于电抗器通过额定电流时的压降标幺值。由式(11.15)可知,当线路工作电流加大时,电抗器额定电流 $I_{e \cdot k}$ 随之增大,因此其 x_{k*} 随之增大,从而引起正常压降的增加。为限制正常压降,因此需要限制每条支路供电的最大负荷。可以通过增加出线回路数以满足电压质量的要求。

按式(11.20),当电抗器最大工作电流等于其额定电流,并取负荷功率因数为 0.8 时,$I_{e \cdot k} \approx I_{g \cdot max}$,$\sin\varphi = 0.6$,则应使 $x_k\% \leqslant 8.33$。考虑 $I_{e \cdot k}$ 略大于 $I_{g \cdot max}$,满足电压条件的电抗百分值上限为 10。

当使用普通电抗器不能满足负荷端调压要求时,可使用分裂电抗器。

如图 11.2 所示,分裂电抗器 3 端接于发电厂、变电站 6~10 kV 母线,1,2 端接两条出线,应注意两条线负荷的大小及功率因数尽可能相等以充分发挥分裂电抗器降低正常压降的效益。按限制短路电流为条件,仍用式(11.16)、式(11.17),计算出每支电抗百分值作为该支路的自感抗。与普通电抗器不同之处在于,当两支路负荷平衡时,其正常压降将降低一半。

例11.1 如图11.3所示接线,已知10.5 kV出线拟使用断路器的断路电流$I_{dl}=11$ kA,全分闸时间$t_{fd}=0.1$ s,出线保护动作时间$t_b=1$ s,线路最大持续工作电流为360 A,试选择出线电抗器。(图中电抗标幺值以100 MV·A为基准容量)

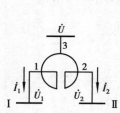

图11.2 分裂电抗器接线图

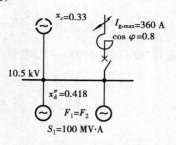

图11.3 选择电抗器接线图

解 按正常工作电压和最大持续工作电流选择 XKGK-10-400 电抗器 $U_e=10$ kV,$I_e=400$ A。

由图11.3可求出电抗器前的系统电抗

$$x_{xT*}=\frac{0.33\times0.418/2}{0.33+0.418/2}=0.128$$

系统基准电流

$$I_j=\frac{S_j}{\sqrt{3}\,U_j}=\frac{100\times10^6}{\sqrt{3}\times10.5\times10^3}\text{ A}=5.5\text{ kA}$$

应选电抗百分值

$$x_k\%\geqslant\left(\frac{I_{e\cdot k}}{I_{dl}}-x_{xT*}\right)\times100=\left(\frac{0.4}{11}-0.128\times\frac{0.4}{5.5}\right)\times100=2.71$$

选用 XKGK-10-400-4 型,其$x_k\%=4$,$i_{dw}=25.5$ kA,1 s 热稳固电流$I_t=22.5$ kA。

计算电抗器后的短路电流,电抗器的电抗标幺值向统一的基准容量归算

$$x_{k*}=\frac{x_k\%}{100}\frac{I_j U_e}{I_e U_j}=0.04\times\frac{5\,500\times10\,000}{400\times10\,500}=0.524$$

总电抗

$$\sum x_*=x_{xT*}+x_{k*}=0.128+0.524=0.652$$

查运算曲线后换算得短路电流的常规单位值$I''=8.36$ kA,$I_\infty=8.58$ kA,$i_{ch}=2.55\times8.36$ kA=21.3 kA。

校验动、热稳固性:

$i_{dw}(25.5$ kA$)>i_{ch}(21.3$ kA$)$满足动稳固性要求。

$t_d=t_b+t_{fd}=(1+0.1)$s=1.1 s

由于$t_d>1$ s,故不考虑非周期分量作用时间。

$\beta''=8.36/8.58=0.97$,查图6.7曲线得

$$t_j=t_{jz}=0.85\text{ s}$$

$I_\infty^2 t_j=8.58^2\times0.85$ kA²·s=62.6 kA²·s $I_t^2 t=22.5^2\times1$ kA²·s=506.3 kA²·s $I_t^2 t\geqslant I_\infty^2 t_j$满足热稳固性要求。

电抗器正常情况下的电压损失百分值

$$\Delta U\% = x_k\% \frac{I_{\text{g·max}}}{I_e}\sin\varphi = 4 \times \frac{360}{400} \times 0.6 = 2.16 < 5$$

电抗器后短路时母线残压

$$U_{cy*} = \frac{x_{k*}}{x_{k*} + x_{xT*}} = \frac{0.524}{0.625} = 83.6\% > 65\%$$

可见，选择 XKGK-10-400-4 型电抗器能够满足要求。

11.4　互感器的其他选择条件

11.4.1　电流互感器

选择电流互感器时应根据安装地点、安装方式选择其形式：屋外或屋内，充分利用变压器内的装入式互感器，并利用穿墙式互感器兼作穿墙套管等。

电流互感器的标称负载应与实际负载相接近以保证互感器的误差在允许范围之内。电流互感器由于原边视为定流源，其副边负载用阻抗（Ω）表示。

负载电阻由三部分组成：测量表计电阻 r_{cj}、连接线电阻 r_{lx}、接触电阻 r_c。一般取 $r_c = 0.1\ \Omega$。

电流互感器的副边负载不具有 $r_{LH} = r_{cj} + r_{lx} + r_c$ 的简单关系，而应为其端口上的等效电阻。

$$r_{LH} = \frac{U}{I} + r_c \tag{11.21}$$

式中　U——端口电压；

　　　I——互感器电流。

由于端口电压与 r_{cj}、r_{lx} 及流过负载的电流有关。因此电流互感器的等效负载与互感器接线及一次系统运行状态、短路方式有关。因此等效负载由 3 个电阻乘上接线及运行方式系数 k_{jx} 表达，有

$$r_{LH} = k_{jx1}r_{cj} + k_{jx2}r_{lx} + r_c \tag{11.22}$$

正常运行方式下的接线系数可在表 11.1 中查取。实际上，当仪表及接线确定之后，计算目标为连线截面。

表 11.1　电流互感器等效负载系数

接线方式	k_{jx1}	k_{jx2}
单　相	1	2
三相星形	1	1
三相三角形	3	3
二相星形	1	$\sqrt{3}$
二相差接	$\sqrt{3}$	$2\sqrt{3}$

注：二相星形指中线无表计情况。

母线型电流互感器的动稳固性能力以两端部（L_1、L_2）允许受力 F_{xu} 表示，其动稳固性校验

条件为

$$F_{xu} \geqslant 0.5 \times 1.73 \frac{l}{a} i_{cj}^2 \times 10^{-7} \tag{11.23}$$

式中　l、a——互感器与相邻绝缘子间跨距及相间距；

　　　i_{cj}——流过互感器的短路电流冲击值，kA。

系数 0.5 表示由互感器作一端支撑，跨距 l 内的作用力的一半应由互感器承担。

例 11.2　选择 10 kV 馈线上的电流互感器。出线 $I_{g \cdot max} = 360$ A，$I'' = 8.36$ kA，$i_{ch} = 21.3$ kA，$I_\infty = 8.58$ kA，$t_d = 1.1$ s，$t_j = 0.85$ s。相间距离 $a = 0.4$ m，电流互感器至最近一个绝缘子的距离 $l = 1$ m。电流互感器回路接线为两相星形，电流互感器与测量仪表相距 40 m，铜电阻率 $\rho = 0.035$ Ω·mm²/m(50 ℃)，各相负荷见表 11.2。

表 11.2　电流互感器负荷　　　　　　　　　　　　　　　　　(V·A)

仪表名称（电流线圈）	A 相	C 相
电流表	0.35	
功率表	0.6	0.6
电度表	0.5	0.5
总　计	1.45	1.1

解　①选择电流互感器　根据电流互感器安装处的电网电压，最大工作电流等条件初选 LFC-10 屋内型电流互感器，互感器变比为 400/5，由于供给计费电度表用，故选用 0.5 级，其二次负荷额定阻抗为 0.6 Ω，动稳固倍数 $K_d = 250$，1 s 热稳固倍数 $K_t = 80$。

②选择互感器连接导线截面

互感器二次额定容量 $S_{e2} = I_{e2}^2 \cdot Z_{e2} = 5^2 \times 0.6$ V·A $= 15$ V·A

最大相表计阻抗 $r_{cj} = \dfrac{P_{max}}{I_{e2}^2} = \dfrac{1.45}{5^2}$ Ω $= 0.058$ Ω

按　　　$k_{jx1} r_{cj} + k_{jx2} r_{lx} + r_c \leqslant 0.6$ Ω

二相星形中线无表计时，$k_{jx1} = 1$，$k_{jx2} = \sqrt{3}$ 并取 $r_c = 0.1$ Ω

应有　$r_{lx} = (0.6 - 0.058 - 0.1)/\sqrt{3}$ Ω $= 0.255$ Ω

应取连线截面　$S = \dfrac{\rho L}{r_{lx}} = \dfrac{0.035 \times 40}{0.255}$ mm² $\geqslant 5.49$ mm²

③校验所选电流互感器的动、热稳固性

a. 热稳固性校验

$I_t^2 t = (K_t I_{e1})^2 t = (80 \times 0.4)^2 \times 1$ kA²·s $= 1\,024$ kA²·s

$I_\infty^2 t_j = 8.58^2 \times 0.85$ kA²·s $= 62.6$ kA²·s $< I_t^2 t$ 满足热稳固性要求。

b. 动稳固性校验

$\sqrt{2} I_{e1} K_d = \sqrt{2} \times 0.4 \times 250$ kA $= 141.4$ kA > 21.3 kA

满足动稳固性要求。

11.4.2　电压互感器

电压互感器也应计算二次侧负荷以保证运行精度，应使二次负荷与互感器标称负荷接近。

单相互感器的二次侧负荷为:

$$S = \sqrt{(\sum_{i=1}^{n} S_i \cos \varphi_i)^2 + (\sum_{i=1}^{n} S_i \sin \varphi_i)^2} \tag{11.24}$$

式中 S_i, φ_i——各仪表的视在功率与功率因数角,仪表个数为 n。

当电压互感器与仪表负载均为星形接线并采用三相四线接线方式时,或两者均为不完全星形采用三线连接时,互感器负荷与仪表负荷按相对应。

当一方采用不完全星形,另一方为星形接线时电压互感器各相等效负荷的算式列于表11.3。

图11.4及表11.4为实际应用的例子。

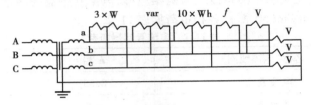

图11.4 测量仪表与电压互感器的连接图

电压互感器等效负荷定义(以 A 相为例)为:

$$\dot{S}_A = \dot{U}_A \overset{\wedge}{\dot{I}}_A = U_A I_A e^{j\varphi_A} = P_A + jQ_A \tag{11.25}$$

$$P_A = U_A I_A \cos \varphi_A$$

$$Q_A = U_A I_A \sin \varphi_A$$

式中 $\dot{U}_A$、$\dot{I}_A$、φ_A——A 相电压互感器的端口电压及流过该互感器的电流及电流滞后于电压的角度。

例11.3 选择一组 10 kV 母线测量用电压互感器及高压熔断器。已知:母线上接有馈线7回,厂用变压器2台,主变压器1台,共有有功电度表10只,有功功率表3只,无功功率表1只,母线电压及频率表各1只,绝缘监视电压表3只,电压互感器及仪表接线和负荷分配如图11.4所示并见表11.4。

解 由于 10 kV 是中性点不接地系统,电压互感器除供测量仪表外,还用于交流绝缘监视,因此选用 JSJW-10 型三相五柱式电压互感器(也可选用 3 只单相 JDZJ 型浇注绝缘电压互感器),其额定电压比为 $10/0.1\dfrac{0.1}{3}$ kV。由于回路中接有计费用电度表,所以准确度选为 0.5级。与此准确度对应的互感器三相额定容量为 120 V·A。

根据表11.3、表11.4可求出不完全星形部分的负荷为:

$$S_{ab} = \sqrt{P_{ab}^2 + Q_{ab}^2} = \sqrt{8.5^2 + 13.9^2} \text{ V·A} = 16.3 \text{ V·A}$$

$$S_{bc} = \sqrt{P_{bc}^2 + Q_{bc}^2} = \sqrt{8.2^2 + 13.9^2} \text{ V·A} = 16.1 \text{ V·A}$$

$$\cos \varphi_{ab} = \frac{P_{ab}}{S_{ab}} = \frac{8.5}{16.3} = 0.52, \varphi_{ab} = 58.7°$$

$$\cos \varphi_{bc} = \frac{P_{bc}}{S_{bc}} = \frac{8.2}{16.1} = 0.51, \varphi_{bc} = 59.3°$$

表 11.3　电压互感器二次绕组负荷计算公式

接线及相量			
A	$P_A = [S_{ab}\cos(\varphi_{ab} - 30°)]/\sqrt{3}$ $Q_A = [S_{ab}\sin(\varphi_{ab} - 30°)]/\sqrt{3}$	AB	$P_{AB} = \sqrt{3}\,S\cos(\varphi + 30°)$ $Q_{AB} = \sqrt{3}\,S\sin(\varphi + 30°)$
B	$P_B = [S_{ab}\cos(\varphi_{ab} + 30°) + S_{bc}\cos(\varphi_{bc} - 30°)]/\sqrt{3}$ $Q_B = [S_{ab}\sin(\varphi_{ab} + 30°) + S_{bc}\sin(\varphi_{bc} - 30°)]/\sqrt{3}$	BC	$P_{BC} = \sqrt{3}\,S\cos(\varphi - 30°)$ $Q_{BC} = \sqrt{3}\,S\sin(\varphi - 30°)$
C	$P_C = [S_{bc}\cos(\varphi_{bc} + 30°)]/\sqrt{3}$ $Q_C = [S_{bc}\sin(\varphi_{bc} + 30°)]/\sqrt{3}$		

表 11.4　电压互感器各相负荷分配(不完全星形负荷部分)

仪表名称及型号	每线圈消耗功率 /V·A	仪表电压线圈		仪表数目	AB 相		BC 相	
		$\cos\varphi$	$\sin\varphi$		P_{ab}	Q_{ab}	P_{bc}	Q_{bc}
有功功率表 16D1-W	0.6	1		3	1.8		1.8	
无功功率表 16D1-var	0.5	1		1	0.5		0.5	
有功电度表 DS1	1.5	0.38	0.925	10	5.7	13.9	5.7	13.9
频率表 16L1-Hz	0.5	1		1	0.5			
电压表 16L1-V	0.2	1		1			0.2	
总　计					8.5	13.9	8.2	13.9

每相上接有绝缘监视电压表 V($P' = 0.2, Q' = 0$),A 相和 B 相的负荷分别为:

$$P_A = \frac{1}{\sqrt{3}}S_{ab}\cos(\varphi_{ab} - 30°) + P'_a = \left[\frac{1}{\sqrt{3}} \times 16.3\cos(58.7° - 30°) + 0.2\right]\text{W}$$

$$= 8.45\ \text{W}$$

$$Q_A = \frac{1}{\sqrt{3}}S_{ab}\sin(\varphi_{ab} - 30°) = \frac{1}{\sqrt{3}} \times 16.3\sin(58.7° - 30°)\ \text{var}$$

$$= 4.5\ \text{var}$$

$$P_B = \frac{1}{\sqrt{3}}[S_{ab}\cos(\varphi_{ab} + 30°) + S_{bc}\cos(\varphi_{bc} - 30°)] + P'_b$$

$$= \left\{\frac{1}{\sqrt{3}}[16.3\cos(58.7° + 30°) + 16.1\cos(59.3° - 30°)] + 0.2\right\}\text{W}$$

$$= 8.33\ \text{W}$$

$$Q_B = \frac{1}{\sqrt{3}}[S_{ab}\sin(\varphi_{ab} + 30°) + S_{bc}\sin(\varphi_{bc} - 30°)]$$

$$= \left\{\frac{1}{\sqrt{3}}[16.3\sin(58.7° + 30°) + 16.1\sin(59.3° - 30°)]\right\}\text{var}$$

$$= 13.96\ \text{var}$$

由上面可知,B 相负荷较大,故只需用 B 相总负荷来进行校验。

$$S_B = \sqrt{P_B^2 + Q_B^2} = \sqrt{8.33^2 + 13.96^2} = 16.28 \text{ V} \cdot \text{A} < \frac{130}{3} \text{ V} \cdot \text{A}$$

11.5　导体与绝缘子的其他选择条件

11.5.1　导体选择

(1)母线及电缆的选型

常用导体的材料有铜和铝。铜的电阻率低,耐腐蚀,机械强度大,是性能良好的导电材料。但由于铜的产量小、价格贵,因此铜母线只在工作电流大,位置狭窄的发电机、变压器出线处或对铝有严重腐蚀的场所使用。铝的产量高、价格低,一般应优先采用铝质母线。

一般屋外配电装置使用钢芯铝绞线或硬铝管形母线,屋内配电装置均使用硬母线,其截面有矩形、槽形和管形。矩形母线散热良好,有一定的机械强度,便于安装,但集肤效应较大。为减小集肤效应,单条矩形母线的截面最大不超过 1 250 mm²。当工作电流很大时,可用 2 ~ 3 片矩形母线并列使用。由于邻近效应的影响,多条母线的载流量并不成正比增加,当为 3 片时,分配到中间一条母线的电流占总电流的 20% ,而外侧两条母线则各占 40% 。

槽形母线机械强度较好,载流量较大,集肤效应也较小,一般用于 4 000 ~ 8 000 A 的配电装置中。管形母线集肤效应系数小、机械强度较高,管内可以通水或通风冷却。另外圆管表面曲率较小,而且均匀,电晕放电电压高,因而常用于 8 000 A 以上的大电流和 220 kV 及以上的高压配电装置中。

截面形状不对称母线的散热和机械强度与导体布置方式有关。图 11.5 为矩形母线的布置方式。

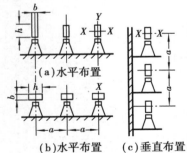

图 11.5　矩形母线的布置方式

当三相母线水平布置时,图 11.5(a) 为母线立放,图 11.5(b) 为母线平放。前者散热较好,载流量较大,但动稳固性较差。后者则相反,比前者允许载流量减小 5% ~ 8% 。图 11.5(c) 的布置兼有图 11.5(a) 和图 11.5(b) 的优点,但使配电装置的高度有所增加。所以母线的布置方式应视具体情况而定。

电缆类型的选择与其用途、敷设方式和使用条件有关。对于 35 kV 及以下,一般采用三相铝芯电缆;110 kV 及以上采用单相电缆。直接埋入地下时,一般选用钢带铠装电缆;敷设在高度差较大地点,应采用不滴流或塑料绝缘的电缆。

(2)母线和电缆截面的选择

汇流母线及较短导体,只按导线长期发热允许电流来选择,载流时间长、年运行时间长的导体的截面应按经济电流密度选择。

1)按导体长期发热允许电流选择

导体长期发热的允许电流 I_{xu} 应大于导体所在电路中最大持续工作电流 $I_{g \cdot max}$,即

$$I_{xu} \geq I_{g \cdot max} \tag{11.26}$$

式中　I_{xu}——实际环境温度下导体长期允许电流。$I_{xu} = K_\theta \cdot I_e$；

I_e——标准环境温度 25 ℃ 时的允许电流，即额定电流；

K_θ——综合修正系数(裸导体的 K_θ 值与海拔高度和环境温度有关，电缆的 K_θ 值与环境温度、敷设方式和土壤热阻有关。K_θ 值可查电力工程设计手册等)；

$I_{g \cdot max}$——母线或电缆的最大持续工作电流。

2)按经济电流密度选择

对于年最大运行时间较长，并有一定长度的导体(如发电机、变压器出线等)，均应按经济电流密度选择母线截面。按经济电流密度选择的母线和电缆可使其年计算费用降低。年计算费用包括导体的年电能损耗费、导体投资(包括损耗引起的补充装机费)和折旧费、利息等。

经济电流密度与导体的材料以及最大负荷年利用时间有关。表 11.5 中列出了一些常用的经济电流密度。

母线和电缆的经济截面由下式决定，即

$$S = \frac{I_{g \cdot max}}{J} \tag{11.27}$$

式中　$I_{g \cdot max}$——正常工作时的最大持续工作电流；

J——由表 11.5 给出。

根据经济电流密度选出的母线截面还应满足式(11.26)的要求。

按经济电流密度选择电缆时，还须决定经济合理的电缆根数。3 ~ 10 kV 电缆一般 S 在 240 mm² 以下时采用一根电缆；当 S > 240 mm² 时，经济电缆根数由 $\dfrac{S}{150}$ 决定。

表 11.5　导体的经济电流密度 J　　　　(A/mm²)

载流导体名称	最大负荷年利用时间/h		
	3 000 以内	3 000 ~ 5 000	5 000 以上
铜导体和母线	3.0	2.25	1.75
铝导体和母线	1.65	1.15	0.9
铜芯	3.0	2.5	2.0
铝芯	1.6	1.4	1.2
橡皮绝缘铜芯电缆	3.5	3.1	2.7

(3)电晕电压校验

电晕放电将引起电能损耗、无线电干扰、噪声干扰和金属腐蚀等不利现象，应尽量避免。对于 110 ~ 220 kV 裸母线，可按晴天不发生电晕条件来校验，即母线的电晕临界电压 U_{lj} 应大于其最高工作电压 $U_{g \cdot max}$

$$U_{lj} > U_{g \cdot max} \tag{11.28}$$

对于 330 ~ 500 kV 超高压配电装置，要求在 1.1 倍最高运行相电压下，晴天夜间不发生电晕。选择时应综合考虑导体直径，分裂间距和相间距离等条件，经技术经济比较确定最佳方案。

11.5.2　支持绝缘子和穿墙套管的选择

支持绝缘子和穿墙套管作为绝缘器件应满足电压条件:允许工作电压不低于最高工作电

压,即

$$U_{xu} \geq U_{g \cdot max}$$

穿墙套管有载流导体,因此还应满足正常工作载流条件:允许工作电流不小于长期工作最大电流,即

$$I_{xu} \geq I_{g \cdot max}$$

同时还应满足短路电流通过时的热稳固性,即

$$I_t^2 t \geq I_\infty^2 t_j$$

绝缘子和穿墙套管在短路状态下应保证自身的动稳固性,其根本条件为:

$$F_{js} \leq 0.6 F_{ph} \tag{11.29}$$

式中　F_{js}——作用于绝缘子和套管端部的等效计算力;

F_{ph}——绝缘子和套管端部可能承受的弯曲破坏力。分为 A、B、C、D、E 五个等级。分别为 3 430,7 350,12 250,19 600,29 400 N。

实用工程条件为使用跨距不超过最大允许跨距,即

$$l \leq l_{max} \tag{11.30}$$

如图 11.6、图 11.7 所示,当三相硬导体布置于同一平面时,通过三相短路电流 B 相承受的最大作用力按弯矩等效向端部折算后为

$$F_{js} = K \cdot 1.73 \frac{l}{a} i_{ch}^2 \times 10^{-1} \tag{11.31}$$

式中　i_{ch}——短路冲击电流,kA;

l, a——跨距及相间距;

K——折算系数,$K = \dfrac{H_1}{H}$。H、H_1 分别为绝缘子高度与导体中心高度。

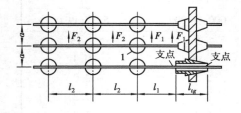

图 11.6　绝缘子和穿墙套所受的电动力

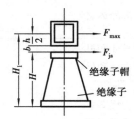

图 11.7　绝缘子受力示意图

代入式(11.29)中,得出支持绝缘子动稳固性根本条件为:

$$K \cdot 1.73 \frac{l}{a} i_{ch}^2 \times 10^{-1} \leq 0.6 F_{ph}$$

工程条件的最大允许跨距为:

$$l_{max} = \frac{1}{K} \left(3.47 F_{ph} \frac{a}{i_{ch}^2} \right) \tag{11.32}$$

穿墙套端每一端应承受自身长度 l_{tg} 及相邻跨距 l 的 50% 电动力,因此其动稳固性的根本条件为:

$$0.5 \times \left(1.73 \frac{l + l_{tg}}{a} i_{ch}^2 \times 10^{-1} \right) \leq 0.6 F_{ph} \tag{11.33}$$

因此有工程条件最大允许跨距

$$l_{max} = 6.94F_{ph}\frac{a}{i_{ch}^{'2}} - l_{tg} \tag{11.34}$$

对于屋内 35 kV 及以上支持绝缘子,计算时还应考虑母线及绝缘子的自重。屋外还应考虑风和冰雪的附加作用。

例 11.4　选择 100 MW 发电机-变压器之间的连接导体、支持绝缘子及穿墙套管。

已知:发电机参数 $U_e = 10.5$ kV, $I_e = 6\,468$ A, $T_{max} = 5\,200$ h。计算用短路电流为 $I'' = 31$ kA, $I_\infty = 22.8$ kA, $i_{ch} = 83$ kA。发电机后备保护时间 $t_b = 4$ s,开关全分闸时间 $t_{fd} = 0.2$ s。计算用环境温度为 35 ℃,导体相间距为 70 cm。

解　①导体选择

按经济电流密度选择截面,查表 11.5,当 $T_{max} = 5\,200$ h,应取 $J = 0.9$ A/mm^2,所以,应选

$$S_j = \frac{I_e}{J} = \frac{6\,468}{0.9}\ mm^2 = 7\,187\ mm^2$$

选双条槽形母线,其截面尺寸为:

$$h \times b \times c = 200 \times 90 \times 12\ mm^3,\ 即\ S = 8\,080\ mm^2$$

按发热条件,额定环境温度为 25 ℃,其额定电流 $I_e = 8\,800$ A,在环境温度为 35 ℃情况下,其允许长期工作电流,按 $\theta_{g \cdot xu} = 70$ ℃计算为:

$$I_{xu}(35\ ℃) = \sqrt{\frac{\theta_{g \cdot xu} - \theta}{\theta_{g \cdot xu} - \theta_e}}I_e = \sqrt{\frac{70 - 35}{70 - 25}} \times 8\,800\ A = 7\,744\ A$$

发电机最大工作电流 $I_{g \cdot max} = 1.05 \times 6\,468$ A $= 6\,791$ A

故所选导体满足长期工作发热要求。

②热稳固性校验

按后备保护动作时间校验热稳固性,以保证发电机支路的可靠性。

短路持续时间　$t_d = t_{fd} + t_b = (0.2 + 4)$ s $= 4.2$ s

$$\beta'' = \frac{I''}{I_\infty} = \frac{31}{22.8} = 1.35$$

查图 6.7,得 $t_{jz} = 3.95$ s。由于 $t_d > 1$ s,因此可视 $t_{jf} = 0$,即等效发热时间为:

$$t_j = t_{jz} + t_{jf} = (3.95 + 0)\ s = 3.95\ s$$

查表 6.3,铝导体耐热系数 $C = 97$(视短路前导体运行于长期发热最高允许温度 70 ℃)。

热稳固性最小截面按式(6.43)为:

$$S_{min} = \frac{I_\infty}{C}\sqrt{k_f t_j}$$

查导体 $k_f = 1.237$,因此有

$$S_{min} = \frac{22\,800}{97} \times \sqrt{1.237 \times 3.95}\ mm^2 = 520\ mm^2$$

所选截面大于 S_{min},满足热稳固要求。

③动稳固性校验

按式(6.72)计算条间作用应力

$$\sigma_x = \left(\frac{4.17}{h w_y} \times 10^{-3} \right) i_{ch}^2 l_1^2$$

查得所选导体 $w_y = 46.5 \text{ cm}^3$，取衬垫距离 $l_1 = 50 \text{ cm}$，得

$$\sigma_x = \left(\frac{4.17}{20 \times 46.5} \times 10^{-3} \right) \times 83^2 \times 50^2 \text{ N/cm}^2 = 77 \text{ N/cm}^2$$

相间允许应力，按铝导体 $\sigma_{xu} = 6\,860 \text{ N/cm}^2$，得

$$\sigma_{x-x} = \sigma_{xu} - \sigma_x = (6\,860 - 77) \text{ N/cm}^2 \approx 6\,783 \text{ N/cm}^2$$

导体布置方式使其受力如图 11.7 所示，则截面系数 $w = 2w_y$，则有 $w = 2 \times 46.5 \text{ cm}^3 = 93 \text{ cm}^3$，按式(6.68)，动稳固性最大允许跨距

$$l_{max} = 7.6 \sqrt{\sigma_{x-x} w_a} / i_{ch} = 7.6 \times \sqrt{6\,783 \times 93 \times 70} / 83 \text{ cm} = 609 \text{ cm}$$

按式(6.56)计算母线共振允许最大跨距

$$l_{max} = 0.837 \sqrt{r_i \varepsilon}$$

铝导体 $\varepsilon = 1.55 \times 10^4$，查该导体惯性半径 $r_i = 1.91 \text{ cm}$

$$l_{max} = 0.837 \times \sqrt{1.91 \times 1.55 \times 10^4} \text{ cm} = 172 \text{ cm}$$

由于共振允许最大跨距小于动稳固性最大跨距，因此以防止共振为条件，绝缘子间距不得超过 172 cm，取为 150 cm。

④支持绝缘子选择

选屋内支持绝缘子 ZC-10C 型，其破坏载荷为 12 250 N，绝缘子高度 $H = 22.5 \text{ cm}$，考虑导体高度，得绝缘子受力点高度

$$H_1 = H + b + \frac{h}{2} = (22.5 + 1.2 + 10) \text{ cm} = 33.7 \text{ cm}$$

折算系数　$K = \frac{H_1}{H} = \frac{33.7}{22.5} = 1.5$

按式(11.32)计算绝缘子强度允许最大跨距

$$l_{max} = \frac{1}{K} \left(3.47 F_{ph} \frac{a}{i_{ch}^2} \right) = \frac{1}{1.5} \times \left(3.47 \times 12\,250 \times \frac{70}{83^2} \right) \text{ cm} = 288 \text{ cm}$$

屋外支柱绝缘子，考虑污秽影响，将电压提高一级，机械强度仍为 C 级，选型为 ZPC-35，由于绝缘子高度增加，应按上法验算。

⑤穿墙套管选择

按工作电压选 CMWF-20 母线型，套管长度 $l_{tg} = 62.5 \text{ cm}$，$F_{ph} = 3\,920 \text{ N}$。

按式(11.34)计算出口处绝缘子最大支撑距离为：

$$l_{max} = 6.94 F_{ph} \frac{a}{i_{ch}^2} - l_{tg} =$$

$$\left(6.94 \times 3\,920 \times \frac{70}{83^2} - 62.5 \right) \text{ cm} = 214 \text{ cm}$$

综合上述情况，当取跨距 $l = 150 \text{ cm}$ 时，对所选导体防止共振，导体的动稳固性以及支持绝缘子和穿墙套管的动稳固性均能满足要求。

思 考 题

11.1　选择电气设备的通用条件有哪些？如何确定各种典型支路中电气设备可能承受的长期工作最大电流？如何确定动、热稳固性校验的短路点？

11.2　开关电器的其他选择条件是什么？如何确定考虑非周期性分量的校正系数 α？如何确定熔断器中熔体额定电流选择的可靠系数 K？

11.3　限流电抗器的其他选择条件是什么？保证各种条件的意义是什么？

11.4　互感器的其他选择条件是什么？等效负荷的定义及算式中各符号的意义是什么？

11.5　选择导体时在何种情况下需以经济电流密度作为其选择条件之一。选择导体的动稳固性、热稳固性的工程条件与一般电气设备有何差异？选择绝缘子动稳固性的根本条件和工程条件是什么？如何综合考虑防止导体共振、导体动稳固性、绝缘子动稳固性的最大允许跨距？

11.6　按图 11.8 所示接线与参数：

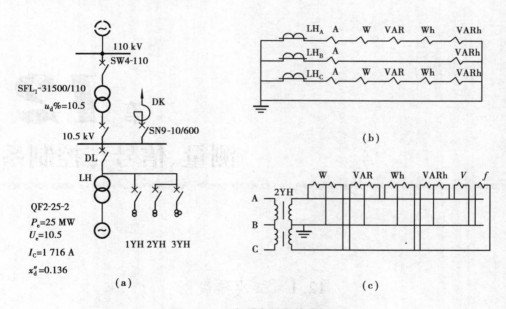

图 11.8　电气设备选择接线图

①设发电机容量为 25 MW，$T_{max}=6\,000$ h，短路持续时间 $t_d=4$ s，视 110 kV 母线为无穷大电源（即 $U_*=1$），选择发电机出口断路器及发电机支路硬导体（相间距 $a=700$ mm）及绝缘子。

②设 10 kV 出线最大负荷为 560 A，短路持续时间 $t_d=1$ s，若选用 SN10-10 轻型断路器，计算并选择电抗器参数。

③发电机支路装设仪表如图 11.8 所示，电流互感器距仪表所在地（控制室）为 60 m，选择电流互感器与电压互感器。

第5篇
电气二次接线

第12章
测量、信号与控制系统

12.1 二次接线图

为了表达二次系统的工作原理及安装结构应绘制两种图纸:原理图与安装图,分述如下:

12.1.1 原理图

原理图用于表达二次系统的工作原理,可按两种方式绘制:①归总式(图12.1)。图中每个元件以整体形式绘出,其优点是较为直观,缺点是当元件较多时,电路交叉多,交、直流回路、控制与信号回路均混合在一起,清晰度差。②展开式(图12.2)。图中将电路分为交流回路、直流(控制)回路与(直流)信号回路三部分,因此同一元件的不同部分(例如电流继电器LJ的线圈和接点)可能分别位于不同的回路。由于避免了交流与直流、控制与信号电路的重叠,因此十分清晰,目前工程中主要采用这种形式。

　　图 12.1 和图 12.2 为 6～10 kV 线路过电流保护的原理图。正常运行时,电流继电器 1LJ,2LJ 的线圈(在交流回路中)电流小于动作电流,继电器处于不动作状态,其常开接点(在直流控制回路中)断开,时间继电器的线圈 SJ 不通电,其延时闭合的常开接点也处于断开状态。因此,保护出口中间继电器 BCJ 线圈及信号继电器 XJ 线圈不通电。保护不动作,也无信号发出。

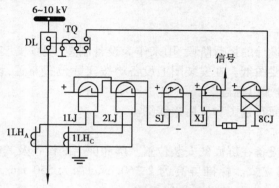

图 12.1　6～10 kV 线路保护原理接线图

　　当线路发生短路时,流过电流继电器线圈的电流超过动作值,其接点闭合使时间继电器线圈通电,其接点延时闭合使保护出口中间继电器及信号继电器线圈通电,其接点分别接通 133 跳闸回路及 921 信号回路,使开关跳闸并发出信号指示该线路由过流保护动作而跳闸。跳闸后,故障消除,除信号继电器外所有继电器均复归(称为返回)。信号继电器指示出动作的保护以便分析和处理事故,因此将其设计为自动启动、手动复归。

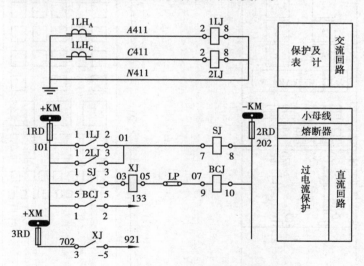

图 12.2　6～10 kV 线路保护展开接线图

　　由图 12.2 可见,在展开图中,表示出了线圈和触点的端子号以及导线的回路编号,同时在展开图的右侧有文字说明栏用以说明设备的用途。并附有按钮或转换开关等主要电器的触点闭合图表,以便了解回路的动作过程。

　　为了表明展开图与一次设备的关系,一般在展开图中还应单独画出相关的一次设备接线图。

展开图结构简单,层次分明,阅读方便,容易发现接线中的错误。它在工程实际中应用很广,是运行和安装中一种常用的图纸,又是绘制安装接线图的依据。

由展开图可以看出与二次回路相关的一次回路,交流电流回路,直流回路,它们是彼此独立的,交流回路按 A、B、C、N 相的顺序从上到下排列,直流回路按用途和动作顺序从上到下,从电源的正极到负极逐行排列,很有规律性。从正极到负极每条电路称为 1 行。

12.1.2　安装图

安装图是二次回路设计的最后阶段,用来作为设备制造、现场安装的实用二次接线图,也是运行、调试、检修的主要图纸。在安装图上设备均按实际位置布置,设备的端子和导线。电缆的走向均用符号、标号加以标志。

安装接线图包括屏面布置图和屏后接线图。

(1)屏面布置图

屏面布置图上画出设备在屏面的安装位置。屏和屏上的设备及其布置均按比例绘制。控制屏和保护屏一般采用立式。标准屏高为 2 360 mm,深为 550 mm,宽为 80 mm 和 60 mm 两种。

1)控制屏的屏面布置

图 12.3 为 110 kV 线路控制屏的屏面布置图。

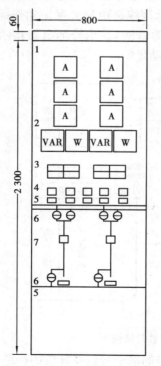

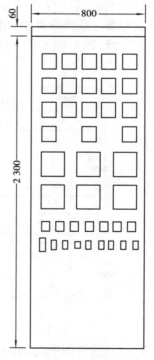

图 12.3　110 kV 线路控制屏屏面布置图　　图 12.4　继电保护屏屏面布置图

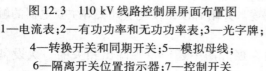

1—电流表;2—有功功率和无功功率表;3—光字牌;

4—转换开关和同期开关;5—模拟母线;

6—隔离开关位置指示器;7—控制开关

242

在控制屏的上部安装直读式测量仪表,在屏的中部安装信号灯具、按钮、控制开关和位置指示器等。在屏面下部还布置表征一次回路的模拟图。

相同安装单位的屏面布置应尽量一样,屏内相同设备布置的尺寸尽量均匀。屏内光字牌的布置应整齐美观。

操作设备一般与其安装单位的模拟接线相对应,操作方向必须全厂一致。表示设备状态的红绿灯应布置在控制开关的上方,红灯在右,绿灯在左。

屏面的模拟图线应与屏上安装设备位置相对应,并保持屏内和屏间的延续连接。不同电压等级的模拟母线应涂以不同颜色,以示区别:直流涂褐色;交流:500 kV 涂深红色,330 kV 涂白色,220 kV 涂紫色,110 kV 涂朱红色,35 kV 涂鲜黄色,10 kV 涂绛红色,6 kV 涂深蓝色,35 kV 涂深绿色,0.4 kV 涂黄褐色,0.23 kV 涂深灰色。

2)继电保护屏面布置图

图 12.4 为继电保护屏面布置图。

继电保护屏的屏面布置应满足调试、检修、监视等工作的需要,并注意排列对称整齐,各屏应横向一致。

继电器在屏上的布置原则是:结构复杂的重要继电器(例如发电机差动继电器)装在屏的中部,其下方装指示何种保护动作的信号继电器,上方装其他(例如电流、电压、时间、中间继电器等)简单继电器。信号继电器下方离地高于 400 mm 的部分装投切保护的连接片及试验盒。最下部中央开一圆孔以便安装、试验时屏前与屏后的联络。

屏前每个继电器下设标题框用于注明元件的文字符号(与原理图符号相同),屏后每元件旁标明元件代号(所属安装单位号及在本安装单位中的编号,见后述)。

(2)屏后接线图

屏后接线图包括:①屏内元件连接图;②端字排图——输入与输出连接关系图。

屏内元件的连接关系用"相对编号法"表示,即在每个元件的接线端子旁写上与其连接的对方元件端子的名称。端子排是整个屏的端子,屏内、屏外、元件必须通过端子排连接。以下分述端子的命名及回路编号原则。

元件端子的名称由 3 部分组成:所属安装单位号、所属元件号及在本元件上(已由元件制造厂注明)的编号。例如 I_2—3,表示该端子为第 I 安装单位中第 2 号元件的第 3 号端子。

在同一屏上联系紧密的一批元件组成一个安装单位,往往是 1 台机组或 1 条线路的控制元件组成 1 个安装单位,同一屏上的不同安装单位用罗马数字(I,II…)编号予以区分。同一安装单位的元件用阿拉伯数字编号区分:一般从屏前看由左向右(屏后看由右向左)、由上向下依排列顺序编号。元件端子号由制造厂编定(图 12.5)。端子排可视为该安装单位的一个特殊元件(图 12.6),是该安装单位的输入输出连接片的组合,因此每片端子的名称仅由安装单位号及端子号组成。例如 I—3 是第 I 安装单位第 3 号端子片的名称。同一屏上不同安装单位元件、端子名称可以相同,由于安装单位号不同而并不会引起混淆。同一屏上不同安装单位之间的联络也必须通过两安装单位的端子排完成。对屏外设备(例如电流互感器)的联络由控制电缆引接,控制电缆也应编号和命名,安装时两端挂牌以便于查对。

展开式原理图上每一个节点(等电位点)均加以编号,此编号称为回路编号。端子排上应注明每一片端子连线所属的回路编号。回路编号的范围按表 12.1,12.2 划分,交流电压、电流回路的编号前附上该点所属相别(A、B、C、N)。直流回路在每行主要压降元件左侧使用奇数号、右侧使用偶数号,后两位为 33 的回路为断路器跳闸回路专用,后两位 03 为合闸回路专用,安装、调试、检修时应特别注意。

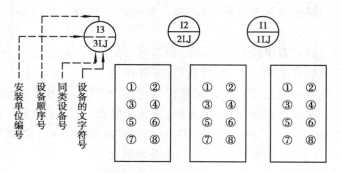

图 12.5 电流继电器的安装接线编号(正面视图)

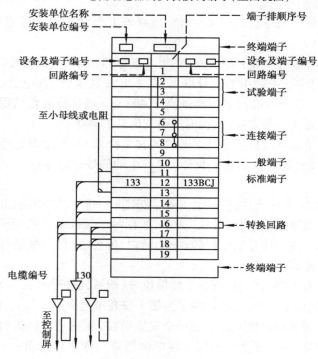

图 12.6 端子排编号

表 12.1 直流回路编号范围

回路类别	保护回路	控制回路	励磁回路	信号及其他回路
编号范围	01~099 或 J_1~799	1~599	601~699	701~999

表 12.2 交流回路编号范围

回路类别	控制保护及信号回路	电流回路	电压回路
编号范围	1~399	400~599	600~799

如图 12.7 所示,端子排上下设终端端子(非连接用的绝缘片)。上端子标出安装单位的编号和控制保护对象名称。其下各端子片画为三格,中间一格填写端子片的序号,靠屏内的一格填写屏内元件及端子名称,靠屏外的一格填写回路编号及与之连接的外部设备的名称。

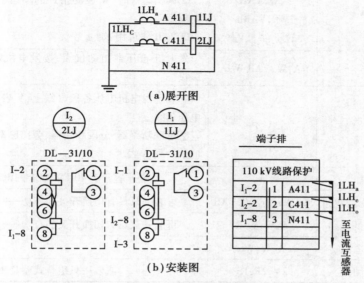

图 12.7　相对原则标志法

端子排的排列原则是由上至下:①交流电流回路;②交流电压回路;③信号回路;④直流控制回路;⑤其他回路;⑥转接回路(非进入本安装单位的过路电缆芯)。这样既节约导线又利于安装检查。

交流电流回路的端子片需使用试验型端子片,其特点是可在运行中串入试验用电流表而不致使电流互感器二次侧开路。

当同一回路编号的连线较多时可使用连接型端子片,此种端子片相邻排列并互相连接以扩大端子对外连接容量。

图 12.7 为过流保护安装图中的交流电流回路部分。

必须指出,电气图纸应严格按一定的规则绘制,设计时尽可能使连接关系简单、清晰,这样既可节省投资,方便安装、检修,也可大大减少运行故障和误操作的可能性。

12.2　测量系统

测量仪表是发电厂和变电所运行人员的"耳目",借助测量仪表,运行人员能够对发电机变压器和配电装置的运行情况进行监视。因此,所装仪表的数目必须满足值班人员掌握运行情况的需要,同时为了使布置清晰,减小投资,仪表数目应尽量减少。

表 12.3 为发电厂、变电所主要电路应装设的电气仪表。

表 12.3　主要电路的电气测量仪表

序号	电路名称	装设的仪表	说　明
1	发电机	定子:Aa,Ab,Ac, V,W,VAR, Wh,VARh 转子:A-、V-	①不作调相运行的只装一只 A 表 ②调相运行时,W 表的指针的零位于中央,并具有双向刻度 ③VAR 表可用 cos φ 表代替
2	变压器	A,W,VAR,Wh	发电机-变压器组的仪表,按发电机定子回路的表计装设
3	母线	V,F	①装于发电机电压各段母线上,V 表还应装于各升高电压母线上 ②母联断路器、分段断路器、旁路断路器、桥断路器上应装一只 A 表
4	电动机	A	装于容量为 40 kW 以上的电动机上
5	110 kV 及以上的线路	Aa,Ab,Ac,W,VAR	可装一只具有切换开关的有功——无功功率表
6	110 kV 以下的线路	A,W,VAR	可装一只具有切换开关的有功——无功功率表
7	高压厂用电源	A,W,Wh	
8	同步测量回路	2V,2F,1S	或装一只组合式整步表

注:W——有功功率表;VAR——无功功率表;V——交流电压表;Aa、Ab、Ac——A、B、C 相交流电流表;A——交流电流表;
　　F——频率表;A-——励磁电流表;V-——励磁电压表;Wh——有功电度表;VARh——无功电度表;S——整步表

(1)发电机定子回路装设的仪表

现以水轮发电机为例加以说明:

为了监视发电机定子回路的电流,在定子回路中,装设两组交流电流表,每组三相,一组装在中控室,一组装在机旁屏上。由于水轮发电机允许三相不平衡电流可达额定值的 20%,而实际运行中不会达到此值,所以容量不大的水轮发电机,每组只装设 1 只电流表。通常在电流表上用红线标出允许的极限电流(如额定电流)。

为了监视和测量发电机在启动过程中的电压和频率,应在发电机出口处装设电压表和频率表各一只。电压表带有切换开关,以便测量 3 个相电压和一个线电压。

为了监视和测量发电机的有功和无功负荷,应装设两只有功功率表和一只无功功率表。其中一只有功功率表装于机旁屏上。

为了计量发电机发出的有功和无功电能,应装设三相有功和无功电度表各一只。如果机组兼作调相运行时,应装设两个具有逆止装置的单向有功电度表,以区分发电机输出和输入的电能。

为了监视水轮机的转速,在机旁屏上还应装一只频率表,该表宜于由同轴测速发电机供电,以便在各种情况下(包括失步状态)均能监视机组的转速。

(2)发电机转子回路装设的仪表

为了监视发电机转子回路的励磁电流,应装设一只直流电流表。不论在发电机处于输出最大负荷还是低功率因数运行状态,励磁电流都不能超过最大允许值。

为了监视励磁电压,应装设一只电压表。若附有切换开关,还能够测量正极和负极的对地电压,以检查转子绕组对地绝缘情况。

（3）温度测量

为了监视发电机定子绕组和铁芯的温度,应在机旁的水机自动化屏上装设多点的温度测量装置,让值班人员观察发电机定子绕组和铁芯各部位的温度。

为了监视发电机各轴承状况,还应装设轴承压力、温度表。

（4）互感器的配置

测量仪表的电源由接于主回路的电流,电压互感器供给,互感器的数量、形式和准确度等级,一般由所接仪表和继电器决定。对于变压器、线路和厂用电线路上的电度表,应接于准确度为 0.5 级的互感器上,对于发电机的电度表,则应采用 0.5 级的电压互感器和 0.2 级的电流互感器,对于差动保护则要求装设具有 D 级铁芯的电流互感器,至于电流表、电压表等由于它们主要起监视作用,对互感器准确度要求可以降低。

当电气测量仪表和电度表与继电保护共用电流互感器时,应将仪表和电度表接在一个二次绕组上,而将继电器单独接在另一个二次绕组上,若二者要求电流互感器的变比不同时,应分开接用单独的电流互感器。

12.3　信号系统

在发电厂和变电所中,除了用仪表监视设备的运行之外,还必须装设各种信号装置来反映设备的事故和不正常情况,以便及时提醒运行人员注意。

信号装置的总体称为信号系统,通常由灯光信号和音响信号两部分组成,前者反映事故或故障的设备和故障性质,后者用以引起值班人员的注意。灯光信号由继电保护动作来启动装在各控制屏上的光字牌来显示。音响信号由信号装置启动蜂鸣器或电铃发出声音,一般全厂使用一套,装在中控室内,所以称为中央音响装置。

按信号的作用不同可分为 3 种:位置信号、事故信号和故障信号。

12.3.1　位置信号

位置信号是用来指示设备的运行状态的。如开关电器的通、断状态,进水闸门的开闭状态,机组的准备启动、发电或调相状态等的信号,所以位置信号又称为状态信号。它可使在异地进行操作的人员了解该设备现行位置状态,以避免误操作。对于断路器,以红灯亮表示合闸位置,以绿灯亮表示跳闸位置。对于隔离开关,一般当电压在 35 kV 以上时,才装位置信号。隔离开关的位置指示器有手动和自动两种。目前常用 MK-9 型自动位置指示器来构成隔离开关的位置信号,如图 12.8 所示。

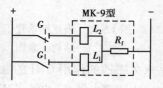

图 12.8　隔离开关位置信号接线

位置指示器安装在控制屏台的模拟接线中,当隔离开关在合闸位置时,电流经线圈 L_1 使台片转动而使标线停在垂直位置,反之,电流通过线圈 L_2 使标线停在水平位置;若电源消失或直流操作回路熔断器熔断,这时两线圈均无电流,则标线停在与水平线成 45°角的位置。

12.3.2　事故信号

当某一设备发生事故时,同时发出灯光和音响信号,蜂鸣器(电喇叭)发出声音,相应的光字牌变亮,显示文字告知事故的性质类别及发生事故的设备。图12.9是由ZC-21A型冲击继电器构成的中央复归且能重复动作的事故信号系统展开接线图。图中虚线框内为ZC-21A型冲击继电器的内部接线及其引出端编号。它主要由脉冲变流器BL、干簧继电器GHJ、中间继电器ZJ和复归继电器FJ组成。图12.10为GHJ的结构示意图,它是一个极化型单管干簧继电器。

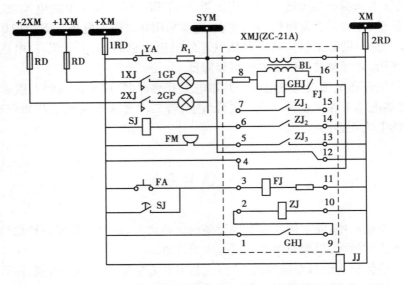

图12.9　中央复归且能重复动作的事故音响信号原理接线

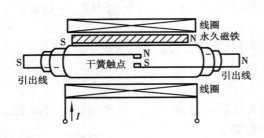

图12.10　极化型单管干簧继电器
结构示意图

当电厂中某一设备发生事故时,继电保护动作,使信号继电器1XJ触点闭合,相应的光字牌1GP亮并将正电源引至事故信号小母线——SYM上,将信号电流突然加到冲击继电器XMJ的脉冲变压BL的一次线圈上,在二次线圈回路中产生一尖顶电流脉冲,其磁场的极性与放置在GHJ线圈内的永久磁铁的极性相同,使GHJ触点闭合启动中间继电器ZJ,其触点ZJ_3闭合,蜂鸣器发出音响信号。当GHJ电流脉冲消失后(一次电流稳定以后),依靠永久磁铁的作用GHJ的触点仍然闭合,保持着音响。

中间继电器ZJ的触点ZJ_2启动时间继电器SJ,经一定延时后SJ的触点闭合,启动复归继电器FJ,其动断触点断开了BL的二次回路,并由动合触点使GHJ线圈通以反向电流,所产生的磁场极性与永久磁铁的极性相反,使合成磁通减小,GHJ触点断开,使ZJ断电返回,音响停止,从而起到音响信号自动复归的作用。音响信号的延时,一般整定为5 s。

事故音响复归后,光字牌仍亮,直到值班人员排除事故之后进行复归操作,光字牌才熄灭。在音响信号复归,但光字牌还亮时,若另一设备发生事故而引起保护动作,则其信号继电器

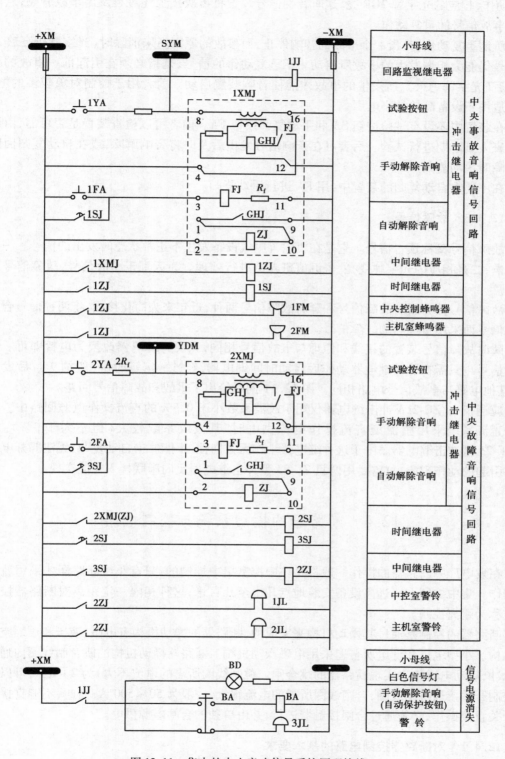

图 12.11　集中的中央音响信号系统原理接线

249

2XJ 动作,相应的光字牌 2GP 亮,这时音响信号装置将再次按上述过程发出事故音响,从而实现了事故信号的重复动作。

所谓重复动作,是指一个事故的音响停止,而事故的原因尚未消除时(光字牌仍亮着),音响信号仍能为相继发生的事故所启动。不重复动作的信号,是指必须在引起前一事故的原因消除后(光字牌熄灭),所发生的事故才能使音响装置启动。前者用于控制对象较多的电厂,后者适用于设备简单的小电厂。

在装置中还设有试验按钮 SA 和手动复归按钮 FA。前者可以检查装置是否可靠,由运行中值班人员定期进行试验。后者可在音响信号发出后及时将音响解除,或在自动复归回路发生故障时手动复归。

在不要求自动复归的装置中,用 FA 进行手动复归。

12.3.3 故障信号

故障信号又称预告信号。它是在机组等电气设备发生不正常状态时发出的信号。一是发出音响,二是相应的光字牌变亮,告诉值班人员进行处理。为区别于事故信号,故障信号采用电铃。

故障信号分为瞬时故障信号和延时故障信号两种,近年来为简化接线,将两种信号合并为一种信号而采用带延时的故障信号。

瞬时故障信号装置的接线和原理与事故信号相同,只要将蜂鸣器改换为电铃即可。延时故障信号也只需在脉冲继电器动作后启动时间继电器,经过一定延时(一般约 9 s)后发出音响,其他电路与事故信号电路相同。图 12.11 同时绘出了事故和故障信号回路。

应当指出,ZC-21A 冲击继电器仅用于纹波系数小于 0.5% 的直流操作电源回路中。当电厂的直流系统采用整流型直流操作电源供电时,其波纹系数较大(但不大于 5%),应选用 ZE-23 型冲击继电器。由于这种继电器动作无方向性,不能冲击自动复归,无法躲开电路切换时引起的动作现象,故需要用两只 ZC-23 型冲击继电器反向串联接入才能实现。

12.4 断路器的操动系统与控制电路

在发电厂中断路器的操作一般都是在中控室集中控制的,只有小型断路器才采用就地手动操作。集中控制一般远离设备安装地点几十至几百米,这种相隔一定距离对断路器控制的方式称为距离控制。

断路器的控制是通过其操动机构来完成的,断路器的操动机构有电磁、液压和压缩空气操动机构。小型电厂和变电所普遍采用电磁操动机构。断路器操动机构的跳合闸线圈内通以电流脉冲,启动电磁铁来实现断路器的跳合闸。跳闸线圈所需的电流不大,为 2 ~ 8 A,可以直接用控制开关接通跳闸线圈,合闸线圈所需的电流很大,一般为 50 ~ 500 A,因此,不能直接用控制开关直接操作,必须通过合闸接触器进行,并由单独的合闸电源供电。

12.4.1 对断路器控制电路的基本要求

对断路器控制电路的基本要求如下:

①断路器跳、合闸线圈的热容量按短时通以额定电压设计,因此控制电路应实现完成操作之后自动切断电路;

②指示出开关的现有位置状态,并区别进入该状态的方式:手动操作或自动操作;

③监视自身回路的完好,回路故障时应及时报警;

④当断路器合闸所投入的支路有短路隐患时,继电保护跳闸的同时,自动闭锁合闸回路以防止断路器"跳跃"(连续合、分故障支路)。

此外,还应使控制电路接线简单,以保证运行的可靠性并降低投资。

12.4.2　断路器的实用控制电路

图 12.12 是一种常用的控制电路的基本部分。图中 KK 为控制开关,安装在控制屏(台)上开关手柄有 6 种位置:预合,合,合后;预分,分,分后。其中合与分两个位置在运行人员将把手释放之后不能自持,立即进入合后或分后状态。在 6 个手柄位置状态下。KK 的接点通断情况不同。图 12.12 中,当手柄处于"合"状态时 5～8 接点接通,手柄释放后即断开。当手柄处于"分"状态时 6～9 接通,手柄释放后即断开。

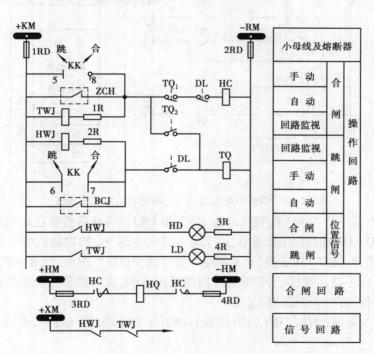

图 12.12　CD_5,CD_6G,CD_8 型操作机构的断路器控制电路

(1)合闸与跳闸

①合闸　将手柄转至"合"位置时,KK5～8 触点接通,将电源的全电压加到合闸接触器 HC 的线圈上,其触头 HC 闭合,使断路器操动机构的合闸线圈 HQ 通电,断路器合闸。

②跳闸　反向转动 KK 到跳闸位置。这时,KK6～7 触点闭合,将电源的全电压加到断路器操动机构的跳闸线圈 TQ 上使断路器跳闸。

以上是手动操作,当发生事故时,继电保护装置的出口中间继电器 BCJ 的触点闭合,断路器自动跳闸,将事故切除。

当断路器装有自动合闸装置(ZCH)时,在 KK5～8 触点处并联其触点,在 ZCH 动作时,触点接通,断路器自动合闸。

在跳、合闸回路中分别串接了断路器 DL 的动合和动断辅助触点,在跳、合闸操作完成后立即断开相应的回路,使跳合闸线圈只能短时通过电流,自动解除操作命令。另外,由 DL 的辅助触点来切断电流,可以保护 KK 的触点不被烧坏。

(2)操作回路的监视和断路器的位置信号

由于断路器一般采用远方操作,值班人员无法直接判明断路器的状态,因此,必须设装指示断路器跳、合闸状态的位置信号。同时还应对跳、合闸回路的完好性进行监视。根据监视方式不同,可分为用灯光监视和用音响监视的控制电路。图 12.13 是用音响监视的控制电路。

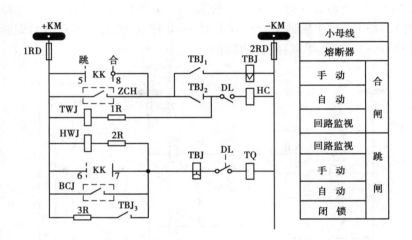

图 12.13　双线圈继电器构成的断路器防跳闭锁接线

在跳、合闸回路中分别串入位置继电器 HWJ 和 TWJ。当断路器处在跳闸状态时,TWJ 的线圈经过触点 TQ_1、DL 和线圈 HC 通电,由于电流尚未达到 HC 的启动值而不动作,但 TWJ 已经启动,其触点闭合,绿灯 LD 变亮,表示断路器处在跳闸位置。另外,当合闸回路断线时,TWJ 线圈断电返回,LD 不亮,同时接通音响信号回路发出音响,提醒值班人员处理故障。所以 LD 亮表明下一步操作回路(合闸回路)完好。

当控制回路失电时(例如 1RD,2RD 熔断)HWJ 与 TWJ 均处于返回状态,同样启动信号回路报警。

小型电厂、变电站可不设 HWJ,TWJ,改为直接接入红绿灯,两灯全灭表示控制回路断线,称为灯光监视控制回路。

(3)防"跳跃"闭锁

当断路器所合支路处于短路状态,特别是自动合闸(ZCH)不成功而合闸接点又黏结或卡塞时,在继电保护的作用下断路器连续合、分短路电流,最终将导致断路器损坏,事故扩大。为此,必须对"跳跃"进行闭锁。

图 12.13 中示出常用的电气防跳电路(另有一种为机械防跳操动机构)。图中增设跳跃闭锁继电器 TBJ,它有两个线圈:电流线圈 TBJ(Ⅰ)与断路器跳闸线圈 TQ 串联,当继电保

护出口继电器 BCJ 接通 TQ 时,同时启动 TBJ,其常闭接点 TBJ$_2$ 切断合闸接触器 HC 回路,当控制开关 KK 的 5 ~ 8 接点未断开或 ZCH 接点黏结时,TBJ 的常开接点 TBJ$_1$ 接通其电压线圈 TBJ(V)使继电器自保持,TBJ$_2$ 保持切断 HC 回路直至 KK 开关 5 ~ 8 接点或 ZCH 接点断开方才返回。

12.5　应用计算机的自动化监控系统

12.5.1　计算机监控系统的发展状况

随着计算机存储容量、运算速度及可靠性的提高,发电厂、变电站普遍采用计算机监控系统。

根据计算机监控系统的作用及其与传统监控系统的关系,可以将发电厂、变电站的监控系统分为以下几类:

①无传统监控系统的全计算机监控系统;

②以计算机为主,传统设备为辅的监控系统;

③以传统设备为主,计算机为辅的监控系统。

在监控系统中采用计算机可以显著提高自动化程度,减轻运行人员的工作量,并实现传统监控系统难以实现的一些功能,因此必然是发电厂、变电站监控系统的发展方向。

计算机的最大弱点是抗电磁干扰能力较差,可靠性较低。提高运行可靠性的方法是采用双机系统。目前,对于十分重要的发电厂、变电站,还采用以传统设备为后备的方法来保证运行的可靠性,即普遍采用上述第 2 类监控系统。

12.5.2　计算机监控系统的功能

(1)测量功能

计算机监控系统应对发电厂、变电站各主要设备的运行参数进行检测并定时打印。监控系统采集的各种电量和非电量应包括:

①为保证设备安全和电能质量,需要经常监视的量;

②需要定时打印记录、制表上报或存档备查的量(数量不应过多);

③完成监控系统功能所需要的其他量。

凡《电测量仪表装置设计技术规程》(SDJ9-87)中规定应在中央控制室监视的参数均应引入监控系统,根据实际情况确定规程中规定的在设备现地监视的参数是否引入监控系统。

(2)信号功能(正常与故障状态的指示与记录)

监控系统应反应重要设备的正常运行状态,其中包括:

①发电机的运行工况(停机、发电,水电机组调相,抽水蓄能发电机组抽水);

②6 kV 及以上断路器及其隔离开关的合、分状态。

当主要设备故障时,监控系统应发出故障信号;并进行记录、打印。其中包括继电保护与断路器的动作时间顺序记录和事故前后一定时间内的模拟量记录,这一功能称为事故追忆。需要进行事故追忆的主要电气量有:

①220 kV 及以上电压各段母线的频率与三相电压；

②220 kV 及以上电压出线的三相电流；

③发电机的三相电压与电流。

（3）控制功能

监控系统应能根据预定的决策原则及运行人员的指令完成断路器与隔离开关的合分。

（4）调节功能

监控系统能根据预定的决策原则及运行人员的指令，通过调速器增减机组有功出力，通过自动调节助节器增减机组的无功出力，并能实现有激磁调压变压器的分接头调节。

对于水力发电机组和抽水蓄能发电机组，监控系统还应实现自动开停机，运行工况转换（发电转调相、发电转抽水及对应的反向转换等）。

12.5.3　计算机监控系统的结构

监控系统宜采用分层分布式结构，设站级与现地单元级（LCU）并与上级计算机系统进行通信联络。

图 12.14 示出水电站的典型监控系统，该系统结构为总线型双重冗余的局域网。

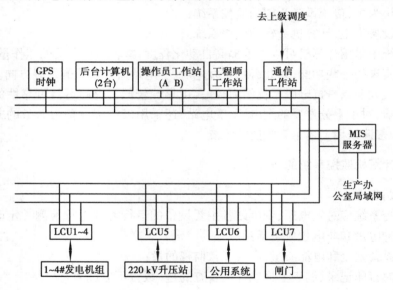

图 12.14　水电站计算机监控系统

现地控制单元可以独立进行一个单元（例如一台机组）的测量、信号、控制与调节，并向电站级发送处理后的数据与运行状况信息，接受电站级的命令进行控制与调节。

电站级接收各单元发送来的信息，显示全站各单元的运行状态图，实时参数，定时打印制表。当站内出现故障时发出故障声、光信号、记录故障时开关量的变化顺序、追忆故障前后重要的模拟量变化过程（录波）。一般情况下，各单元所属设备的控制与调节由电站级实施。电站级还担负与上级调度系统通信联络接受上级命令的任务。

图中电站级中的两个操作员工作站互为热备用，分别由运行操作人员和值班工程师使用。工程师工作站由监控系统的管理工程师使用，对系统的工作状况进行监视和维护。

电站生产管理部门的管理信息系统(MIS)可以直接从运行监控系统的局域网上获取实时生产信息。

各种工作站不同人员的权限是不相同的,这对保证系统的安全非常必要。

局域网一般采用以太网,符合 IEEE802 标准。由于电站内电磁干扰很强,宜采用光纤通信介质,各节点通过光缆接口与之连接。

思 考 题

12.1　二次接线图如何分类? 各有何作用?

12.2　展开式原理图与归总式原理图有何差别? 各有何优、缺点? 什么叫回路编号?

12.3　安装图包括哪些图纸? 何谓安装单位? 何谓相对编号法? 元件端子的命名由哪几部分组成?

12.4　发电机定、转子回路应装设哪些测量仪表? 其各自的作用如何?

12.5　发电厂设置的信号有几种? 何谓可重复动作的中央音响信号系统? 实现重复动作的关键元件及重复动作的基本原理是什么?

12.6　对断路器控制电路的基本要求有哪些? 常用的灯光监视控制电路是如何实现这些基本要求的?

12.7　为什么使用计算机的监控系统具有极好的发展前景?

第 **13** 章
直流操作电源

13.1　直流负荷与系统电压

电力工程中的直流系统是向直流负荷供电的系统,它由蓄电池组、充电设备、直流屏和直流馈电网络组成。随着科技的进步,电力工程中的直流系统所采用的技术也不断更新,使直流系统更加可靠,但对运行维护人员的要求也随之提高,准确掌握直流系统的结构及其设备的运行特性、严格按规程办事,才能保证直流系统可靠运行,并保证蓄电池组及其充电设备的使用寿命。本章讲述与此相关的基本技术问题。

13.1.1　直流负荷

(1)按功能划分

发电厂和变电站内二次系统的直流负荷有两种:

①控制负荷,指的是电气和热工的测量、信号、控制与保护等负荷。控制负荷一般电流较小,目前断路器均采用液压或弹簧操动机构,合闸电流只有 2~5 A,同时供电距离较短,使控制负荷成为主要负荷。

②动力负荷,指的是二次系统中功率较大的负荷,例如直流电动机、断路器电磁操动的合闸机构、交流不停电电源装置、远动、通信装置和事故照明等。

(2)按运行状态划分

直流负荷可以分为三类:

①经常负荷,需要连续供电;

②事故负荷,这种负荷有交流电源供电,交流电源事故退出时,切换为直流电源供电;

③冲击负荷,在短时间内需要对其提供较大的电流。

保证这些负荷供电对发电厂、变电站的安全运行至关重要,由于直流电源可以使用蓄电池,蓄电池的安装容量按接于该蓄电池的全部控制负荷和 60%~100% 动力负荷考虑,因此,可以很好地保证对这些负荷供电的可靠性。

13.1.2 系统电压

应按负荷电流的大小和供电距离选择系统电压。发电厂和变电站的直流主系统为强电系统，额定电压为 220 V、110 V。监控系统和网络的直流主系统为弱电系统，采用的电压为 48 V、24 V 和 12 V 等。我国《电力工程直流系统设计技术规程》提出下列规定：

①专供控制负荷的直流系统宜采用 110 V，不高于直流系统标称电压的 110%，在事故放电情况下，直流母线运行电压应不低于直流系统标称电压的 85%；

②专供动力负荷的直流系统宜采用 220 V，不高于直流系统标称电压的 112.5%，在事故放电情况下，直流母线运行电压应不低于直流系统标称电压的 87.5%；

③控制负荷和动力负荷合并供电的直流系统采用 220 V 或 110 V，不高于直流系统标称电压的 110%，在事故放电情况下，直流母线运行电压宜不低于直流系统标称电压的 87.5%。

在正常运行情况下，直流母线电压应为直流系统额定电压的 105%。同时规程还规定：220 V 和 110 V 直流系统应采用蓄电池组，48 V 及以下直流系统可采用蓄电池组，也可采用 220 V 和 110 V 蓄电池组供电的电力用直流电源变换器（DC/DC 变换器）。例如，江岸水泵房、灰渣系统泵房等，对控制、保护电源的可靠性要求较高，需要采用直流电源，但是，它距离主厂房较远，由电厂的直流系统供电电缆很长、投资较大，而且将影响整个直流系统的可靠性，故宜设独立的直流系统。由于容量不大，该系统可采用直流电源成套装置。

允许短时停电的直流负荷（例如运煤系统中用于剔出铁磁物体的电磁分离器）宜采用单独的硅整流设备供电。

13.2 蓄电池的类型与配置

电力工程中使用的蓄电池类型分为铅酸蓄电池和镉镍碱性蓄电池两类，前者容量较大，后者体积较小。铅酸蓄电池又分为防酸式和密封阀控式两种。

铅酸蓄电池的极板由铅（Pb）做成，经处理后正极板表面成为深褐色的二氧化铅（PbO_2），负极板成为淡灰色的海绵状铅绒，两个极板的表面物质均为活性物质。电解液为稀硫酸（H_2SO_4），15 ℃时的密度为 1.21。正负极板浸泡在电解液中，充放电时在电场的作用下表面的活性物质与硫酸和水进行氧化还原反应。正负极板之间装有隔离板，能防止正负极板间发生短路，但不会妨碍两极板间离子的流通。

铅酸蓄电池放电时将储存的化学能转换为电能。电解液中的硫酸分解出氢离子 $2H^+$ 硫酸根离子 SO_4^-。蓄电池作为电源，$2H^+$ 移向正极板，在电解液中的 H_2SO_4 的参与下，与正极板上的 PbO_2 相结合生成硫酸铅（$PbSO_4$）和水（H_2O）；SO_4^- 移向负极板，与负极板上的 Pb 结合生成硫酸铅（$PbSO_4$）。放电的化学反应式为：

正极板 $\qquad\qquad PbO_2 + 2H + H_2SO_4 \longrightarrow PbSO_4 + 2H_2O$

负极板 $\qquad\qquad Pb + SO_4 \longrightarrow PbSO_4$

由反应式可见，蓄电池放电时消耗了硫酸，析出了水，同时在正负极板都生成了硫酸铅。放电的后果是使电解液密度减小，测其电解液的密度，即可得知放电量和残余电量；同时，由于硫酸铅的体积和电阻均较极板上的活性物质大，所以放电使蓄电池的内阻增大。

蓄电池充电时,将外电源供给的电能转换为化学能储存起来。在外电流的作用下,硫酸被分解为 $2H^+$ 和 SO_4^-。蓄电池作为负荷,SO_4^- 移向正极板,在水的参与下,与正极板上的硫酸铅($PbSO_4$)作用,还原为二氧化铅(PbO_2)并析出硫酸(H_2SO_4);$2H^+$ 移向负极板,与负极板上的硫酸铅($PbSO_4$)作用,还原为二氧化铅(PbO_2)并析出硫酸(H_2SO_4)。充电的化学反应式为:

正极板 $\qquad\qquad\qquad PbSO_4+SO_4+2H_2O \longrightarrow PbO_2+2H_2SO_4$

负极板 $\qquad\qquad\qquad PbSO_4+H_2 \longrightarrow Pb+H_2SO_4$

可见,充电时蓄电池正极板还原为二氧化铅,负极板还原为铅,硫酸铅消失,电解液密度增大,蓄电池电压上升,内阻减小。

目前,我国电力工程使用的铅酸蓄电池的电池槽与电池盖都进行了密封,按排气方式的不同,铅酸蓄电池分为防酸式和阀控式两种:防酸式蓄电池产生的气体由蓄电池的防酸栓排出;阀控式蓄电池产生的气体则由安全阀自动控制排出,当气压超过开启定值时安全阀打开排气,当气压低于关闭定值时安全阀复归关闭。

阀控式蓄电池的特点是:一般无须补水和调酸,极大地减少了维护工作量;自放电电流小,25 ℃下自放电率低于 2%/月;大电流特别是冲击放电性能优良;寿命长,正常使用寿命达 10 ~ 20 a。

由于铅酸蓄电池具有可靠性高、容量大和承受一定的冲击负荷等优点,因此,在发电厂和变电站中得到广泛采用。防酸式铅酸蓄电池在国内外使用的历史都较长,比较成熟,运行中可以加液及便于监视,寿命较长,价格较低,故推荐在大、中型发电厂、220 kV 及以上变电站和直流输电换流站采用。但它存在体积大,运行中产生氢气,伴随着酸雾,对环境带来污染,以及维护复杂等缺点。目前,国内外制造的阀控式密封铅酸蓄电池,克服了一般防酸式铅酸蓄电池的缺点,具有放电性能好、技术指标先进和少维护等优点,在变电所和中小型发电厂中逐步取代防酸式铅酸蓄电池。多年运行经验证明,它能保证直流系统的安全和可靠运行。

镉镍碱性蓄电池的正极活性物质主要由镍做成,负极活性物质主要由镉做成。镉镍蓄电池的电解液用氢氧化钾、氢氧化锂和蒸馏水配制。一份电解液需用 1 000 g 氢氧化钾,30 g 氢氧化锂,2 000 g 蒸馏水,要求纯净。配制的电解液,在空气中暴露时间不能超过 4 h,以免电解液吸收空气中的二氧化碳而生成碳酸钾影响质量。配好的电解液应保存在加盖的密封良好的塑料桶内,保存期为 180 d。镉镍蓄电池每节额定电压为 1.2 V,充满电后可达到 1.5 ~ 1.6 V,由于单体电池电压低,使电池数量增加,需要设调压装置。

镉镍蓄电池是 20 世纪 80 年代推广应用的产品,与铅酸蓄电池相比,具有放电倍率高、使用寿命长、体积小、质量轻、占地面积小及操作简便等优点。它不需要专门的蓄电池室,也不需要通风、防火,防腐蚀等附属设备,可装在一块屏内,因此,在小型电站和 110 kV 及以下的变电站中得到广泛应用。

各种类型的蓄电池,均有各自的优点和缺点,工程设计时,应结合实际情况和需要加以选用。

基于蓄电池的发展和应用情况,考虑各种蓄电池的技术特点,规程提出了各型发电厂和变电站选用蓄电池类型的建议:

①大中型发电厂、220 kV 及以上变电所和直流输电换流站,宜采用防酸式铅酸蓄电池或阀控式密封铅酸蓄电池。

②小型发电厂及 110 kV 变电所宜采用阀控式密封铅酸蓄电池、防酸式铅酸蓄电池,也可

采用中倍率镉镍碱性蓄电池。

③35 kV 及以下变电所和发电厂辅助车间宜采用阀控式密封铅酸蓄电池,也可采用高倍率镉镍碱性蓄电池。

大中型发电厂、重要的 110 kV 变电站和 220 kV 及以上的变电所,为提高供电可靠性,装设 2 组蓄电池。220 kV 及以上变电站大多采用 SF6 断路器,该断路器有两个跳闸线圈,同时 220 kV 变压器和线路的继电保护装置多为双重化,从提高可靠性出发,与之相适应装设两组蓄电池。

超、特高压直流输电换流站在电网中的地位十分重要,因此,公用的站用蓄电池组装设两组,整流器每极也装设两组蓄电池。

220 kV 及以上的变电所和发电厂的网络控制系统,许多工程的继电保护和自动装置都下放分散布置在配电装置的继电器室内,为提高直流电源的可靠性和缩短电缆长度,其蓄电池组也分散布置在该继电器室内。

近年来,小型环保电厂逐步增多,这些电厂虽然装机容量较小,但其重要性及企业管理和自动化水平可能很高,装设的蓄电池组数不尽相同,应根据工程的具体情况和工艺系统的要求确定。

考虑发电厂和变电站的重要性及容量、结构和工艺要求的不同,规程提出了各型发电厂和变电站配置蓄电池组数的具体建议:

①设有主控制室的发电厂,当机组总容量为 100 MW 及以上,宜装设 2 组蓄电池,其他情况下可装设 1 组蓄电池。

②容量为 200 MW 以下机组的发电厂,当采用单元控制室的控制方式时,每台机组可装设 1 组蓄电池。

③容量为 200 MW 级机组的发电厂且升高电压为 220 kV 及以下时,每台机组可装设 1 组蓄电池(控制负荷和动力负荷合并供电)或 2 组蓄电池(控制负荷、动力负荷分别供电)。

④容量为 300 MW 级机组的发电厂,每台机组宜装设 3 组蓄电池,其中 2 组对控制负荷供电,另 1 组对动力负荷供电,或装设 2 组蓄电池(控制负荷和动力负荷合并供电)。

⑤容量为 600 MW 级及以上机组的发电厂,每台机组应装设 3 组蓄电池,其中 2 组对控制负荷供电,另 1 组对动力负荷供电。

⑥小型供热发电厂和垃圾发电厂根据工艺要求可装设 1 组或 2 组蓄电池。

⑦发电厂网络控制系统中包括有 220 kV 及以上电气设备时,应独立设置不少于 2 组蓄电池对控制负荷和动力负荷供电。当配电装置内设有继电保护装置小室时,可将蓄电池组分散装设。

其他情况的网络控制系统可装设 1 组蓄电池。

⑧220 ~ 500 kV 变电站应装设不少于 2 组蓄电池。当配电装置内设有继电保护装置小室时,可将蓄电池组分散装设。

⑨110 kV 及以下变电站宜装设 1 组蓄电池,对于重要的 110 kV 变电站也可装设 2 组蓄电池。

⑩直流输电换流站,站用蓄电池应装设 2 组;极用蓄电池每极可装设 2 组。

⑪直流系统电压为 48 V 及以下当采用蓄电池时,可装设 2 组蓄电池。

⑫当大型发电厂的蓄电池容量选择大于产品制造容量时,允许装设 2 组半容量蓄电池,并

联运行,即视为 1 组蓄电池。

蓄电池的额定容量单位为安时(Ah),其定义为:在环境温度为 25 ℃ 条件下,蓄电池以恒定电流放电,该电流使蓄电池在 10 h 达到终止电压(单个铅酸蓄电池的终止电压为 1.75 V),该电流乘 10 h 即为蓄电池的额定容量。蓄电池在不同的放电电流下有不同的容量,一般以 10 h 放电电流(I_{10})下的容量作为其额定容量,以保持蓄电池热稳固性为条件的允许电流上限值,称为蓄电池的最大放电电流,铅酸蓄电池的最大放电电流可达 $30I_{10}$。

蓄电池需配备充电装置,可采用的运行方式有充电-放电方式和浮充电方式两种。

充电-放电运行方式是用已充电完好的蓄电池供给直流负荷,这时充电装置断开,待蓄电池逐渐放电到保证容量的 75% ~80% 时,再进行充电。通常放电终止电压规定为 1.8 ~1.75 V,充电终止电压为 2.5 ~2.7 V。充电达到电解液沸腾,气体开始析出时,应减小充电电流,一般不超过最大充电电流的 40% ,以减小电解液造成多余的电能损耗及防止电解液飞溅。

充电-放电运行方式需要频繁地充电,极板的有效物质损伤极快,在运行中若不按时充电,过充电或欠充电更易缩短蓄电池的寿命,而且运行中操作复杂,所以使用较少。

浮充电方式运行时,蓄电池组与浮充电装置并联工作。这时,充电装置一方面供给直流母线上的经常性负荷,另一方面补偿蓄电池因自放电造成的损失,使其经常处于额定容量状态。

由于充电装置的内阻较大,其外特性较软,因此不能承担紧急情况下提供大电流(例如多台断路器的跳、合闸、事故照明、监控系统等)的需要,只能由蓄电池供给,使蓄电池经常处于最大容量状态很有必要。

采用浮充电方式运行避免了频繁地充电,减少了运行维护工作量,同时也可延长蓄电池的使用寿命。单个蓄电池浮充电压为 2.23 ~2.28 V,浮充电流与电池容量成正比,单位容量的浮充电流为 1 ~3 mA/Ah。

铅酸蓄电池按浮充电方式运行时,要定期进行核对性放电,放出其容量的 50% ~60% ,最终电压降至 1.9 V 为止,或以 10 h 放电率进行全容量放电,放电到厂家规定的终止电压。

过度充电和过度放电都会对蓄电池的电极板造成损害,导致蓄电池使用寿命减少,所谓终止电压指的是表征单个蓄电池过度放电的电压下限值,一般取为 1.75 ~1.8 V。

为了避免各个电池充电不均匀引起一些电池在长期充电不足的情况下逐渐生成体积较大的硫酸铅结晶堵塞极板微孔,妨碍电解液进入海绵状铅绒深部,充电时不易还原活性物质而使电池容量降低,称为极板的硫酸化现象。为使这些电池能够得到足够的充电,使电压恢复到规定的范围内而进行的充电,称为均衡充电。单个蓄电池均衡充电电压 2.3 ~2.4 V,一般取 2.35 V,均衡充电电流与电池容量成正比,单位容量的浮充电流不大于$(1 ~1.25) I_{10}$。

充电装置分为晶闸管充电装置和高频开关充电装置两种。两种充电装置技术参数列于表13.1。

高频开关自 1992 年问世以来,国内制造厂家不断增加,模块电流也逐步增大,技术性能和指标先进,体积小、质量轻、效率高和使用维护方便,实践证明,可靠性高、自动化水平高,已得到广泛应用。晶闸管充电装置接线较简单,输出功率较大,价格也较便宜,同时有较成熟的运行经验,因此,也同样得到广泛的应用。工程设计中可根据具体情况选用。

按蓄电池的组数配置充电装置的原则为:对于一组蓄电池,采用晶闸管充电装置时,宜配置两套充电装置;采用高频开关充电装置时,宜配置一套充电装置,也可配置两套充电装置。

表 13.1 充电装置的主要技术参数表

类 型	晶闸管		高频开关
	Ⅰ型	Ⅱ型	
稳压精度	≤±0.5% ≤±2% ≤2%	≤±1% <60 dB	≤±0.5%
稳流精度	≤±1%	≤±2%	≤±1%
波纹系数	≤1%	≤1%	≤0.5%
效率	≥75%	≥75%	≥90%
噪声	<60 dB	<60 dB	<55 dB

对于两组蓄电池,采用晶闸管充电装置时,宜配置三套充电装置;采用高频开关充电装置时,宜配置 2 套充电装置,也可配置 3 套充电装置。

充电装置的技术特性应满足以下要求:①应满足蓄电池组的充电和浮充电要求。②应为长期连续工作制。③充电装置应具有稳压、稳流及限流性能。④应具有自动和手动浮充电、均衡充电和稳流、限流充电等功能。⑤充电装置的交流电源输入宜为三相制,额定频率为 50 Hz,额定电压为 380×(1±10%)V。小容量充电装置的交流电源输入电压可采用单相 220×(1±10%)V。⑥一组蓄电池配置一套充电装置的直流系统,充电装置的交流电源宜设两个回路,运行中一回路工作,另一回路备用。当工作电源故障时,应自动切换到备用电源。

13.3 直流系统的接线形式

直流系统应按以下原则选择接线方式:

(1)电源部分(中央盘)的接线形式

①一组蓄电池的直流系统,采用单母线分段接线或单母线接线。

②两组蓄电池的直流系统,应采用单母线分段接线,蓄电池组应分别接于不同母线段。

③蓄电池组和充电装置均应经隔离和保护电器接入直流系统。

④每组蓄电池均应设有专用的试验放电回路。试验放电设备,宜经隔离和保护电器直接与蓄电池组出口回路并接。该装置宜采用移动式设备。

⑤除有特殊要求外,直流系统应采用不接地方式。

(2)供电网络的接线形式

为保证对分电柜可靠供电,并使供电网络的接线形式简单清晰,不易发生误操作,直流供电网络宜采用辐射供电方式。下列回路应采用辐射供电:

①直流事故照明、直流电动机、交流不停电电源装置、远动、通信以及 DC/DC 变换器的电源等。

②发电厂和变电所集中控制的主要电气设备的控制、信号和保护的电源。

③电气和热工直流分电柜的电源。

④为保证对分电柜可靠供电,直流分电柜应有两回直流电源进线,并来自不同的上级母线段。当分电柜有双重化控制和保护回路,要求双电源供电时,分电柜也应采用单母线分段接线形式。

图13.1所示为直流系统的一种典型接线形式。

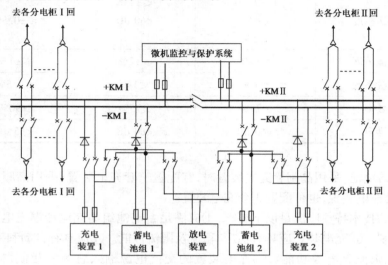

图13.1 直流系统的接线图

图13.1中的直流系统是控制与动力合用的系统,配置了两组蓄电池和两组充电装置和一组公用的放电装置。中央盘采用单母线分段接线。蓄电池和充电装置经逆止二极管和真空断路器接入母线。两组蓄电池还经真空断路器联络,使每组蓄电池均可运行在两段母线上,电源运行方式十分灵活,从而显著提高了供电可靠性。各区分电柜均有两回供电线,经真空断路器分别取自两段母线,采用微机监控与保护系统。

13.4 直流系统的安全监视与保护

在发电厂和变电所中,不论直流系统,还是交流系统,其绝缘水平的高低,对电厂和变电所的安全正常运行有着直接的影响,因此,应对直流系统和交流小接地电流系统的绝缘进行监控。

13.4.1 直流系统的绝缘监视

用来监视直流系统绝缘状况的装置称为直流绝缘监视装置。发电厂和变电所中直流操作电源的供电网络比较复杂,涉及的范围很广,特别是要用很长的控制电缆与户外配电装置内的器具连接,如断路器的操动机构、隔离开关的电锁等。这些器具很容易受潮,因此,直流回路的绝缘电阻可能下降。当绝缘电阻降低到一定程度时,将会导致厂、所正常工作的破坏,产生误动作。例如图13.2中,当某一点(如 a 点)接地后,虽然不会形成短路回路,整个系统仍然正常工

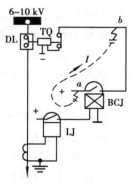

图13.2 直流操作回路两点接地引起断路器误跳闸示意图

262

作,但单一点接地长时间运行是很危险的。如果再有另一点(如 b 点)接地,则形成两点接地,使保护出口中间继电器 BCJ 的触点被短接,引起断路器 DL 误跳闸而造成停电事故。因此,必须在直流系统中装设绝缘监视装置。如在 220 V 直流系统中,当某一极对地绝缘电阻下降到一定数值(一般为 15～20 kΩ)时,其监视装置应发生声、光信号,告诉值班人员尽快检查处理。

　　直流系统绝缘监视的方法随着电站的大小和自动化程度的不同而异。图 13.3 所示为过去采用的监视装置接线,反映了直流系统绝缘监视的方法。此装置由电压测量和绝缘监视两部分组成。

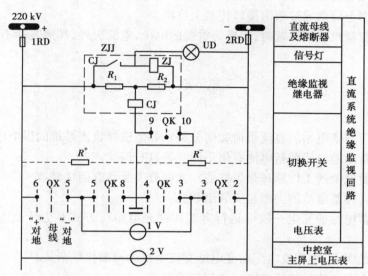

图 13.3　直流系统绝缘监视装置的原理接线图

　　电压测量部分由切换开关 QK 和电压表 1 V 组成。通过 QK 的位置切换,电压表不仅可以测量直流母线正负极之间的电压,而且还可以测量正极对地和负极对地的电压。电压表 2 V 装在中控室,用来测量直流母线正负极之间的电压。

　　绝缘监视部分主要由绝缘监视继电器 ZJJ 和黄色信号灯 UD 组成。继电器 ZJJ 由灵敏的干簧继电器 CJ、中间继电器 ZJ 和平衡电阻 R_1 和 R_2 组成。其动作原理如下:

　　R_1 和 R_2 为桥臂平衡电阻,两者数值相等,R^+ 和 R^- 表示直流母线对地的绝缘电阻。CJ 的线圈跨接在由 R_1、R_2、R^+ 和 R^- 构成的四臂电桥的对角线上。

　　当直流母线对地绝缘良好时,$R^+ = R^-$,电桥是平衡的,CJ 线圈中无电流流过。当某一极的绝缘电阻下降时,电桥平衡被破坏,CJ 线圈中有不平衡电流流过。R^+ 和 R^- 相差越大,流过的电流越大。当其达到一定数值时,CJ 动作,其触点闭合,使信号灯 UD 变亮,同时启动中间继电器 ZJ,使中央音响信号装置的警铃发出音响,并使相应的光字牌发亮。

　　这种装置性能比较完善,使用较多,但当直流母线两极绝缘同等下降时,电桥仍然平衡,因而不能发出声、光信号。

13.4.2　直流系统的微机监视与保护系统

　　随着计算机在电力系统应用范围的扩大,目前电力工程中的直流系统大多采用微机的测量、信号、控制与保护系统。直流系统中按每组蓄电池组设置一套微机监控装置,应具有下列基本功能：

①测量直流系统母线电压、充电装置输出电压和电流及蓄电池组电压和电流和系统正极与负极对地的电压值及绝缘电阻值；

②当发生直流系统母线电压越限（过高和过低）、直流系统接地（绝缘电阻低于规定值）、充电装置交流失电、充电装置故障、断路器跳闸、熔断器熔断等事件时，发出报警信号，并显示故障地点、故障元件和故障名称；

③自动控制充电装置进行开机、停机和改变运行方式的切换操作；

④重要的数据与信息通过通信接口传至上位机。

直流系统设有微机监控装置时，除极为重要的电压、电流表外，其他表计不再装设。

思 考 题

13.1　发电厂与变电站的直流负荷如何分类？如何选择直流系统的供电电压？

13.2　镉镍蓄电池与铅酸蓄电池有何不同？各自有何优点？

13.3　铅酸蓄电池的工作原理是怎样的？如何分类及各有何优缺点？

13.4　如何选择蓄电池的类型与安装组数？

13.5　何谓蓄电池的充电—放电运行方式和浮充电运行方式？为什么大多采用浮充电方式？

13.6　绘图说明大、中型发电厂与变电站直流系统的典型接线形式。

13.7　何谓直流系统的绝缘监视？说明其重要性。

第**6**篇
电气设备的运行与操作

第**14**章
同步发电机的正常运行与操作

发电机的正常工作状态是一种稳定、对称的工作状态。其运行参数：有功、无功、电流、电压等均在容许范围之内，电力系统的频率也合乎标准。

发电机应尽可能在额定状态下运行，在此情况下机组效率最高，发电厂能取得最大的经济效益。

由于系统运行的需要或因事故、检修，发电机组需要开机并网和解列停机。运行中的发电机组在系统中负荷增、减或其他机组开、停引起系统频率及运行发电机机端电压变化时，发电机组在自动调速器及自动励磁调节器的作用下将自动增减有功和无功以保证系统运行的稳定性、供电的可靠性与电能质量。同时运行人员也可能对机组的有功及无功实施手动调节。本章将讲述这些运行操作与调节的原理、方法与步骤以及系统电压与频率偏离标准范围对发电机组的影响。

14.1　同步发电机的同期系统与并列操作

14.1.1　同步发电机的并列操作

同步发电机投入电力系统并联运行称为并列操作。并列操作应满足下列两点基本要求：

①并列断路器合闸瞬间产生的冲击电流不超过允许值；

②断路器合闸后，发电机能迅速进入同步。

如果不能满足第一点要求，则并列机组将承受很大的电动力冲击，造成机组的损害，同时与并列机组电气距离很近（特别是在机端母线与之并联）的机组也将承受部分冲击电流而承受电动力的冲击。

如果不能满足第二点要求，发电机同步电势与系统电压的夹角不断摆动，甚至进入稳定的异步运行状态，将造成发电机有功与无功的剧烈振荡，对机组及系统均造成危害，甚至危及系统运行的稳定性，其危害随机组容量的增加而增加。

同步发电机并列的方法有两种：准同期和自同期。所谓准同期就是先将发电机升速、升压至与系统的频率、电压十分接近，并检查发电机端电压（这时等于同步电势）与发电机断路器系统侧电压的夹角接近为零时，将发电机断路器合闸，以期断路器触头接触瞬间两电压夹角为零。自同期方法是将发电机升速至与系统同步的转速且转速稳定（加速度为零），在无励磁状态下合上发电机断路器，随之联动投入励磁开关，使励磁电流按转子回路的时间常数上升至空载励磁电流（同步电势等于额定电压以避免吸收系统无功），当机组转速十分接近系统同步转速时，在励磁电流上升的过程中即可使机组进入同步状态，从而可以避免同步功率的大幅度振荡。

自同期方法的优点是并列速度快，但在发电机断路器合闸时，由于发电机端由零电压改变为系统电压，实现这一过渡的初瞬将产生较大的冲击电流。当励磁开关合闸时，在励磁电流尚未升起之时，由转子回路参数的改变引起的过渡过程的初瞬也将产生冲击电流。当转子回路有较长的时间常数时，励磁电流的缓慢上升不会造成新的冲击，只是在频差过大的情况下，发电机不能迅速进入同步时会造成励磁上升后发电机与系统间的功率振荡。

只有在电力系统特别需要时，被指定为紧急应变的机组（一般为水轮发电机组），以及由于准同期系统严重故障，短时不能恢复的容量不大的发电机组才可能采用自同期方法并列。

准同期并列可以很好地满足同期并列的两点基本要求，为此在合闸之前需作仔细的转速与电压的调节，并监察发电机与系统电压的角差变化，断路器合闸瞬间应满足以下3个条件：①两电压幅值之差应小于5%；②机组与系统频率之差应小于0.2%（即0.1 Hz）；③角差小于10°。

①和③两个条件主要影响冲击电流。第二条件（频差）对发电机是否迅速进入同步影响最大：频率与系统完全相等的发电机组必然可以进入同步，这时进入同步的时间取决于角差；频差不为零的机组并入电网后，由于转子的滑动频差将转换为角差，影响机组进入同步的速度，当频差过大时，表明机组原动机开度过大或过小，机组并入电网后可能进入稳定的有励磁异步运行状态，机组输出或输入异步功率以平衡原动机的剩余或不足开度，这时产生同步功率

的大幅度振荡,其振荡的幅值就是发电机功角特性的极值,取决于励磁而与原动机开度无关。因此,发电机组并列时频率的调节至关紧要。

发电机并列时转速与电压的调节以及并列条件的监察与合闸操作均可由自动装置实施,此种同期系统称为自动同期系统,不实施调节仅检查同期条件进行操作的系统称为半自动同期系统。

发电厂必须配备由运行人员调节与操作的手动准同期系统,由于该系统具有很高的可靠性而被广泛地采用。在手动准同期系统的基础上,增加以自动准同期装置为核心的自动调节与操作执行电路即形成手动与自动并存的同期系统。

发电厂内将两侧电压引入同期系统接受同期条件监察,接受同期闭锁(不合同期条件不能完成合闸)的断路器称为同期点。发电机和发电机—变压器单元的断路器必应设置为同期点,以便该机组和单元的投、切。对侧为电力系统的出线断路器也应作为同期点,以便线路切除后再投入。凡切除后两侧电压频率不相等的断路器均可能设置为同期点以简化操作。

14.1.2　手动准同期系统

手动准同期分为集中同期和分散同期两种。集中同期方式为:同期表计和操作开关集中装设在主控制室的一块屏上(或装设于中央控制屏上),任一同期点的同期操作,均可在该屏上进行。当采用集中方式时,同期表计一般采用组合式同期表。分散同期为同期表计集中装在同期小屏上,各同期点的操作则在其各自的控制屏上。根据同期小屏上仪表的清晰可见度,同期小屏可装设在主环控制屏的一侧或两侧。

同期小屏上装设的测量表计有:①接于系统侧电压的电压表 V_1;②接于待并发电机侧电压的电压表 V_2;③接于系统侧电压的频率表 Hz_1;④接于发电机侧电压的频率表 Hz_2;⑤接于两侧电压上的同步表(亦称同步指示器)S 反应两侧电压的频率差和相角差。两只电压表和频率表分别用于比较并列点两侧的电压和频率。同步表表盘上标有"快"或"慢"两个方向,根据发电机频率高于(或低于)系统频率,差别大时,表指针顺"快"(或"慢")的方向旋转得快,差别小时,表指针顺"快"(或"慢")的方向旋转得慢。旋转过程中当表指针掠过表盘上的标明的红线条(同步表零位)之时,说明系统电压与待并机电压之间的相位差为零。当频率完全相等时,表指针停在同步表的某一位置不动。频差大到一定程度后,表指针将不再旋转,而只作较大幅度的摆动,因此规定仅当两侧频率差在 ±0.5 Hz 以内时,才允许将同步表的电路接通。同期小屏上的 5 只表计可以采用一只组合式同步表来代替。组合式同步表分单相或三相两种。它由电压差、频率差和同步指示器 3 个测量表计组成。图 14.1 为 MZ-10 型组合式同步表外形,中间为同步表,两边分别为频差表与压差表。

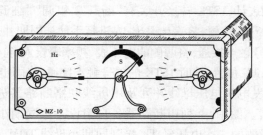

图 14.1　同步表外形图

　　同期合闸回路中还装有同期监察闭锁继电器 TJJ,其内部的两个电压线圈分别接入系统侧电压和待并发电机的电压,动作情况决定于接入电压线圈的两个电压之差。当并列点两侧电压相位差大于其动作整定值时,常闭触点打开,闭锁断路器的合闸回路,以免断路器在两侧电压相位差角大于允许值的情况下合闸而造成过大的冲击。同时其闭合持续时间与频差成反比,当频差过大时,闭合持续时间小于断路器合闸时间,则合闸不能完成,以免频差过大的发电机投入系统后长时间的振荡。为在单侧有电源情况下解除闭锁回路,在 TJJ 常闭触点两端并有切换开关 QK 的触点,用 QK 短接 TJJ,解除 TJJ 对合闸回路的闭锁。同期表计及继电器的投入或切除由手动同期转换开关 1STK 控制。同期表计接线如图 14.2 所示。

　　图中 TQM 为同期小母线,其中 TQM_a、TQM_c 为待并发电机同期电压,$TQM_{a'}$ 为运行系统的同期电压,为简化同期接线,一般发电机电压互感器二次侧 b 相接地,因此 YM_b 为两侧电压公用点 b。图中 V_1 和 Hz_1 接于系统电压 $U_{a'b}$ 上;V_2 和 Hz_2 接于待并发电机电压 U_{ab} 上;同步表 S 的 3 个线圈:一个接于系统电压 $U_{a'b}$,另外两个分别接于待并发电机电压 U_{ab} 和 U_{cb} 上。可以看出,为进行同期操作,需从运行系统侧引来 A 相的二次电压在 $TQM_{a'}$ 小母线上,从待并发电机侧引来 A 相和 C 相的二次电压,分别加在 TQM_a 和 TQM_c 小母线上。

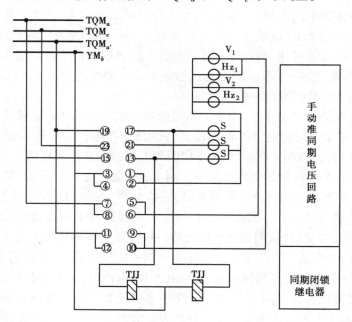

图 14.2　同期表计接线图

　　为了能依次接入同期表计,1STK 转换开关有"断开""粗调""细调"3 个位置。平时不用同期表计时,1STK 应放在"断开"位置,将表计退出;在进行手动准同期并列操作之初,应切换在"粗调"位置,此时 1STK 的双号触点接通,将两侧的电压表,频率表投入;待两侧电压、频率基本相等,准备并列时,再切换至"细调"位置,此时 1STK 的单号触点接通,将同步表 S 接入。

　　图 14.3 为发电机与发电机电压母线并列及用母线联络断路器进行两组母线并列的分散式手动同期回路原理接线。图中,并列用断路器各自附设一个同期小开关 TK(装于断路器控制开关 KK 旁),断路器两侧的二次电压经 TK 接到同期小母线 TQM 上,再由 TQM 引到同期屏上。在发电厂中,控制室值班时只使用一个 TK 钥匙,同一时间内,只对一个断路器进行同期

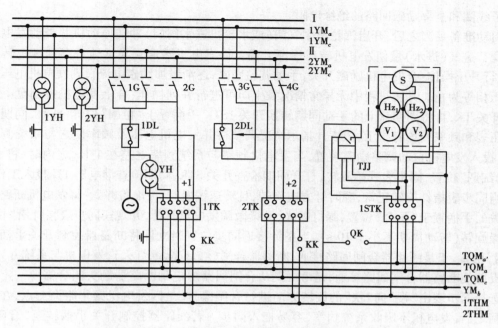

图 14.3　发电机与母线联络断路器的手动准同期回路原理接线图

并列操作,即只能有一个 TK 可接通,以防止两个不同期的电压互感器二次侧电压经 TQM 非同期并列。为了实现机组之间和机组与电网之间的同期并列,必须正确地选择接入同期小母线的电压。在 4 条同期小母线 TQM$_a$,TQM$_c$,TQM$_{a'}$,TM$_b$ 中,除 YM$_b$ 经常接地外,其余 3 条平时无电,只在同期并列时,才通过同期开 TK 的触点将待合闸断路器两侧的电压引入。图 14.2 中,发电机侧同期电压由发电机出口处电压互感 YH 的二次侧 Y 形接线绕组提供,经 1TK 引到小母线 TQM$_a$ 和 TQM$_c$ 上,母线侧同期电压由母线电压互感器的电压小母线 1YM$_a$(或 2YM$_a$)经母线隔离开头辅助触点 1 G(或 2 G)、1TK 引至小母线上 TQM$_{a'}$ 上。经母线隔离开关的辅助触点切换,可确保主母线为双母线的情况下,当断路器 1DL 是经 1G 接至主母线 I 上时,引至 TQM$_{a'}$ 的电压 1YH 的二次电压小母线 1YM$_a$,而当 1DL 经 2G 接在主母线 II 上时,引至 TQM$_{a'}$ 的电压取于 2YH 的二次小母线 2YM$_a$,切换过程在进行主系统操作时同时自动地完成。

当利用母线联络断路器进行同期并列时,两侧的同期电压分别取自母线电压互感器的电压小母线,先经母线隔离开关的辅助触点,再经同期开关 2TK 的触点引至同期小母线。

发电机-变压器单元并入电网时,由于变压器高压出口无电压互感器,需利用变压器两侧的电压进行同期检定。由于变压器一般为 Y/D-11 接线,变压器高低压侧线电压之间存在 30° 相位差,必须对此相位差进行补偿,补偿的办法之一是加装中间转角变压器。在二次回路中实施电压的反向位移。

14.1.3　发电机的手动准同期并列操作步骤

并列操作前,发电机须进行启动前的检查、准备工作,例如检查发电机各部分及其周围的清洁状况,发电机出线及其连接设备、保护装置、控制设备等的完好性;各接地线是否都已拆除,工作票是否都已收回,常设遮拦是否已全部恢复等。停电时间较长的发电机还须测量发电

269

机定子线圈和全部励磁回路的绝缘电阻。

启动准备妥当之后,开启汽轮机主气门(或水轮机进水阀门)冲转原动机并带动发电机转动。调节进气(进水)量使发电机转速逐渐升高。待发电机转速无异常地升高到额定转速之后,进行升压操作:合发电机励磁开关,手动调整励磁,逐渐增加励磁电流直到发电机电压与电网电压相等为止。升压过程中无异常情况发生即可进行并列操作:合上发电机控制盘上的同期小开关 TK,再将同期盘上的手动同期转换开关 1STK 手柄置于"粗调"位置,此时,同期盘上的电压表和频率表均有指示,依表计指示情况调整待并发电机电压及频率使之与系统侧基本相同,投入发电机自动调整励磁装置,当发电机频率与系统频率之差在 1 Hz 之内时,将 1STK 投至"细调"位置,同步表开始旋转,打开同期检查开关 STK,同期检查继电器 TJJ 投入工作。

当同步表指针旋转正常,顺时针方向旋转,且转速缓慢时,可准备并列:将发电机断路器控制开关的手柄置于"预合"位置,绿灯闪光,继续微调发电机转速,并观察同步表指针沿"快"方向缓慢旋转(转动周期不小于 10 s),当指针接近同步位置时立即将断路器控制开关手柄转至"合闸"位置,于是断路器合闸回路接通,断路器合闸(红灯亮,绿灯灭),发电机与系统并列。

提前使断路器合闸回路接通,是考虑到从合闸回路通电到断路器触头闭合需要一定的时间。选择同步表由"慢"向"快"的旋转方向进行合闸操作,是因发电机频率略高一点,在断路器合闸之后,发电机不吸收系统功率,容易拖入同步。若断路器控制开关手柄转至"合闸"位置之时,待并机与电网的电压频率差大于同期检查继电器 TJJ 的整定值,则 TJJ 其常闭接点闭合的持续时间小于断路器合闸所需时间,并列断路器合闸不能完成。

操作过程中,如果观察到同步表指针向零位转动过快,或有跳动现象,或停止不动时,均不得操作断路器合闸。还必须注意同步表使用持续时间要求不超过 20 min,如超过 20 min,还未能同期并列,应停止使用同步表,间隔适当时间后,再进行同期并列操作。

发电机并列后,将同期开关(1STK、STK、TK)的手柄恢复原位,向汽轮机车间(或水轮发电机车间)发出"发电机已并列"信号。按规程调整发电机励磁和原动机进气(水)量,开始带负荷,使发电机按正常运行方式运行。

14.2　同步发电机的无功与电压调节及电力系统电压变化的影响

14.2.1　同步发电机的励磁系统及其分类

同步发电机励磁系统的作用是向转子提供励磁电流。一般带有自动调节器使之具有如下基本功能:①整定发电机的外特性,即整定发电机输出无功电流 I_Q 与发电机端电压 U_F 的关系。如图 14.4 所示,一般整定为一条直线,励磁系统应能任意整定直线的斜率;②上下平移外特性线,实施二次调整,实现运行人员或上级自动装置对发电机输出无功的干预。例如由直线 1 变为直线 2,在相同的端电压下增加发电机的输出无功;③当发电机端电压严重下降(例如低于额定电压的 85%)时,实施强行励磁(为满载励磁的 2 倍左右)以保证发电机运行的稳定性;④过压减励。

同步发电机的励磁系统一般由 4 部分组成:①提供励磁功率的设备,例如励磁发电机或励磁变压器、励磁变流器;②整流设备,即普通硅二极管和可控硅管及其保护器件;③实现前述 4 种功能的自动调节器;④向发电机提供励磁和消灭发电机励磁的励磁开关(通常称为灭磁开关)和灭磁电阻等。

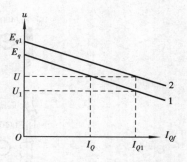

图 14.4　同步发电机端电压与无功负荷电流的关系曲线

按提供励磁功率的方式,励磁系统分为他励与自励两种形式:前者的励磁功率取自与发电机同轴的励磁发电机;后者的励磁功率由发电机定子提供。

他励形式分为直流励磁发电机和交流励磁发电机两种,其原则性接线分别示于图 14.5 与图 14.6。由于整流子容量的限制,直流励磁发电机容量小于 6 000 kW,因此仅限用于很小容量的机组。

如图 14.5 所示,自动励磁调节器 ZTL 由发电机(F)出口电压互感器(YH)和电流互感器(LH)实施发电机电压反馈与电流反馈,从而实现对发电机电压与无功电流变化的相依关系(外特性)的整定。在 ZTL 中还设有二次调整部件,运行人员操作该部件以调整发电机外特性上下平移。当 ZTL 退出工作时,运行人员操作磁场电阻 R_C 改变发电机励磁。

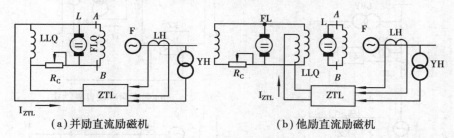

(a)并励直流励磁机　　　　　　　(b)他励直流励磁机

图 14.5　直流励磁机励磁系统原理图

图 14.6 为大型汽轮发电机常用的交流发电机励磁原则性接线图。L 为主励磁机,FL 为副励磁机,前者采用普通硅二极管(GZ)整流向发电机提供励磁,后者经可控硅管(KZ)整流控制主励磁机励磁从而控制发电机励磁,由 ZTL 实施发电机电压、电流反馈以整定发电机外特性并设有二次调整部件。

图 14.7 为仅有电压源的自励方式。励磁变压器 LBY 接于发电机出口作为励磁功率源经可控硅整流器 KZ 整流后向发电机提供励磁,可控硅整流器受 ZTL 控制。此种励磁方式的缺点是当发电机出口近区短路时,由于发电机电压严重下降,因此在短路过程中励磁电压很低,待短路切除之后方能实施强励。

图 14.8 接线中增加了励磁电流源,称为自复励形式。励磁变流器 LBL 原边串接于发电机定子回路,当其工作于线性区时副边电流正比于发电机电流,因此在发电机负荷增加时自动增加励磁电流,当发电机出口近区短路时,由励磁变流器提供强励电流。短路切除后,如机端电压仍严重低于额定值时,在 ZTL 的作用下减小可控硅管(KZ)的导通角继续实施强励以保证发电机运行的稳定性。

在水轮发电机组突然切除情况下,由于原动机关闭时间较长,机组将出现超速并可能导致过压,因此必须强行减磁。采用自复励形式,当机组突然切除时,由于电流源不提供电流更能可靠地防止超速所产生的过电压。

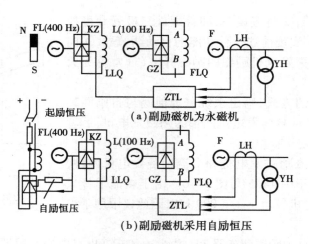

（a）副励磁机为永磁机

（b）副励磁机采用自励恒压

图 14.6　他励交流励磁机经可控硅整流的励磁系统

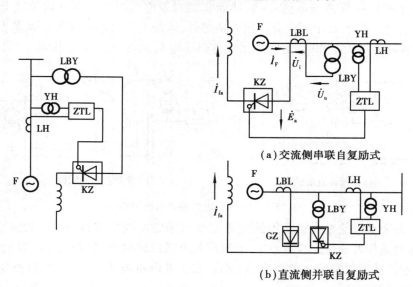

（a）交流侧串联自复励式

（b）直流侧并联自复励式

图 14.7　自并励半导体　　　　　图 14.8　自复励半导体励磁系统
　　　　　励磁系统

14.2.2　同步发电机正常运行时无功与电压的调节

同步发电机与电网并联后,不但要向电网提供有功功率,还要对电网提供或吸收无功功率。从能量守恒的观点来看,调节无功功率不需要改变原动机输入功率,只要调节同步发电机励磁电流就可以改变发电机发出的无功功率和端电压。当外部系统容量很大,发电机与之联系紧密(输电阻抗很小)时,一台发电机的励磁调节对端电压影响甚微。

同步发电机对称运行时每相输出的功率为:

$$\left.\begin{array}{l} P = UI\cos\varphi \\ Q = UI\sin\varphi \end{array}\right\}$$

(14.1)

式中　P、Q——发电机输出的有功与无功;

U——发电机机端相电压；

I——发电机定子输出电流；

φ——功率因数角，电压超前电流时为正。

图 14.9 为稳态运行情况下不计定子电阻时隐极式同步发电机的等值电路图及相量图。图中 E_q 为发电机空载电势；$\dot{U}$ 为发电机机端相电压；x_d 为直轴同步电抗；δ 为功率角。由相量图可见

$$\left.\begin{array}{c} E_q \sin\delta = Ix_d \cos\varphi \\ E_q \cos\delta = U + Ix_d \sin\varphi \end{array}\right\} \tag{14.2}$$

将式(14.2)代入式(14.1)，得发电机功率角特性式为：

$$P = \frac{E_q U}{x_d} \sin\delta \tag{14.3}$$

$$Q = \frac{E_q U}{x_d} \cos\delta - \frac{U^2}{x_d} \tag{14.4}$$

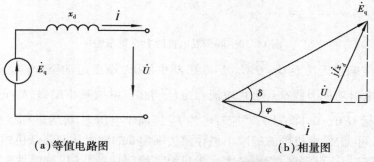

| (a)等值电路图 | (b)相量图 |

图 14.9　同步发电机稳态运行等值电路及相量图

发电机的端电压 U 由外部电力系统及发电站电机的运行状态共同确定。为简化分析，假定发电站装机容量相对于系统容量很小，且电站与系统联系紧密(联络阻抗很小)，发电机的端电压仅由外部系统确定与发电站的有功、无功调节无关。在外部系统稳定运行状态下，视发电机端电压恒定，这时增加发电机输出无功的手段有两种：①提高发电机励磁。由式(14.3)可知，在有功 P 不变的情况下，提高励磁使 E_q 增大，功率角 δ 减小。两个参数的变化均导致式(14.4)中第一项增大，从而使发电机无功输出增加。②减少发电机的有功输出(只能通过减小原动机进气(或进水)量实施)。由式(14.3)可知，由于 E_q 不变，有功 P 的减少将导致功率角 δ 的减小，从而引起式(14.4)中第一项增大，使无功输出增加。显然，用上述两种手段作反方向的调节将使发电机无功输出减少。

调节发电机励磁是调节发电机无功的主要手段，其调节作用可由图 14.10 说明。图中绘出了 4 种稳定运行状态，对应的同步电势 E_q 的端点分别为 a、a_1、a_2、a_3，在电压相量方向(水平轴)上的投影端点分别为 c、c_1、c_2、c_3。如以电压相量端点 O' 作坐标原点建立一直角坐标系统，由式(14.3)和式(14.4)可见，E_q 相量末端的纵坐标为 $\left(P\dfrac{x_d}{U}\right)$，横坐标为 $\left(Q\dfrac{x_d}{U}\right)$。

在有功恒定条件下调节励磁，a 点沿水平线 AA' 运动，同时有电流相量的端点 b 沿垂线 BB' 运动。加励磁使 E_q 增大，a 点运动至 a_1，对应输出无功为 $\overline{O'C_1} > \overline{O'C}$；减励磁使 E_q 减小，a

273

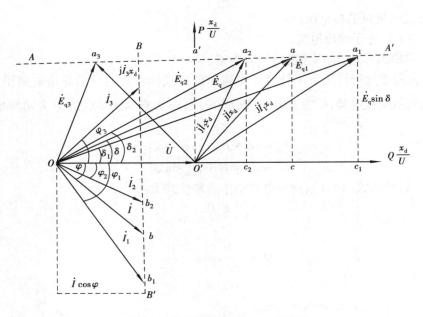

图 14.10　同步发电机的 P-Q 调节图

点运动至 a_2，对应输出无功 $\overline{O'C_2} < \overline{O'C}$。当励磁减少使 E_q 端点运动至 a' 时，发电机输出无功 $Q=0$，对应有发电机功率因数 $\cos\varphi=1$，电流与电压同相。继续减小励磁，$\dot{E}_q$ 的端点位于 a' 左端为 a_3，其横坐标 $\overline{O'C_3} < 0$，即 $Q<0$，对应有电流 $\dot{I}_3$ 超前于电压 $\dot{U}$，称为进相运行状态。

由图 14.10 可见，发电机励磁的减小将导致功率角 δ 的增大从而降低机组运行的稳定性，因此应限制机组进相运行深度，特别是大容量机组其稳定性参数(机械惯性常数，励磁回路时间常数等)随机组容量增加而变坏，由于暂态稳定性的限制，实际上不允许进相运行。进相运行还将导致定子端部铁芯发热，其温度应由试验确定，为限制进相运行温度在允许范围之内，应限制进相深度(吸收无功量)，或在电机制造时采取特殊措施。

外部系统运行状态的变化或升压变压器分接头的改变将导致发电机端电压 U 的变化。机端电压变化时发电机输出无功的变化与发电机有无自动励磁调节器及励磁调节器对发电机外特性的整定状况有关:无励磁调节器时同步电势 E_q 恒定，功率角 δ 将按式(14.3)随端电压变化，在正常运行范围内，电压上升 δ 减小，反之增加。发电机的无功状态由式(14.4)确定，无功与电压的关系可写为

$$Q = \frac{U}{x_d}(E_q \cos\delta - U) \tag{14.5}$$

有:$E_q \cos\delta > U$ 时，$Q>0$;$E_q \cos\delta < 0$ 时，$Q<0$;$E_q \cos\delta = U$ 时，$Q=0$。

额定运行状态下，对应参数为 U_e、I_e、P_e、Q_e、E_{qe} 及 δ_e。以标幺值计，当发电机额定功率因数 $\cos\varphi_e=0.8$ 时，$U_e=1$，$I_e=1$，$P_e=0.8$，$Q_e=0.6$ 并有 $E_{qe} > U_e$，见图 14.9，E_{qe} 与 δ_e 随同步电抗 x_d 的增大而增大。一般发电机额定运行状态下的同步电势标幺值 E_{qe} 为 2 左右，$\delta_e = 20° \sim 30°$。

当 $U > U_e$ 时，δ 随机端电压升高而减小，$\cos\delta$ 向 1 逼近，当 U 逼近于 E_q 时 Q 逼近于零。

当 $U < U_e$ 时，δ 随机端电压下降而增大，$\cos\delta$ 向零逼近，使 U 逼近于 $E_q \cos\delta$ 从而使 Q 逼近于零。

上述表明:在恒定有功、恒定励磁条件下偏离额定电压的两边均有无功 $Q=0$ 点,发电机输出无功 Q 随电压 U 的变化关系如图 14.11 所示。

值得注意的是图 14.11 曲线的顶点并非一定为额定状态点。按图 14.9 计算,当 $U_e=1$、$I_e=1$、$P_e=0.8$、$Q_e=0.6$ 时,有 $E_{qe}\approx1.8$,$\delta_e\approx26.6°$,并近似有顶点为额定状态点($U=1$,$Q=Q_e$)。

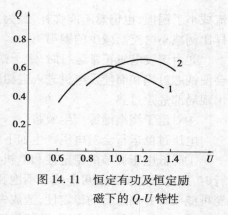

图 14.11　恒定有功及恒定励磁下的 Q-U 特性

当 x_d 增大时,对应于额定状态 E_{qe} 增大,曲线向右移动(由 1 变为 2),额定状态处于上升段,反之曲线向左移动,额定状态处于下降段。由此确定无功输出随电压变化的状况。

当发电机有自动励磁调节器时,励磁电流将随端电压变化而变化,由励磁调节器整定发电机输出无功与端电压的关系。在实施极强的电压负反馈情况下,励磁调节器力图维持机端电压恒等于给定电压,使 $U=U_g$。再引入无功电流 I_Q 反馈与电压反馈叠加,自动励磁调节器将实现整定

$$U\pm K_u I_Q=U_g$$

从而实现

$$U=U_g\mp K_u I_Q \tag{14.6}$$

式中　U——发电机端电压(标幺值);

　　　U_g——由励磁调节器所给定的无功空载电压(标幺值);

　　　I_Q——发电机无功电流(标幺值);

　　　K_u——发电机外特性调差系数,前置负号时为正调差,正号时为负调差。

式(14.6)整定发电机外特性为一直线,如图 14.4 所示,一般整定为正调差(式(14.6)取负号),即当无功电流增加时发电机端电压下降,或在外部系统作用下使端电压由 U 下降为 U_1 时,发电机输出无功电流由 I_Q 增加为 I_{Q1}(见特性线 1)。一般整定调差系数 $K_u\approx5\%$,即无功电流的增加量为电压增加量的 20 倍,因此电压下降必将导致发电机输出无功功率增加。

运行人员手动(或由上级自动装置自动)调整调节器的给定部件以改变空载给定电压由 U_g 增为 U_{g1},发电机的外特性由 1 变为 2,称为二次调整。在端电压保持为 U 的情况下,经二次调整也可使发电机无功电流由 I_Q 增为 I_{Q1},由此实现运行人员对发电机的无功电压状态实施干预,或由上级自动装置实施调节。

14.2.3　电力系统电压变化对发电机的影响

发电机电压变化范围在其额定值的±5% 内时,可保持额定视在功率长期运行。机端电压较额定值降低 5% 时,定子电流可较额定值增加 5%;反之,电压较额定值升高 5% 时,定子电流应减为额定值的 95%。当电压变动超过±5% 时,定子电流便不能以相同的比例额随之增加或减少,就不得不降低发电机的出力。当电压高于额定值到某一数值(规定为110%)时,发电机就不允许继续运行。这是因为电压过高或过低将对发电机产生种种不良影响及危害。

电压过高将产生下列危害:

①如保持发电机励磁为额定励磁不变,额定状态点处于 Q-U 特性下降段时,发电机机端电压上升时导致 $Q<Q_e$,如需保持无功输出为 Q_e,势必导致转子电流过载。

②电压高时,定子铁芯的磁通密度大,铁损增加,至使铁芯温度升高,尽管相应降低定子电

流减小了铜损,也仍然不能弥补,因为当电压高于额定值的 5% 时,往往铁损的增大超过按同样比例减小电流而减少的铜损。

③由于发电机正常运行时,定子铁芯工作于较高饱和程度下,所以电压升高超过 5% 以后会使铁芯过饱和而使发电机进入进相运行状态,大大增加发电机端部漏磁,导致定子结构部件出现局部危险过热。

④对定子绕组绝缘产生威胁。

电压过低运行会对电机产生如下危害:

①降低电压调节的稳定性和电机并列运行的稳定性。当发电机低于额定电压的 90% 运行时,发电机定子铁芯可能处于不饱和状态,此时励磁稍有变化,就会引起电势的较大变化,甚至可能破坏并列运行的稳定性,造成失步。

②在电压较低的情况下,若要保证额定出力,就必须增加定子电流,定子电流大,会使定子绕组温度升高,为防止定子温度过高,只有降低发电机出力。

发电机端电压的高低与系统电压水平有关,系统电压水平又与系统无功功率的平衡情况有关,所以并列运行中应合理分配各机组的无功负荷和有功负荷。

14.3 同步发电机的有功与频率调节及电力系统频率变化的影响

14.3.1 同步发电机的调速系统

发电机的输入有功功率及转速的调整是由原动机的调速系统改变原动机的进气(水)量来实现的。原动机调速系统有多种,根据测量环节的工作原理,可分为机械离心式液压调速系统和电气液压调速系统两大类。

调速器最基本的功能是整定原动机的有功-频率(P_T-f)特性并实施二次调整,因此它的基本反馈量是功率与转速,并有二次调整环节。

离心飞摆式机构调速系统由 4 个部分组成,其结构原理如图 14.12 所示。

图中 AOB 为反馈连杆。飞摆 I 测量转速带动滑导 B 运动实施转速 n 反馈。油动机 III 是原动机开度执行机构,带动 A 点运动实施原动机功率 P_T 反馈。错油门 II 是综合环节,其位置由 P_T,n 反馈及由同步器 IV 给出的二次调整位移共同确定。

这种调速系统的工作原理如下:离心飞摆 I 由套筒带动转动,套筒则为原动机的主轴所带动,能直接反映原动机转速的变化。当原动机转速为某一恒定转速时,作用到飞摆上的离心力、重力及弹簧力在飞摆处于某一定位置时达到平衡,与此相对应,套筒位于 B 点,杠杆 AOB 和 DEF 处在某种平衡位置,错油门 II 的活塞将其上下两个通往油动机的油孔堵住,使压力油不能进入油动机 III,油动机活塞上下两侧的油压相等,所以活塞不移动,从而原动机进气(水)阀门的开度也就固定不变。当系统频率下降时,原动机转速降低,飞摆离心力随之减小。在弹簧和重力的作用下,飞摆向转轴靠拢,使 B 点下移到 B' 点,其位置的变化就反映了转速的变化。此时油动机 III 还未动作,所以杠杆 AOB 的 A 点仍在原处不动,整个杠杆便以 A 点为支点逆时针转动,使 O 点下降到 O' 点。由于杠杆 DEF 的 D 点固定,O 点的下降致使 F 点下移,于是错油门 II 的活塞随之向下移动,打开通向油动机 III 的下油孔,压力油便进入到油动机活塞的下腔,将活塞向上推,增大调速气门(或导水叶)的开度,增加进气(水)量,于是机组转速(频率)开始回升。随着转速上升,套筒从 B' 点开始上移,与此同时油动机活塞上移使杠杆 AOB 的 A 端也跟着上升,于是整个杠杆 AOB 便向上移动,带动杠杆 DEF 以 D 点为支点逆时针转动,当 DEF 恢复到原来位置时,错油门重新堵住两个油孔,油动机活塞上、下两腔油压又互相平衡,便在一个新的位置稳定下来,调整过程结束。这时杠杆 AOB 的 A 端由于气门已开大而略有上升,到达 A' 点位置,O 点保持原来位置,相应地 B 端将略有下降至 B'' 位置。与这个位置相对应的转速将低于原来的数值。

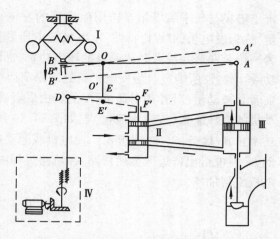

图 14.12　离心飞摆式调速系统示意图

由上可知,当错油门处于开启状态下必有油动机的不断运动而改变原动机的输出功率 P_T,因此以 P_T 为受控量时油动机为积分环节。

处于稳定状态下的原动机必有错油门处于复归状态,即图 14.12 中 O 点回复至原有位置。

原动机频率的增量 Δf 由 B 点位移 $\overline{BB''}$ 反应,有 $\Delta f = -K_f \overline{BB''}$;功率增量由 A 点位移 $\overline{AA'}$ 反应,有 $\Delta p = K_p \overline{AA'}$。因此有原动机调节特性的斜率为:

$$\frac{\Delta f}{\Delta P_T} = -\frac{K_f}{K_p} \cdot \frac{\overline{BB''}}{\overline{AA'}} = -\frac{K_f}{K_p} \cdot \frac{\overline{BO}}{\overline{AO}} \tag{14.7}$$

可见原动机的 P_T-f 特性为一直线,如图 14.13 所示。

定义原动机的调差系数为:

$$K_{tc} = -\frac{f_2 - f_1}{p_{T_2} - p_{T_1}} = -\frac{\Delta f}{\Delta P_T} \ (\text{Hz/MW}) \tag{14.8}$$

由式(14.7)可见,调差系数可由 K_f 和 K_p 整定。

以额定频率 f_e 及机组额定有功 P_e 为基准,标幺值调差系数定义为:

$$K_{tc*} = -\frac{\Delta f/f_e}{\Delta P_T/P_e} = -\frac{\Delta f^*}{\Delta P_T^*}$$

同步器为二次调整部件。假定发电机组接于无穷大系统,即系统频率保持恒定,这时机组转速保持恒定,即在稳定状态下 B 点位置确定不变。如运行人员操作同步器使 D 点上升,由于稳定状态下错油门必将复归,即 F 点位置确定不变,这时必有 E 点并随之有 O 点上升在一个新的平衡位置下,从而必使油动机开度位置 A 上升至一个新的平衡位置,机组稳定于一个较大的功率下运行。机组并列之前处于空载状态下 $P_T = 0$,A 点位置确定,调整同步器使 D 点上升,最后 E 点,O 点必将上升并随之有 B 点上升,机组稳定在一个较高的转速下。同步器的上述调整使机组 f-P_T 特性向上平移,反向调整则向下平移。

14.3.2　同步发电机正常运行时有功与频率的调节

这里首先必须区分 P 和 P_T 这两个不同的量,前者是发电机输出的电磁功率,是由发电机定子磁场与转子磁场相互作用而实现的发电机转子与定子之间的功率传递,由式(14.3)确定,称为发电机的功-角特性,发电机端电压和励磁恒定状态下的功-角特性如图 14.14 所示,为一正弦曲线。后者是原动机的输出功率,也即是发电机的输入功率,由图 14.13 原动机的有功-频率特性所确定。当发电机组处于稳定运行状态时,不计发电机内部损耗,必有 $P = P_T$,但前者是被动量,后者是主动量,即前者由后者确定,正常运行时发电机组的有功完全决定于原动机的进气流量(或进水流量)。如图 14.14 所示,当原动机输出功率为 P_{T_1} 时,发电机运行于功率角 δ_1 状态,P_{T_2} 对应于 δ_2。发电机或原动机的突然事故,在事故过程中将失去这一平衡。例如,发电机出口近区突然短路,在短路过程中由于发电机端电压严重下降而使 $P < P_T$,这时发电机组将加速。

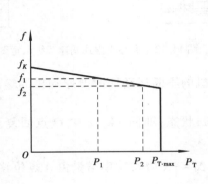

图 14.13　发电机组的有功-　　　　　图 14.14　发电机有功功率的功角特性
　　　　频率静态特性曲线

自动调速器的基本功能与自动励磁调节器的基本功能相似:整定 f-P_T 特性线的斜率(一次调整特性)与实施二次调整(运行人员的干预或上级自动装置的调节)。因此原动机有功-频率的调整类似于发电机无功-电压的调整:当系统频率变化时,按图 14.13 原动机自动调整其输出功率 P_T,如运行人员实施干预,操作同步器实施二次调整使直线上下平移,在一定的频率下增减原动机的有功 P_T。

P_T 受原动机额定出力的限制或受调速器给定的开度限制而有上限值 $P_{T.\max}$(图 14.13),即原动机的输出功率(即发电机的输入功率)不可能超过 $P_{T.\max}$。

P_T 还要受发电机运行稳定性的限制,即为保持发电机的运行的静态稳定性。图 14.14 为恒定励磁电流下的同步发电机的功角特性,P_T 不应超过发电机功角特性的顶值。应按发电机同步电势与无穷大电源点电压(即可恒定的电压)U 之间的功率角 δ 限制发电机的输入功率 P_T;当发电机无自动励磁调节器时,实际上可稳定运行的角度区间约为 $0° \sim 75°$。有自动励磁调节器时,为 $0° \sim 90°$。当发电机端电压不能恒定时,如其随负荷的增加发电机机端电压下降,则 E_q 与机端电压夹角 δ 的允许范围较上述值小。

14.3.3　电力系统频率变化对发电机组的影响

频率是衡量电能质量的最重要的指标之一。由于电力系统用户的机械都是用电动机拖动,其转速随频率而变化,转速在额定值时具有最佳工作特性和经济性,所以频率变化较大将对用户带来有害影响。同样,发电机运行在额定情况下效率最高,但因电力系统中负荷的增减频繁,频率难以随时调整在 50 Hz 的额定频率下,所以按规定发电机正常运行时频率允许变动范围为±0.5 Hz。频率变动不超出允许范围时,发电机可按额定容量运行。电力系统频率发生变化时将对发电机的运行产生如下不良影响。

系统频率增高时:

①发电机转速增加,转子飞逸力矩增大,对安全运行不利。

②由于铁损耗与频率的平方成正比,频率增高将使发电机铁损增加。

系统频率降低时:

①发电机转速降低,使两端风扇鼓进的风量降低,发电机冷却条件变坏,造成绕组和铁芯的温度升高而不得不降低出力。

②电势 E_q 与频率和主磁通成正比,频率降低时 E_q 减小,为维持必要的 E_q 就得增加励磁电流,这易引起转子绕组过热;定子铁芯饱和漏磁增加,使机座的某些部件产生局部高温,为避免这些现象只有降低发电机出力。

③由于发电机的转动惯量标幺值与转速的平方成正比,所以频率的下降将使转动惯量标幺值减小,从而对发电机的动态稳定产生不利影响。

④汽轮机在较低转速下运行,若发电机输出功率不变,叶片就要过负荷。较低频率还可能引起汽轮机尾部叶片因产生共振而断裂。

另外频率降低将引起厂用机械出力降低,可能造成一系列的恶性循环,影响发电机出力并威胁到发电机甚至整个电厂和电力系统的安全运行。

14.4　同步发电机的解列与停机操作

与电力系统并列运行的同步发电机,在系统中负荷较轻、频率较高的情况下,或者机组及其重要辅助设备需要检修时,将在统一调度和安排下,退出并列运行。退出并列运行需进行解列与停机操作。

14.4.1　解列

解列操作包含转移发电机负荷和操作断路器两个步骤。通过手动操作发电机调速器,逐步减少有功负荷,操作调节励磁装置,逐渐减少无功负荷,同时逐渐增加其他并列机组的有功及无功负荷,将待解列机组的负荷逐渐地转移到其他机组上去。对于采用单元接线的发电机,在进行负荷转移操作之前,应先将厂用电倒至备用电源供电。转移负荷的操作要缓慢进行,应先减有功,后减无功并注意其他并列机组间负荷分配情况,不得使功率因数过高超过规定值,通常要求各机组功率因数大体相等。当欲解列机组的有功及无功负荷降到零值时,操作发电机断路器跳闸,然后发出"发电机已解列"信号。跳闸完毕后,发电机有功、无功功率表指示为零,定子电流表也为零。

14.4.2　停机

停机时间较长时应将已解列的发电机的附属设备退出工作,使之处于安全状态。因此需作一系列操作、调节与试验。

①切除自动调节励磁装置,手动调整使发电机励磁减到最小(采用直流励磁机励磁系统时将磁场变阻器全部投入;交流励磁机励磁系统时调节可控硅控制角到最大);

②断开灭磁开关;

③断开断路器母线侧隔离开关,断开发电机电压互感器的隔离开关,并切断其操作电源。

对于不经常开停的发电机,拉开母线隔离开关后,还应检查断路器操作机构和自动灭磁装置完好性,以及两者之间的联锁正确性,方法是将它们各试行跳合一次,检查完好后,并切断其操作电源。

当机组完全停止转动后,应进行如下工作:

①立即测量定子绕组与全部回路的绝缘电阻,如测量结果不合格,应安排处理;

②检查励磁机励磁回路灭磁开关上的各接点,如有发热或熔化情形,则必须设法消除。

③检查发电机冷却通风系统,将出、入口挡板关闭。对封闭式通风的发电机,应停止冷却水循环,关闭补充空气风门。对氢冷发电机应停止气体冷却器的供水,关闭补氢门。

若系检修停机,则停机操作完毕后,还需按检修工作票要求,做好安全措施。

思 考 题

14.1　对同步发电机并列的两点基本要求及为此提出的并列时刻的 3 个条件是什么？如何利用 MZ-10 组合同期表监视这 3 个条件？TJJ 继电器如何发挥自动监控功能？

14.2　发电厂同期接线系统中各同期小开关 TK、STK、QK 的作用如何？

14.3　同步发电机励磁系统由哪些基本部分组成？按励磁功率源如何分类及使用范围？

14.4　自动调节励磁系统应具有哪些基本功能？

14.5　在发电机端电压恒定条件下,有哪些方法可以增加发电机的无功输出？其原理为何？

14.6　在发电机输出有功恒定条件下,有自动励磁调节器的发电机输无功如何受机端电压的影响？如何手动增、减无功输出？在恒定励磁条件下(自动励磁调节器退出工作),机端电压的变化又如何影响发电机的无功输出？

14.7　电压过高或过低对发电机有何危害？

14.8　自动调速器的基本功能有哪些？电力系统频率变化时,有自动调速器与无自动调速器的发电机组的有功输出情况如何？运行人员如何增减机组有功？增加有功受哪些因素的限制？

14.9　电力系统频率不正常对发电机组有何影响？

14.10　发电机解列之前应进行哪些操作与调节,过程中应注意哪些问题？

第**15**章
同步发电机的异常运行状态与事故处理

15.1 不对称运行特性及其限制

负载不平衡(例如电气牵引负载、电炉等)以及接线对称性的破坏(线路、变压器、开关断相等)将引起发电机不对称负载。设 $I_A = I_C = I_e$,$I_B < I_A$,则定义不对称系数,即

$$\alpha = \frac{I_A - I_B}{I_A} \tag{15.1}$$

不对称状态下,发电机定子电流出现负序分量并由此而产生负序旋转磁场。该磁场以 2 倍同步角速度切割转子,在转子上产生附加发热、造成转子部件过热。

由于转子线圈有很大的感抗以及转子铁芯对线圈的屏蔽作用,定子逆序磁场在转子线圈中产生的 2 倍工频电流实际上很小,因此该电流对转子线圈温度的升高并无多大影响。它主要影响转子铁芯及其部件(齿、槽楔、护环)的温度。由于趋表效应电流渗透转子表层的深度为:

$$h = \sqrt{\frac{2\rho}{\omega\mu}} \tag{15.2}$$

式中　ρ——材料的电阻率,$\Omega \cdot m$;

　　　μ——磁导率,H/m;

　　　ω——电流的角频率,rad/s。

通常此电流深入转子表面 10 mm 左右。径齿、槽楔和端环形成闭合通路。在端部部件接触处由于有较高的电阻致使发热最为严重,此附加发热沿端部向中部迅速减弱,在距离端部 120 ~ 130 mm 处已变得很小。涡流热源主要在转子钢件部分,但由于槽楔温度较低并有较高的导热率,因而热量向槽楔传递。由于槽楔软化温度低于钢件,因而槽楔往往成为热稳固性的最薄弱环节。

一般空气或氢气冷却的发电机,当 $I_2 = 0.22I_e$(即 $I_{2*} = 0.22$)时,转子的附加损耗即可达转子的额定损耗。当 $I_2 = I_e$ 时,达 15 ~ 20 倍。因此,一般情况下,应限制长期工作状态下,负序电流不超过 5%。我国所颁布的发电机运行规程规定:在按额定负荷连续运行时,汽轮发电机三相电流之差,不得超过额定电流的 10%;对于容量为 100 MW 及以下的水轮发电机和凸极

的调相机,三相电流之差不得超过额定电流的 20%;对于容量超过 100 MW 的水轮发电机三相电流之差不得大于 15%,同时任何一相的电流不得大于额定值。

发电机短时承受负序电流的热稳固性由端部最热元件温度不超过 200 ℃ 确定,热稳固性条件表达为下式:

$$I_{2*}^2 t \leqslant T \tag{15.3}$$

式中　I_2——短时通过的负序电流标幺值;

t——负序电流持续时间,s;

T——发电机承受短时负序电流的标准,可视为 1 倍($I_{2*}=1$)热稳固时间,s。

由式(15.3)确定发电机承受负序电流的允许时间:

$$t \leqslant T/I_{2*}^2 \tag{15.4}$$

由于负序电流引起转子附加发热的不均匀程度与发电机的结构及冷却方式有关。因此,对于不同形式的发电机有不同的短时负序电流热稳固性标准,有 $T=8 \sim 30$。

我国发电机运行规程规定:发电机短时间允许的不平衡电流值,应遵守制造厂的规定。制造厂无规定时,对于空气冷却和氢气表面冷却的发电机,可按下式计算:

$$I_{2*}^2 t \leqslant 30 \tag{15.5}$$

对于内冷发电机,应遵守制造厂的规定。制造厂无规定时,应通过试验来确定。为保证试验的安全,试验电流不平衡程度不应超过 25%,不平衡负荷试验自开始至电流降至零的时间,一般不得超过 5 min。

15.2　失磁异步运行特性及其限制

励磁装置故障、继电保护误动作、运行人员误操作以及励磁回路断线等原因可能造成运行中的同步发电机失磁。在很多情况下(例如上述失磁原因中的前三种),励磁可能恢复。为了尽可能地对电力系统提供有功功率,减少发电机停机后再启动的困难及经济损失,因此在允许的情况下,要求同步发电机短时间内在无励磁状态下运行。

是否允许无励磁运行,无励磁运行的负载量及持续时间与电力系统的状态及发电机本身结构和失磁后励磁回路的状态有关。失磁后的发电机将进入异步运行状态,这时将吸收电力系统的无功。例如,一台 300 MW 同步汽轮发电机失磁后进入稳定的异步运行状态,吸收系统无功达 400 ~ 600 Mvar,当电力系统开机容量不足或发电厂与电力系统联系较弱(阻抗较高)时,可能引起发电厂母线电压严重下降而不能运行。以下在电力系统允许发电机失磁运行情况下,研究发电机失磁后的状态。

随着转子磁场的消失,发电机将失去同步功率,即失去同步力矩。在原动机力矩作用下使机组加速,进入超同步转速的异步状态。定义机组滑差:

$$S = \frac{n_F - n_{xt}}{n_{xt}}$$

式中　n_F——机组转速,r/min;

n_{xt}——定子系统旋转磁场转速,r/min。

当 $S>0$ 时,出现异步力矩,发电机以异步功率形式向外输送能量,处于异步发电状态。

汽轮发电机的异步力矩 M_{as} 与滑差的关系取决于电机的参数,同时,还取决于失磁后转子回路的状态,如图 15.2 所示。

(1)转子绕组回路处于开路状态

例如由转子回路断线引起的失磁。这时仅由转子铁芯感应电流。如发电机具有完全均匀的铁芯,则铁芯相当于一个多相转子。随着滑差的上升,电流渗入铁芯的深度减小,因此,转子的等效电阻增加、漏抗下降,如图 15.1 所示。由于电阻的显著增长、转子等效总阻抗随滑差的上升而增长异步力矩随滑差的变化相对平缓(图 15.2 之曲线 3)。

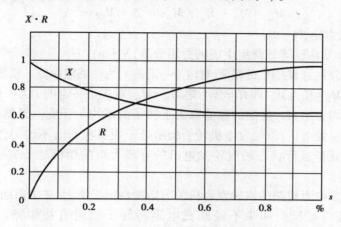

图 15.1　汽轮发电机转子电阻、电抗与滑差的关系

异步功率 M_{as} 上升的同时,由于转速的上升,在汽轮机调速器的作用下,汽轮机的机械功率 M_T 下降,见图 15.3,当 $M_T = M_{as}$ 时(点 A),发电机组进入稳定的异步运行状态:$s>0$ 且保持不变,转子位置角 δ 不断变化。

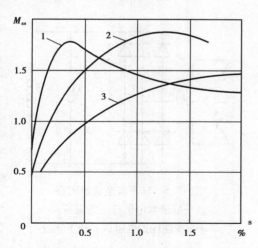

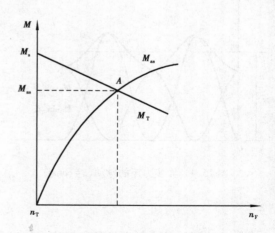

图 15.2　转子回路不同状态下的 $M_{as}(s)$
1—转子绕组直接短路;2—转子经灭磁电阻闭合;
3—转子绕组开路

图 15.3　汽轮发电机的稳定异步运行状态

（2）转子绕组经灭磁电阻短路

这种状态由灭磁开关误跳闸引起。由于励磁绕组的单轴性（仅在 d 轴上有励磁绕组）以及 d、q 两轴磁路磁导不相等，异步力矩具有脉动性质，即随 δ 角的变化在平均值 M_{PJ} 上下摆动，如图 15.4 所示。

不均匀的转子可等效为两个绕组，分别在 d 轴和 q 轴上。异步功率也可写为转子位置角 δ 的函数，只是在异步状态下，由于 $s>0$ 使 δ 不断地变化。由于 d 轴绕组电流按 $\sin\delta$ 变化、q 轴绕组电流按 $\cos\delta$ 变化，因此异步力矩与 δ 的关系式为：

$$M_{as} = M_d + M_q = M_D\sin^2\delta + M_Q\cos^2\delta \tag{15.6}$$

式中　M_{as}——合成力矩，N·m；

　　　　M_d、M_q——d、q 两轴等效绕组生成的力矩分量，N·m；

　　　　M_D、M_Q——分别为 M_d、M_q 的幅值，对应于一定的 s，为一确定数值。显然，当转子均匀时有 $M_D=M_Q=M_m$，即有异步力矩 $M_{as}=M_m$，对应于一定的 s 为一恒定量，N·m。

异步力矩绕平均力矩 M_{PJ} 摇摆的幅度取决于转子的不均匀程度。显然，水轮发电机转子的不均匀性高于汽轮发电机；汽轮发电机转子绕组处于短路状态的不均匀性高于转子绕组开路状态。进入稳定异步运行状态的汽轮发电机的异步力矩的摆幅达 5%～7%，产生一定的振动。

转子绕组经灭磁电阻短路的汽轮发电机的力矩特性示于图 15.2 中由曲线 2 表示，由于绕组的作用使曲线变得较陡。如果不经励磁电阻将转子绕组直接短路，其曲线变得更陡（曲线 3）。

（3）转子绕组经整流器闭合

当励磁装置故障使发电机失磁而灭磁开关并未跳开时，将使失磁的发电机转子经硅整流器形成闭合回路。这种闭合回路的特点是具有单向导电性，如图 15.5 所示。

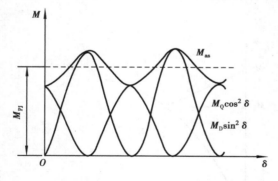

图 15.4　异步力矩的脉动（$s=\text{const}$）

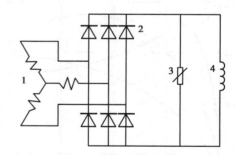

图 15.5　转子经整流器闭合
1—励磁发电机；2—整流器；
3—非线性保护电阻；4—转子绕组

由于整流器的单向导电性使转子绕组流过单向脉动电流，形成多种频率的正、反向旋转磁场，经定子向电力网送入高次谐波，更危险的是可能产生过电压威胁转子绝缘的安全。为保证转子绕组绝缘的安全，在绕组两端并入阀式非线性电阻以实施转子绕组回路的过电压保护。

　　失磁发电机的异步运行主要受 3 个因素的制约:①发电机接入的电网(包括发电站本身)是否允许该机组由原有的发无功状态转为失磁后的吸无功状态。正常运行状态下,发电机的输出无功功率为额定有功功率的 0.6 ~ 0.65。失磁后发电机吸收的无功功率取决于电网电压、阻抗及发电机自身的电抗及滑差。当 $s = 0$ 时,汽轮发电机由系统吸收的无功电流为额定电流的 0.4 ~ 0.6,与汽轮发电机的形式有关。随着滑差的增长,吸收无功的数量将急剧增加。②转子的发热。异步运行的电机效率与滑差 s 有关,随 s 的增长而增长。转子的端部同样是损耗最大,发热最严重的区域,并由它限制运行的允许滑差和相应的允许有功功率。③发电机组的振动。由此决定严禁水轮发电机组失磁后继续运行。

　　我国发电机运行规程规定:水轮发电机在失去励磁时,应立即从电网切除。汽轮发电机在失去励磁时,如果根据电力系统电压降低的条件可以允许,且无损坏发电机的现象(转子线圈两点短路、不允许的振动及着火等),则不必立即将发电机从电网切除,而应立即采取措施,设法恢复励磁。如果不能恢复,则应:①切断自动灭磁开关,并减少有功负荷到无励磁运行所允许的数值;②在 30 min 内采取措施,将失磁发电机的有功负荷转移到其他发电机上去,然后将失磁发电机解列。具体允许的时间应遵守制造厂家规定或由试验确定。

　　汽轮发电机无励磁异步运行应遵守下述原则:①异步状态下的转子损耗不应超过额定同步状态下的转子损耗;②定子电流不应超过额定电流的 1.1 倍;③异步运行最大允许持续时间为 30 min。按照这些条件,一般异步运行有功限制为 $(0.5 ~ 0.7)P_e$。同时必须注意,上述原则是一般性的原则,每一个电网、每一个电厂和每一种形式和容量的发电机均有自己的特殊条件:结构、冷却方式、阻抗参数等。内冷发电机电抗值高、定子电流线密度大,异步状态与同步状态下转子温度分布状态不同,以上原因均应减少其异步状态下的有功负载及持续运行时间。

　　应该特别指出的是:失步后的发电机组的转速与电网频率有很大的差异,因此在调速器的控制中,不能以发电机端口电压的频率反馈来代替发电机组的转速反馈,否则将会使尚未与电网解列而又超速的发电机不能通过调速器的控制来减小原动机开度,不利于机组的稳定性控制,甚至导致机组且因超速而未能得到可靠的保护而损坏,此种事例已有发生。

15.3　同步发电机的失磁实验与失磁保护

(1)同步发电机的失磁实验

　　掌握同步发电机失磁后的动态过程是研究发电机失磁保护与控制的关键。为此对一些原则性的问题进行了物理模拟实验,对发电机失磁后异步功率的生成过程进行了定性研究。为此在电力系统物理模拟实验室对转子断线与转子短路导致同步发电机完全失磁的实验,进行了录波分析。

　　1)转子断线完全失磁

　　录波示于图 15.6。由上至下 6 条线依次为:①转子绕组电流;②定子电流;③有功功率;④无功功率;⑤机端功角(机端电压与同步电势的夹角,0°~360°反复);⑥定子电压。

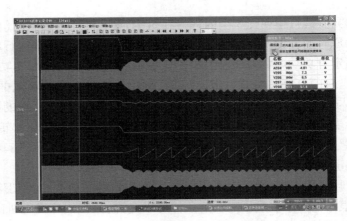

图 15.6　转子断线完全失磁录波图

由图 15.6 可见：①转子电流下降为 0；②定子电流增大；③有功功率下降；④无功功率下降；⑤机端功角在 0°～360°反复振荡；⑥定子电压下降。

2）转子短路完全失磁

对比图 15.6 与图 15.7，可见转子绕组短路失磁后，转子绕组中很快感应出交流电流分量，发电机的有功变化平缓，发电机中出现了异步发电功率。

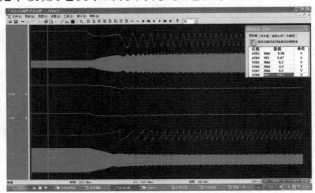

图 15.7　短路完全失磁录波图

值得注意的是：同步发电机失磁后转子速度高于同步速度，除短路的转子绕组内会生成交变电流产生异步力矩外，转子铁芯也会切割定子磁场生成交变电流产生异步力矩，由于水轮发电机是凸极转子，汽轮发电机是隐极转子，后者比前者产生异步力矩的能力要强得多。而铁芯中的电流是录不到的，但它确实存在而且影响很大。

（2）**同步发电机的失磁保护**

1）同步状态下的等效电路与功角特性

图 15.8 是发电机测量阻抗的计算电路，以汽轮发电机（隐极机）为例。

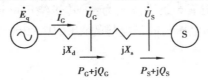

图 15.8　同步状态下的等效电路

图中略去了电阻。X_d 为发电机的同步电抗，X_s 为输电系统电抗；$\dot{E}_q$ 为发电机的同步电势；$\dot{U}_G$ 为发电机的端口电压；$\dot{U}_S$ 为系统电压；(P_G,Q_G) 为发电机端口输出的有功和无功；(P_S,Q_S) 为输入系统的有功和无功。

按图 15.8 中的功率正方向，发电机的输出功率的算式写为：

$$\left.\begin{array}{l} P_G=\dfrac{E_q U_G}{X_d}\sin\delta \\[3mm] Q_G=\dfrac{U_G}{X_d}(E_q\cos\delta-U_G) \end{array}\right\} \tag{15.7}$$

式中，δ 为 $\dot{E}_q$ 超前于 $\dot{U}_G$ 的相位差角，称为"功率角"，简称"功角"。

2）同步状态下的机端测量阻抗

所谓测量阻抗指的是同频的任一电压相量和任一电流相量的商，在物理概念上是一个阻抗，表达式为：

$$Z_{cl}=\dot{U}/\dot{I} \tag{15.8}$$

式中，$\dot{U}$ 为电压相量，$\dot{I}$ 为电流相量，Z_{cl} 为两者之间的测量阻抗，由阻抗仪测量。

由于 $\dot{U}$ 与 $\dot{I}$ 均为相量，因此在电路图上应标出两者的正方向，同时阻抗仪上电压与电流的输入端子有极性标志，由电压与电流的正方向确定电压与电流线的两端应接入阻抗仪的端子，类似于功率表与电度表的接线需讲极性。

按图 15.8 中的正方向，以机端电压为参考令其相位角为 0。在发电机母线处的测量发电机的阻抗的算式可写为：

$$\begin{aligned} Z_G&=\frac{U_G}{\dot{I}_G}=\frac{U_G^2}{P_G-jQ_G}\\[2mm] &=\frac{U_G^2}{j2Q_G}\cdot\frac{(P_G+jQ_G)-(P_G-jQ_G)}{P_G-jQ_G} \end{aligned} \tag{15.9}$$

式 15.9 中，P_G 与 Q_G 为发电机送入电网的有功和无功，(P_G+jQ) 与 (P_G-jQ) 的相量关系如图 15.9 所示。

图 15.9　功率的相量关系

由图 15.9 可将式（15.9）改写为：

$$\begin{aligned} Z_G&=\frac{U_G^2}{j2Q_G}(e^{j2\varphi_G}-1)\\[2mm] &=j\frac{U_G^2}{2Q_G}(1-e^{j2\varphi_G})=R_G+jX_G \end{aligned} \tag{15.10}$$

式（15.10）中的 φ_G 为阻抗角，当 $P_G>0$，$Q_G<0$ 时有 $\varphi_G<0$。

3) 静稳定阻抗圆构成的失磁保护

由式(15.7)可见:当 $\delta = 90°$ 时,发电机输出无功 $Q_G = -\dfrac{U_G^2}{X_d} < 0$,即吸收无功量为 $\dfrac{U_G^2}{X_d}$。代入式(15.10)得机端测量阻抗为:

$$Z_G = j\frac{U_G^2}{2\left(-\dfrac{U_G^2}{X_d}\right)}(1 - e^{j2\varphi_G}) \tag{15.11}$$

$$= -j\frac{X_d}{2}(1 - e^{j2\varphi_G})$$

式(15.11)表明:在无功恒定($Q_G = const$)有功变化的情况下,发电机的机端测量阻抗在一个圆上,将其称为"等无功圆"。式中,Z_G 的图像为圆心在纵轴上的一个圆:圆心坐标为 $\left(0, -j\dfrac{X_d}{2}\right)$,半径为 $\left|\dfrac{X_d}{2}\right|$,如图15.10所示。

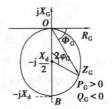

图 15.10　恒无功机端测量阻抗($Q_G = -U_G^2/X_d$)

将图15.10的阻抗圆称为静稳定阻抗判据,可以看出它是一个功率角判据($\delta > 90°$),也是一个实时电压下的无功判据,即吸无功量($Q_G^{(-)} > U_G^2/X_d$)。动作条件写为:

$$\left.\begin{array}{l} \delta > 90° \\ Q_G^{(-)} > U_G^2/X_d \end{array}\right\} \tag{15.12}$$

水轮发电机是凸极转子,转子铁芯产生异步力矩的能力较差,失步后振动大,因此不允许异步运行,一旦失步就即行跳闸解列,因此可用这种保护。

4) 异步阻抗圆构成的失磁保护

汽轮发电机完全失磁后可进入异步运行状态,发电功率中无同步分量,只有异步分量,此时的机端测量阻抗分析如下:

①异步状态下的等效电路

将转子绕组向定子侧进行频率归算和电压归算,得出的等效电路如图15.11所示。

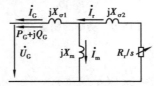

图 15.11　异步状态下的等效电路

图中,$X_{\sigma1}$ 为定子漏抗;$X_{\sigma2}$ 为转子漏抗;X_m 为励磁电抗;(R_r/s)为电动机输出的机械功率与转子有功损耗的等效电阻,R_r 为转子电阻,s 为转差率。

$$s = \frac{\Omega_s - \Omega_r}{\Omega_s} \qquad\qquad (15.13)$$

式中，Ω_s 为同步转速；Ω_r 为转子转速。发电机失磁后，$\Omega_r > \Omega_s$，因此有 $s < 0$。

②异步状态下的机端测量阻抗

当电流的正方向指向发电机内部时，测量阻抗为图 15.11 中的 4 个元件合并后的阻抗：由于失磁后（$s < 0$）使电阻为负，电抗为正；当电流的正方向指向电网时，测量阻抗反号：电阻为正，电抗为负，如图 15.12 所示。

图 15.12　电流正方向指向电网时的测量阻抗

图 15.12 中，测量电阻为 R_G，对应为发电机输出有功为正；测量电抗为 $-jX_G$，对应为发电机输出无功为负，吸收电网无功。

③异步阻抗圆构成的失磁保护

异步发电机有两个极端的运行状态：转差率 $s = 0$ 与 $s = \infty$，分别对应为图 15.12 中的转子等效电阻开路与转子等效电阻短路。由图 15.12 可以得出对应 A、B 两点的机端测量阻抗为：

$$\left.\begin{array}{l} s = 0, R_G = \infty, X_G = X_d \\ s = \infty, R_G = 0, X_G = X_d' \end{array}\right\} \qquad\qquad (15.14)$$

过两点作阻抗圆，圆心 $O = \left(0, -\dfrac{X_d + X_d'}{2}\right)$，半径 $r = \dfrac{X_d - X_d'}{2}$。如图 15.13 所示。

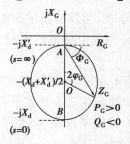

图 15.13　异步状态下的两状态测量阻抗与保护圆

汽轮发电机是隐极转子，转子铁芯产生异步力矩的能力较强，失步后可继续短时异步运行达 30 min，因此绝大多数采用这种保护。

5）阻抗圆失磁保护的缺陷

目前阻抗圆失磁保护在工程上得到了广泛的应用，但是它存在着原理性的缺陷：

①只说明了失磁后的发电机的测量阻抗可以进入阻抗圆，但没有证明未失磁的发电机的测量阻抗不可能进入阻抗圆，也就是说没有排除正常状态下会发生误动的可能性。

②基于以下三点，可知静稳定阻抗圆保护与异步阻抗圆保护的实际判据相同：

A. 两个阻抗圆的 B 点重合，坐标为 $(0, -jX_d)$；

B. （$X_d' \ll X_d$），因此两个圆特别是靠近 B 点的部分基本重合；

C. 汽轮发电机在很小的转差率下即可输出额定功率($s{\rightarrow}0$),失磁后的发电机靠近 B 点运行。

由此可以确定:两种阻抗保护的有效动作判据相同:是一个功率角判据($\delta>90°$),也是一个实时电压下的无功判据,即吸无功量($Q_{\mathrm{G}}^{(-)}>\dfrac{U_{\mathrm{G}}^2}{X_{\mathrm{d}}}$)动作。

由于正常运行发电机外部电网发生短时扰动,可使发电机的功率角越过 90°,因此此种保护易于误动。用标幺值计算如下:

取发电机端电压 $U_{\mathrm{G}}=1.05$;同步电势 $E_{\mathrm{q}}=2.5$;同步电抗 $X_{\mathrm{d}}=2$;原动机的功率 $P_{\mathrm{T}}=0.8$。发电机组的功率平衡如图 15.14 所示。

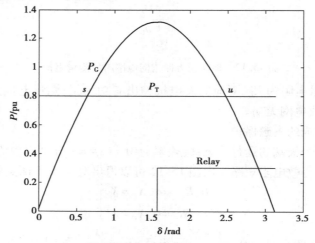

图 15.14　同步发电机组的功率平衡

图 15.14 中,δ 为发电机的功率角;P_{G} 为发电机输出的电磁功率;P_{T} 为原动机输入的机械功率;s 为两个功率的稳定平衡点;u 为两个功率的不稳定平衡点;Relay 为失磁保护动作的指示。

正常状态发电机组在稳定平衡点 s 点运行,如果发生短时扰动使 δ 增大,发电机组由 s 点沿 P_{G} 曲线向 u 点运动,扰动消失后只要未越过不稳定平衡点 u,则机组将返回 s 点稳定运行。但功率角 δ 越过 90°后在尚未越过不稳定平衡点 u 之前,失磁阻抗保护就会动作,属于误动(见图 15.14 中之 Relay)。

6)防止误动的传统方法

①附加低电压起动

早期的防失磁保护误动的方法是附加低电压起动条件,即低电压开放保护,高电压闭锁保护。由于一台发电机失磁后机端电压确定于外部电网的阻抗,当电网容量大,或本厂装机台数就很多时,机端电压较高,而起动电压较低(0.7 pu),造成保护拒动。

②附加低电压闭锁

大容量机组采用发电机-变压器单元接线,水电站采用自励方式,励磁电源经励磁变压器取自发电机端,近年来大型火电机组也不少采用自励方式。当外部短路引起机端电压下降时,自励发电机失磁会导致励磁保护动作,属于误动,因为这不是励磁系统的故障,继电保护动作切除外部故障后电压恢复励磁随之恢复,不应停机。

考虑一台机组失磁电压不会严重下降,因此视机端电压严重下降为短路所引起,为了防止失磁保护误动,附加低电压闭锁,即机端电压严重下降禁止失磁保护动作。

7)直接测量功率角的失磁保护

纵观失磁保护的原理的演变过程:

δ 判据($\delta>90°$)→无功判据,吸无功量($Q_{\mathrm{G}}^{(-)}>\dfrac{U_{\mathrm{G}}^2}{X_{\mathrm{d}}}$)→阻抗判据(等无功圆),可见传统失磁保护起于 δ 判据演变为阻抗判据。分析产生这种演变的原因有二:①其时电网中的距离保护发挥了巨大的作用,应用阻抗保护有了成功的经验。②由于电子技术特别是计算机技术尚未成熟,硬件软件功能不足,因此测量同步发电机的功率角存在困难。

基于电子技术特别是计算机技术高度发展使同步发电机的功率角测量易于实现,为直接采用功率角判据的失磁保护开辟了道路。

由实验录波图可见,失磁后的发电机转速超过同步转速使功率角 δ 单调增加,因此采用直接测量功率角的失磁保护会更加简单灵活,可以整定不同的功率角动作值躲过扰动,还可设置报警与跳闸等多个级次,保证在不误动的前提下快速切除故障。

由阻抗失磁保护因外部扰动引起发电机功角增大而误动的分析可知,之所以称为误动是因为阻抗圆反应的角度判据是($\delta>90°$),该角度小于不稳定平衡点(图 15.14 中的 u 点)所对应的角度。如果将动作角度加大越过 u 点所对应的功率角就可避免这种"误动"。实际上将动作角再加大一些,在发电机组承受能力允许的情况下,增大动作角度必然可以显著降低误动作的概率,同时还可以用功角的一阶导数来精确测量转差率 s,用 δ 与 s 共同参与保护与再同步控制,可以得到更大的效益。

思 考 题

15.1   发电机定子电流不对称系数 α 的定义,不对称的危害,长期工作状态下对不对称系数 α 及负序电流标幺值 I_{2*} 的限制条件为何?

15.2   发电机短时承受负序电流的热稳固性的条件为何?

15.3   造成同步电机失磁的原因有哪些?失磁后的发电机是如何进入稳定的异步运行状态的?这时对电力系统及发电机组自身有何危害?

15.4   为什么转子绕组处于开路状态下,异步力矩 M_{as} 随滑差 s 的变化相对平缓?转子绕组经灭磁电阻短路时异步力矩产生脉动?转子绕组经整流器闭合时有何危害?

15.5   为什么水轮发电机失磁后应立即切除?汽轮发电机无励磁异步运行应遵守哪些原则?为什么要切断灭磁开关并减低有功负荷?

15.6   分析由静稳定边界阻抗圆和异步状态阻抗圆构成的失磁保护判据的实质及可能出现误动的原理。

第16章
异步发电机的运行

16.1 异步发电机的工作原理

异步发电系统的结构如图 16.1 所示。由于鼠笼式异步电机转子结构简单、运行可靠,因此不管是作为电动机和发电机都被大量地采用,以下对异步发电机所作分析均针对此种机型而言。

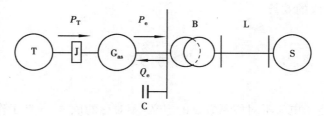

图 16.1 异步发电系统的结构图

图中,T 为原动机,例如风力发电场的风力机,水力发电站的水轮机;G_{as} 为异步发电机;J 为原动机与发电机的连接机构,例如风力发电场的增速箱;C 为无功补偿电容器;B 为升压变压器;L 为输电线;S 为高压电力网;P_T 为原动机输出的机械功率;P_e 为异步发电机输出的电磁有功功率;Q_e 为异步发电机吸收的电磁无功功率。

异步发电机转子无外施励磁电流,依靠转子相对于定子磁场异步运动,以正向差频速度切割定子磁场生成转子差频电流励磁,转子磁场以负向差频速度在转子上反向旋转,因此转子磁场总是保持与定子磁场同步,两者相互作用产生电磁力矩 M_e,电磁力矩与原动机的机械力矩 M_T 方向相反。两者平衡时($M_e = M_T$),转速不变,进入稳定的运行状态。

图 16.2 为以标幺值表示的异步发电机的简化等效电路。

图中:$\dot{U}$ 是定子端电压;$\dot{I}_1$ 是定子电流;$\dot{I}_m$ 是励磁电流;$\dot{I}_r$ 是转子电流;X_m 是励磁电抗;X_σ 是漏电抗;R_r 是转子电阻。

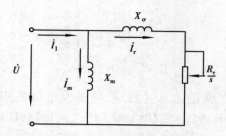

图 16.2　异步发电机的简化等效电路

定义转差率

$$s = \frac{\omega_r - \omega_s}{\omega_s} \tag{16.1}$$

式中　s——异步发电机的转差率；

　　　ω_r——转子转动的角频率(等于机械角频率乘极对数)，rad/s；

　　　ω_s——定子旋转磁场的角频率，$s \geqslant 0$，rad/s。

由于转子依靠定子励磁，使异步发电机输出有功，吸收无功。由图 16.2 可得异步发电机的功率方程为：

$$\left.\begin{array}{l} P_e = U^2 \dfrac{sR_r}{(sX_\sigma)^2 + R_r^2} \\[4mm] Q = Q_m + Q_\sigma = U^2 \left(\dfrac{1}{X_m} + \dfrac{s^2 X_\sigma}{(sX_\sigma)^2 + R_r^2} \right) \end{array}\right\} \tag{16.2}$$

式中　P_e——异步发电机输出的有功功率，MW；

　　　Q——异步发电机吸收的无功功率，Mvar；

　　　Q_m——励磁无功分量，Mvar；

　　　Q_σ——漏抗无功分量，Mvar；

　　　s——异步发电机的转差率。

由式(16.2)可见，异步发电机的输出的电磁有功功率是转差率 s 的函数，图 16.3 中绘出了异步发电机在两种电压下的 P_e-s 特性曲线，电压 $U_1 < U_2$。

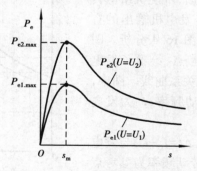

图 16.3　异步发电机的 P_e-s 特性

图中，$P_{e.\,max}$，s_m 为最大功率及对应的转差率，其近似算式为：

$$s_{m} = \frac{R_{r}}{X_{\sigma}} \left.\begin{array}{l} \\ \\ \\ \end{array}\right\}$$
$$P_{e.max} = \frac{U^2}{2X_{\sigma}}$$

(16.3)

可见 $P_{e.max}$ 与电压平方成正比。例如,取异步发电机的阻抗标幺值 $R_{r}=0.055$,$X_{\sigma}=0.2875$,$X_{m}=3.3$,可得 $s_{m}=0.191$。当 $U=1$ 时,$P_{e.max}=1.74$;$U=0.7$ 时,$P_{e.max}=0.853$,约减少一半。

16.2 异步发电机的有功输出特性

按原动机是否配自动调速器及调速器的控制方式,异步发电机可在 3 种方式下运行:①无调速器;②有调速器,调速器控制转子转速按给定值运行,即恒转速控制,与同步发电机不同,异步发电机的转速高于系统频率,因此将其称为转速无差控制;③有调速器,调速器控制原动机功率与机组转动频率保持线性关系,与同步机的控制相同,当机组转动频率变化时,调速器自动增减原动机开度,将其称为转速有差控制。

并网运行的小容量异步发电机机组不参与系统的频率调节,可在一定的原动机开度下按恒定输出功率运行。由于不配调速器、调压器、同期装置,电站结构十分简单,运行十分可靠,极易实现无人值班。

与同步发电机的有功-频率特性的定义相统一,定义异步发电机组输出的有功与电力系统频率的关系称为异步发电机组的有功-频率特性 P-f_{s}。由于自动调速器对原动机控制方式不同,异步发电机组有不同的有功-频率特性,对系统频率变化作出不同的反应。

由于正常运行状态下异步发电机的转速高于电网频率,因此需要将发电机组的有功-转速特性转换为有功-频率特性,以便确定异步发电机组在电网频率变化时作出的反应。

16.2.1 转速无差控制异步发电机的有功-频率特性

在调速器中只引入转速反馈,可使机组恒转速运行。作恒转速运行的异步发电机输出的有功功率与系统频率的关系可用图 16.4 分析。图 16.4 以发电机转动频率为参考点,绘出了发电机输出的有功与系统频率 f_{s} 的关系曲线。图中,f_{s} 为系统频率;f_{G} 为发电机转动频率;P 为发电机功率。

由图 16.4 可见:由于频差 $\Delta f = f_{G} - f_{s}$,与发电机的转差率相对应,以发电机转动频率为参考点反向作出的 P-s 曲线就是发电机的 P-f_{s} 特性线,发电机的 P-s 特性就是机组的一次调节特性:当

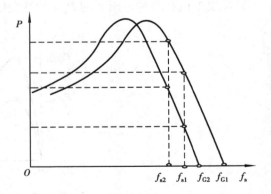

图 16.4 按转子频率控制的 P-f 特性

系统频率下降时,发电机按转差特性自动增加输出功率,以正的调节系数维持机组间有功功率的稳定分配。提高发电机转速给定值,由 f_{G1} 变为 f_{G2},P-f_{s} 特性线向右平移,发电机组输出功

率增加,即由转速的给定实现了二次调整。

16.2.2　转速有差控制异步发电机的有功-频率特性

图 16.5 原动机的有功-转动频率特性曲线和发电机的有功-转动频率特性曲线。在调速器的控制信号中引入机组的转速反馈和功率反馈,得到原动机输出的机械功率与机组的转速的关系特性如曲线 3 所示,其斜率为($\frac{\Delta P}{\Delta f_G} = \tan \alpha$)。由于发电机输出的电磁有功与转差率相关,因此需以系统频率为参照点绘出发电机输出的电磁有功与发电机转动频率的关系曲线。图中曲线 1、2 为以两个不同的系统频率(f_{s1},f_{s2})为参照点绘出的发电机输出的电磁有功与发电机转动频率的关系特性,将异步发电机功率-转差特性的线段近似看成直线,其斜率为($\frac{\Delta P}{\Delta f} = -\tan \beta$, $\Delta f = f_G - f_s$)。

发电机组运行于发电机的有功-转动频率特性与原动机的有功-转动频率特性的交点即为发电机组的稳定运行点。当系统频率为 f_{s1} 时,机组运行于 A 点,当系统频率为 f_{s2} 时,机组运行于 B 点。可见当系统频率由 f_{s1} 下降至 f_{s2} 时,发电机功率由 P_1 增至 P_2,同时有发电机转动频率由 f_{G1} 变为 f_{G2}。

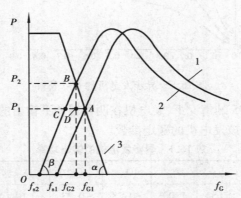

图 16.5　按系统频率控制的 P-f 特性

由图可得:

$$\left. \begin{array}{l} \Delta f_G = AD = -\Delta P \cot \alpha \\ \Delta f_s = AC = \Delta P(\cot \alpha + \cot \beta) \end{array} \right\} \tag{16.4}$$

发电机组对系统频率的单位调节功率为;

$$K_G = \frac{\Delta P}{\Delta f_s} = -\frac{1}{\cot \alpha + \cot \beta} = \frac{\Delta P}{\Delta f_G} \cdot \frac{1}{1 + (\cot \beta / \cot \alpha)} \tag{16.5}$$

式(16.5)表明:引入转速反馈的有差调节,由于异步发电机的有功-转差特性使对系统频率的单位调节功率减小。

16.3 异步发电机的无功输入特性

16.3.1 异步发电机的无功-转差特性

按前述电机参数,分别令电压保持 $U=1.05$、0.8、0.6 不变,由式(16.2)算出 3 种情况下,无功 Q 与转差率 s 的变化关系如图 16.6 所示。

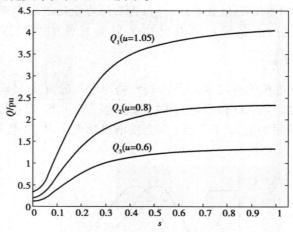

图 16.6 异步发电机的 Q_e-s 特性

保持机端电压 $U=1.05$ 的情况下,发电机在两种转差下输出的有功和输入的无功列于表 16.1。其中,第 1 行对应于该发电机的额定参数。

表 16.1 异步发电机的输出功率

U	s	P_e	Q_σ	Q_m	Q	$\cos \varphi$
1.05	0.054	1.00	-0.28	-0.33	-0.61	0.854
1.05	0.500	1.28	-3.34	-0.33	-3.67	0.329

由表 16.1 可见,当发电机转速升高,转差 $s=0.5$ 时,其吸收的无功剧增,为额定无功的 6 倍。高转差下的异步发电机大量吸收电网的无功可能导致电网的电压急剧下降,对电压稳定性不利。

16.3.2 异步发电机的无功-电压特性

当原动机开度不变时,异步发电机在恒定的有功下运行。令 $P_e=0.5$ 保持不变,由式(16.2)算出励磁无功 Q_m、漏抗无功 Q_σ 和总无功 Q 随电压 U 变化的关系曲线如图 16.7 所示。

由于随着电压的下降,异步发电机输出电磁功率的最大值随之减小,因此对应于一定的电磁功率,要求电压不能低于一定的数值,图 16.7 中的曲线只能在电压高于一定的数值范围内绘制。

计算表明,恒有功下的异步发电机的无功-电压特性曲线具有如下特点:

①有临界电压 U_{cr},该点为异步发电机无功变化的转折点:当 $U=U_{cr}$ 时,出现 Q 的极小值;

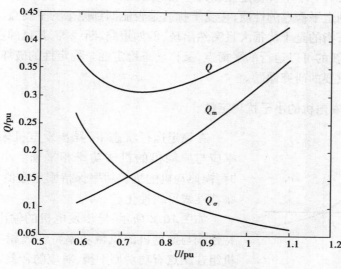

图 16.7　异步发电机的 $Q\text{-}U$ 特性

当 $U > U_{cr}$，$\dfrac{dQ}{dU} > 0$，异步发电机吸收的无功随电压下降而减小；当 $U < U_{cr}$，在靠近 U_{cr} 的区域内，$\dfrac{dQ}{dU} < 0$，异步发电机吸收的无功随电压下降而减小 $\dfrac{dQ}{dU} > 0$，异步发电机吸收的无功随电压下降而增大。

②以临界电压 U_{cr} 分界，无功-电压特性曲线左陡右平，即当 $U < U_{cr}$ 时，随电压下降异步发电机吸收的无功急剧上升。

③临界电压 U_{cr} 与异步发电机的有功相关，随有功的增加临界电压 U_{cr} 提高。计算得出该异步发电机保持 $P_e = 0.5$ 不变时的临界电压标幺值为 $U_{cr} = 0.74$，保持 $P_e = 0.8$ 不变时的临界电压标幺值为 $U_{cr} = 0.93$。

上述无功输入特性同样存在于异步电动机之中，应特别注意有大量异步电机的电网在重载下保持电压水平至关重要，此时的电压下降更容易导致电网电压崩溃。美国东部时间 2003 年 8 月 14 日下午 4 点 10 分发生的美国与加拿大东部电网大停电事故即属此例，称为"美加 8.14 大停电"。事后的原因分析是：在重载时间区段内，一个输电通道的切除导致负荷转移，接受转移负荷的电网电压下降而引起电压崩溃。

由于静止无功补偿器等现代无功补偿装置的广泛采用，电压控制也非难题。由于笼式异步机的优点十分显著，在现代无功补偿装置的支持下，除在负荷工厂中继续大量应用外，还必将在风力发电、水力发电等领域得到很好的应用。

16.4　异步发电机组的运行稳定性

所谓稳定性，指的是接受干扰后是否能回到原来的平衡点，或进入一个新的可以运行的平衡点的能力。"可以运行"指的是电压的频率和幅值不超出规定的事故后的允许范围。

按干扰的性质,分为小干扰稳定性和大干扰稳定性。所谓小干扰稳定性,指的是干扰十分微小,其目的在于判定平衡点的性质,接受干扰后是否能回到原来的平衡点,又称静态稳定性;所谓大干扰稳定性,指的是干扰很大且突然出现,例如短路、断线等,其目的在于判定接受干扰后是否能进入一个新的可以运行的平衡点,又称动态稳定性。稳定性的破坏,可能导致电网的崩溃,因此是十分重要的研究课题。

16.4.1　异步发电机的小干扰稳定性

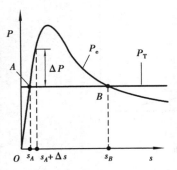

图 16.8　异步发电机的有功平衡点

在稳定运行状态下,异步发电机输出的电磁有功功率应与原动机的机械功率相平衡。小干扰稳定性分析时,视原动机的机械功率保持固定数值,发电机的电磁功率特性线可线性化。

如图 16.8 所示,异步发电机的输出的电磁有功功率特性线与原动机的机械功率特性线相交于 A 与 B 两点,机组在两点有功功率平衡,对应的转差率为 s_A 与 s_B。

由图 16.8 可见,如果机组在 A 点运行,当扰动使机组的运行点偏离 A 点时,将产生不平衡功率 $\Delta P = P_T - P_e$,迫使转子减速或加速。如图 16.8 所示,当扰动使 $s > s_A$ 时,$\Delta P < 0$,将迫使转子减速,回到转差率 s_A,机组重新回到 A 点运行;当扰动使 $s < s_A$ 时,$\Delta P > 0$,将迫使转子加速,回到转差率 s_A,机组重新回到 A 点运行。如果机组在 B 点运行,当扰动使 $s > s_B$ 时,$\Delta P > 0$,将迫使转子加速,更加远离 B 点;当扰动使 $s < s_B$ 时,$\Delta P < 0$,将迫使转子减速,更加远离 B 点,机组将进入 A 点运行。因此称 A 点为稳定平衡点,B 点为不稳定平衡点。

16.4.2　异步发电机的大干扰稳定性

异步发电机组大干扰稳定性的判据是获得的新的平衡点是否位于功率-转差特性的线性段,即电压是否在事故后的允许范围内,是否在较小的转差率下运行。它取决于电压、转差、功率的变化过程,三者相互关联:电压的下降会导致输出有功的下降和转差率的上升,涉及转子运动方程。

以标幺值表达的异步发电机组的转子运动方程为:

$$T_J \frac{\mathrm{d}s}{\mathrm{d}t} = \frac{P_m - P_e}{1 - s} \tag{16.6}$$

式中　T_J——机组转动惯量的标幺值,又称为惯性常数。

式(16.6)表明,异步发电机组的暂态过程由 P_m 和 P_e 共同确定,大干扰稳定性确定于原动机和发电机两者的特性,前者与转速相关,后者与转差率和机端电压相关,图 16.9 示出了按前述电机参数计算出的过程中的电压对大干扰稳定性影响的 3 种情况。

①过程中保持很高的电压,$U = 1.05$,发电机组的输入与输出功率只有一个稳定平衡点 A,机组总能保持稳定。

②过程中保持较高的电压,$U = 0.8$,发电机组的输入与输出功率有 3 个平衡点 B、C、D,其中 B 点为稳定平衡点,C 点为不稳定平衡点,D 点为稳定破坏后的平衡点。如机组加速后不越过 C 点,则进入 B 点运行,保持稳定;如机组加速后越过 C 点,则进入 D 点运行,稳定破坏。

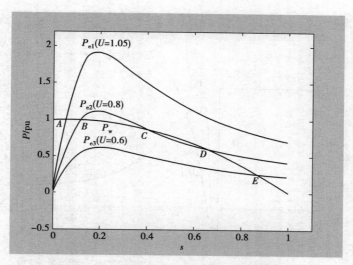

图 16.9　过程中的电压对大干扰稳定性的影响

　　③过程中电压很低，$U=0.6$，发电机组的输入与输出功率只有一个稳定破坏后的平衡点 E，稳定性必然被破坏。

　　图 16.10 示出异步发电机端电压短时下降后发电机组保持稳定性的情况：短路过程中电压为 0，异步发电机的有功和无功均为 0。短路消除后，已加速的异步发电机发出的有功和吸收的无功短时增加，随后返回原值运行。

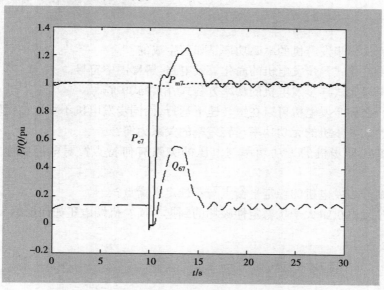

图 16.10　保持稳定性的功率变化过程图

　　图 16.11 示出异步发电机端电压短时下降后发电机组稳定性破坏的情况：短路消除后机组转差未能返回，平衡于高转差下运行，发电机发出的有功锐减，吸收的无功剧增。

　　稳定破坏后的异步发电机不会像同步发电机那样产生幅度很大的同步功率的振荡，因此对电力系统的有功-频率特性危害较小。但因为大量吸收无功，可能威胁近区电网的电压稳定性。上述分析表明：提高无功控制能力，保持机端电压是保证异步发电机及其相关电网大干扰稳定性的重要手段。

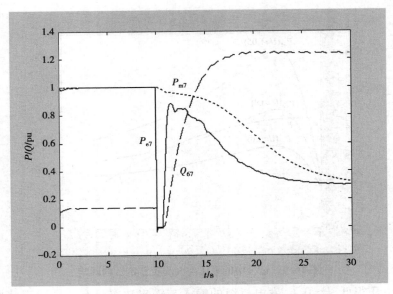

图 16.11 稳定性破坏的功率变化过程图

思 考 题

16.1 鼠笼式异步发电机的电磁功率是如何生成的？

16.2 绘出鼠笼式异步发电机的简化等效电路，解释图中符号。

16.3 写出鼠笼式异步发电机的功率方程式，解释式中符号。

16.4 为什么异步发电机可以在恒转速下运行，而同步发电机不可以在恒转速下运行？

16.5 鼠笼式异步机的无功功率与转差率的关系为何？

16.6 鼠笼式异步机的无功功率与电压的关系有何特点？对电网的电压稳定性有何影响？

16.7 何谓异步发电机的稳定平衡点与不稳定平衡点？

16.8 异步发电机组大干扰稳定性破坏的判据为何？机端电压如何影响大干扰稳定性？

第**17**章
变压器的负载能力

17.1 变压器的热状态与绝缘寿命

变压器内的铁耗和铜耗转变为热量导致变压器的部件发热。变压器的容许发热主要受绝缘寿命的限制。为保证变压器的运行寿命,在设计制造与运行使用两方面均应考虑变压器的发热及冷却问题。

按冷却系统划分,变压器分为干式与油浸式两种。干式变压器主要靠周围环境空气对流及辐射两种方式散热,其散热效率低,因此其电压和容量均较小(一般小于 15 kV,1.6 MV·A)。由于其尺寸较大,一般较少采用。绝大多数变压器为油浸式,油既作为散热介质,也是绝缘介质。由于变压器的功率损耗约与其容量的 3/4 次方成正比,而其散热表面积约与其容量的 1/2 次方成正比,因此大型变压器必须采用一些特殊的冷却措施。由此而将油浸式变压器分为 4 种形式:①空气和油均自然循环,简称油浸自冷,文字代号为 J;②强迫空气循环,油自然循环,简称油浸风冷,文字代号为 F;③外设油冷却器,强迫变压器油循环经冷却器冷却,冷却器采用风冷方式,称为强迫油循环风冷,文字代号为 FP;④当油冷却器为水冷时,称为强迫油循环水冷,文字代号为

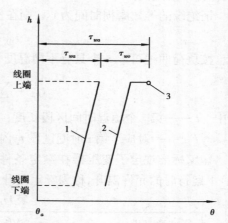

图 17.1 变压器箱体内沿高度温度分布简图
1—油;2—绕组;3—绕组最热点;
θ_a—冷却介质温度

SP。水冷式冷却器价格便宜,能量消耗率较少,且受夏天气温较高的影响比空气冷却方式小,因此,在有水源条件的情况下(例如发电厂),可采用强迫油循环水冷。

变压器箱体内,沿变压器高度(h)油温和线圈温度(θ)的分布趋势如图 17.1 所示。

绝缘材料的氧化使其机械强度逐渐丧失,称为绝缘材料的老化。老化的绝缘材料在电动力的作用下易于碎裂而发生击穿,因此由绝缘材料的老化确定变压器的使用寿命。绝缘材料

的温度越高,其老化速度越快,变压器寿命越短。通常变压器使用 A 级绝缘材料,其额定运行温度为 98 ℃。当其温度为 80 ~ 140 ℃时,寿命与温度的关系为:

$$V = Ae^{-\alpha\theta} \tag{17.1}$$

式中　V——绝缘寿命;

　　　θ——绝缘最热点温度;

　　　A,α——常数。其中,A 视为 0 ℃下的寿命,$\alpha = 0.115\ 5$。

记额定温度 θ_e(98 ℃)下绝缘的寿命为 V_e,在上述温度变化范围内任一温度下的绝缘寿命值为 $V_* = V/V_e$,则有

$$V_* = e^{-\alpha(\theta-\theta_e)} \tag{17.2}$$

可见$(\theta-\theta_e) = 6$ ℃时,$V_* = 0.5$,即温度提高 6 ℃,寿命缩短一半。

定义绝缘寿命相对值的倒数为绝缘磨损速度相对值 F_*,其物理意义为实际磨损速度与额定磨损速度的比值,有

$$F_* = \frac{1}{V_*} = e^{\alpha(\theta-\theta_e)} \tag{17.3}$$

为方便计算,将式(17.3)改写为:

$$F_* = 2^{\alpha(\theta-\theta_e)/0.693} = 2^{(\theta-\theta_e)/\beta} \tag{17.4}$$

式中,$0.693 = \ln 2$;$\beta = 0.693/\alpha$,取 6 ℃。

式(17.4)表明,当绝缘最热点温度提高 6 ℃时,其磨损速度相对值扩大为原有温度下的 2 倍,称为 6 度规则。

记绝缘的等效磨损时间为 t_{DX},则在任意温度 θ 下运行 t 小时的等效磨损时间为:

$$t_{DX} = F_* t = te^{\alpha(\theta-\theta_e)} \tag{17.5}$$

按负荷曲线可求 n 个具有不同温度 θ_i 的时间区段的总等效磨损时间,这时有

$$t_{DX} = \sum_{i=1}^{n} F_{i*} t_i = \sum_{i=1}^{n} t_i e^{\alpha(\theta_i-\theta_e)} \tag{17.6}$$

式中　t_i——第 i 个恒温时间区段长度;

　　　F_{i*}——对应于第 i 时间区段 t_i 内的绝缘温度 θ_i 下,绝缘磨损速度相对值。

国家标准规定了变压器在额定条件(额定冷却介质温度、额定容量、额定电压幅值及频率)下运行时的允许温升,称为额定温升,列于表 17.1。

表 17.1　变压器温升标准

冷却方式	$\tau_{o\alpha \cdot e}/℃$	$\tau_{\omega o \cdot e}/℃$	$\theta_{\alpha \cdot e}/℃$
J 与 F	55	23	+20°
FP 与 SP	40	38	+20°

$\tau_{o\alpha \cdot e},\tau_{\omega o \cdot e},\theta_{\alpha \cdot e}$——油对冷却介质,线圈最热点对油的温升及冷却介质额定温度。

表中 $\tau_{\omega o \cdot e}$ 指的是线圈最热点对油的温升,可见线圈最热点的标准温度为 $\theta_{\omega \cdot max} = \theta_\alpha + \tau_{o\alpha} + \tau_{\omega o} = 98$ ℃。这是 A 级绝缘的额定运行温度,在该温度下持续运行时,A 级绝缘的寿命(额定值)为 20 年。

变压器的发热时间常数为 2.5 ~ 3.5 h,随变压器容量增长而加大。进入稳定发热状态后

变压器油的稳定温升与负载率的关系为：

$$\tau_{o\alpha} = \tau_{o\alpha \cdot e} \left(\frac{1 + dK^2}{1 + d} \right)^x \qquad (17.7)$$

式中　K——负载系数，$K = \dfrac{S}{S_e}$ 为负载容量与额定容量的比值；

$\qquad d$——短路损耗与空载损耗的比值，$d = \dfrac{\Delta P_d}{\Delta P_o}$；

$\qquad x$——冷却方式系数，对于 J 与 F 为 0.9，FP 与 SP 为 1。

绕组最热点对上层油的温升算式为：

$$\tau_{\omega o} = \tau_{\omega o \cdot e} K^y \qquad (17.8)$$

式中　y——冷却方式系数，对于 J 与 F 为 1.6，FP 与 SP 为 1.8。

17.2　变压器的额定容量与过载能力

变压器的额定容量的含义是：在额定冷却条件下，电压的幅值与频率均为额定值时，使变压器各部分温升达额定值，因而使其绝缘的磨损速度为额定值，从而保证其寿命为额定寿命的连续运行负载容量。

变压器正常运行的条件是保证绝缘的平均磨损速度不超过额定磨损速度，即保证变压器的运行寿命不小于额定寿命。由于存在不满载运行时间，这时绝缘磨损速度低于额定磨损速度，因此在需要变压器过载运行时即可过载运行。同时，当其冷却介质温度较低时，变压器的负载也可超出其额定容量；反之，则减少。这种由先前的负载状况及现时运行条件所确定的变压器可能承担的负载，称为变压器的负载能力。设计选择变压器时也应考虑变压器的负载能力以使之能得到充分的利用。即保证其等效使用时间接近实际使用时间以充分发挥投资效益。

变压器的过载运行情况分为两类：①经常性过载；②事故性过载。第一类是主动实施的在运行计划之内的过载情况；第二类则是因为电网突然事故（例如并联运行的支路切除）而引起的被动性过载，主要是保证供电不中断。

经常性过载的技术条件是：保证在指定的时间区段内（例如 1 天或 1 年内），变压器绝缘的磨损等于额定磨损，同时还有总负载及各部分运行温度的上限限制：最大负载不应超过额定容量的 1.5 倍，上层油温不超过 95 ℃，绕组最热点温度不超过 140 ℃。满足上述条件，变压器可长期运行（不作时间限制）。

事故性过载时，绝缘的磨损将显著地超过额定值，但必须满足下述条件：最大负载不超过额定容量的 2 倍；上层油温不超过 115 ℃；线圈最热点温度，对于 110 kV 及以下变压器不应超过 160 ℃，对于 110 kV 以上变压器不应超过 140 ℃。并仅用于保证紧急情况下的供电连续性，应尽快转移负荷或减载，使变压器负载恢复到经常性过载允许的范围之内。

确定 1 昼夜内变压器允许的负荷曲线时，可将该负荷曲线等效为两台阶曲线以简化计算，见图 17.2。按负荷系数 $K = 1$ 作一水平线，将负荷曲线分为两大部分：①欠载部分，其负载系数 $K \leqslant 1$，将其等效负载系数记为 K_1；②过载部分，其负载系数 $K > 1$，将其等效负载系数记为

K_2。所谓等效负载系数,是以发热为条件按下式定义:

$$K_{Dx} = \frac{1}{S_e} \sqrt{\frac{S_1^2 \Delta t_1 + S_2^2 \Delta t_2 + \cdots + S_n^2 \Delta t_n}{\Delta t_1 + \Delta t_2 + \cdots + \Delta t_n}} =$$

$$\frac{1}{S_e} \sqrt{\frac{\sum_{i=1}^{n} S_i^2 \Delta t_i}{t}} \tag{17.9}$$

式中　S_e——变压器额定容量;

　　　　t——欠载(或过载)的持续时间;

　　　　n——将持续时间 t 分为 n 个子区间;

　　　　Δt_i、S_i——第 i 个子区间的宽度及该子区间内负载中值。

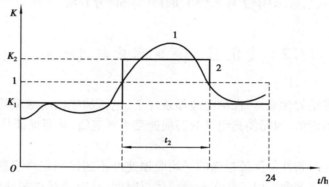

图 17.2　负荷曲线的等效变换
1—原始负荷曲线;2—两台阶曲线

等效过载系数 K_2 的允许值与过载持续时间 t_2、初始负载(即欠载区)的等效负载系数 K_1、变压器的冷却方式及冷却介质温度有关,可查表或曲线求取。同时还应满足最大负载不应超过额定容量的 1.5 倍。标准冷却介质温度下的允许等效过载系数曲线示于图 17.3。见式(17.8),由于 y 值不相同,而使自然油循环变压器比强迫油循环变压器有较强的过载能力。

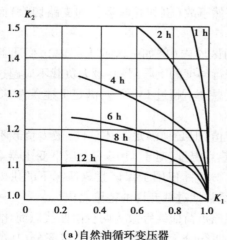

(a)自然油循环变压器

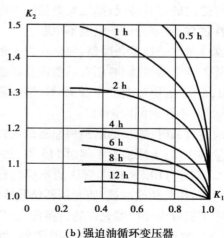

(b)强迫油循环变压器

图 17.3　等效过载系数 K_2 与等效欠载系数 K_1 的关系

变压器事故过载系数允许值及相应时间列于表 17.2。

表 17.2　变压器允许的事故过负荷倍数及时间

过负荷倍数	1.30	1.45	1.60	1.75	2.00
允许持续时间/min	120	80	30	15	7.5

17.3　三绕组自耦变压器的功率传输

如图 17.4 所示,按图中的正方向,略去励磁电流后两侧电压、电流相位相同,两侧电压、电流与两绕组电压、电流的关系为:

$$\left.\begin{array}{l} I_1 = I_C, U_1 = U_C + U_G \\ I_2 = I_C + I_G, U_2 = U_G \end{array}\right\} \tag{17.10}$$

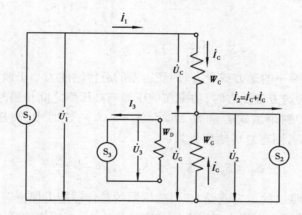

图 17.4　三绕组自耦变压器

高压侧功率与两绕组电压、电流的关系为:

$$\left.\begin{array}{l} S_1 = U_1 I_1 = U_C I_C + U_G I_1 \\ S_2 = U_2 I_2 = U_G I_G + U_G I_1 \end{array}\right\} \tag{17.11}$$

按能量守恒定律,必有 $S_1 = S_2 = S$,从而有 $U_C I_C = U_G I_G$。

由式(17.11)可见,两侧功率传输由两种方式完成:①记 $U_G I_1 = S_E$,为 I_1 直接由一次侧流入二次侧的传输功率,称为电传输功率;②同时有 $U_C I_C = U_G I_G = S_M$,为 W_C 与 W_G 经公共磁通产生电磁感应的传输功率,称为磁传输功率。表达式为:

$$\left.\begin{array}{l} S_E = U_G I_1 \\ S_M = U_C I_C = U_G I_G \end{array}\right\} \tag{17.12}$$

磁传输功率 S_M 是绕组 W_C 与 W_G 承受的电压与电流的乘积,是两绕组实际承受的负载 S_C 与 S_G, $S_C = S_G = S_M$。按 $U_1/U_2 = I_2/I_1$ 有

$$U_C = \left(1 - \frac{U_2}{U_1}\right) U_1 = K_T U_1$$

$$I_G = \left(1 - \frac{I_1}{I_2}\right) I_2 = \left(\frac{1 - U_2}{U_1}\right) I_2 = K_T I_2 \tag{17.13}$$

式中，$K_T = \left(1 - \dfrac{U_2}{U_1}\right)$，称为自耦变压器的型式系数。可得

$$S_C = U_C I_C = (K_T U_1) I_1 = K_T S$$

$$S_G = U_G I_G = U_2 (K_T I_1) = K_T S \tag{17.14}$$

三绕组自耦变压器标注的额定容量 S_e 指的是中、高压两侧可传输容量，W_C 与 W_G 的制造容量仅为型式容量 $S_T = K_T S_e$，即传输能力为制造容量的 $(1/K_T)$ 倍，从而取得经济效益。

记低压功率为 S_3，当中压侧为唯一的送方或受方时，功率在低压侧与中压侧之间传输将 1:1 地占用公共绕组的型式容量为 S_3，公共绕组的剩余型式容量为 $\Delta S_T = (S_T - S_3)$，中、高压两侧可传输容量为 $\Delta S_T / K_T = (S_T - S_3)/K_T$，设负荷功率因数相同，则有总传输容量为：

$$S_\Sigma = S_3 + \frac{S_T - S_3}{K_T} = \frac{S_T}{K_T} - \left(\frac{1}{K_T} - 1\right) S_3$$

$$= S_e - \left(\frac{1}{K_T} - 1\right) S_3 < S_e \tag{17.15}$$

结论：当中压侧为唯一的送方或受方时，变压器的总传输能力小于额定容量。

当高压侧为唯一的送方或受方时，功率在低压侧与高压侧之间传输时，占用串联绕组的容量为 $K_T S_3$，串联绕组的剩余型式容量为 $\Delta S_T = (S_T - K_T S_3)$，这时中、高压两侧可传输容量为 $\Delta S_T / K_T = (S_T - K_T S_3)/K_T$，则有总传输容量为：

$$S_\Sigma = S_3 + (S_T - K_T S_3)/K_T = \frac{S_T}{K_T} = S_e \tag{17.16}$$

结论：当高压侧为唯一的送方或受方时，变压器的总传输能力保持为额定容量。

三绕组自耦变压器可应用于大型发电厂和变电站作中、高压侧的联络变压器，其低压侧可能接入站用变压器或发电机。当低压侧接入发电机时，应注意以下两点：

①应选择变压器的型式容量不小于发电机的额定容量，即变压器的额定容量不小于发电机额定容量的 $1/K_T$ 倍，否则当功率向中压侧传输时，将会封锁发电机的容量。

②当功率向中压侧传输时，只有当发电机负荷低于变压器的型式容量时，高压侧方可向中压侧传输功率，可传输容量为 $(S_{12} = \Delta S_T / K_T = S_T - S_3 / K_T)$，$\Delta S_T$ 为公共绕组的剩余型式容量。

思 考 题

17.1 何谓绝缘的相对磨损速度 F_*？它与温度的关系为何？

17.2 何谓绝缘的等效磨损时间 t_{DX}？它与实际运行时间及温度的关系如何？

17.3 变压器上层油温与绕组最热点温度与变压器损耗参数、冷却方式及负载率有何关系？

17.4 变压器的额定容量如何定义？变压器正常运行的条件是什么？

17.5 变压器经常性过载的技术条件是什么? 事故后短时过载的限制条件是什么?

17.6 何谓等效负载系数? 如何用两台阶等效负载线确定一昼夜内等效欠载与过载的系数与持续时间?

17.7 三绕组自耦变压器的额定容量 S_e 与型式容量 S_T 有何关系? 公共绕组 W_C 与串联绕组 W_C 承受的负载与高、中压之间的传送功率有何关系? 与高、低压之间传送的功率有何关系? W_C 承受的负载与中、低压之间传送的功率有何关系?

17.8 三绕组自耦变压器有哪三类 6 种功率传送方向? 对应于三类传送方向哪一个绕组负载最重? 哪一类传送方向才能使通过容量达到额定容量? 为什么?

第18章
配电设备的运行与维护

配电设备的正常运行与维护是保证电网安全、可靠与经济运行的必要措施。电力系统中的大量事故与运行维护密切相关。运行方式和操作不当时,电气设备的维护不及时,负荷分配不均衡等均可能引起事故,造成巨大损失。因此对运行人员的要求是很严格的,必须做到精心维护设备,认真进行操作,正确处理故障。以下简述开关电器,电抗器,互感器,导体与绝缘子等配电设备的运行与维护。

18.1 开关电器的运行与维护

(1)高压开关操作中应注意的问题

①手动(杠杆)合闸的操作:必须迅速有力,一次进行到底,中途不得停顿。允许手动合闸的机构有 CD_2 型和 CD_{10} 型。

②电动合闸的操作:应轻巧地将把手转动到终点位置,当红灯亮后再将把手返回,如返回过早,可能造成合闸不成功。

③当开关拒合或拒跳时(特别是在检修、调整后作试验时易于发生),应立即返回把手并切断其控制电源,以免合闸或跳闸线圈长时通电而烧毁。

④检查开关确已合好的项目为:

a. 电流、电压、指示灯等信号应正常;

b. 各相位置指示器的指示应正确;

c. 开关的触头、弹簧、拐臂位置应正确。

(2)开关运行应符合的要求

①各种类型的开关,必须按制造厂的铭牌或厂家说明书上规定的参数和条件长期运行。

②开关无过热现象。

③严禁将拒绝跳闸的开关投入运行,必须排除其电气和机械故障,并经试验合格后方可投入运行。

④操作系统电压、油压、气压不正常时严禁做跳、合闸操作,严禁带电作慢分、慢合试验。

⑤油开关在油位异常下降和 SF_6 开关的气压下降时,禁止进行分、合闸操作。

⑥开关应按规定进行大修和小修。

开关正常的大修周期:220 kV,110 kV 级为 4～5 年;35 kV 级为 3～5 年;10 kV 级为 2～3 年。开关的小修应根据预防性试验及运行中发现的缺陷具体确定。开关发生喷油、喷火现象、应立即进行事故检修。

开关的事故掉闸检修,应根据安装地点的短路电流和跳闸次数而定。当开关事故掉闸次数超过下面的计算值时,则应退出重合闸,并进行检修。

$$\frac{开关铭牌最大开断电流}{实际短路电流}×3$$

开关掉闸次数的统计:应以速断或相当于速断保护动作的次数计算(重合闸未成功应算两次)。

⑦开关检修后应做分、合闸传动试验。

(3)重合闸不成功后对断流容量的限制

油开关重合闸后再次掉闸时,开断容量要降低,降低程度应按厂家规定执行,无规定者可参考表 18.1 中数据执行。

表 18.1　开关重合闸未成功时降低断流容量的数据

短路电流/kA	10 以下	10～20	21～40	40 以上
开断容量降低的比列值/%	80	75	70	65

(4)开关在下列情况下应切断操作电源

①油开关严重缺油,SF_6 开关气压下降或操动系统异常,运动速度下降。

②母线倒闸操作过程中不允许跳、合闸的断路器。

③开关检修,试验、二次回路工作和带电作业时需要。

(5)传动机构的监视

液压机构油压应在允许范围内,压力过高则分、合闸振动强烈,可能使开关损坏;压力过低则有可能使开关拒动。当压力降低至零时,应立即汇报调度并将机构卡死,查明原因,然后再进行打压或检修。

(6)其他注意事项

开关电器是保证电网运行安全的十分重要的设备,应全面、深入地阅读并理解《高压断路器运行规程》,除上述事项外,还应严格地执行规程的其他各项规定。

18.2　电抗器的运行与维护

电抗器分为油浸电抗器和干式电抗器两类。油浸电抗器的运行与维护同油浸电力变压器相类似。干式电抗器运行与维护的基本要求如下:

①干式电抗器只在与所连接的系统设备大修时作交流耐压试验(与开关电气设备同时进行整体耐压试验),一般定为每年一次。

②不论是线路电抗或母线电抗,因运行需要或出现短路故障而跳闸时,均应进行巡视检

查,电抗器构件及支持绝缘子均不应有破裂损坏或位置的变化发生,绝缘应符合规范要求。当有异常现象发生或有缺陷时,则应进行维护处理,绝缘强度应符合标准规定要求。

③电抗器旁不应有可移动铁磁性器件,以免短路电流通过时吸入电抗器造成损坏。

18.3　互感器的运行与维护

(1)互感器运行的要求

①互感器的二次侧应按规定有可靠的一点保安接地。电压互感器二次侧不能短路;电流互感器二次侧不能开路。

②两组母线电压互感器在倒换操作中,在高压侧未并联前,不得将二次并联,以免发生电压互感器反充电、保险熔断等引起保护误动作。

③经开关联络运行的两组电压互感器,不允许二次侧长期并列运行。

④多组电压互感器合用一组绝缘监察表时,禁止同处于测量位置。

⑤充油式互感器油色、油位应处于正常位置,呼吸塞应旋松,有呼吸器者应注意硅胶受潮情况。应结合检修、预试、安全检查对室外充油电流互感器(非全密封)进行放水,每年春、秋季各一次,并检查皮囊密封与进水情况。

⑥中性点不直接接地电网单相接地运行期间应注意监视电压互感器的发热情况,如有两台,可倒换运行。

⑦在倒换电压互感器或电压互感器停运前,应注意防止其所带的保护装置,自动装置的失压或误动。

⑧正常运行时电压互感器本体发热或高压保险连续熔断两次,则应测量绝缘电阻和直流电阻值,无问题后,方可恢复运行。

⑨与电压互感器相连接的设备(例如母线)检修时,应拔下电压互感器低压侧熔断器,以免低压回路窜电经互感器升压危及安全。

(2)互感器的运行与维护

1)电流互感器在运行中应检查的内容

①充油电流互感器在运行中,外观应清洁、油量充足,无渗漏油现象;

②瓷套管或其他绝缘介质无裂纹损坏;

③一次引线、线卡及二次回路各连接部分螺钉应坚固,接触良好;

④外壳及二次回路一点接地应良好。

运行中电流互感器应经常保持清洁,定期进行清扫。每两年进行一次预防性试验,运行过程中应定期检查巡视。巡查内容:各部分接点有无过热及打火:有无异味;声音应正常;无渗漏油现象;瓷质部应清洁完整,无破损及放电现象。应运行中,若发现电流互感器二次开路,应及时将一次侧的负荷电流减小到零,将所带的继电保护装置停用,并使用绝缘工具进行处理。

2)电压互感器的巡视检查

运行中的电压互感器应经常保持清洁,每一至两年进行一次预防性试验。平时应定期巡视检查,主要观察瓷质部分应无破损和放电现象;声音应正常;无渗漏油现象;当线路有接地时,供接地监视用的电压互感器声音是否正常;接至测量仪表,继电保护及自动装置回路的熔丝是否熔断等。

18.4　导体与绝缘子的运行与维护

(1)导体的运行与维护

导体用于配电装置及输电线路中的母线,引入引出线、输电线等,完成电能的汇集、分配及输送的任务。要实现电网的安全、可靠及经济运行,必须保证导体及连接设备的完好状态。

1)母线运行的巡视与检查

母线的运行系统按标准进行巡视检查。一般是监视电压、电流是否在标准范围内,母线连接器有无发热打火花现象,运行温度是否在允许范围内,母线表面的尘埃及氧化物状况,连接螺钉有否松动等,在巡视中要及时发现和及时处理。

2)架空线的运行巡视检查

在运行中的钢芯铝绞线、钢丝绞线等,因振动,刮风及电动力的作用,加之环境的影响等,使导线断股、损伤,有效截面减少,造成局部过热而断裂。钢芯铝绞线及避雷线由于腐蚀作用,导线的抗拉强度降低,但其最大计算应力不得大于它的屈服强度。运行标准见表 18.2。

表 18.2　导线、避雷线断股损伤减小截面的处理标准

线　别	处理方法		
	缠绕	补修	切断重接
钢芯铝绞线	断股损伤截面不超过铝股总面积7%	断股损伤截面占铝股总面积7%～25%	①钢芯断股 ②断股损伤截面超过铝股总面积25%
钢绞线	—	断股损伤截面占总面积5%～17%	断股损伤截面超过总面积17%
单金属绞线	断股损伤截面不超过总面积7%	断股损伤截面占总面积7%～17%	断股损伤截面超过总面积17%

(2)绝缘子的运行与维护

在运行中,绝缘子应按运行标准的要求进行巡视检查与维护。

巡视检查时应观察绝缘子,瓷横担脏污情况,瓷质有否裂纹,破碎,有否钢脚及钢帽锈蚀,钢脚弯曲,钢化玻璃绝缘子有否自爆等。一经发现应及时处理(进行必要的清扫等)。

绝缘子及横担有否闪络痕迹和局部火花放电现象。绝缘子串和瓷横担有否严重偏斜。瓷横担绑线有否松动、断股、烧伤。金具有否锈蚀、磨损、裂纹、开焊。开口销和弹簧稍有否缺少、代用或脱出等。

出现上述情况时,应予以及时处理或更换。运行维护单位必须有足够的储备品以供修复电路使用。要定期对绝缘子进行测试,电压分布应符合规程标准,若发现片上电压分布为零时,必须立即更换。每年必须进行一次预防性试验。

18.5　设备停电检修的安全技术措施

为了保证人身和设备安全,在电气设备上进行检修工作之前应有停电、验电、待检修设备接地、悬挂标示牌和装设安全遮挡等措施,这些措施应由具有运行、操作资格的人员执行。

工作之前应断开设备各侧的断路器和隔离开关,使各端均有显见的断开点,保证不可能有电源从任何一侧窜入该设备。

工作中使用的器具应符合国家标准。直接验电应使用相应电压等级的验电器,先确认验电器完好后,然后才在设备的各个待接地处逐相验电。验明设备无电后,立即将设备三相短路并接地,可能送电到工作设备的各侧均应可靠接地。

为了防止误合闸,在一经合闸即有可能送电到工作地点的隔离开关把手上应悬挂"禁止合闸,有人工作"的警示牌。

为限制人员的活动范围,保证与带电部分有足够的距离,应在工作场地设置必要的遮拦。

在前方有带电部分严禁人员进入的通道上设置"止步,高压危险!"的警示牌,在人员可以进出的通道上设置"从此进出!"的标示牌,并在工作地点设置"在此工作!"的标示牌。这些标示牌任何人员均不得擅自挪动。

总之,应严格遵守相关规程,遵守纪律,集中精力地工作,才能确保安全。

思 考 题

18.1　断路器运行时应符合哪些要求? 为什么当手动操作断路器合、分而断路器拒动(红绿灯不转换亮、熄)时,应立即返回控制开关 KK?

18.2　在哪些情况下应禁止断路器动作而切断其操作电流(拔下操作回路熔断器)? 为什么?

18.3　为什么电抗器旁不能遗留可移动铁件?

18.4　为什么母线停运检修时应拔掉该母线电压互感器低压侧的熔断器? 为什么电流互感器低压侧不装熔断器,运行中的电流表或其他仪表的电流线圈不允许开断?

18.5　导体与绝缘子的巡视项目有哪些?

18.6　在电气设备上进行检修工作之前,应有哪些安全技术措施?

表 1　同步汽轮发电机

型　号	QF$_2$-12-2	QF$_2$-25-2	QFQ-50-2	TQN-100-2	QFS-200-2	QFS-300-2
额定容量/MW	12	25	50	100	200	300
额定电压/kV	6.3(10.5)	6.3(10.5)	6.3(10.5)	10.5	15.75	18
额定电流/A	1 375(825)	2 860(1 716)	5 730(3 440)	6 475	8 625	11 320
功率因数 $\cos\varphi$	0.8	0.8	0.8	0.85	0.85	0.85
效率/%	97.4	97.4	98.5	98.71	98.32	98.61
接线方式	Y	Y(YY)	YY	YY	YY	YY
空载励磁电压/V	54(48.2)	51.5(47.4)				144
空载励磁电流/A	98.8(89.5)	150(135.3)	233(210.8)	653.2	624.7	629
满载励磁电压/V	186(182.7)	182(187.5)	269(270)	271	384	483
满载励磁电流/A	244(240)	375(378)	537(520)	1 614	1 605	1 844
同步电抗 x_d	1.90(2.13)	1.91(2.26)	1.86	1.81	1.90	2.26
暂态电抗 x_d'	0.20 (0.232)	0.111 (0.216)	0.20 (0.185)	0.286	0.222	0.269
次暂态电抗 x_d''	0.122 (0.143)	0.122 (0.136)	0.116 (0.124)	0.183	0.143	0.167
定子电阻(75 ℃,Ω)	0.009 93 (0.028)	0.002 97 (0.010 34)	0.002 48	0.001 108	0.001 91	0.002 7
转子电阻(75 ℃,Ω)	0.64	0.407 (0.416)	0.352	0.124 2	0.208	0.284
定子开路时转子时间常数/s	9	11.58 (11.2)	11.22	6.2	7.4	8.38

表2　电力变压器

型　号	S_e /kV·A	U_e/kV 高	中	低	ΔP_d /kW	ΔP_0 /kW	u_d/% I-II	I-III	II-III	i_0/%
SL$_7$-1600/10	1 600	10.5 10		6 6.3	16.3	2.65		5.5		1.3
SL$_7$-3150/10	3 150	10.5 10		6 6.3	27.0	4.40		5.5		1.2
SL$_7$-6300/10	6 300	10.5 10		6 6.3	41.0	7.50		5.5		1.0
SL$_7$-1600/35	1 600	35		6 6.3	19.5	2.55		6.5		1.4
SL$_7$-3150/35	3 150	35		6 6.3	27.0	4.75		7.0		1.2
SL$_7$-6300/35	6 300	35		6 6.3	41.0	8.20		7.5		1.05
SL$_7$-6300/110	6 300	110		6 6.3	41.0	11.60		10.5		1.1
SFL$_7$-12500/110	12 500	110		6 6.3	70.0	16.5		10.5		1.0
SFL$_7$-16000/110	16 000	110		6 6.3	86.0	23.5		10.5		0.9
SFL$_7$-31500/110	31 500	121 110		6.3,10.5 11	146	38.5		10.5		0.8
SFPL-63000/110	63 000	121 110		6.3,10.5 11	298	60.0		10.5		0.8
SFPL-63000/220	63 000	242 220		6.3,10.5 11	355	93.0		12.0		0.8
SFPL-120000/220	120 000	242 220		10.5, 13.8	874	125		13.6		0.7
SFSL-16000/110	16 000	121 110	38.5	6.3,10.5 11	135	38.5	17.5 10.5	10.5 17.5	6.5	3.3
SFSL-31500/110	31 500	121 110	38.5	6.3,10.5 11	235	72.5	17.5 10.5	10.5 17.5	6.5	3.2
SFPSL-63000/110	63 000	121 110	38.5	6.3,10.5 11	417	101	17.5 10.5	10.5 17.5	6.5	2.5
SFPSL-120000/220	120 000	242 220	121	10.5, 13.8			24.7	14.7	8.8	
OSFPSL-240000/220	240 000	242 220	121	10.5, 13.8			25.0	16.0	13.0	
SEPSZ9-180000/ 220TH	180 000/ 180 000/ 90 000	220	121	10.5	468.2 （I-II) 165 （I-III) 140.1 （II-III)	106.6	12.2	21.4	7.3	0.18

型号意义:SL$_7$——三相铝线低损耗自冷;SFL$_7$——三相铝线低损耗风冷;

SFPL——三相铝线强迫油循环风冷;SFSL——三相三绕组铝线风冷;

SFPSL——三相三绕组铝线强迫油循环风冷;OSFPSL——自耦三相三绕组铝线强迫油循环风冷。

分接头范围:1)容量在6 300 kV·A及以下,高压绕组: $U = U_e \pm 5\%$;

2)容量在8 000 kV·A及以下,高压绕组: $U = U_e \pm 2 \times 2.5\%$ 或 $U = U_e \pm 4 \times 2.5\%$ (220 kV);

3)三绕组变压器的中压绕组: $U = U_e \pm 5\%$。

绕组代号:Ⅰ——高压绕组;Ⅱ——中压绕组;Ⅲ——低压绕组。

表3　高压断路器及隔离开关

型　号	额定电压/kV	额定电流/A	额定断路电流/kA	动稳固电流/kA	热稳固电流/kA		
					1 s	4 s	5 s
SN10-10/600	10	600	29.2	37	29	14.5	
SN10-10/1000	10	1 000	29.2	74	29	14.5	
SN3-10/2000	10	2 000	29.0	75	43.5		30
SN3-10/3000	10	3 000	29.0	75	43.5		30
SN4-10G/5000	10	5 000	105	300	173		120
SN4-20G/6000	20	6 000	87.0	300	173		120
SN4-20G/8000	20	8 000	87.0	300	173		120
DW6-35/400	35	400	6.6	19	11	6	
DW8-35/600	35	600	16.5	41		16.5	
DW8-35/800	35	800	16.5	41		16.5	
DW8-35/1000	35	1 000	16.5	41		16.5	
SW2-35/1000	35	1 000	24.8	63.4		24.8	
SW2-35C/1500	35	1 500	24.8	63.4		24.8	
SW4-110/1000	110	1 000	21.0	55		21	
SW4-220/1000	220	1 000	21.0	55		21	
LW6-220/3150	220	3 150	50.0	125	50(3 s)		
CN8-10T/200	10	200		25.5			10
CN8-10T/400	10	400		52.0			14
CN8-10T/600	10	600		52.0			20
CN8-10T/1000	10	1 000		75.0			30
CN10-10T/3000	10	3 000		90.0			75
CN10-10T/5000	10	5 000		110			100
CN10-10T/6000	10	6 000		110			105
CN10-20/8000	20	8 000		250			80
GW4-10/600	10	600		50			14
GW4-35D/600	35	600		50			14
GW4-35D/1000	35	1 000		80			21.5
GW4-110D/600	110	600		50			14
GW4-110D/1000	110	1 000		80			21.5
GW4-220D/600	220	600		50			14
GW4-220D/1000	220	1 000		80			21.5

表4 6～10 kV 高压开关柜中的开关电器

名 称	型 号	额定电压/kV	额定电流/A	额定断流容量/MV·A			额定断流量/kA	极限通过电流/kA		一秒钟热稳固电流/kA	质量/kg
				3 kV	6 kV	10 kV		峰值	有效值		
少油断路器	SN3-10	10	2 000 3 000	150	300	500	29	75	43.5	43.5	620
	SN10-10	10	1 000 600			500 300	29.20 (10 kV)	74 37	43 21.4	29 4 s 14.5	210 100
负荷开关	FN3-10	10	400	cos φ=0.15 时为 15 cos φ=0.7 时为 25				25	14.5	14.5	50
隔离开关	GN2-10	10	2 000					85	50	114	85
			3 000					100	60	158	185
	GN8-10	10	400					50	29	31.5	35/26.5
			600					60	35	43	42/20
	GN6-10		1 000					80	47	79	49/33

名 称	型 号	额定电压/kV	额定电流/A	装用熔件额定电流/A	三相额定断流容量/kV·A	分断极限短路电流时之限流值/kA	质量/kg
熔断器	RN1-3	6	20	2,3,5,7.5,10,15,20		6.5	6
			100	30,40,50,75,100		24.5	7
			200	150,200		35	9
	RN1-6	6	20	2,3,5,7.5,10,15,20		5.2	6
			75	30,40,50,75	200	14	7
			200	100,150,200		25	12
	RN1-10	10	20	2,3,5,7.5,10,15,20		4.5	7.5
			50	30,40,50		8.6	9
			100	75,100		15.5	12.5
	RN2-10	3			500	100	6.5
		6			1 000	85	6.5
		10			1 000	50	6.5

表5　XKGK型干式空心限流电抗器系列表

型　号	额定电压/kV	额定电流/A	电抗率/%	额定电感/mH	三相通过容量/kV·A	单相无功容量/kvar	单相损耗75℃时/W	动稳固电流峰值/kV	短时电流4 s/kA	单相质量/kg
XKGK-6-200-3			3	1.645		20.8	1 069			141
XKGK-6-200-4			4	2.206		27.7	1 289			160
XKGK-6-200-5	6		5	2.757	3×693	34.7	1 496			179
XKGK-6-200-6			6	3.309		41.6	1 691			197
XKGK-6-200-8		200	8	4.412		55.5	2 062	12.75	5	231
XKGK-10-200-4			4	3.676		46.2	1 816			209
XKGK-10-200-5	10		5	4.595	3×1 155	57.7	2 126			236
XKGK-10-200-6			6	5.513		69.3	2 377			261
XKGK-10-200-8			8	7.351		92.4	2 873			308
XKGK-6-400-4			4	1.103		55.4	2 068			184
XKGK-6-400-5	6		5	1.379	3×1 386	69.2	2 348			209
XKGK-6-400-6			6	1.654		83.2	2 678			227
XKGK-6-400-8		400	8	2.206		111	3 230	25.50	10	262
XKGK-10-400-4			4	1.838		92.4	2 865			238
XKGK-10-400-5	10		5	2.298	3×2 309	115.5	3 318			267
XKGK-10-400-6			6	2.757		138.6	3 746			294
XKGK-10-400-8			8	3.676		184.8	4 552			346
XKGK-6-600-4			4	0.735		83.1	2 472			255
XKGK-6-600-5	6		5	0.919	3×2 078	103.9	3 125			247
XKGK-6-600-6			6	1.103		124.8	3 572			274
XKGK-6-600-8		600	8	1.470		166.3	4 184	38.25	15	317
XKGK-10-600-4			4	1.225		138.6	3 224			337
XKGK-10-600-5	10		5	1.532	3×3 464	173.3	4 147			340
XKGK-10-600-6			6	1.838		207.9	5 238			329
XKGK-10-600-8			8	2.451		277.2	6 251			388
XKGK-6-800-4			4	0.552		111.0	3 287			244
XKGK-6-800-5	6		5	0.689	3×2 771	138.5	3 775			271
XKGK-6-800-6			6	0.827		166.3	4 214			294
XKGK-6-800-8		800	8	1.103		221.8	5 056	51.00	20	338
XKGK-10-800-4			4	0.919		184.8	4 524			335
XKGK-10-800-5	10		5	1.149	3×4 619	231.0	5 190			375
XKGK-10-800-6			6	1.379		277.3	5 807			407
XKGK-10-800-8			8	1.838		369.6	6 965			477

续表

型　号	额定电压/kV	额定电流/A	电抗率/%	额定电感/mH	三相通过容量/kV·A	单相无功容量/kvar	单相损耗75℃时/W	动稳固电流峰值/kV	短时电流4s/kA	单相质量/kg
XKGK-6-1000-4	6	1 000	4	0.441	3×3 464	139	3 959	63.75	25	272
XKGX-6-1000-5			5	0.551		174	4 554			303
XKGX-6-1000-6			6	0.662		208	5 090			331
XKGX-6-1000-8			8	0.882		277	5 691			419
XKGX-6-1000-10			10	1.103		347	6 512			474
XKGK-10-1000-4	10		4	0.735	3×5 774	231	5 076			386
XKGK-10-1000-5			5	0.919		289	5 839			425
XKGK-10-1000-6			6	1.103		347	6 511			474
XKGK-10-1000-8			8	1.471		462	7 815			546
XKGK-10-1000-10			10	1.838		577	9 000			616
XKGK-6-1500-4	6	1 500	4	0.294	3×5 196	209	4 536	95.63	37.5	408
XKGK-6-1500-5			5	0.368		260	5 234			460
XKGK-6-1500-6			6	0.441		312	5 828			502
XKGK-6-1500-8			8	0.588		416	7 182			612
XKGK-6-1500-10			10	0.736		520	8 276			679
XKGK-10-1500-4	10		4	0.490	3×8 660	347	6 331			518
XKGK-10-1500-5			5	0.613		444	7 437			627
XKGK-10-1500-6			6	0.735		520	8 061			702
XKGK-10-1500-8			8	0.980		693	9 722			802
XKGK-10-1500-10			10	1.225		866	11 552			1 000
XKGK-6-2000-4	6	2 000	4	0.221	3×6 928	278	5 935	102	40	468
XKGK-6-2000-5			5	0.276		347	6 748			527
XKGK-6-2000-6			6	0.331		416	7 503			579
XKGK-6-2000-8			8	0.441		554	8 984			658
XKGK-6-2000-10			10	0.551		694	10 344			740
XKGK-6-2000-12			12	0.662		832	11 064			781
XKGK-10-2000-4	10		4	0.368	3×11 547	463	8 018			605
XKGK-10-2000-5			5	0.459		577	9 214			672
XKGK-10-2000-6			6	0.551		692	10 337			730
XKGK-10-2000-8			8	0.735		924	12 338			851
XKGK-10-2000-10			10	0.919		1 155	14 081			970
XKGK-10-2000-12			12	1.103		1 386	15 807			1 066

续表

型　号	额定电压/kV	额定电流/A	电抗率/%	额定电感/mH	三相通过容量/kV·A	单相无功容量/kvar	单相损耗75℃时/W	动稳固电流峰值/kV	短时电流4 s/kA	单相质量/kg
XKGK-6-2500-4	6	2 500	4	0.176	3×8 655	346	6 185	128	50	542
XKGK-6-2500-5			5	0.221		433	7 801			603
XKGK-6-2500-6			6	0.265		520	8 719			652
XKGK-6-2500-8			8	0.353		693	10 394			740
XKGK-6-2500-10			10	0.441		866	11 988			821
XKGK-6-2500-12			12	0.529		1 039	13 321			912
XKGK-10-2500-4	10		4	0.294	3×14 430	577	9 299			685
XKGK-10-2500-5			5	0.368		721	10 666			757
XKGK-10-2500-6			6	0.441		866	11 988			822
XKGK-10-2500-8			8	0.588		1 154	14 215			961
XKGK-10-2500-10			10	1.735		1 443	16 250			1 087
XKGK-10-2500-12			12	0.882		1 731	18 172			1 199
XKGK-6-3000-4	6	3 000	4	0.147	3×10 392	416	7 992	128	50	571
XKGK-6-3000-5			5	0.184		520	9 165			623
XKGK-6-3000-6			6	0.221		625	10 395			668
XKGK-6-3000-8			8	0.294		831	12 453			783
XKGK-6-3000-10			10	0.368		1 041	14 299			927
XKGK-6-3000-12			12	0.441		1 247	13 991			1 057
XKGK-10-3000-4	10		4	0.245	3×17 320	693	11 074			795
XKGK-10-3000-5			5	0.306		865	12 733			882
XKGK-10-3000-6			6	0.368		1 040	14 299			968
XKGK-10-3000-8			8	0.490		1 387	15 027			1 114
XKGK-10-3000-10			10	0.613		1 733	17 042			1 225
XKGK-10-3000-12			12	0.735		2 078	19 384			1 346
XKGK-6-3500-4	6	3 500	4	0.126	3×12 124	485	8 014	168	63	838
XKGK-6-3500-5			5	0.158		606	7 742			1 078
XKGK-6-3500-6			6	0.189		727	8 749			1 139
XKGK-6-3500-8			8	0.252		970	11 299			1 162
XKGK-6-3500-10			10	0.315		1 212	10 801			1 668
XKGK-6-3500-12			12	0.378		1 455	12 891			1 678
XKGK-10-3500-4	10		4	0.210	3×20 207	808	9 915			1 030
XKGK-10-3500-5			5	0.262		1 010	9 463			1 568
XKGK-10-3500-6			6	0.315		1 212	10 704			1 688
XKGK-10-3500-8			8	0.420		1 617	14 730			1 787
XKGK-10-3500-10			10	0.525		2 021	18 600			1 760
XKGK-10-3500-12			12	0.630		2 425	21 582			1 858

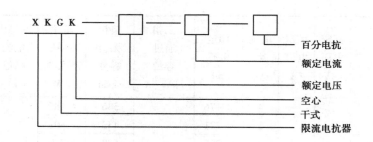

表6 电压互感器

型 号	额定电压/kV			额定容量/V·A			最大容量/V·A	20 ℃时电阻/Ω		试验电压/kV	质量/kg	
	原线圈	副线圈	辅助线圈	0.5级	1级	3级		原线圈	副线圈		总重	油重
单相双卷电压互感器												
JDJ-6	3	0.1	—	30	50	120	240	445	0.74	24	23	4.7
JDJ-6	6	0.1	—	50	80	200	400	1 920	—	32	23	4.7
JDJ-10	10	0.1	—	80	150	320	640	2 840	0.445	42	36.2	7.3
JDJ-35	35	0.1	—	150	250	600	1 200	9 040	0.096	95	248	95
三相三卷电压互感器												
JSJW-6	3	0.1	0.1/3	50	80	200	400	—	—	24	115	40
JSJW-6	6	0.1	0.1/3	80	150	320	640	1 100	0.164	32	115	40
JSJW-10	10	0.1	0.1/3	120	200	480	960	1 730	0.15	42	190	70
JSJW-15	13.8	0.1		120	200	480	960	—	—	—	250	85
JSJW-15	13.8	0.1	0.1/3	120	200	480	960	—	—	—	250	85
单相三卷电压互感器												
JDJJ$_1$-35	35/$\sqrt{3}$	0.1/$\sqrt{3}$	0.1/3	150	250	500	1 000	—	—	95	120	40
JCC-110	110/$\sqrt{3}$	0.1/$\sqrt{3}$	0.1	—	500	1 000	2 000	—	—	200	1 360	315
JCC$_1$-110	110/$\sqrt{3}$	0.1/$\sqrt{3}$	0.1/3	—	500	1 000	2 000	—	—	200	530	135
JCC-220	220/$\sqrt{3}$	0.1/$\sqrt{3}$	0.1	—	500	1 000	2 000	—	—	400	1 020	275
JDZJ-6	6/$\sqrt{3}$	0.1/$\sqrt{3}$	0.1/3	50	80	200	400	—	—	—	15	—
JDZJ-10	10/$\sqrt{3}$	0.1/$\sqrt{3}$	0.1/3	50	80	200	400	—	—	—	19.5	—
JDZJ-15	13.8/$\sqrt{3}$	0.1/$\sqrt{3}$	0.1/3	50	80	200	400	—	—	—	20	—
JDZJ-35	35/$\sqrt{3}$	0.1/$\sqrt{3}$	0.1/3	150	250	500	1 000	—	—	—	—	—

表7　电流互感器

型　号	额定电流比 /A	级次组合	准确度	二次负荷/Ω				10% 倍数	1 s 热稳固 倍数	动稳固 倍数
				0.5级	1级	3级	D级			
LAJ-10 LBJ-10	20,30,40,50/5	0.5/D 及 1/D, D/D	0.5	1	—	—	—	<10	120	215
	75,100,150/5		1	—	1	—	—	<10		
	200/5		D	—	—	—	2.4	≥15		
	300/5	0.5/D 及 1/D, D/D	0.5	1	—	—	—	<10	100	180
			1	—	1	—	—	<10		
			D	—	—	—	2.4	≥15		
	400/5	0.5/D 及 1/D, D/D	0.5	1	—	—	—	<10	75	135
			1	—	1	—	—	<10		
			D	—	—	—	2.4	≥15		
	500/5	0.5/D	—	—	—	—	—	—	60	110
	(600~800)/5	0.5/D 及 1/D, D/D	0.5	1	—	—	—	<10	50	90
			1	—	1	—	—	<10		
			D	—	—	—	2.4	≥15		
	(1 000~1 500)/5	0.5/D 及 1/D, D/D	0.5	1.6	—	—	—	<10	50	90
			1	—	1.6	—	—	<10		
			D	—	—	—	3.2	≥15		
	(2 000~6 000)/5	0.5/D 及 1/D, D/D	0.5	2.4	—	—	—	<10	50	90
			1	—	2.4	—	—	<10		
			D	—	—	—	4.0	≥15		
LRD-35	(100~300)/5	—	—	—	—	0.8	3.0	—	—	—
LRD-35	(200~600)/5	—	—	—	—	1.2	4.0	—	—	—
LCWD-35	(15~1 500)/5	0.5/D	0.5	1.2	3	—	—	—	65	150
			D	—	0.8	3	—	35		
LCWD₂-110	(2×50)~ (2×600)/5	0.5/D / D	0.5	2	—	—	—	—	75	130
			D	—	—	—	2	15		
LCLWD₂-220	(4×300)/5	0.5/D / D/D	0.5	4	—	—	—	—	21	38
			D	—	—	—	4	40		

注:1. LRD-35 由二次线圈接头改变变化,例如,LRD-35,100~300/5:(A—B)~100/5;(A—C)~150/5;(A—D)~200/5; (A—E)~300/5。

　　2. LCWD 由一次线圈串、并联改变变比。110 kV 可得两种变化,220 kV 可得 4 种变化。

321

表8　裸铜、铝及钢芯铝线的载流量

（按环境温度+25 ℃,最高允许温度+70 ℃）

铜绞线			铝绞线			钢芯铝绞线	
导线牌号	载流量/A		导线牌号	载流量/A		导线牌号	屋外载流量
/mm²	屋外	屋内	/mm²	屋外	屋内	/mm²	/A
TJ-4	50	25	LJ-10	75	55	LGJ-35	170
TJ-6	70	35	LJ-16	105	80	LGJ-50	220
TJ-10	95	60	LJ-25	135	110	LGJ-70	275
TJ-16	130	100	LJ-35	170	135	LGJ-95	335
TJ-25	180	140	LJ-50	215	170	LGJ-120	380
TJ-35	220	175	LJ-70	265	215	LGJ-150	445
TJ-50	270	220	LJ-95	325	260	LGJ-185	515
TJ-60	315	250	LJ-120	375	310	LGJ-240	610
TJ-70	340	280	LJ-150	440	370	LGJ-300	700
TJ-95	415	340	LJ-185	500	425	LGJ-400	800
TJ-120	485	405	LJ-240	610	—	LGJQ-300	690
TJ-150	570	480	LJ-300	680	—	LGJQ-400	825
TJ-185	645	550	LJ-400	830	—	LGJQ-500	945
TJ-240	770	650	LJ-500	980	—	LGJQ-600	1 050
TJ-300	890	—	LJ-625	1 140	—	LGJQ-300	705
TJ-400	1 085	—				LGJQ-400	850

表9　组合导线选择表

发电机规范			经济截面	组合导线选择		
容量 /kW	电压 /kV	电流 /A	/mm²		规　范	铝部总截面 /mm²
6 000	6.3	687	573		2×LGJQ-300	582
12 000	6.3	1 374	1 146		3×LGJQ-400	1 176
12 000	10.5	825	687		2×LGJQ-400	784
25 000	6.3	2 870	2 390	Ⅰ型	2×LGJQ-300+10×LJ-185	2 412
				Ⅱ型	2×LGJ-185+12×LJ-185	2 558
				Ⅲ型	2×LGJ-240+12×LJ-185	2 676
25 000	10.5	1 720	1 432	Ⅰ型	2×LGJQ-185+6×LJ-185	1 460
				Ⅱ型	3×LGJ-500	1 446
				Ⅲ型	2×LGJ-240+6×LJ-185	1 576
50 000	6.3	5 740	4 780	Ⅰ型	2×LGJQ-400+22×LJ-185	4 810
				Ⅱ型	2×LGJQ-300+24×LJ-185	4 974
50 000	10.5	3 440	2 865	Ⅰ型	2×LGJQ-300+12×LJ-185	2 778
				Ⅱ型	2×LGJ-240+14×LJ-185	3 036
100 000	10.5	6 480	5 400		2×LGJQ-500+24×LJ-185	5 356
125 000	13.8	6 150	5 125		2×LGJQ-500+24×LJ-185	5 356

注:经济电流密度按1.2 A/mm² 计。

表10　矩形铝导体长期允许载流量　　　　　　　　　　　　　　　　（A）

导体尺寸 h×b /mm×mm	单　条		双　条		三　条		四　条	
	平放	竖放	平放	竖放	平放	竖放	平放	竖放
40×4	480	503						
40×5	542	562						
50×4	586	613						
50×5	661	692						
63×6.3	910	952	1 409	1 547	1 866	2 111		
63×8	1 038	1 085	1 623	1 777	2 113	2 379		
63×10	1 168	1 221	1 825	1 994	2 381	2 665		
80×6.3	1 128	1 178	1 724	1 892	2 211	2 505	2 558	3 411
80×8	1 174	1 330	1 946	2 131	2 491	2 809	2 863	3 817
80×10	1 427	1 490	2 175	2 373	2 774	3 114	3 167	4 222
100×6.3	1 371	1 430	2 054	2 253	2 633	2 985	3 032	4 043
100×8	1 542	1 609	2 298	2 516	2 933	3 311	3 359	4 479
100×10	1 728	1 803	2 558	2 796	3 181	3 578	3 622	4 829
125×6.3	1 674	1 744	2 446	2 680	2 079	3 490	3 525	4 700
125×8	1 876	1 955	2 725	2 982	3 375	3 813	3 847	5 129
125×10	2 089	2 177	3 005	3 282	3 725	4 194	4 225	5 633

注:1. 表中导体尺寸中 h 为宽度,b 为厚度。

2. 表中当导体为四条时,平放、竖放第2,3片间距离皆为50 mm。

3. 同截面铜导体载流量为表中铝导体载流量的1.27 倍。

表11　铝芯纸绝缘电缆敷设在空气中,当温度为25 ℃,35 ℃和40 ℃时的长期允许电流

电缆 截面 /mm²	电缆长期允许载流量/A																	
	单芯*			双芯*			三芯*									四芯		
	额定电压/V																	
	1 000			1 000			3 000 及以下			6 000			10 000			1 000		
	电缆线芯允许的最高温度和环境温度/℃																	
	80			80			80			65			60			80		
	25	35	40	25	35	40	25	35	40	25	35	40	25	35	40	25	35	40
2.5	37	33	31	23	21	19	24	22	20									
4	48	43	41	31	28	26	32	29	27							27	24	23
6	60	54	51	42	38	36	40	36	34							35	32	30
10	80	72	68	55	50	47	55	50	47	48	42	38				45	41	38
16	105	94	89	75	68	64	70	63	60	65	57	51	60	51	46	60	54	51
25	140	126	119	100	90	85	95	86	81	85	74	67	80	68	61	75	68	64
35	175	157	148	115	103	98	115	100	98	100	87	79	95	81	72	95	86	81
50	215	193	182	140	126	119	145	130	123	125	109	99	120	102	91	110	99	94
70	270	242	229	175	157	149	180	162	153	155	135	122	145	123	110	140	126	119
95	325	292	276	210	189	178	220	198	187	190	165	150	180	153	137	165	149	140
120	375	337	318	245	220	208	255	230	216	220	191	174	205	174	156	200	180	170
150	430	387	365	290	261	246	300	270	255	255	222	202	235	200	178	230	207	195
185	495	445	420				345	310	294	295	256	233	270	229	205	260	234	221
240	585	526	497				410	370	348	345	300	272	325	276	247			

注:有＊者系根据电缆研究所推荐的电缆载流量新标准。

表 12　矩形硬铝导体（LMY）动稳固性计算数据

$h\times b$ /mm×mm	集肤效应系数 K_f	机械强度要求最大跨距/cm —	机械强度要求最大跨距/cm |||	机械共振允许最大跨距/cm |||	机械共振允许最大跨距/cm —	截面系数 W_x/cm^3	惯性半径 $r_{i(x)}/cm$ —	截面系数 W_y/cm^3 |||	惯性半径 $r_{i(y)}/cm$
60×6	≈1	$1\,193\cdot\sqrt{a\cdot i_{ch}}$	$378\cdot\sqrt{a\cdot i_{ch}}$	44	140	3.60	1.734	0.360	0.173 4
60×8	≈1	$1\,380\cdot\sqrt{a\cdot i_{ch}}$	$504\cdot\sqrt{a\cdot i_{ch}}$	51	140	4.80	1.734	0.640	0.231 2
60×10	≈1	$1\,540\cdot\sqrt{a\cdot i_{ch}}$	$630\cdot\sqrt{a\cdot i_{ch}}$	57	140	6.00	1.734	1.000	0.289
80×6	≈1	$1\,590\cdot\sqrt{a\cdot i_{ch}}$	$436\cdot\sqrt{a\cdot i_{ch}}$	44	161	6.40	2.312	0.480	0.173 4
80×8	≈1	$1\,840\cdot\sqrt{a\cdot i_{ch}}$	$582\cdot\sqrt{a\cdot i_{ch}}$	51	161	8.55	2.312	0.853	0.231 2
80×10	≈1	$2\,060\cdot\sqrt{a\cdot i_{ch}}$	$726\cdot\sqrt{a\cdot i_{ch}}$	57	161	10.7	2.312	1.33	0.289
100×6	≈1	$1\,990\cdot\sqrt{a\cdot i_{ch}}$	$488\cdot\sqrt{a\cdot i_{ch}}$	44	180	10.0	2.890	0.600	0.173 4
100×8	≈1	$2\,295\cdot\sqrt{a\cdot i_{ch}}$	$651\cdot\sqrt{a\cdot i_{ch}}$	51	180	13.4	2.890	1.070	0.231 2
100×10	1.1	$2\,570\cdot\sqrt{a\cdot i_{ch}}$	$814\cdot\sqrt{a\cdot i_{ch}}$	57	180	16.7	2.890	1.67	0.289
120×10	1.1	$3\,085\cdot\sqrt{a\cdot i_{ch}}$	$890\cdot\sqrt{a\cdot i_{ch}}$	57	197	24.0	3.468	2.00	0.289

$h\times b$ /mm×mm	集肤效应系数 K_f	机械强度要求最大跨距/cm |||	机械强度要求最大跨距/cm —	机械共振允许最大跨距/cm |||	机械共振允许最大跨距/cm 片间	机械共振允许最大跨距/cm —	片间临界跨距 l_{ej}/cm	片间作用应力 $\sigma_x/(N\cdot cm^{-2})$	截面系数 W_x/cm^3	惯性半径 $r_{i(x)}/cm$ —	截面系数 W_y/cm^3 |||	惯性半径 $r_{i(y)}/cm$
2(80×6)	1.1	$15.5\cdot\sqrt[4]{a\sigma_{x-x}/i_{ch}}$	$27.1\cdot\sqrt{a\sigma_{x-x}/i_{ch}}$	83.5	47	161	$293.1/\sqrt{i_{ch}}$	$2.51\cdot10^{-3}\cdot i_{ch}^2\cdot l_1^2$	12.8	2.31	4.16	0.622
2(80×8)	1.12	$20.4\cdot\sqrt[4]{a\sigma_{x-x}/i_{ch}}$	$31.3\cdot\sqrt{a\sigma_{x-x}/i_{ch}}$	96.5	54	161	$399.1/\sqrt{i_{ch}}$	$1.27\cdot10^{-3}\cdot i_{ch}^2\cdot l_1^2$	17.0	2.31	7.37	0.832
2(80×10)	1.14	$25.6\cdot\sqrt[4]{a\sigma_{x-x}/i_{ch}}$	$35.1\cdot\sqrt{a\sigma_{x-x}/i_{ch}}$	108	61	161	$528.1/\sqrt{i_{ch}}$	$0.79\cdot10^{-3}\cdot i_{ch}^2\cdot l_1^2$	21.3	2.31	11.5	1.04
2(100×8)	1.14	$23.0\cdot\sqrt[4]{a\sigma_{x-x}/i_{ch}}$	$39.0\cdot\sqrt{a\sigma_{x-x}/i_{ch}}$	96.5	54	180	$438.1/\sqrt{i_{ch}}$	$0.89\cdot10^{-3}\cdot i_{ch}^2\cdot l_1^2$	26.6	2.89	9.21	0.832
2(100×10)	1.20	$28.7\cdot\sqrt[4]{a\sigma_{x-x}/i_{ch}}$	$43.8\cdot\sqrt{a\sigma_{x-x}/i_{ch}}$	108	61	180	$558.1/\sqrt{i_{ch}}$	$0.53\cdot10^{-3}\cdot i_{ch}^2\cdot l_1^2$	33.3	2.89	14.4	1.04

2(120×10)	1.24	$31.6\sqrt{\alpha\sigma_{x-x}/i_{ch}}$	$52.7\sqrt{\alpha\sigma_{x-x}/i_{ch}}$	108	61	197	$608.1/\sqrt{i_{ch}}$	$0.37\cdot10^{-3}\cdot i_{ch}^2\cdot l_1^2$	48	3.47	17.3	1.04
3(80×8)	1.22	$31.3\sqrt{\alpha\sigma_{x-x}/i_{ch}}$	$38.3\sqrt{\alpha\sigma_{x-x}/i_{ch}}$	122	54	161	$512.1/\sqrt{i_{ch}}$	$0.98\cdot10^{-3}\cdot i_{ch}^2\cdot l_1^2$	25.6	2.31	16.9	1.33
3(80×10)	1.28	$39.0\sqrt{\alpha\sigma_{x-x}/i_{ch}}$	$42.8\sqrt{\alpha\sigma_{x-x}/i_{ch}}$	136	61	161	$657.1/\sqrt{i_{ch}}$	$0.59\cdot10^{-3}\cdot i_{ch}^2\cdot l_1^2$	32.0	2.31	26.4	1.66
3(100×8)	1.28	$34.8\sqrt{\alpha\sigma_{x-x}/i_{ch}}$	$47.9\sqrt{\alpha\sigma_{x-x}/i_{ch}}$	122	54	180	$550.1/\sqrt{i_{ch}}$	$0.72\cdot10^{-3}\cdot i_{ch}^2\cdot l_1^2$	40	2.89	21.2	1.33
3(100×10)	1.40	$43.4\sqrt{\alpha\sigma_{x-x}/i_{ch}}$	$53.7\sqrt{\alpha\sigma_{x-x}/i_{ch}}$	136	61	180	$715.1/\sqrt{i_{ch}}$	$0.41\cdot10^{-3}\cdot i_{ch}^2\cdot l_1^2$	50.0	2.89	33.0	1.66
3(120×10)	1.47	$47.6\sqrt{\alpha\sigma_{x-x}/i_{ch}}$	$64.5\sqrt{\alpha\sigma_{x-x}/i_{ch}}$	136	61	197	$762.1/\sqrt{i_{ch}}$	$0.30\cdot10^{-3}\cdot i_{ch}^2\cdot l_1^2$	72.0	3.47	39.6	1.66
4(100×10)	1.62	$57.8\sqrt{\alpha\sigma_{x-x}/i_{ch}}$	$62.0\sqrt{\alpha\sigma_{x-x}/i_{ch}}$	159	61	180	$719.1/\sqrt{i_{ch}}$	$0.39\cdot10^{-3}\cdot i_{ch}^2\cdot l_1^2$	66.7	2.89	58.1	2.55
4(120×10)	1.70	$63.2\sqrt{\alpha\sigma_{x-x}/i_{ch}}$	$74.4\sqrt{\alpha\sigma_{x-x}/i_{ch}}$	159	61	197	$762.1/\sqrt{i_{ch}}$	$0.28\cdot10^{-3}\cdot i_{ch}^2\cdot l_1^2$	96.0	3.47	69.7	2.25
4(100×10)*	1.62								66.7	2.89	124	4.13
4(120×10)*	1.70								96.0	3.47	149	4.13

注:1. 有"*"的 4 片母线为中间 2 片距离(净空)加大到 50 mm。

2. 例:①已知:铝母线 80×10,Ⅲ布置,$i_{ch}=120$ kA,$a=50$ cm,
则:机械强度要求 $l_{max}=726\cdot\sqrt{50/120}=42.7$ cm,机械共振要求 $l_{max}=57$ cm。

②已知:铝母线 LMY-4(120×10),Ⅲ布置,$i_{ch}=200$ kA,则 $l_{ej}=762.1/\sqrt{200}=54$ cm。若取 $l_1=20$ cm,则:$\sigma_x=0.28\cdot10^{-3}\cdot200^2\cdot20^2=4\,480$ N/cm²,$\sigma_{x-x}=6\,860-4\,480=2\,380$ N/cm²。若取 $a=70$ cm,则动稳定性要求 $l_{max}=63\cdot\sqrt{70}\cdot2\,380/200=129$ cm,防止共振要求 $l_{max}=159$ cm。可取跨距 $l=120$ cm。

表 13 槽型母线的技术特性

（载流量按最高允许温度 +70 ℃计）

截面尺寸 h/mm	b/mm	c/mm	r/mm	母线组截面/mm²	铜母线 双槽容许电流/A 25℃	35℃	40℃	集肤效应系数 K_f	铝母线 双槽容许电流/A 25℃	35℃	40℃	集肤效应系数 K_f	h抗弯 截面系数 W_x/cm³	惯性矩 I_x/cm⁴	惯性半径 r_x/cm	b抗弯 截面系数 W_y/cm³	惯性矩 I_y/cm⁴	惯性半径 r_y/cm	两母线槽焊成整体时 截面系数 W_{y0}/cm³	惯性矩 I_{y0}/cm⁴	惯性半径 r_{y0}/cm	静力矩 S_{y0}/cm³	铝母线共振最大允许距离/cm 双槽实连时绝缘子间的	垫片间的或不实连时绝缘子间的
75	35	4	6	1 040	2 730			1.02	—	—	—	1.012	10.1	41.6	2.83	2.52	6.2	1.09	23.7	89	2.93	14.1		114
75	35	5.5	6	1 390	3 250			1.04	2 670	2 350	2 160	1.025	14.1	53.1	2.76	3.17	7.6	1.05	30.1	113	2.85	18.4	178	125
100	45	4.5	8	1 550	3 620			1.038	2 820	2 480	2 280	1.02	22.2	111	3.78	4.51	14.5	1.33	48.6	243	3.96	28.8	205	123
100	45	6	8	2 020	4 300			1.074	3 500	3 080	2 830	1.038	27	135	3.7	5.9	18.5	1.37	58	290	3.85	36	203	139
125	55	6.5	10	2 740	5 500			1.085	4 640	4 080	3 760	1.05	50	290	4.7	9.5	37	1.65	100	620	4.8	63	228	150
150	65	7	10	3 570	7 000			1.126	5 650	4 970	4 580	1.075	74	560	5.65	14.7	68	1.97	167	1 260	6.0	98	252	147
175	80	8	12	4 880	8 550			1.195	6 430	5 660	5 210	1.103	122	1 070	6.65	25	144	2.4	250	2 300	6.9	156	263	157
200	90	10	14	6 870	9 900			1.32	7 550	6 640	6 120	1.175	193	1 930	7.55	40	254	2.75	422	4 220	7.9	252	285	157
200	90	12	16	8 080	10 500			1.465	8 830	7 770	7 150	1.237	225	2 250	7.6	46.5	294	2.7	490	4 900	7.9	290	283	163
225	105	12.5	16	9 760	12 500			1.515	10 300	9 070	8 350	1.285	307	3 450	8.5	66.5	490	3.2	645	7 240	8.7	390	299	200
250	115	12.5	16	10 900	—			1.563	10 800	9 500	87 500	1.313	360	4 500	9.2	81	660	3.52	824	10 300	9.82	495	321	

表 14 配电设备的标准环境温度与实际环境温度

项目 \ 设备		绝缘子 支柱 穿墙	隔离 开关	断路器	电流互感器	电压 互感器	变压器	电抗器	熔断器	电力 电容器
最高工作电压	3~35 kV	1.15U_e				1.1U_e			1.15U_e	
	110 kV	1.1U_e								—
最大工作电流	低于 θ_e 时	—	每低于 1 ℃可加 0.5%至 0.2I_e 止			—	按 1%及 3%制		I_e	I_e	—
	高于 θ_e 时	—	$I_e\sqrt{(75-\theta)/(75-\theta_e)}$			—	$I_e\cdot\dfrac{\theta-\theta_e}{100}$	同电流 互感器	—	—	
环境温度 /℃	额定 θ_e	40				40	40			25
	最高	40				40	40			40
	最低	−40				−30	−30	—	−40	−40

实际环境温度

名 称		实测数量/℃						建议采用温度 /℃
		Q 热电厂 屋外平均 最高 35.5 ℃, 最高 39 ℃		C 热电厂 屋外平均 最高 33.3 ℃		B 热电厂 屋外平均 最高 32.5 ℃ 最高 35 ℃		
		平均最高	最高	平均最高	最高	平均最高	最高	
35 kV 屋内配电装置		35.5	37					同屋外
6~10 kV 主配电装置	母线层	39.5	44.5	36	44	37.5	39.5	38~40
	SN4-10 开关室 （三走廊式）			34	37	33.7	35.5	35~37
	SN4-10 开关室 （大厅式）	42.8	48					40（加百叶窗）
	SN$\frac{1}{2}$-10 开关室 （三走廊式）							35
	SN3-10 开关室 （大厅式）	38	41.5					38
	一层主进线回路	36.8	41					35（加百叶窗）
	电抗器室	35.5	38.5	37	45	35	38	40
发电机 出线小间	25 MW 机	38	42.5	—	—	38	39.5	38
	50 MW 机（开敞度小）	41.5	48			40	41.5	
	50 MW 机（开敞式布置）	38.5	40					40
厂用配电装置		39.5	42	—	—	35.5	40	38~40
屋外配电装置		当地最高日平均气温						

参考文献

[1]《中国电力全书》编辑委员会,中国电力出版社《中国电力百科全书》编辑部.中国电力百科全书[M].2版.北京:中国电力出版社,2001.

[2]国家能源局.DL/T5460-2012.换流站站用电设计技术规定[S].北京:中国计划出版社,2013.

[3]国家能源局.DL/T5044—2014.电力工程直流电源系统设计技术规程[S].北京:中国电力出版社,2014.

[4]国家能源局.DL 5014—2010.330 kV~750 kV 变电站无功补偿装置设计技术规定[S].北京:中国计划出版社,2010.

[5]能源部西北电力设计院.电力工程电气设计手册:1~2册[M].北京:水利电力出版社,1991.

[6] A. A. ВАСИЛЬЕВ,"ЭЛЕКТРИЧЕСКАЯ ЧАСТЬ СТАНЦИИ И ПОДСТАНЦИИ (ДЛЯ СТУДЕНТОВ ВУЗОВ)",ЭНЕРГОАТОМИЗАТ,1990.

[7] С. В. УСОВ,"ЭЛЕКТРИЧЕСКАЯ ЧАСТЬ ЭЛЕКТРОСТАНЦИИ(ДЛЯ СТУДЕНТОВ ВУЗОВ)',ЭНЕРГОАТОМИЗАТ,1987.

[8]牟道槐,林莉.电力系统工程基础[M].北京:机械工业出版社,2007.

[9]林莉,成涛,孙才新.特高压输电线的运行特性与变电站的无功补偿[J],高电压技术,2009,35(7):1533-1539.

[10] LIN L,ZHU J,ZHOU N. Analysis of Operation Characteristics of EHV Transmission Lines[J],International Journal of Power and Energy Systems,2014,34(1):35-39.

[11]林莉,王凯佩,何月,等.基于瞬时对称分量法的中性点不接地电网电压互感器暂态过电流分析[J].电力自动化设备,2016,36(11):157-164.

[12]林莉,何月,王军兵,等.中性点不接地电网单相接地时电压互感器损坏机理研究[J].高电压技术,2013,39(5):1114-1120.

[13]林莉,王军兵,唐凤英,等.10 kV 电压互感器损坏的仿真计算研究[J].电力系统保护与控制,2012,40(17):51-55.

[14]林莉,罗皓,杨仕燕,等.基于节点电动机最大自起动量的配电网低压减载[J].电力

系统保护与控制,2020,48(9):77-87.

[15] LIN L, ZHAO X Y, ZHU J Z, et al. Simulation Analysis of Microgrid Voltage Stability with Multi-induction Motor Loads[J]. Electric Power Components and Systems,2018,46 (5):560-569.

[16] 林莉,贾源琦,杨仕燕,等.一种确定配电网低压加速减载总量的方法[P].中国专利:ZL201910205517.7,2021-7-30.

[17] 林莉,杨仕燕,汪莎莎,等.基于节点电动机最大自起动容量的低压减载量的计算方法[P].中国专利:ZL201910205074.1,2021-2-2.

[18] 林莉,张向伍,郭文宇,等.同步发电机失磁过程分析与保护方法研究[J].高电压技术,2014,40(11):3544-3553.

[19] 林莉,牟道槐,孙才新,等.同步发电机失磁保护的改进方案[J].电力系统自动化,2007,45(10):1075~1088.